航空发动机的智能诊断、建模与预测方法

李应红　尉询楷 等　著

科学出版社

北京

内 容 简 介

预测与健康管理是对航空发动机和飞行器等复杂装备(设备)保证运行(飞行)安全、减少维修保障费用、实施新型维修保障体制的支撑技术。以现代机器学习为基础的数据挖掘方法和智能推理是从装备运行信息(数据)得到装备运行特性、健康状况和发展态势的重要工具,是近十多年预测与健康管理理论与应用研究的热点和重点。本书总结、介绍了作者在航空发动机智能诊断、建模和预测方法研究中,以现代机器学习为核心或研究手段,所取得的一些研究成果。

本书可供航空发动机专业人员,飞机、舰船、燃气轮机等其他装备和设备专业技术人员,以及数据挖掘和机器学习等研究人员参考。

图书在版编目(CIP)数据

航空发动机的智能诊断、建模与预测方法 / 李应红,尉询楷等著.—北京:科学出版社,2013

ISBN 978-7-03-037223-9

Ⅰ.航… Ⅱ.①李…②尉… Ⅲ.航空发动机-研究 Ⅳ.V23

中国版本图书馆 CIP 数据核字(2013)第 056003 号

责任编辑:张海娜 / 责任校对:胡小洁
责任印制:徐晓晨 / 封面设计:蓝正设计

科学出版社 出版
北京东黄城根北街 16 号
邮政编码:100717
http://www.sciencep.com

北京厚诚则铭印刷科技有限公司 印刷
科学出版社发行 各地新华书店经销

*

2013 年 6 月第 一 版 开本:B5(720×1000)
2021 年 5 月第四次印刷 印张:22 3/4
字数:458 000

定价:158.00元
(如有印装质量问题,我社负责调换)

序

  基于机器学习的数据挖掘、模式识别和智能推理方法是从装备运行信息得到装备运行特性、健康状态与发展趋势等的重要工具,是近十多年预测与健康管理理论和应用研究的热点。航空发动机作为飞机的动力装置,非常复杂,被称为工业"皇冠上的明珠",其运行中的状态预测和健康管理对保障飞行安全和科学使用维修具有重要意义,难度也很大。机器学习和数据挖掘方法在航空发动机建模、诊断与监控预测中受到重视是必然的。

  李应红教授是我国开展航空发动机状态监控与故障诊断研究较早的专家,在机器学习和模式识别等方面取得系统创新成果。早期,开展模糊集方法用于航空发动机故障诊断的研究,合作研制了模糊集故障诊断案例系统。后来,开展航空发动机失速/喘振监控和故障树自动建造方法研究,与学生共同提出了故障图方法等。十多年来,他针对先进航空发动机安全运行和特殊环境使用需要,特别是航空发动机高原使用的状态控制、诊断和参数预测,研究基于机器学习和数据挖掘的航空发动机建模、诊断与监控的原理和方法,提出了"一类一类认识"机器学习概念;带领尉询楷等研究生,采用覆盖点集研究机器学习问题,建立了覆盖机器学习理论,有关研究成果编入 *Encyclopedia of Data Warehousing and Mining-2nd Edition* 和 *New Advances in Machine Learning* 两部书中,对于建立和完善航空发动机故障诊断和预测的理论方法体系、推动统计学习的理论发展具有重要贡献,获得 2012 年度中国航空学会科学技术奖。

  2011 年中国科学院信息技术科学部在常州举办的技术科学前沿论坛上,我认识了李应红教授,他的开拓创新精神给我留下深刻的印象。后来又在其他会议上有了进一步了解。最近,他寄给我《航空发动机的智能诊断、建模与预测方法》一书的初稿,希望作序,我欣然应允。这本书是李应红带领团队研究成果的结晶,内容新颖,具有两大特色:一是理论和方法的系统性和创新性。这是一部学术型专著,理论性较强,推导过程严谨,层次清晰,结构完整。二是基础理论与实际应用的紧密结合。选取的典型案例具有很强的工程背景,对于指导工程实践具有参考价值,在写作编排上力求兼顾不同学科专业的读者。

  我相信《航空发动机的智能诊断、建模与预测方法》一书的出版,会对我国航空发动机状态监控与故障诊断的研究具有重要推动作用,受到广泛的赞许。

熊有伦

2012 年 12 月 15 日

前　　言

航空发动机是飞机的"心脏",其运行状态预测和健康管理对保证飞行安全、提高运行使用效能和使用经济性至关重要。在航空发动机预测与健康管理领域,数据挖掘和先进推理技术引起了高度关注,并正在发挥重要作用,例如,NASA 在1999 年启动了航空安全中长期研究计划(AVSP),计划到 2007 年事故率降低80%、到 2025 年降低 90%,详细制定了飞机发动机健康管理数据挖掘工具的发展路线图,确定了可靠预测故障和部件剩余寿命以及从数据中发现提高安全性和可靠性新规律的研究目标。在美国经济多用途航空发动机研究计划(VAATE)2005～2017 年发展规划中,对数据挖掘、先进推理等也给予了高度关注,并作为先进健康管理系统预测、诊断以及实现维修工时减少、非计划内更换发动机间隔时间增长的主要技术途径。

对于航空发动机状态监控与故障诊断的研究,我始于 20 世纪 80 年代初期的大学高年级阶段。当时,为改变航空发动机复杂故障诊断完全依赖于人的局面,在老师带领下,和一批同学一道在国内最早开展模糊集理论用于机器故障诊断的研究,1984 年在《模糊数学》发表的"Fuzzy 集理论在喷气航空发动机空中停车故障诊断中的应用",是我国第一篇模糊数学用于机械设备故障诊断的论文,取得的一点成果得到过著名科学家钱学森先生的鼓励。接着,开展航空发动机失速/喘振监控和故障树自动建造方法研究,也取得一点进步,带领宋志平等研究生提出了故障图理论和近失速检测概率密度特征参数法等。经考虑,为了内容不太分散、篇幅不太大,这些内容没有包括到本书之中。

以现代机器学习为基础的数据挖掘方法和智能推理是从装备运行信息得到装备运行特性、健康状态与发展趋势等的重要工具,是近十多年来预测与健康管理理论和应用研究的热点和重点,尚处于发展之中。20 世纪 90 年代以来,针对先进航空发动机安全使用和故障排除等需要,特别是战机发动机高原使用状态控制、诊断和参数预测的需要,我和部分同事、学生持续开展了航空发动机建模诊断与监控预测研究,主要以机器学习和数据挖掘为核心,在理论方法研究方面取得一定成果。特别是我和尉询楷等研究生在机器学习方面的部分研究工作引起了国内外专家的重视和好评,例如,我们提出的覆盖机器学习理论,被应邀编入 *Encyclopedia of Data Warehousing and Mining-2nd Edition* 一书中,该书主编、美国 Montclair 国立大学 John Wang 教授评价:"Wei, Li, and Li introduce a novel learning paradigm called enclosing machine learning for DM. The new learning paradigm is motivated by two cognition principles of human being, which are cognizing things of the same kind and, recognizing and accepting things of a new kind easily. The authors made a remarkable contribution setting up a bridge that connects the cognition process understanding, with mathematical machine learning tools under the function equivalence framework."我和尉询楷、刘建勋还编著了国内第一本面向工程应用的支持向量机著作,即《支持向量机的工程应用》,得到一些专家和读者的支持和鼓励。

　　本书紧贴预测与健康管理技术发展前沿,介绍了作者十多年来以机器学习为核心,在航空发动机智能诊断、建模和预测(回归)方法研究中取得的部分成果,并分析了航空发动机建模诊断与预测面临的难点和技术挑战,将这些问题提炼成为典型的机器学习问题,希望能起到抛砖引玉的作用,促进现代机器学习理论向工程实用转化,尤其希望国内更多的研究者关注航空发动机健康管理,推动我国航空发动机预测与健康管理理论与应用研究工作"又好又快"地发展。本书支持向量机一章新增最小二乘改进、自举组合支持向量机等内容,其余部分已在《支持向量机的工程应用》中有所反映,出于完整性考虑,并由于《支持向量机的工程应用》市面上已经基本买不到,因此,本书还包括了这部分内容。

　　本书由李应红、尉询楷、胡金海和侯胜利共同写作。全书共 6 章,第 1 章介绍了航空发动机预测与健康管理,以及诊断、预测方法的发展现状;第 2 章介绍了支持向量机方法及应用;第 3 章介绍了覆盖机器学习理论及应用;第 4 章介绍了核多元统计方法及应用;第 5 章介绍了进化计算和免疫计算方法及其应用;第 6 章是航空发动机预测与健康管理中的典型数据挖掘问题及重大技术挑战。

　　在本书涉及的研究工作中,谢寿生教授、程礼教授、骆广琦教授、陈卫副教授、宋志平博士、贾智伟博士、汪诚博士、朱家元博士、王海涛博士等也参与了研究或讨论,研究成果中有他们的贡献;特别是谢寿生教授是我的同学和同事,对航空发动机监控和诊断研究坚持近三十年,对我们的研究工作鼓励和参与较多;本书的研究和写作还得到了空军工程大学和空军装备研究院中有关领导的支持。在此向这些领导、同事和同学表示真诚的感谢!

　　本书中的研究工作得到了国家自然科学基金(项目编号:60672179、51105374)、国家 863 创新基金和教育部新世纪优秀人才支持计划等多个项目的资助,在此一并致谢。

　　感谢中国科学院院士杨叔子、徐建中、熊有伦、王锡凡和中国工程院院士刘大响、屈梁生、陈懋章、黄先祥、钟群鹏,以及我的老师苏恩泽、陶增元、周宗才等老一辈专家对我及研究团队有关工作的指导和支持,特别感谢熊有伦院士为本书作序。

　　由于本书涉及跨学科研究,对数学基础和知识面要求较高,但因作者水平有限,书中难免存在不妥之处,殷切期望广大读者批评指正。

李应红

2012 年 12 月 30 日

目　　录

第1章 绪 论

航空发动机预测与健康管理（prognostics and health management，PHM）技术的核心是利用先进传感器的集成，借助各种算法（如快速傅里叶变换、离散傅里叶变换、包络解调等）和智能方法（如专家系统、神经网络、模糊逻辑、支持向量机等）来预测、监视和管理装备（设备）的健康状态，实现对于装备安全使用和科学维修的有效管理。数据挖掘则是 PHM 技术的重要工具。本章首先介绍了航空发动机预测与健康管理的基本情况和作用意义，以及数据挖掘技术在 PHM 技术中的地位和作用；然后，分析了航空发动机当前诊断和预测的方法及其发展现状和存在的问题；最后，介绍了全书的主要章节安排。

1.1　航空发动机预测与健康管理概述

PHM 技术涵义[1]包括两个方面：一是早期故障检测、诊断、状态参数预测及剩余寿命预测；二是管理，即将健康管理信息转化成为备件需求和维修操作建议。PHM 是确保大型复杂装备如航空发动机、飞机、大型舰船动力装置、装甲车辆高安全性、任务安全、高可用率、低耗费的关键使能技术，已成为为支撑高性能先进航空发动机飞行安全和科学维修的核心关键技术[2-4]。PHM 技术将引领包括军用航空发动机在内的维修保障模式变革，且将带动工业领域关键设备、交通运输载运工具运行安全，以及全球物流保障等一大批领域的技术进步。

1. PHM 技术是确保航空发动机飞行安全和科学维修的支撑技术

在航空领域，发动机预测与健康管理系统（engine prognostics and health management，EPHM）用以确保飞机动力系统的飞行安全，在发动机运行过程对关键部件状态进行实时监测，对飞行中产生的异常事件进行记录、存储或传送，用于诊断和维修；对飞行中危及飞行安全的危险故障进行早期检测并向飞行员提供报警信息，避免二次损伤和飞机失事。EPHM 系统是先进航空发动机的重要标志，也是构建新型维修保障体制的核心技术之一。EPHM 系统将机载传感器实时监测信息，通过 EPHM 系统转化为机载诊断信息和寿命管理信息，通过地面站系统处理后形成故障隔离任务，根据部件寿命消耗情况和故障隔离处置结果产生备件需求信息、发动机修理更换件信息，并发送至供应保障系统、维修工作人员和基地级大修机构，从而构成整个基于 EPHM 系统的发动机维修保障模式。

　　从技术手段上确保飞行安全一直是航空发达国家高度重视的重大问题,围绕航空发动机飞行安全开展的状态监视和故障诊断技术从 20 世纪 50 年代开始一直持续不断发展至今,经历了由简单向复杂、由低级向高级、由离线诊断向实时监视、由单一向综合化、由基于简化模型向智能化的发展过程,从原始的目视检查到复杂、功能强大、自动化的 PHM 系统。PHM 技术的重点是采用先进传感器的集成,并借助各种算法(如 Gabor 变换、快速傅里叶变换、离散傅里叶变换)、人工智能方法和数据挖掘工具来预测、监控和管理发动机的健康状态[2],PHM 技术已成为先进战机发动机的重要标志和显著特征之一。

　　随着航空发动机综合能力的快速提升,航空发动机的复杂程度和信息化水平不断提高,依靠传统的维修理念、模式和手段难以准确快速地预测、定位并修复故障,维修效率和效益也无法得到保证[5]。为减少维修保障费用,提高航空动力装置的经济可承受性,从 20 世纪 80 年代后期开始,美军就已经卓有成效地开展了维修保障模式改革的研究和应用工作,并在多用途先进航空涡轮发动机计划(VAATE,2005～2017)中提出了减少维修费用 60% 的总目标。其中,以诊断和预测为标志的发动机健康管理技术是最主要的技术实现途径[6]。通过降低维修人力、备件和修理费用,最大化维修和部件采购间隔时间,采用智能算法和先进推理技术进行关键部件实时状态监视和剩余寿命分析,大大提高全机关键部件的保障管理能力,达到降低寿命周期费用的目标。PHM 技术已成为实现基于性能、自主保障和智能维修保障等新型维修保障模式的主要支撑技术[7,8]。

　　2. 数据挖掘技术是航空发动机诊断和预测算法的核心

　　PHM 技术实现的主要过程是将机载采集的传感器信息按不同特征提取方法进行处理,并通过数据挖掘技术转换成为发动机健康状态的决策信息。PHM 技术中有两个关键点,一个是早期故障检测和准确诊断,另一个是剩余寿命和监控参数预测。在早期故障检测和准确诊断中,常用数据挖掘作为实现工具,如基于一类分类的异常检测方法、基于神经网络的异常检测方法等。在剩余寿命和监控参数预测中,常用数据挖掘方法作为失效传播的数据驱动建模工具和方法,如基于神经网络、高斯过程、相关向量机的轴承剩余寿命方法等。

　　在航空发动机预测与健康管理领域,数据挖掘方法发挥了重要作用,引起了高度关注,例如,美国在 1997 年确定了在 10 年内减少航空致命性事故 80% 的国家目标,NASA 在 1999 年启动了航空安全中长期研究计划(AVSP),发展目标是到2007 年事故率减少 80%,到 2025 年减少 90%。该计划详细制定了飞机发动机健康管理数据挖掘工具的发展路线图,确定了实现显著提高安全性、可靠预测故障及部件剩余寿命以及从数据中发现提高安全性和可靠性的新规律的研究目标[9]。数据挖掘、先进推理等在 VAATE 中长期发展规划中也得到了高度关注,并作为先进健康管理系统预测、诊断以及维修过程控制中实现维修工时减少、非计划内换发间隔时间增长的主要技术途径[6]。

数据挖掘技术已经在航空发动机 PHM 研究工作中得到了应用,张叔农等综述了基于神经网络、支持向量机、模糊逻辑、时间序列分析、遗传算法、证据理论等在航空发动机 PHM 中的应用情况[10],尉询楷等[11]分析了航空发动机中的典型数据挖掘问题和技术挑战。国外,NASA Litt 等、JSF 项目办公室 Hess 等及澳大利亚昆士兰大学 Heng 等分别针对数据挖掘在发动机健康管理中的发展路线图[12]、技术挑战[13]以及旋转设备中基于数据挖掘的预测模型[14]等进行了综述。

国内在数据挖掘领域取得了大量的理论研究成果,且在一些行业或领域内也取得了大量的应用成果,创造了显著的经济效益。然而,国内虽然从 80 年代初期就开始涉及数据挖掘技术在航空发动机的故障诊断和监控应用,但数据挖掘技术至今很少在我国发动机上得到应用。究其原因,一方面是我国航空发动机技术落后,自主研发很少;二是航空发动机传统意义上是属于力学、机械为主的航空宇航科学与技术学科,本身又非常很复杂,门槛高,导致有一定的行业封闭性,使得航空发动机领域中存在的众多数据挖掘问题没有得到计算机学科、人工智能学科等研究工作者的高度重视和积极参与。

1.2 航空发动机诊断和预测方法及发展现状

本节简要介绍航空发动机诊断和预测的基本方法、研究现状和存在的问题。首先,从航空发动机故障诊断的基本方法入手简要介绍了气路参数分析、滑油监控分析、振动分析以及无损检测等。然后,总结了当前国内外航空发动机诊断和预测研究方法的发展现状,并从总体情况以及代表性数据挖掘方法等进行了概述。最后,结合航空发动机实际,指出了目前航空发动机诊断和预测研究中的存在的特征提取、小样本、知识获取等难题。

1.2.1 航空发动机诊断和预测的技术途径及发展概况

在航空飞行中,发动机的安全始终是一个至关重要的问题。从 20 世纪 60 年代开始,航空发动机的研制、研究和使用维修部门对航空发动机故障监测、诊断方法进行了大量研究,其基本技术途径可以分成以下几种:

(1) 发动机气路参数分析。发动机气路参数分析是从飞行数据记录器的解码信息中读取某些运行过程参数,如温度(发动机进气温度、发动机排气温度)、压力、转子转速、燃油流量等,然后,再把这些参数转换成标准状态下的数值或其他性能参数,与发动机厂家所给定的该型发动机的标准性能参数进行比较,找出偏差的变化情况。通过对偏差分析以及偏差变化趋势分析,判断发动机健康状况,实现对发动机的性能监控。

（2）滑油监控分析。发动机的滑油监控，一般包括四个方面的内容：滑油系统工作状态监控、滑油中的金属屑末监控、滑油光谱分析与铁谱分析和滑油状态监控。这些监控有的是通过机身上所固有的设备来完成的，而有的则是利用地面试验室中的设备来完成的。对滑油系统的监控是发动机状态监控的一个方面。

（3）振动分析。航空发动机属于高速旋转机械，工作过程中，在有关部位测量振动信号，通过快速傅里叶变换和小波分析等方法进行信号处理，从而发现和诊断转子轴承等相关部件的故障。

（4）无损检测和裂纹监测。常见的无损检测技术有孔探、超声波和声发射，主要检测发动机上关键部件（如压气机和涡轮的叶片、燃烧室）表面的烧伤、腐蚀和裂纹，以及其他内部结构损伤的大小、形状和分布情况。正在飞机机体等结构上发展的在线裂纹监测技术，在航空发动机上应用的难度很大，短期内不可能应用。

就世界范围来看，美国是最早研究故障诊断技术的国家。早在 1967 年，在美国宇航局和海军研究所的倡导和组织下，成立了美国机械故障预防小组（MFPG），开始有计划地对故障诊断技术分专题进行研究。30 多年来各航空发动机制造厂和航空公司都发展和应用了适合于自己飞机的、不同水平的发动机状态监控和故障诊断系统。这些系统可分为两个水平等级：第一级为有限监控系统，用来监视发动机健康状况，如普惠公司发展的 ECMII 和通用公司发展的 ADEPT 系统；第二级为扩展的监控系统，增加了故障诊断能力，可将故障准确地隔离到发动机部件和子系统，定量分析部件和发动机性能的衰退程度，如普惠公司的 TEAMIII、通用公司的 GEM。美国空军针对 F-16 飞机研制了两套系统：一套是通用电气公司的 EMS(engine monitoring system)，另一套是美国空军后勤管理中心的 MEETS (minimum essential engine tracking system)。EMS 用于在飞行中或地面获取相关的发动机和飞机数据，对其进行处理后，提供维修建议。MEETS 系统从输入文件中接收 EMS 的数据，并为 F110-GE-100 发动机提供视情维修方案。由于高度重视，目前美国的故障诊断技术不仅在在航空发动机领域，而且在航天、核能等尖端技术领域处于领先地位。

英国对设备故障诊断技术的研究始于 20 世纪 60 年代末、70 年代初，以 R. A. Collacott 博士为首的英国机器保健中心，在宣传、培训、咨询及诊断技术的开发方面做了大量的工作，并取得了很好的效果。如罗·罗公司的 COMPASS 系统在航空发动机故障诊断领域得到了很好的应用。目前，英国在飞机发动机监测和诊断、摩擦磨损等方面具有领先优势。

俄罗斯也十分重视故障诊断方面的研究，他们把航空发动机性能跟踪评估与发动机故障分析结合起来，在一些航空发动机上已经使用，如米-8 直升机的 TB2-117A。

故障诊断技术的研究在我国起步较晚,始于 20 世纪 70 年代末期,广泛的研究则从 80 年代开始发展起来。很多高校和研究机构开展了状态监控和故障诊断的研究,老一辈专家以杨叔子和屈梁生为代表,华中科技大学、西安交通大学、西北工业大学、东南大学在旋转机械状态监控和故障诊断领域[24-26],取得不少成果。

空军工程大学在国内对飞机和航空发动机故障诊断的研究较早[15-17],研制了我国第一个飞机与发动机故障诊断系统和第一个发动机故障诊断专家系统,特别是模糊数学用于飞机发动机故障诊断的研究有较大影响,在国内最早开展模糊数学及神经网络在飞机发动机故障诊断中的应用研究,近年来,一直研究采用支持向量机等新的数据挖掘方法来解决航空发动机性能监控与故障诊断问题。民用航空领域,1988 年由北京飞机维修工程公司、北京航空航天大学、中国民航学院和东方航空公司四个单位研制的 EMD(engine monitoring and diagnosis)系统可从趋势分析扩展到故障诊断。南京航空航天大学[18]、北京航空航天大学[19,20]在航空发动机故障诊断体系结构、诊断模型及新算法研究等方面开展了较多研究。随着航空发动机全权限数字电子控制(FADEC)系统的发展,中国航空工业集团发动机设计研究所对发动机状态监视与故障诊断进行了研究[21,22],在诊断系统总体方案、发动机控制与状态监视系统的一体化设计、从有限监视到扩展监视等方面都取得了一定进步。

国防科学技术大学和哈尔滨工业大学在火箭推进系统故障诊断方面也展开了有成效的研究,国防科学技术大学在状态监控与故障诊断及故障预警系统的体系结构与组成、变工况背景下状态辨识与决策、故障诊断专家系统等多方面开展了较系统的研究工作[23],取得了很好的成绩。

1.2.2　航空发动机诊断和预测有代表性的数据挖掘方法

1. 基于人工神经网络的故障诊断方法

人工神经元网络[27](ANN)是一门崭新的信息处理学科。具体说来它有以下几大优点:①分布式信息存储能力;②并行处理能力;③自学习、自组织和自适应能力。由于神经网络具有以上优点,它为故障诊断问题提供了一种新的解决途径。特别是对于复杂系统,由于基于解析模型的故障诊断方法面临着难以建立系统模型的实际困难,基于知识的故障诊断方法成了重要的、也是实际可行的方法。而神经网络的 I/O 非线性映射特性、并行处理和全局集体作用,特别是其具有高度的自组织和自学习能力,使其成为故障诊断的一种有效方法,并已在实际系统中得到了成功的应用。但神经网络方法用于故障诊断还存在几大问题:①要求训练样本集必须覆盖所有可能的输入区域,即要求有完备的训练样本集,而这个要求对于很多实际复杂系统是难以达到的,如目前针对航空发动机的故障样本数据就很少;

②网络的推广能力目前还缺乏有效的判断依据,对于一个新的输入数据,应用者无法判断网络对该输入做出的响应是否正确;③网络本身存在的缺陷,如有的网络本身存在权值初始值难以确定、隐含层节点数难以选取、存在局部极小等问题。

2. 基于支持向量机的故障诊断方法

统计学习理论是建立在一套较坚实的数学理论基础之上的机器学习理论,为解决有限样本学习问题提供了一个统一的框架。它能将很多现有方法纳入其中,有望帮助解决许多原来难以解决的问题(如神经网络结构选择问题、过学习与欠学习问题、局部极小点问题等)。同时,在这一理论基础上发展了一种新的通用学习方法——支持向量机[28](support vector machine,SVM),其学习原则是使结构风险最小化,即由有限训练样本得到的决策规则对独立的测试集仍能得到小的误差。它在解决小样本、非线性及高维模式识别问题中已初步表现出很多优于已有方法的性能,并大大提高了学习方法的推广泛化能力。空军工程大学工程学院李应红等对 SVM 在航空发动机故障诊断中的应用进行了若干探索性研究,取得了大量成果,出版了国内第一部反映支持向量机工程应用进展的研究著作[29]。将支持向量机用于故障诊断的优点是:在故障样本较少时,诊断精度高于神经网络;对于高维样本,诊断速度比神经网络快。它与神经网络具有类似的缺点,即知识的可表达性及可解释性差。

3. 基于模糊集的故障诊断方法

模糊故障诊断方法[15]利用了模糊集理论中的隶属度函数、模糊逻辑、模糊关系、模糊综合评判、模糊聚类及模糊模式识别等方面的知识,解决故障信息的模糊性,将模糊现象与因素之间关系用数学表达式描述并进行计算,分析设备故障诊断中各个环节中所遇到的各种模糊信息,对它们进行科学的、定量的处理与解释。该方法的优点是:能将专家的经验知识用适合计算机的形式表现出来;能模拟专家的思维、推理和判断过程;能将故障信息转换成容易理解的形式。其缺点是:缺乏分布式存储和并行协同处理能力,缺乏联想、自适应的学习能力。

4. 基于覆盖机器学习新方法

传统模式识别总是试图在决策空间中寻找最优的决策规则(即距离准则),并利用超平面对决策空间进行划分,每个超平面都对应着一条已经认识的规则,如牛和羊的差别,而决策空间中的每个区域则对应着认识到的一类事物,如牛或者羊。所有的这些规则和区域则反映了传统模式识别的基本工作原理。假设遇到未学习过的新事物,传统模式识别总会根据以前学到的决策规则,并想当然地认为,这个新事物也是学习过的,它服从决策规则和空间划分,从而将其机械地按照决策规则划分到最相似的决策空间中,而这往往是错的。假设在特征空间中,只有牛和羊的决策规则和空间划分,现在遇到了猪,那么就可能出现"猪是羊"的谬误。

人总是一类一类认识事物的。对这种认知行为的模拟难点在于对于"认"过程和"知"过程的建模。如何采用自然、有效的边界构造方法实际是影响"认"过程的核心因素,例如,仿生模式识别实际采用的是多超球的空间联合(这是由于每个RBF神经元在特征空间当中实际都可以看成是一个超球)。而如何更有效地分析决策空间类别边界之间的几何关系实际是影响"知"过程建模的核心因素。有两种研究思路可以采取[30,31],第一种从直观模拟的角度出发,对于多类别模式识别问题,采用组合数据描述对每一类问题采用一个最小覆盖几何体加以描述,而决策时采用距离或其他规则实现分类;第二种从数学最优化问题求解等价关系出发,把模式识别或回归问题等价为一个内在的最小覆盖几何体表征形式,通过求解最小覆盖几何体对数据进行描述,并通过最优化条件间接获得学习机的参数和决策规则。

5. 基于遗传规划的故障特征提取方法

故障特征的选择与提取是诊断技术的关键环节,选择与提取出优质的故障特征可以提高诊断的效率和准确率。在设备故障诊断中,特征参数法是常用的方法之一,最常用的特征参数包括振幅的有效值、峰值和无量纲特征等时域特征参数,有时也用到一些频域参数。其中,无量纲指标因其对机器运行的工况变化不敏感,而获得了广泛的应用。但是,目前已有的无量纲指标形式简单,数量有限,无法实现对不同设备产生的具有不同机理信号的准确描述,因而有必要针对不同设备的不同状态,选择和构造最能反映信号本质的特征指标。作为一种智能的层式结构优化算法,遗传规划可通过对原始参数的重新组合优化,形成新的复合参数,并通过分类能力评判复合参数的优劣,实现对故障特征的选择与提取[32]。

遗传规划在特征提取中的主要优点是:在进化过程中自动从原始数据中选择或生成特征,避免了人为因素的干扰;可以生成新的特征,而不像遗传算法仅能从原始特征中选择特征。遗传规划的主要问题在于它的计算复杂性,随着待求解问题的维数增高,搜索空间就变得越大,需要消耗的时间也就越多。遗传规划用于特征提取的另一个问题是,由于在进化过程中没有考虑特征变量的相关性问题,使得生成的新特征之间可能存在很强的线性相关性。

6. 基于免疫机理的故障诊断方法

反面选择算法就是受免疫系统的反面选择机理启发而提出的,它的一个重要应用是检测模式的变化,但是将其较好的应用于发动机的性能监控与故障检测中,还存在许多问题。首先,二进制编码检测器结构简单,知识表达能力差,缺乏实际物理意义,并且连续 R 位的匹配规则不能体现出发动机工作模式的变化。其次,检测器产生的过程仅需要依靠正常模式样本数据,不需要已有的故障模式数据,因此没有充分利用研究对象的先验知识。另外,单纯利用反面选择算法只能检测模式有无变化,不能定量地反映出模式变化的程度,这对于发动机的性能监控与故障检测是不够的。因此,还需要结合航空发动机故障诊断的实际进行适应性的改进研究[33-35]。

7. 基于粗糙集理论的方法

粗糙集(rough set,RS)理论是 20 世纪 80 年代初由波兰数学家 Pawlak 首先提出的一个分析数据的数学理论[36]。它是一种刻画不完整性和不确定性的数学工具,能有效地分析不精确(imprecise)、不一致(inconsistent)、不完整(incomplete)等各种不完备的信息,还可以对数据进行分析和推理,从中发现隐含的知识、揭示潜在的规律。这个理论的主要特点是[37]:它无须提供问题所需处理的数据集合之外的任何先验信息,可仅根据观测数据删除冗余信息,比较不完整知识的程度——粗糙度、属性间的依赖性与重要性,抽取分类规则。这是该理论与其他理论的最主要区别,也是最重要的优点。正是基于 RS 理论的以上优点,近几年来,此理论已被国内外学者广泛应用于医疗数据分析、飞行员技能评价、石油数据分析、机器故障诊断等领域,并取得了丰硕的成果[38]。

RS 理论只需根据实际样本数据采用集合的上下近似性来删除冗余信息,比较不完整知识的程度——粗糙度、属性间的依赖性与重要性,计算属性重要度,对属性重要度进行归一化从而得到权值。由于在确定权值过程中,RS 理论只需要根据实际数据,这样就克服了专家调查法确定权值的主观性;另一方面,RS 理论也不存在自身参数选取困难等问题。

8. 基于多元统计分析理论的方法

近年来,作为一种基于数据模型的方法,多元统计分析理论为机械设备的状态监测与故障检测的研究提供了一种新的数学工具和解决方案,其基本思想和理论方法对解决故障检测与诊断问题带来了光明的前景[39]。它用于故障检测的基本思想是:首先通过多元统计投影变换把过程的运行空间映射到一个低维的正交运行子空间中,并建立起能充分反映过程运行机理规律的统计独立模型(如主元模型),然后构造出反映过程运行状态及性能指标的各种统计量,并在过程动态运行中对这些统计量进行在线监测和分析,实现"异常运行状态"或故障的有效检测与分离。应用该理论进行故障检测与诊断的优势在于:该理论是一种基于数据模型的方法,无须掌握过程的精确数学模型;只需正常样本数据,不需要故障或异常样本数据;可以构造出反映正常状态及性能的统计量指标,并且可确定统计量的界限值,容易实现故障的检测;当检测到故障后,可进一步确定引起故障或异常的变量源。目前多元统计分析理论已在连续生产过程,如化工生产过程、污水处理、矿石处理、生物反应器的监视和诊断中得到十分广泛的应用。

由于现代发动机系统的复杂性,飞行员和维护人员急需智能化的辅助工具来监测发动机的状态,而多元统计分析理论正适合监控航空发动机这样的大规模高度复杂的系统。且随着计算机技术的发展,高速计算机大流量数据处理能力为多元统计分析理论提供了硬件基础。现代发动机系统大都有为控制系统或传统监测设备配备的计算机辅助数据采集系统,这为采用多元统计分析理论进行发动机状态监测提供了便利条件,无须对发动机硬件部分做大的改动就可以安装采用多元统计过程控制技术的状态监测系统。多元统计分析理论所具有的特点如下:该理论最主要的特点是它们不需要对被控对象的运行机制深入了解,只要有足够的、合适的统计数据就可以用多元统计分析理论建立统计学模型并根据该模型进行状态监测。因此,该理论只需要发动机正常状态的工作数据,建立正常状态的统计模型,通过比较该模型和实际工作数据的统计行为来进行发动机的状态监测与故障检测,这一点则大大缓解了目前发动机故障样本数据较少、较难获取的矛盾;另外该理论在状态监测时可确定明确的界限值,满足了发动机故障检测的需要,正好弥补了性能监控所采用的性能综合指数存在的不足之处[40]。

9. 基于核理论的非线性特征提取方法

特征提取即为将原始样本空间映射(或变换)到某一低维特征空间,得到最能反映分类本质的低维样本特征,有效地实现分类。到目前为止,人们已给出了多种线性特征提取方法,其中包括 PCA、Fisher 线性鉴别分析(Fisher discriminant analysis,FDA)及其有关推广,是线性特征提取算法中最为经典和广泛使用的方法[41-44]。然而 PCA、FDA 都是基于线性变换的特征提取方法,将其用于非线性故障特征提取中效果并不佳。因此,有必要使用非线性特征提取方法提取复杂系统的非线性统计特征。为此,有关专家、学者提出了一系列的非线性特征提取方法,如主曲线方法、广义 PCA、神经网络 PCA 方法等。基于核理论的非线性特征提取研究是模式识别领域中一个迅猛发展的新方向,在国际上也可以说是刚开始研究,其研究内容主要是将核函数与传统的特征提取方法结合,如 Scholkopf 等[45,46]利用核方法将经典的 PCA 推广到 KPCA,Mika 等[47]以及 Baudat 等[48]利用核方法将 FDA 进行非线性推广,提出了核 Fisher 鉴别分析(kernel FDA,KFDA)方法。从 Mike 和 Smola 等的研究成果看,基于核的非线性特征提取方法不仅特别适合于处理非线性问题,且能提供更多的特征信息,特征提取效果更优[49]。因此,基于核理论的非线性特征提取方法是一个值得研究的方向。然而,不论是线性的 PCA、FDA 还是基于核的 KPCA、KFDA 都存在一个不足:就是不能在特征提取之前,事先删除与分类无关的输入特征,从而排除干扰特征的影响,使最终提取的特征效果更佳。粗糙集理论的属性约简是其核心内容之一。它能在保持知识库分类能力不变的条件下,剔除其中不相关或不重要的属性(特征),以使知识简化[50]。因而,将粗糙集的属性约简与基于核理论的特征提取方法结合起来,是一个可以考虑的研究思路。首先对所有输入特征进行约简,提前删除次要的或与分类无关的特征,然后对保留的特征进行特征提取,最终有望使提取的特征具有最强的分类能力,提高分类性能和速度,有助于实现故障诊断的实时性。

10. 组合分类方法

由于单个分类器往往自身存在无法解决的缺陷,如神经网络的局部极值、隐层的设计和支持向量机的核选择等,这些缺陷有可能限制了单个分类器的分类性能的提高。当我们还不知单个分类器本身的分类性能是否还能提高的情况下,寻找一般的提高已有分类器分类精度的方法是一个很好的思路。组合分类的思想正是为实现这个目的提出来的。目前,结合信息融合发展起来的组合分类器是已成为一个研究的新热点。所谓组合分类器就是分类器的集合,这些分类器的单独决策被以某种方式组合起来(如加权投票)以给新样本分类。这些分类器虽然单个分类性能都可以不太理想,但是综合后的结果一般来说都会比单个分类器好,很多情况下分类性能甚至会有质的飞跃,并且组合分类器比单个学习器更适合非对称数据集及处理大规模数据集。基于上述原因,将组合分类方法引入到航空发动机故障诊断领域中,应用结果证实其提升了诊断精度,并有助于改善发动机非对称样本的分类效果[51]。

目前研究最多并具有很好前景的组合分类器,如 Boosting 和 Bagging,就是为了提高已有分类器学习精度而提出的组合分类方法。Boosting 是由 Freund 和 Schapire 提出的一种试图通过组合学习的方法来提升任意给定学习算法精度的有效工具。这种组合学习的构思最早起源于 Valiant 的 PAC 学习模型,在 PAC 模型中首次定义了强学习和弱学习的概念。Boosting 算法的基本思想就是通过产生数个简单的、精度比随机猜测略好的粗糙预测估计来构造出一个高精度的预测估计。由于很多情况下,直接获取一个高精度的估计是一件非常困难的事,而产生数个只比随机猜测好的粗糙估计却很容易,因此,Boosting 算法有重要的实际意义。1995 年,Freund 和 Schapire 在原来 Boosting 算法的基础上经过修改和完善,提出 AdaBoost(adaptive boosting)算法[52],这种算法不需要任何关于弱学习器的先验知识,可以非常容易地应用到实际问题中。AdaBoost 算法提出后在机器学习领域得到极大的重视,理论研究与试验结果表明,AdaBoost 能显著提高学习精度和泛化能力,已经成为 Boosting 系列中的代表算法。然而,有研究表明,AdaBoost 算法在一定程度上还存在以下不足之处:弱分类器本身的参数选取问题;弱分类器的分类结果的差异问题;训练轮数 T 的合理选取问题;多类分类时弱分类器的精度问题。本书介绍了作者提出的几种改进算法。

1.2.3 存在的主要问题

目前,针对航空发动机性能监控与故障诊断,已经有了很多不同的方法和技术,在实际应用中也发挥了重要的作用,但仍有一些问题难以解决。

1. 特征提取

航空发动机主要通过各种类型的传感器来采集信息,由传感器所获取的信息往往是杂乱无章的,其特征不明显、不直观,很难加以判断、分类和推理。因此,在进行故障诊断之前,需要通过一定的方法对信息进行分析、变换和处理,从不同角度获取最敏感、最有用的特征信息。在发动机实时故障诊断中,进行故障信息的特征提取是保证实时性的必要条件,否则大量的诊断信息将严重影响分类和推理等性能和速度,阻碍了故障诊断的实时实现。

2. 故障样本获取

对于航空发动机来说,反映其正常运行状态的数据比较容易获取,而故障数据的获取相对比较困难。这就使得一些依赖于大量样本数据的故障诊断方法难以实施,影响了故障诊断工作的开展与推广。如何充分利用发动机正常工作状态数据,与仿真技术结合,开展异常检测和故障诊断的研究,是需要解决的问题之一。

3. 故障诊断知识获取

知识获取是建造故障诊断专家系统的瓶颈问题,尤其是知识的自动获取一直是专家系统研究中的难点,采用机器自学习是实现知识获取自动化的有效途径。机器学习就是使其能在实际工作中不断总结成功和失败的经验教训,对知识库中的知识自动进行调整和修改,以丰富、完善系统的知识。如何利用机器学习方法较好地解决故障诊断专家系统知识获取的瓶颈问题,值得进一步研究。

4. 故障诊断结果的可解释性

有些故障诊断方法具有很好的可解释性,如基于规则的专家系统、故障树方法等,但有些方法的可解释性很差,如神经网络方法、粗集方法及支持向量机方法等。而故障诊断技术是一种对可解释性要求很高的技术。所以,开发研究既具有智能诊断机制又具有较好可解释性的故障诊断方法具有实际意义。因此,为了解决发动机故障诊断中的这些问题,一方面需要对现有诊断方法进行改进和综合应用研究;另一方面还需加强新方法的研究,如对基于生物智能新方法的研究。

1.3　主要研究成果及本书章节安排

本书内容是作者多年来在航空发动机智能诊断、建模和预测领域部分研究成果的归纳和总结,主要分为支持向量机、覆盖机器学习、核多元统计以及进化计算和免疫计算等方法与应用四大部分。

1.3.1　支持向量机方法及其应用

以 SVM 为代表的统计学习理论从控制学习机器复杂度的思想出发,提出了结构风险最小化原则,该原则使得学习机器在可容许的经验风险范围内,总是采用具有最低复杂度的函数集。与神经网络相反,统计学习理论是建立在坚实的数学基础之上的,具有完整和复杂的理论体系。目前统计学习理论在理论上已经比较成熟,但由于受到关注的时间比较短,因此在工程上的应用还比较少。统计学习理论为解决小样本学习问题提供了统一的框架,它的核心概念是 VC 维,用 VC 维来描述学习机器的复杂度,并以此为出发点导出了学习机器推广能力的界的理论。该理论致力于寻找在小样本情况下学习问题的最优解,而不需要利用样本数趋于无穷大的渐进性条件。这使得统计学习理论在小样本下同样能得到具有推广价值的知识。

SVM 在解决小样本、非线性及高维模式识别问题中表现出了许多特有的优势,并能够应用推广到函数拟合等其他机器学习问题中,SVM 成功地解决了高维问题和局部极值问题。SVM 使用了大间隔因子来控制学习机器的训练过程,使其只选择具有最大分类间隔的分类超平面,又叫最优超平面(在不可分情况下,又引入松弛因子来控制经验风险),从而使其在满足分类要求的情况下,具有最高的推广能力。其基本思想是,首先将原始模式空间映射到非常高维的特征空间,并在该特征空间中寻找最优分类超平面。SVM 利用一些具有特殊性质的核函数,将特征空间中的内积运算转化为低维空间中的非线性运算,从而巧妙地避免了高维空间中的计算问题。

SVM 方法的优点如下:①它是专门针对有限样本情况的,其目标是得到现有信息下的最优解,而不仅仅是样本数趋于无穷大时的最优值;②算法最终将转化为一个二次型寻优问题,从理论上说,得到的将是全局最优点,解决了在神经网络方法中无法避免的局部极值问题;③算法将实际问题通过非线性变换转换到高维空间,在高维空间中构造线性逼近函数来实现原空间中的非线性逼近函数,特殊性质能保证学习机有较好的推广能力,同时,它巧妙地解决了维数问题,其算法复杂度与维数无关。SVM 的结构非常简单,从表面上看,它类似于三层前馈神经网络。但实际上它与神经网络有着根本性的不同。简要地说,SVM 的隐层是随着所要解决的问题和规模而自动调节的,从而使得学习机器的复杂度总是与实际问题相一致,因而可以自适应地解决各种不同的问题。作者的研究工作,取得的主要成果和贡献[29,51,53-74]如下:

(1) 基于 SVM 的故障诊断模型,应用于航空发动机小样本气路故障诊断和转子系统故障融合诊断。

对于航空发动机的故障诊断而言,常见的诊断方法有基于气路模型的诊断方法以及基于知识的智能诊断方法等。基于气路模型的诊断方法根据各个部件间的气动热力关系进行分析,对系统的数学模型依赖较大,对于建模误差、参数摄动、噪声和干扰等都十分敏感,这使得诊断结果的可靠性不能得到严格的保证,并且由于飞机的监测参数的个数远远小于发动机气路部件和指示系统故障的数目,因此气路方法的使用受到一定的限制。基于知识积累的智能诊断方法,具有逼近任意复杂非线性系统的能力和分类能力,但是该方法需要有足够的发动机典型故障数据样本和先验知识,而实际的发动机系统尤其是新研制的发动机往往不具备条件,因而使得这些理论上优秀的方法面临从有限样本获得大推广能力的难题,从而限制了其广泛应用。作者建立了航空发动机小样本故障诊断的支持向量机应用模型。

此外,还介绍了基于 AdaBoost 组合分类的故障诊断新方法,建立了基于 Diverse AdaBoost-SVM 算法和 FSAMME 算法的发动机故障诊断模型。为了提高对航空发动机中分散程度较大、聚类性较差以及严重非对称的故障样本的分类精度,提出采用 SVM 作为弱分类器的一种两类分类 AdaBoost 算法——Diverse AdaBoost-SVM;为解决多类分类诊断问题存在的不足,基于两类分类 AdaBoost 算法的统计学观点,提出采用一种基于多类指数损失函数的多类分类 AdaBoost 算法——使用多类指数损失函数的前项逐步叠加模型(FSAMME)。然后分别建立了基于以上算法的发动机诊断模型。

(2) 基于 SVM 的时间序列建模一般框架,并用于航空发动机的滑油金属含量预测以及性能综合参数预测。

航空发动机滑油的消耗量及滑油中金属含量值能比较准确地反映发动机轴承、附件和齿轮的工作情况。当滑油消耗量或滑油中某些金属含量偏高,则说明轴承、机匣或齿轮磨损厉害。通过对滑油消耗量及滑油中镁、铝、铁和铜含量值及其趋势监控,可以有效地监视和预测发动机传动系统零部件的磨损情况及故障特征。某型飞机飞行参数系统记录了大量关于滑油的数据,通过光谱分析可以得到滑油中的金属含量,依据滑油金属含量历史数据,建立时间序列预测模型来预测分析金属含量的变化趋势。常规的时间序列预测方法主要以自回归模型为主,这种模型在理论上十分成熟,但其精度不高,且容错性差,仅仅适合做短区间预测。将相空间理论引入到时序建模中,提出采用相空间的饱和嵌入维数或结合 FPE 准则确定时序模型的输入节点数,并建立了基于 SVM 的一步和多步时序预测模型。此外,新发展了稀疏最小二乘 SVM 和在线最小二乘支持新算法,并应用于某型航空发动机的起动动态过程建模。

1.3.2　覆盖机器学习理论及其应用

"一类一类认识事物"是人类认知行为过程的重要特点,人类在认识事物的时候按照类别进行学习。对于未知的类别不是试图将其划分到已知的那一类出来,而是判断出知不知道这个类别。这个特点是现代常规机器学习和模式识别理论都无法具备的,因为这些算法都是直接基于决策空间分割按照相似度进行硬性指派。本书以模拟认知活动"一类一类认识事物"为研究对象,结合计算几何和最优化方法,提出了覆盖机器学习概念、模型和方法,较为圆满地解决了制约 SVM 应用的多元回归和多类分类难题,提出的算法对于解决航空发动机不完备故障集的诊断分类和多元回归模型辨识问题具有非常好的应用效果。取得的主要理论成果和贡献[30-31,75-83]如下:

(1)覆盖机器学习模型及超球求解算法。

提出了覆盖机器学习概念和模型及其求解算法。提出了采用最小覆盖几何体最优化算法对给定点集的覆盖,模拟人类认知活动"一类一类学习"的特点,从而将分类问题看成是一类一类学习的过程;以最小覆盖球(minimum enclosing ball,MEB)为例,针对能够表征成为凸二次规划形式的核学习机,得到了分类、回归等 SVM 算法的最小覆盖球表征,从而建立起从最小覆盖球研究分类和回归学习算法的途径;以二分类 SVM 为例,研究了最小覆盖球表征形式与核学习机决策平面之间的等价关联关系,明确得出:对于最小覆盖球边界上的非训练点对应于 SVM 的最大间隔超平面,而对于最小覆盖球边界上的训练点则对应于 SVM 的支持向量点。为求解超球模型,提出了一种新的严格最小覆盖球核心集快速实现算法,从内点法容差 δ 与最小覆盖球算法精度 ε 之间的量化关系入手,提出了一种新的严格最小球核心集快速实现算法,二者之间的量化关系为:$\delta \leqslant \sqrt{1+\left(\dfrac{\varepsilon}{6+3\varepsilon}\right)^2}-1$,分析得到算法的时间复杂度分别为 $O\left(\dfrac{1}{\varepsilon^2}+\dfrac{1}{\varepsilon^4}\right)$,核心集大小为 $O\left(\dfrac{1}{\varepsilon}\right)$。此外,针对超球覆盖提出了一种基于线性规划的二分类训练新算法。

(2)结构覆盖机器学习模型。

为解决航空发动机故障诊断中的高维、大数据、多分类、多元回归等问题,系统提出了结构覆盖机器学习模型。提出了多类分类结构覆盖分类学习机,引入了标签向量空间的概念,定义了标签向量空间的内积和范数,证明了标签向量空间可分的定理。标签向量空间的引入使得多类别的类别标签可以嵌入到任意一个标签向量空间;重新解析了 SVM 二分类法向量,提出了将 SVM 输入输出通过线性算子进行关联寻找相似度最大的学习机模型,引出了向量值 SVM 的概念和思路;得到了向量值 SVM 的 MEB 表征形式,在此基础上发展了结构覆盖分类学习机;对于多分类问题,考虑到样本类之间的均衡性,提出了新的初始化算法和概率加速采样方法。

提出了多元回归结构覆盖回归学习机。引入了广义损失函数的概念,在此基础上得到了向量回归 SVM 一般优化表示形式;针对广义损失函数选值的不同,分别发展了 L_1 范数、L_2 范数和 L_∞ 范数下的向量值回归模型;为进一步提高算法的收敛速度,得到了其 MEB 表征形式,采用 MEB 算法进行训练,适用多元回归、高维、大数据回归学习问题。

(3) 结构覆盖机器学习在航空发动机多类故障诊断和起动过程建模中的应用。

针对航空发动机多类故障诊断、起动过程多元回归等需要和问题,分别提出了覆盖机器学习解决办法,并取得了很好的结果。针对两个航空发动机气路诊断案例,采用结构覆盖分类学习机与 SVM 进行了比较,发现结构覆盖分类学习机综合性能表现最佳,算法不但具有快速收敛速度,而且具有很好的推广性能。针对某型航空发动机起动非线性过程,采用结构覆盖回归学习机算法建立了起动过程的多元回归模型,采用实测数据进行了验证,表明该算法可以满足工程误差的要求。

1.3.3 核多元统计方法及其应用

核多元统计是基于统计学习理论发展起来的另一类主流数据挖掘方法,核多元统计理论除了具有常规统计方法的优点外,也继承了核学习机的众多优点。核多元统计诊断和预测理论在航空发动机故障检测、故障识别、特征提取等具有较为明显的应用潜力,取得了较好的应用效果。取得的主要理论成果和贡献[40, 84-90]如下:

(1) 为了克服线性主元分析方法及其他非线性主元分析方法在检测具有一定非线性特征的航空发动机故障时存在的不足,提出采用非线性多元统计分析方法中的核主元分析法进行航空发动机故障检测。

为了解决静态核主元分析模型不能适应发动机正常的参数漂移可能带来的检测误差问题,进一步提出了基于滑动窗口机制的自适应核主元分析检测方法,并给出相应的实施步骤。应用实例表明,核主元分析模型的故障检测效果优于线性主元分析模型;而自适应核主元分析模型的故障检测效果要优于前两者,一方面提高了故障检测的快速性;另一方面提高了故障检测准确率,有助于减少误报警。

(2) 提出了一种基于核主元分析模型的故障识别方法。

本书在核函数导数及微分贡献率图的基础上,给出一种基于核主元分析监控模型的故障识别方法——贡献率图法。与基于数据重构的故障识别方法相比,该方法有严格理论基础作为保证,而且不需要任何近似计算和数据的重构,可以减少计算量和原始数据信息的损失。通过实例的验证表明,基于贡献率图的故障识别方法有效地提高了故障变量识别准确率,并且计算量小,识别速度快,从而较好地解决了目前基于 KPCA 模型的故障变量识别困难的问题。

（3）以提高航空发动机故障诊断的快速性和准确性为目的,提出一种基于粗糙核 Fisher 鉴别分析的故障特征提取方法。

该方法首先采用粗糙集理论的属性约简删除与分类无关或关系不大的特征（考虑到实际属性约简问题其实是一个 NP 难题,本书采用了基于启发式的属性约简方法）,降低输入特征维数,排除干扰特征的影响;然后再采用核 Fisher 鉴别分析方法进一步提取非线性特征;最后,通过滚动轴承的应用实例表明,该方法获取的特征在提高分类正确率的同时,还有效地降低了输入特征维数,提高了分类效率,并且对分类器具有较强的适应性和鲁棒性。

1.3.4　进化计算和免疫计算方法及其应用

以遗传规划和人工免疫系统为基础,针对特定的航空发动机故障诊断问题,抽取不同的方法,有目的地改进已有的故障诊断方法,开发更为有效的智能诊断新方法。取得的主要理论成果和贡献[32-35,91-99]如下:

（1）提出了一种基于遗传规划和线性鉴别分析的故障特征提取模型。

该模型首先利用遗传规划从原始特征集中提取更能反映故障本质的复合特征,然后通过线性鉴别分析进行二次特征变换,消除特征之间的相关性以及压缩特征维数,得到对分类识别更有效、数目更少的特征。通过航空发动机滑油系统故障识别实验,表明经过遗传规划和线性鉴别分析提取的特征对故障具有更好的识别能力,并且对分类器具有很强的鲁棒性。

（2）为了解决传统距离判别函数法在故障诊断中存在误差较大等问题,基于主元核理论和免疫系统机制,提出了基于主元核相似度免疫机制的故障诊断方法。

该方法在免疫形态空间中采用主元核形式的相似性度量,将已知故障模式中的每个样本看做一个抗体,将待检样本看做抗原,把故障诊断问题转化为抗体对抗原的识别问题。应用实例表明,该方法受故障模式分布结构的影响较小,当故障样本分散程度较大、聚类性较差时,仍能得到较好的诊断结果。

（3）以提高航空发动机故障诊断的快速性和准确性为目的,基于人工免疫理论中的克隆选择算法,结合聚类分析方法,提出了基于免疫聚类分析的故障特征提取方法。

该方法通过删除对分类无关的特征以及压缩类间相关特征,得到最有利于分类的子特征集,提高了分类器的分类性能,并且该算法具有本质上的并行性、计算效率高和聚类能力强等优点。多类支持向量机的分类实验表明,经过基于免疫聚类分析提取的特征对发动机的故障具有更好的识别能力。

（4）针对反面选择算法用于故障检测所存在的局限性,将智能融合的思想引入到反面选择算法中,通过与神经网络的融合,提出了一种具有神经网络结构的检测器,并给出了相应的训练算法。

通过混沌时间序列的异常检测实验,证实该神经网络检测器比常规的二进制编码检测器有效,并研究了算法参数对故障检测性能的影响。最后通过滚动轴承损伤检测的仿真实验,验证了方法的有效性。

（5）提出了一种基于人工免疫理论的航空发动机性能监控方法。利用免疫系统的反面选择机理,并结合人工神经网络,确定发动机性能偏离正常值的程度（异常度）,实现发动机性能趋势的监控。

该方法能够灵敏、准确地反映发动机整体性能的变化情况。建立了状态变量对发动机性能影响的概率模型,用于发动机性能监控过程中的故障隔离。根据模型能够计算出发动机性能异常时各个状态变量导致此时刻性能异常的概率,然后依据这个概率初步判断哪些状态变量导致发动机性能出现异常,并根据概率的大小对相应部件进行检查,以此来寻找故障源。通过对某型涡扇发动机的性能监控,验证了该方法的有效性。

（6）研究利用人工免疫网络来诊断航空发动机传感器故障。提出了一种用于传感器故障诊断的免疫网络,对其结构和特点进行了分析,给出了相应的诊断算法。

对传感器典型故障进行了故障诊断仿真,分析了免疫网络能检测出的最小故障偏差水平以及在不同噪声水平下的故障诊断效果。仿真结果表明,所研究的方法能有效地检测到故障传感器,并具有良好的灵敏性以及抗噪声干扰能力。

1.3.5 本书章节安排

第 1 章,绪论。首先,介绍了航空发动机的预测与健康管理,分析了航空发动机 PHM 技术在确保飞行安全、减少维修保障费用中的重要作用,并着重指出了数据挖掘技术是以诊断和预测为标志的航空发动机预测与健康管理技术的核心;其次,分析了航空发动机诊断和预测方法的现状和存在的问题;最后,总结了作者的主要贡献和全书章节安排。

第 2 章,支持向量机方法及应用。首先,综述了支持向量机的基本算法;其次,列举了常用的支持向量机分类算法、预测（回归）算法和求解实现方法;最后,分别给出了支持向量机分类算法和回归算法在航空发动机等中的典型应用案例。

第 3 章,覆盖机器学习理论及应用。首先,给出了覆盖机器学习的模型化方法,分析了几种典型核学习机与最小覆盖球之间的等价关系;其次,分析了最小覆盖球的求解实现方法,提出了一种基于核心集的严格最小覆盖球算法;然后,针对多类分类和多元回归,分别提出了向量值低复杂度结构覆盖分类和回归学习机模型;最后,将其分别应用于航空发动机故障诊断和起动过程多元过程建模。

第 4 章,核多元统计方法及应用。首先,给出了基于核主元分析的故障检测方法,分别分析了基于核主元的故障检测模型、基于滑动窗口的 AKPCA 故障检测方法;其次,分析了基于核主元的故障识别方法,分析了基于 KPCA 的故障重构方法、改进的 KPCA 重构方法、基于 KPCA 的故障识别方法以及基于贡献率图法的故障识别方法等;接着,提出了基于粗糙核 Fisher 鉴别分析的故障特征提取方法;最后,分别介绍了上述方法在航空发动机故障诊断中的应用案例。

第 5 章,进化计算和人工免疫方法及应用。首先,分析了基于进化规划和线性鉴别分析的故障特征提取方法;其次,分析了基于克隆免疫理论的距离判别函数法和模糊聚类法;接着,分析了基于反面选择理论的融合故障诊断方法;之后,分析了基于反面选择的性能监控方法,着重分析了状态变量对样本点异常程度的影响分析和基于系统异常概率模型的故障隔离方法,分析了基于人工免疫网络的传感器故障诊断方法;最后,分别介绍了上述方法在航空发动机故障诊断、建模与预测中的应用案例。

第 6 章,航空发动机 PHM 数据挖掘问题及技术挑战。从学科交叉角度归纳总结了航空发动机 PHM 技术发展中的典型数据挖掘问题,并简要分析了航空发动机 PHM 技术发展中仍面临的重大技术挑战。

参 考 文 献

[1] Vachtsevanos G, Lewis F, Roemer M, et al. Intelligent Fault Diagnosis and Prognosis for Engineering Systems. Hoboken: John Wiley and Sons, 2006.

[2] 曾声奎, 吴际, Michael G P. 故障预测与健康管理(PHM)技术的现状与发展. 航空学报, 2005, 26(5): 626-632.

[3] 姜彩虹, 孙志岩, 王曦. 航空发动机预测健康管理系统设计的关键技术. 航空动力学报, 2009, 24(11): 2589-2594.

[4] 尉询楷, 冯悦, 刘芳, 等. 军用航空发动机 PHM 发展策略及关键技术. 航空动力学报, 2011, 26(9): 2107-2115.

[5] Link C J, Jack D M. Aircraft Engine Controls: Design, System Analysis, and Health Monitoring. Reston: AIAA, 2009.

[6] Gastineau Z D. Propulsion technology planning for engine health management. http://www.netl.doe.gov/publications/proceedings/0/turbines/gastineau.pdf. 2010.

[7] Brown E R, McCollom N N, Moore E, et al. Prognostics andhealth management a data-driven approach to supporting the F-35 lightning Ⅱ. 2007 IEEE Aerospace Conference Proceedings, Big Sky: IEEE, 2007.

[8] http://www. aeronautics. nasa. gov/programs_avsafe. htm. 2007.

[9] SAE Committee E-32. AIR1587B-2007Aircraft Gas Turbine Engine Health Management System Guide. Warrendale: SAE International, 2007: 3-25.

[10] 张叔农, 康锐. 数据挖掘技术在航空发动机 PHM 中的应用. 弹箭与制导学报, 2008, 28(1): 167-170.

[11] 尉询楷, 冯悦, 朱纪洪, 等. 航空发动机 PHM 中的数据挖掘机遇与挑战. 计算机工程与科学, 2012, 34(4): 88-93.

[12] Litt J, Simon D L, Meyer C, et al. NASA avaiation safety program aircraft engine health management data mining tools roadmap. NSAA/TM-2000-210030, NASA, 2000.

[13] Hess A, Frith P, Suarez E. Challenges, issues, and lessons learned implementing prognostics for propulsion systems. GT2006-91279, ASME, 2006.

[14] Heng A, Zhang S, Tan A C C, et al. Rotating machinery prognostics: State of the art, challenges and opportunities. Mechanical Systems and Signal Processing, 2009, 23: 724-739.

[15] 李应红, 风寿湃. Fuzzy 集理论在喷气发动机自动停车故障诊断中的应用. 模糊数学, 1984, (3).

[16] 张洪敏, 风寿湃, 飞机故障诊断的识别——一种人工智能系统. 空军工程学院学报, 1985, (2).

[17] 周宗才, 张居仁, 李应红. 航空发动机监控与诊断原理. 西安: 空军工程学院, 1988.

[18] 左洪福. 发动机磨损状态监控和故障诊断技术. 北京: 航空工业出版社, 1996.

[19] 陈恬. 一种推进系统故障诊断反问题模型与算法. 北京航空航天大学学报, 1999, 25(6): 684-687.

[20] 陈恬. 自组织神经网络航空发动机气路故障诊断. 航空学报, 2003, 1: 46-48.

[21] 张绍基. 军用航空发动机燃油与控制系统的研究和发展. 航空发动机, 2000, 3: 14-17.

[22] 张斌, 张绍基. 发动机状态监视与故障诊断地面软件系统的总体方案研究. 航空发动机, 2000, 2: 56-65.

[23] 吴学忠. 基于多传感器的刀具状态监测理论与实验研究[博士学位论文]. 长沙: 国防科学技术大学, 1998.

[24] 赵玉成. 旋转机械故障诊断理论及方法的研究[博士学位论文]. 西安: 西安交通大学, 1999.

[25] 于潇. 基于信息融合的旋转机械故障诊断研究[博士学位论文]. 西安: 西北工业大学, 2004.

[26] 何永勇, 钟秉林, 等. 基于人工神经网络的旋转机械多故障同时性诊断策. 东南大学学报, 1996, 25(5): 39-43.

[27] 焦李成. 神经网络的应用与实现. 西安: 西安电子科技大学出版社, 1996.

[28] Vapnik V N. 统计学习理论的本质. 张学工译. 北京: 清华大学出版社, 2000.

[29] 李应红, 尉询楷, 刘建勋. 支持向量机的工程应用. 北京: 兵器工业出版社, 2004.

[30] Wei X K, Li Y H, Li Y F. Enclosing machine learning // Wang J. Encyclopedia of Data

Warehousing and Mining-2nd Edition. PennsyLvania：Idea Group, Inc. , 2008：744-751.

[31] Wei X K，Li Y H. Linear programming minimum sphere set covering for extreme learning machines. Neurocomputing, 2008, 71(4-6)：570-575.

[32] 侯胜利，李应红，尉询楷. 基于遗传规划和线性鉴别分析的发动机故障特征提取模型及其应用. 推进技术，2006, 27(3)：270-275.

[33] 侯胜利，李应红，尉询楷. 基于主元核相似度免疫机制的故障诊断方法及应用. 推进技术，2006, 27(2)：154-157.

[34] 侯胜利，李应红，尉询楷,等. 基于免疫聚类分析的特征提取及其在发动机故障诊断中的应用. 推进技术，2006, 27(6)：554-558.

[35] 侯胜利，李应红，李名魁,等. 基于人工免疫网络模型的航空发动机传感器故障诊断. 推进技术，2007, 28(1)：86-91.

[36] Pawlak Z. Rough set theory and its applications to data analysis . Cybernetics and Systems, 1998, 29：661-688.

[37] 韩祯祥，张琦，文福拴. 粗糙集理论及其应用. 信息与控制，1998, 27(1)：37-45.

[38] 王玉，苗夺谦，周育健. 关于 Rough Set 理论与应用的综述. 模式识别与人工智能，1996, 4：337-343.

[39] Raich A，Cinar A. Statisticalprocess monitoring and disturbance diagnosis in multivariable continuous process. AIChE Journal, 1996, 42：995-1009.

[40] 胡金海，谢寿生，侯胜利,等.核函数主元分析及其在故障特征提取中的应用.振动、测试与诊断，2007, 119(1)：48-52.

[41] Pukunaga K. Introduction to Statistical Pattern Recognition. New York：Academic Press, 1990.

[42] 边肇祺，张学工. 模式识别(第二版). 北京：清华大学出版社，1999.

[43] Guo Y F，Shu T T，Yang L Y，et al. Feature extraction method based on the generalized Fisher discriminant criterion and face recognition. Pattern Analysis & Application, 2001, 4(1)：61-66.

[44] Belhumeur P N, Hespanha J P, Kriegman D J. Eigenfaces vs. fisherfaces：Recognition using class specific linear projection. IEEE Transactions on Pattern Analysis and Machine Intelligence, 1997, 19(7)：711-720.

[45] Scholkopf B，Smola A，Muller K R. Nonlinear component analysis as a kernel eigenvalue problem. Neural Computation, 1998, 10(5)：1299-1319.

[46] Scholkopf B，Smola A，Muller K R. Kernel principal component analysis. Artificial Neural Networks-ICANN'97, Berlin, 1997：583-588.

[47] Mika S，Ratsch G，Weston I，et al. Fisher discriminant analysis with kernels. IEEE Neural Networks for Signal Processing Workshop, New York,1999：41-48.

[48] Baudat G，Anouar F. Generalized discriminant analysis using a kernel approach. Neural Computation, 2000, 12：2385-2404.

[49] Guo Y F，Shu T T ，Yang L Y，et al. Feature extraction method based on the generalized

Fisher discriminant criterion and face recognition. Pattern Analysis&Application, 2001, 4(1): 61-66.

[50] 曾黄麟. 粗集理论及其应用. 重庆：重庆大学出版社，1998.

[51] 胡金海，骆广琦，李应红，等. 一种基于指数损失函数的多类分类的 AdaBoost 算法及其应用. 航空学报，2008，29(4)：811-816.

[52] Freund Y. Boosting a weak learning algorithm by majority. Information and Computation, 1995, 121(2): 256-285.

[53] Wei X K, Li Y H. A novel identification model of aeroengine based on support vector machines. Proceedings of WCICA, Hangzhou, 2004, 1: 200-203.

[54] Wei X K, Li Y H. Analysis and applications of support vector forecasting model based on chaos theory. Proceedings of WCICA, Hangzhou, 2004, 2: 1847-1852.

[55] Wei X K, Wu L R, Hou S L, et al. Aircraft take-off and landing performance intelligent computation model and applications. Proceedings of WCICA, 2006, 2: 5863-5867.

[56] Wei X K, Li Y H. Aero-engine dynamic start model based on parsimonious genetic programming. Proceedings of WCICA, 2006, 1: 1478-1482.

[57] 李应红，尉询楷. 一种基于广义逆的机器学习新方法. 控制工程，2007，14(S1)：4-6.

[58] 尉询楷，李应红. 航空发动机状态监控与诊断现状及发展趋势. 控制工程，2007，14(S1)：84-87.

[59] 梁华，李应红，尉询楷，等. 基于混沌和支持向量机的预测模型分析与应用. 弹箭与制导学报，2006，1：479-482.

[60] 吴斌，尉询楷，刘国庆，等. 支持向量机的滚动轴承状态监测. 火力与指挥控制，2006，31(11)：85-87.

[61] 尉询楷，李海鹏，吴利荣，等. 飞机起飞着陆性能智能计算模型及应用. 飞行力学，2006，24(4)：61-64.

[62] 张东方，李应红，尉询楷. 计算涡扇发动机风车起动特性的辨识模型. 航空动力学报，2007，22(8)：1320-1324.

[63] 吴云，李应红，尉询楷，等. 基于相空间重构和神经网络的压气机机匣静压预测. 航空动力学报，2005，20(3)：508-511.

[64] 胡金海，谢寿生，骆广琦，等. 基于支持向量机方法的发动机性能趋势预测. 推进技术，2005，26(3)：260-264.

[65] 李应红，尉询楷. 支持向量机和神经网络的融合发展. 空军工程大学学报（自然科学版），2005，6(4)：70-72.

[66] 尉询楷，李应红，刘建勋，等. 基于支持向量机的信息融合诊断方法. 系统工程与电子技术，2005，27(9)：1665-1668.

[67] 陆波，尉询楷，毕笃彦. 支持向量机在分类中的应用. 中国图象图形学报，2005，10(8)：1029-1034.

[68] 尉询楷，李应红，王硕，等. 基于支持向量机的航空发动机滑油监控分析. 航空动力学报，2004，19(3)：392-397.

[69] 尉询楷，李应红，王剑影，等．基于支持向量机的航空发动机辨识模型．航空动力学报，2004，19(5)：684-688.

[70] 尉询楷，陆波，汪诚，等．支持向量机在航空发动机故障诊断中的应用．航空动力学报，2004，19(6)：844-848.

[71] 尉询楷，李应红，张朴，等．基于支持向量机的时间序列预测模型分析与应用．系统工程与电子技术，2005，27(3)：529-532.

[72] 胡金海，谢寿生，蔡开龙，等．Diverse AdaBoost-SVM 分类方法及其在航空发动机故障诊断中的应用．航空学报，2007，28(9)：1085-1090.

[73] 胡金海，谢寿生，杨帆，等.基于支持向量机的组合分类方法研究及其在诊断中的应用．推进技术，2007，28(6)：669-673.

[74] 王海涛，谢寿生，武卫，等．基于稀疏最小二乘支持向量机的航空发动机动态过程辨识．航空动力学报，2010，25(9)：2139-2147.

[75] Wei X K, Li Y H. Enclosing machine learning：Concepts and algorithms. Neural Computing and Applications，2008，17(3)：237-243.

[76] Wei X K, Li Y H. Mahalanobis ellipsoidal learning machine for one class classification. Proceedings of the Sixth International Conference on Machine Learning and Cybernetics，2007，6：3528-3533.

[77] Wei X K, Li Y H. A fast coreset minimum enclosing ball kernel machines. Proceedings of the 2008 International Joint Conference on Neural Networks，Hongkong，2008：3366-3373.

[78] Wei X K, Li Y H. Enclosing machine learning for class description. LNCS，2007，4491：424-433.

[79] Wei X K, Li Y H. Minimum Mahalanobis enclosing ellipsoid machine for pattern classification. CCIS，2007，2：1176-1185.

[80] Wei X K, Li Y H. Solving Mahalanobis ellipsoidal learning machine via second order cone programming. CCIS，2007，2：1186-1194.

[81] Wei X K, Li Y H. Optimum neural network construction via linear programming minimum sphere set covering. LNAI，2007，4632：422-429.

[82] Wei X K, Li Y H. Theoretical analysis of a rigid coreset minimum enclosing ball algorithm for kernel regression estimation. LNCS，2008，5263：741-752.

[83] 尉询楷，李应红，等．最小体积覆盖椭球容差 SVM 分类器设计新方法//模式识别研究进展——2007 全国模式识别学术会议论文集．北京：科学出版社，2007：78-86.

[84] 胡金海，谢寿生，陈卫，等．基于核函数主元分析的航空发动机故障检测方法．推进技术，2008，29(1)：79-83.

[85] 杨帆，胡金海，陈卫，等．主元分析方法在航空发动机故障检测与诊断中的应用．机械科学与技术，2008，27(3)：330-333.

[86] 胡金海，谢寿生，骆广琦，等．一种基于贡献率图的 KPCA 故障识别方法．系统工程与电子技术，2008，30(3)：572-576.

[87] 胡金海，谢寿生，骆广琦，等．一种基于核函数 Fisher 鉴别分析的特征提取方法．振动、

测试与诊断，2008，28(4)：322-326.

[88] 胡金海，谢寿生，胡剑锋，等．基于粗糙集理论的发动机性能综合评判．系统工程与电子技术，2006，28(5)：704-707.

[89] 胡金海，谢寿生，侯胜利，等．粗糙核主元分析方法及其在故障特征提取中的应用．振动与冲击，2008，27(3)：50-54.

[90] 胡金海，谢寿生，汪诚，等．基于粗糙核 Fisher 鉴别分析的特征提取及其在发动机故障诊断中的应用．航空动力学报，2008，23(7)：1346-1352.

[91] 侯胜利，李应红，尉询楷，等．基于系统异常概率模型的故障分离自动化方法．系统工程与电子技术，2007，29(3)：483-487

[92] 侯胜利，王威，胡金海，等．一种航空发动机性能监控的免疫神经网络模型．航空动力学报，2008，23(9)：1748-1752

[93] 侯胜利，王威，胡金海，等．基于遗传编程的发动机滑油系统故障诊断．振动、测试与诊断，2008，28(4)：400-403

[94] 侯胜利，毕宏，毕志蓉，等．一种基于神经网络的免疫识别故障检测模型．系统仿真学报，2009，21(7)：1887-1890

[95] 侯胜利，王威，柏林，等．基于自组织免疫网络的传感器故障检测模型．计算机应用，2009，29(5)：1426-1429.

[96] 侯胜利，毕志蓉，王威，等．基于学习向量量化的传感器免疫网络诊断模型．电光与控制，2009，16(12)：92-96.

[97] 侯胜利，王威，胡金海，等．发动机喘振故障检测的神经网络免疫识别模型．振动与冲击，2010，29(1)：170-172.

[98] 侯胜利，王威，乔丽，等．压气机失速检测的神经网络反面选择模型．电光与控制，2010，17(5)：38-41.

[99] 侯胜利，王威，乔丽，等．基于克隆聚类的特征提取与多传感器故障诊断．电光与控制，2010，17(6)：69-72.

第 2 章　支持向量机方法及应用

支持向量机最早用于二分类算法,这种算法是支持向量机分类算法的基础,但这种算法由于只有一个可调参数 C,而且 C 值的意义不明确,在实际中较难选取。于是便有人提出了 γ-SVM 算法,这种算法的好处是用户可以仅仅通过调节 γ 而达到控制算法误差和支持向量个数的目的,而对于参数 γ 在分类算法中则表示允许的分类误差的上界,因此,这种改进算法具有较好的实用价值。针对密度估计问题的困难,提出了一类支持向量机算法,而后为了克服超平面分类能力不足的缺陷,便引入了超球面,于是便产生了支持向量数据描述的方法。

支持向量机最初是进行二分类的,因此对于多类算法问题支持向量机并不能直接使用,于是便促使人们不断研究如何将多类的分类问题简化成为若干二分类问题的组合。一对多算法,分类器数目少,但是对于大规模问题单个问题的规模较大,而且由于分类面存在较大的不可分区域,因而使得分类的精度较低;一对一算法,分类器数目较多,但是每个子问题的规模较少,因此相对于一对多类而言,其效率不会降低多少,而且一对一的组合方式使得分类面的不可分区域大大减少,从而有效提高了分类的准确率。一对一方法和一对多方法都是推广性无界,本质都属于投票类型的组合方法。为了能够分析组合分类器推广性的界,提高组合分类器的精度,便产生了利用图论知识的决策有向无环图组合方式,这种方法将决策有向无环图引入到支持向量机的组合中去,使得组合分类器具有严格的推广性的界,对于其训练方法其本质也是一对一的方法,只是对于测试阶段,其判断的路径是按照图的路径进行搜索的,因而训练阶段参与的二值分类器大大减少,而且对于相同的类别可能是沿着不同的分类路径进行的,从而使得组合分类器具有一定的冗余性,但是这种方法对于单个分类器的分类结果比较敏感,一个分类器错误往往导致整个的分类结果错误。另外,也有一些基于 ECOC 方法或者最小二乘方法的多元分类器算法。总体来讲,比较实用和有效的方法还是一对一方法和 DDAG 方法。此外,第 3 章提出的低复杂度向量值支持向量机也是一种很有潜力的多类分类支持向量机,详细情况将在第 3 章进行介绍。

支持向量机通过引入特定的损失函数从而将支持向量机从分类算法推广至回归估计中去。对于回归算法中最基本的就是 ε-SVR,当然也有变形,如 γ-SVR 算法,这些算法通过特殊的损失函数——ε 不敏感损失函数,使得回归型支持向量机也具有很好的稀疏特性。另外,对于非线性问题,支持向量机也通过核的方法将非线性问题转化成为核空间中的线性问题进行求解。

本章系统地总结了支持向量机的现有算法和实现方法,列出了主要的结论,建立了支持向量机的诊断和预测工程应用模型,提出了基于支持向量机的时序预测框架、诊断模型、系统辨识模型等,及其在发动机起动过程建模、模型辨识、小样本故障诊断等方面的应用。

2.1 支持向量机的基本算法

本节将详细地介绍并分析支持向量机的基本算法,着重对一些重要的基本概念及其意义做出详细的解释。在分析过程中,将沿着支持向量机的发展脉络,由浅入深,循序渐进。

2.1.1 线性支持向量机

支持向量机方法是从线性可分情况下的最优分类超平面(optimal hyperplane)提出的。对于两类分类问题,假定 n 个样本的训练集 $D = \{(x_i, y_i) \mid i = 1, 2, \cdots, n\}$, $x \in \mathbf{R}^n$, $y \in \{+1, -1\}$ 能被超平面 $H: w \cdot x + b = 0$ 没有错误地分开,并且离超平面最近的向量与超平面之间的距离(称为 margin,分类间隔)是最大的,则这个向量集合被这个最优超平面分开,分类的原理如图 2.1 所示。

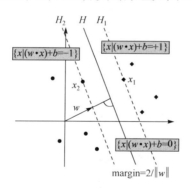

图 2.1 支持向量机最优超平面分割

1. 算法推导

设 $H_1: w \cdot x + b = +1$, $H_2: w \cdot x + b = -1$,其中, H_1 和 H_2 分别为过各类中离分类超平面最近的样本且平行于分类超平面的平面,它们之间的距离就是分类间隔。因为点 (x_0, y_0) 到直线 $Ax + By + C = 0$ 的距离计算公式是 $\dfrac{|Ax_0 + By_0 + C|}{\sqrt{A^2 + B^2}}$,则 H_1 到分类超平面 $H: w \cdot x + b = 0$ 的距离为: $\dfrac{|w \cdot x + b|}{\|w\|} =$

$\dfrac{1}{\parallel w \parallel}$，$H_1$ 与 H_2 的距离为 $\dfrac{2}{\parallel w \parallel}$。

由上分析可知，为最大化超平面的分类间隔，应该最小化 $\parallel w \parallel^2 = w^{\mathrm{T}}w$，并且保证超平面 H_1 与 H_2 之间没有样本存在，则应当满足约束条件：

$$\left.\begin{array}{l} w \cdot x + b \geqslant +1, \quad 若\ y_i = 1 \\ w \cdot x + b \leqslant -1, \quad 若\ y_i = -1 \end{array}\right\} \Leftrightarrow y_i[(w \cdot x_i) + b] - 1 \geqslant 0, \quad i = 1, \cdots, n \qquad (2.1)$$

因此，构建最优分类超平面就转化成为如下带约束条件的优化问题

$$\min_{w,b} \frac{1}{2} \parallel w \parallel^2 = \min_{w,b} \frac{1}{2} w^{\mathrm{T}} w$$
$$y_i[(w \cdot x_i) + b] - 1 \geqslant 0, \quad i = 1, \cdots, n \qquad (2.2)$$

很显然这是一个凸二次规划优化问题。这个优化问题的解可通过求解下面的 Lagrange 函数获得

$$L(w,b,\alpha) = \frac{1}{2} w^{\mathrm{T}} w - \sum_{i=1}^{n} \alpha_i \{y_i[w \cdot x_i + b] - 1\} \qquad (2.3)$$

其中，$\alpha_i > 0$ 为拉格朗日乘数。现在，需要用 Lagrange 函数对 w 和 b 求其最小值，以及关于 $\alpha_i > 0$ 求其最大值。由高等数学知识可以清楚知道：目标函数的最优值位于鞍点上，解满足下述条件：

$$\frac{\partial L(w,b,\alpha)}{\partial w} = 0 \qquad (2.4)$$

$$\frac{\partial L(w,b,\alpha)}{\partial b} = 0 \qquad (2.5)$$

这样就可以在 KKT 条件下，把原问题转化为如下对偶泛函：

$$\max_{\alpha} \sum_{i=1}^{n} \alpha_i - \frac{1}{2} \sum_{i,j=1}^{n} \alpha_i \alpha_j y_i y_j (x_i \cdot x_j)$$
$$\begin{cases} \sum_{i=1}^{n} y_i \alpha_i = 0 \\ \alpha_i > 0, \quad i = 1, \cdots, n \end{cases} \qquad (2.6)$$

求解上述问题就可以得到决策函数：

$$f(x) = \mathrm{sgn}\{(w \cdot x) + b\} = \mathrm{sgn}\left\{\sum_{i=1}^{n} \alpha_i y_i (x \cdot x_i) + b\right\} \qquad (2.7)$$

其中，$\mathrm{sgn}(\cdot)$ 为符号函数；α_i 为 Lagrange 乘数；b 是分类的阈值。

2. 对偶形式

之所以引入对偶问题是因为通常情况下，对偶形式的问题更容易求解。

对照式(2.3)和式(2.7)，我们会问：两式之间是如何转化的呢？事实上，根据极值条件可以得到如下等式：

由极值条件(2.4)可以得到:

$$\sum_{i=1}^{n} y_i \alpha_i = 0 \tag{2.8}$$

由极值条件(2.5)可以得到:

$$w = \sum_{i=1}^{n} \alpha_i y_i x_i \tag{2.9}$$

将式(2.9)带入式(2.3)可得到:

$$L(w,b,\alpha) = \frac{1}{2} w^{\mathrm{T}} w - \sum_{i=1}^{n} \alpha_i \{ y_i [w \cdot x_i + b] - 1 \}$$

$$= \frac{1}{2} \sum_{i=1}^{n} \sum_{j=1}^{n} \alpha_i \alpha_j y_i y_j (x_i \cdot x_j) - \sum_{i=1}^{n} \alpha_i y_i \sum_{j=1}^{n} \alpha_j y_j (x_j \cdot x_i)$$

$$- b \sum_{j=1}^{n} \alpha_j y_j + \sum_{i=1}^{n} \alpha_i = \sum_{i=1}^{n} \alpha_i - \frac{1}{2} \sum_{i,j=1}^{n} \alpha_i \alpha_j y_i y_j (x_i \cdot x_j)$$

根据 Wolf 对偶的定义,就可得式(2.6)所示的对偶优化问题。

2.1.2　广义线性支持向量机

对于线性不可分和噪声情况,线性支持向量机并不能完全获得期望风险最小,甚至会出现过学习问题。因此,需要更好的能够满足经验风险和复杂性最优权衡的方法,这就引出了广义线性支持向量机,广义线性支持向量机通过在约束条件中引入非负松弛变量 $\xi_i \geqslant 0, \forall i$,获得最佳的分类超平面:

$$\left. \begin{aligned} w \cdot x + b \geqslant +1 - \xi_i, & \quad 若\ y_i = 1 \\ w \cdot x + b \leqslant -1 + \xi_i, & \quad 若\ y_i = -1 \end{aligned} \right\} \Leftrightarrow y_i [(w \cdot x_i) + b] - 1 + \xi_i \geqslant 0, \quad i = 1, \cdots, n \tag{2.10}$$

求解广义最优分类超平面,可转化为优化下式:

$$\min_{w,b,\xi} \frac{1}{2} w^{\mathrm{T}} w + C \left(\sum_{i=1}^{n} \xi_i \right)$$

$$\begin{cases} y_i [(w^{\mathrm{T}} \cdot x_i) + b] - 1 + \xi_i \geqslant 0 \\ \xi_i \geqslant 0, \quad i = 1, \cdots, n \end{cases} \tag{2.11}$$

式(2.11)的求解能够既保持基于 VC 维的上界小,又通过最小化 $\sum_{i=1}^{n} \xi_i$ 满足经验风险最小化。其中,规则化(regularization)常数 $C(C > 0)$ 决定了经验风险和复杂性(VC 维)之间的权衡。

式(2.11)同样通过构造拉格朗日函数求解:

$$L(w,b,\xi;\alpha,\beta) = \frac{1}{2} w^{\mathrm{T}} w + C \sum_{i=1}^{n} \xi_i - \sum_{i=1}^{n} \alpha_i [y_i (w^{\mathrm{T}} x_i + b) + \xi_i - 1] - \sum_{i=1}^{n} \beta_i \xi_i$$

$$= \frac{1}{2}w^{\mathrm{T}}w + \sum_{i=1}^{n}(C - \alpha_i - \beta_i)\xi_i - (\sum_{i=1}^{n}\alpha_i y_i x_i^{\mathrm{T}})w - (\sum_{i=1}^{n}\alpha_i y_i)b + \sum_{i=1}^{n}\alpha_i$$

对拉格朗日函数中 w、b、ξ_i 分别求偏导数并等于零：

$$\frac{\partial L}{\partial w} = 0 \rightarrow w^{\mathrm{T}} = \sum_{i=1}^{n}\alpha_i y_i x_i^{\mathrm{T}} \tag{2.12}$$

$$\frac{\partial L}{\partial b} = 0 \rightarrow \sum_{i=1}^{n}\alpha_i y_i = 0 \tag{2.13}$$

$$\frac{\partial L}{\partial \xi_i} = 0 \rightarrow C - \alpha_i - \beta_i = 0, \quad 1 \leqslant i \leqslant n \tag{2.14}$$

由 $\alpha \geqslant 0, \beta \geqslant 0$ 可得

$$0 \leqslant \alpha_i \leqslant C \tag{2.15}$$

同样的道理可以得到上述拉格朗日函数的对偶形式：

$$\max_{\alpha} \sum_{i=1}^{n}\alpha_i - \frac{1}{2}\sum_{i,j=1}^{n}\alpha_i\alpha_j y_i y_j(x_i \cdot x_j)$$

$$\begin{cases} \sum_{i=1}^{n}y_i\alpha_i = 0 \\ 0 \leqslant \alpha_i \leqslant C, \quad i = 1,2,\cdots,n \end{cases} \tag{2.16}$$

求解式(2.16)便可得到决策函数：

$$f(x) = \mathrm{sgn}\{(w \cdot x) + b\} = \mathrm{sgn}\{\sum_{i=1}^{n}\alpha_i y_i(x \cdot x_i) + b\}$$

2.1.3　支持向量的定义

在最优化求解式(2.16)得到的 Lagrange 乘数 α_i 中，α_i 可能是：① $\alpha_i = 0$；② $0 < \alpha_i < C$；③ $\alpha_i = C$。后两者所对应的 x_i 称为支持向量（support vector）。由式(2.12)可知，只有支持向量对最优超平面、决策函数有贡献，这也就是支持向量机名称的来源。而对于式(2.6)所示的线性可分支持向量机，得到的 Lagrange 乘数只有前两种情况。在得到的支持向量中，$\alpha_i = C$ 对应的 x_i 称为边界支持向量（boundary support vector），其实际是错分的训练样本点；$0 < \alpha_i < C$ 对应的 x_i 称为标准支持向量（normal support vector）。对于标准的支持向量是两类样本中离分类面最近，且平行于最优超平面的训练样本。支持向量通常只是全体样本中的很少一部分，因此支持向量这一特性对于大大降低模型的复杂性有着非常重要的意义。

2.1.4　核函数技巧与内积

为了在非线性情况下实现支持向量机，必须利用核特征空间的非线性映射算

法,其基本思想就是通过一个非线性映射,把输入映射到一个新的高维特征空间,然后在新的高维空间中使用线性支持向量机,本小节将简要地描述核的作用和常见的核函数。

特征空间的非线性映射算法是基于非线性映射:$\varphi:\mathbf{R}^N \to Z, x \to \varphi(x)$。样本数据 $x_1, \cdots, x_n \in \mathbf{R}^N$ 被映射到高维空间 Z,学习算法在转换的高维空间 Z 中进行,即样本数据转换为:$(\varphi(x_1), y_1), \cdots, (\varphi(x_n), y_n) \in Z \times Y$。例如,对于二维样本的二阶多项式映射关系表达如下:

$$\varphi:\mathbf{R}^2 \to \mathbf{R}^3$$

$$(x_1, x_2) \to (z_1, z_2, z_3) := (x_1^2, \sqrt{2}x_1x_2, x_2^2)$$

采用 $x_1^2, \sqrt{2}x_1x_2, x_2^2$ 作为二维样本的二阶映射后,原始空间的非线性分类转换为在特征空间的线性分类,如图 2.2 所示。

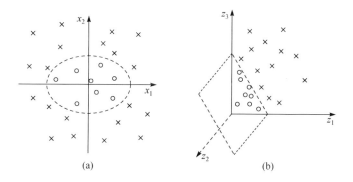

图 2.2 特征空间的非线性映射

通过非线性映射,将分类问题转换为线性超平面分类,因此可以很容易地控制统计复杂性(采用简单的线性超平面分类器)和学习算法的复杂性。但是要在 n 维空间中构造阶数 $d \leqslant n$ 的多项式映射,需要多于约 $(n/d)^d$ 个特征,在特征空间的计算,仍然需要面临高维带来的计算复杂问题。幸运的是,对于确定特征空间和对应的映射,可以通过核函数大大减少计算的复杂性,基于核函数的映射是通过两个定理实现的:

定理 2.1 设核函数为 $K(x, y)$,如果 $k:C \times C \to \mathbf{R}$ 是基于紧致集 $C \subset \mathbf{R}^N$ 上的 Hilbert 空间中的正积分算子的一个连续核,例如,$\forall f \in L_2(C): \int_C k(x, y)f(x)f(y)\mathrm{d}x\mathrm{d}y \geqslant 0$,则存在空间 Z 和映射 $\varphi:\mathbf{R}^N \to Z$,使 $K(x, y) = (\varphi(x) \cdot \varphi(y))$。

例如,对于两个二维样本的二阶多项式映射关系表达如下:

$$(\varphi(x) \cdot \varphi(y)) = (x_1^2, \sqrt{2}x_1x_2, x_2^2)(y_1^2, \sqrt{2}y_1y_2, y_2^2)^{\mathrm{T}}$$

$$=((x_1,x_2)(y_1,y_2)^\mathrm{T})^2$$
$$=(x,y)^2$$
$$=K(x,y)$$

对于 $x,y\in\mathbf{R}^N$，阶数 $d\in\mathbf{N}$，核函数为 $K(x,y)=(x\cdot y)^d$。

定理 2.2(Mercer 条件)　要保证 L_2 下的对称函数 $k(x,y)$ 能以正的系数 $\lambda_j>0$ 展开成 $K(x,y)=\sum\limits_{j=1}^{\infty}\lambda_j\psi_j(x)\psi_j(y)$，$K(x,y)$ 实际描述了在某个特征空间中的一个内积，其充分必要条件是：对使得 $\int g^2(x)\mathrm{d}x<\infty$ 的所有 $g\neq0$，条件 $\iint K(x,y)g(x)g(y)\mathrm{d}x\mathrm{d}y>0$ 成立。

根据 Mercer 条件，$\varphi(x)=(\sqrt{\lambda_1}\psi_1(x),\sqrt{\lambda_2}\psi_2(x),\cdots)$ 是一种展开形式，因此 $K(x,y)=(x\cdot y)^d$ 是一种核函数。

根据 Hilbert-Schmidt 理论，核函数 $k(x,y)$ 可以使满足 Mercer 条件的任意对称函数。这样的核函数形式有许多种，例如：

(1) 多项式核函数：$K(x,y)=[(x\cdot y)+1]^d$；

(2) sigmoid 感知核函数：$K(x,y)=\tanh(\kappa(x\cdot y)+\theta)$；

(3) 高斯核函数：$K(x,y)=\exp\left(-\dfrac{\|x-y\|^2}{2c}\right)$；

(4) 多二次曲面核函数：$K(x,y)=\dfrac{1}{\sqrt{\|x-y\|^2+c^2}}$。

另外，还有正交多项式展开核、样条核和傅里叶展开核等。

2.1.5　非线性支持向量机

对于非线性情况，支持向量机利用了上述的核特征空间的非线性映射算法，即通过某种事先选择的非线性映射将输入向量 x 映射到一个高维特征空间 Z，即 $\varphi:\mathbf{R}^N\rightarrow Z;x\rightarrow\varphi(x)$，再在这个空间中构造最优线性分类超平面，如图 2.3 所示。

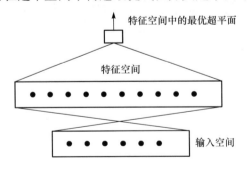

图 2.3　支持向量机构造最优超平面

特征空间中的分类条件转换为

$$y_i[(w \cdot \varphi(x_i))+b]-1 \geqslant 0, \quad i=1,\cdots,n$$

拉格朗日函数转换为

$$L(w,b,\alpha)=\frac{1}{2}w^{\mathrm{T}}w-\sum_{i=1}^{n}\alpha_i\{y_i[w \cdot \varphi(x_i)+b]-1\}$$

二次规划优化转换为

$$\max_{\alpha}\sum_{i=1}^{n}\alpha_i-\frac{1}{2}\sum_{i,j=1}^{n}\alpha_i\alpha_jy_iy_j(\varphi(x_i) \cdot \varphi(x_j))$$

根据 Mercer 条件,可以用核函数 $K(x_i,x_j)$ 代替特征空间中的内积 $\varphi(x_i) \cdot \varphi(x_j)$,因此,支持向量机的实质是通过核函数和映射函数内积的关系,把在高维特征空间中的分类问题转化到原始空间中进行,就相当于在高维特征空间中进行最优超平面分类,因此,优化问题转换为求解二次规划:

$$\max_{\alpha}\sum_{i=1}^{n}\alpha_i-\frac{1}{2}\sum_{i,j=1}^{n}\alpha_i\alpha_jy_iy_jK(x_i,x_j)$$

$$\begin{cases} \sum_{i=1}^{l}y_i\alpha_i=0 \\ 0 \leqslant \alpha_i \leqslant C, \quad i=1,\cdots,n \end{cases} \tag{2.17}$$

而相应的分类决策函数为

$$f(x)=\mathrm{sgn}\Big\{\sum_{i=1}^{n}y_i\alpha_iK(x,x_i)+b\Big\} \tag{2.18}$$

采用不同的函数作为支持向量机的核函数 $K(x,x_i)$,可以构造实现输入空间不同类型的非线性决策面的学习机器。核函数 $K(x,x_i)$ 的形式可以是:$K(x,x_i)=x_i^{\mathrm{T}}x$(线性核), $K(x,x_i)=(x_i^{\mathrm{T}}x+1)^d$ (d 阶多项式核), $K(x,x_i)=\exp\{-\|x-x_i\|^2/2\sigma^2\}$ (径向基核), $K(x,x_i)=\tan(\kappa x_i^{\mathrm{T}}x+\theta)$ (两层感知神经网络核),其中 σ、κ 和 θ 都是可调常数。

关于阈值 b 的求解,为了确保求解的稳定性,作者认为下面的求解方法比较科学、有效。在阈值 b 的求解中,利用样本中的所有 $0<\alpha_i<C$,松弛变量 $\xi_i=0$ 时的支持向量 x_i。对于任何支持向量 $x_i(i\in I:=\{i:0<\alpha_i<C\})$, $y_i\big(b+\sum_{j=1}^{n}y_j\alpha_jK(x_i,x_j)\big)=1$,则可以得到一个值,对这些样本取均值,可得

$$b=\frac{1}{I}\sum_{i\in I}\Big(y_i-\sum_{j=1}^{n}y_j\alpha_jK(x_i,x_j)\Big) \tag{2.19}$$

2.1.6　补充说明

对于超平面分类面,其分类能力是有限的,而非线性支持向量机通过引入某种

非线性映射,将输入数据映射到一个高维特征空间,在这个高维特征空间构造线性最优超平面,通过核技巧,支持向量机将内积计算的复杂性转化为核函数在输入空间的计算复杂性。

1. 支持向量机的工作原理

一般的支持向量机可以等价成如图 2.4 所示的网络。图中形象地描述了支持向量机的工作原理,读者可以发现支持向量机与神经网络具有类似的网络拓扑结构,尤其当核函数采用两层感知神经网络核时,其实现的就是具有特定网络结构的神经网络功能。不同的是支持向量机的"隐层节点数"——支持向量个数是通过算法自动最优生成的,而且这种学习单元的学习能力可以方便地进行控制,因此不易出现过学习现象。另外,对于支持向量机算法的权值也由算法全局最优确定,较好地克服了局部极值问题。而对于神经网络,其学习单元在学习过程中无法控制学习能力,因此这种学习能力可能是无穷大,因而容易出现过学习现象。而这种差别主要是由于支持向量机采用了新型的结构风险最小化准则导致的。

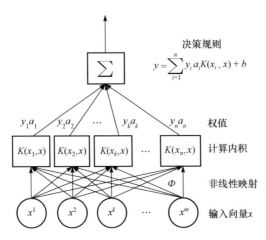

图 2.4　支持向量机结构网络图

2. 支持向量机稀疏性分析

稀疏性对于算法处理数据的容量是非常关键的因素,下面分析支持向量机算法的稀疏性。支持向量机优化问题是基于 Karush-Kuhn-Tucker (KKT)条件,在许多情况下,KKT 条件是变量集可被优化的充分条件。通过对支持向量机算法分析,可知:

$$\alpha_i = 0 \Rightarrow y_i f(x_i) \geqslant 1 \text{ 且 } \xi_i = 0$$

$$0 < \alpha_i < C \Rightarrow y_i f(x_i) = 1 \text{ 且 } \xi_i = 0$$

$$\alpha_i = C \Rightarrow y_i f(x_i) \leqslant 1 \text{ 且 } \xi_i \geqslant 0$$

从上述条件不难看出支持向量机具有的重要性质:α 的解是稀疏的,对于不在分类间隔区域的样本(模式)对应的 α_i 为零。特别是 KKT 条件显示,只有在分类间隔上($0 < \alpha_i < C, y_i f(x_i) = 1$)或者在分类间隔区域($\alpha_i = C, y_i f(x_i) \leqslant 1$)内的样本对应的 α_i 不为零。言外之意就是说,只需小量的样本(支持向量)就可构成最优分类器,这样有用的样本数据大大压缩,所以支持向量机可以方便地处理大量高维数据。

2.2　支持向量机分类算法

本节将在前面介绍的基础上,进一步对支持向量机的算法进行分析,列出了支持向量机分类算法常见的各种变形和改进算法。这些算法主要通过增加函数项、变量或系数等方法使公式产生变形,产生出具有独特优势或者一定应用范围的新算法。本节主要介绍几种常见的支持向量机变形或改进算法,例如,针对 C-SVM 算法中正则化常数 C 没有直观解释,在实际应用中很难选择合适值的缺陷,采用参数 γ 替代 C 产生了 γ-SVM 算法,而该参数能够控制支持向量的个数和误差,选取也十分方便;C-SVM 算法无法解决一类样本分类问题中,对于非目标样本的信息不足问题,One-Class SVM 提出采用超球面替代超平面,有效解决了单类别分类的数据描述问题;LS-SVM 主要是解决计算复杂性问题,通过一些变形将二次规划问题简化称为一个具有等式约束的线性规划问题。由于支持向量机是针对二分类提出的分类算法,并不能直接应用到多类问题当中去。因此,对于多类别的支持向量机算法,设计的技巧在于如何将多类问题转化成为二分类子问题的组合,在这个前提的指引下,产生了很多具有独特风格的多分类分解方法,本节列出几种在国内外具有重要影响的典型算法。

2.2.1　C-SVM

C-SVM 算法就是前面介绍的非线性支持向量机,为了介绍的连续性、简洁性和完整性,这里仅列出主要的公式以备读者查阅。对于两分类问题,训练集 $D = \{(x_i, y_i) \mid i = 1, 2, \cdots, n\}$,其中,$x \in \mathbf{R}^n, y \in \{+1, -1\}$。

原问题为

$$\min_{w,b,\xi_i} \frac{1}{2}w^{\mathrm{T}}w + C\sum_{i=1}^{n}\xi_i$$
$$\begin{cases} y_i(w^{\mathrm{T}}\varphi(x_i)+b) \geqslant 1-\xi_i \\ \xi_i \geqslant 0, \quad i=1,\cdots,n \end{cases} \tag{2.20}$$

其中,C 为规则化常数,C 值越大表明对于错误分类的惩罚越大,这是算法中唯一可以调整的参数。

对偶形式可表示为

$$\min_{\alpha} \frac{1}{2}\alpha^{\mathrm{T}}Q\alpha - e^{\mathrm{T}}\alpha$$
$$\begin{cases} y^{\mathrm{T}}\alpha=0 \\ 0 \leqslant \alpha_i \leqslant C, \quad i=1,\cdots,n \end{cases} \tag{2.21}$$

其中,e 是单位向量;Q 是半正定矩阵,$Q_{ij}=y_iy_jK(x_i,x_j)$。

还有一种常见的方法是,惩罚项采用二次松弛变量,则支持向量机算法的原问题为

$$\min_{w,b,\xi_i} \frac{1}{2}w^{\mathrm{T}}w + C\sum_{i=1}^{n}\xi_i^2$$
$$\begin{cases} y_i(w^{\mathrm{T}}\varphi(x_i)+b) \geqslant 1-\xi_i \\ \xi_i \geqslant 0, \quad i=1,\cdots,n \end{cases} \tag{2.22}$$

对偶形式为

$$\min_{\alpha} \frac{1}{2}\alpha^{\mathrm{T}}\left(Q+\frac{I}{2C}\right)\alpha - e^{\mathrm{T}}\alpha$$
$$\begin{cases} y^{\mathrm{T}}\alpha=0 \\ \alpha_i \geqslant 0, \quad i=1,\cdots,n \end{cases} \tag{2.23}$$

其中,I 为单位矩阵。

2.2.2　γ-SVM

γ-SVM 算法由 Schölkopf 在 2000 年提出,采用新的可调参数 γ 来控制支持向量的数目和误差,其原始问题为

$$\min_{w,b,\xi_i,\rho} \frac{1}{2}w^{\mathrm{T}}w - \gamma\rho + \frac{1}{n}\sum_{i=1}^{n}\xi_i$$
$$\begin{cases} y_i(w^{\mathrm{T}}\varphi(x_i)+b) \geqslant \rho-\xi_i, \quad \rho \geqslant 0 \\ \xi_i \geqslant 0, \quad\quad\quad\quad\quad\quad i=1,\cdots,n \end{cases} \tag{2.24}$$

对偶形式为

$$\min_{\alpha} \frac{1}{2} \alpha^{\mathrm{T}} Q \alpha$$

$$\begin{cases} 0 \leqslant \alpha_i \leqslant \dfrac{1}{n}, & i = 1, \cdots, n \\ y^{\mathrm{T}} \alpha = 0 \\ e^{\mathrm{T}} \alpha \geqslant \gamma \end{cases} \tag{2.25}$$

其中，$Q_{ij} = y_i y_j K(x_i, x_j)$。对应的决策函数为

$$f(x) = \mathrm{sign}\Big\{ \sum_{i=1}^{n} y_i \alpha_i K(x, x_i) + b \Big\} \tag{2.26}$$

选取相同数量 s 的两个集合（正类 S_+，负类 S_-），由 KKT 条件可得阈值 b 和参数 ρ 计算公式为

$$b = -\frac{1}{2s} \sum_{x \in S_+ \cup S_-} \sum_{j} \alpha_j y_j K(x, x_j) \tag{2.27}$$

$$\rho = \frac{1}{2s} \Big(\sum_{x \in S_+} \sum_{j} \alpha_j y_j K(x, x_j) - \sum_{x \in S_-} \sum_{j} \alpha_j y_j K(x, x_j) \Big) \tag{2.28}$$

2.2.3　One-Class SVM

单分类问题实际上是对作为学习样本的目标样本的分布 $\hat{A}$，做出正确的描述，对未来样本 x 的分类就是检验 x 是否服从 $\hat{A}$ 分布，如果 x 服从 $\hat{A}$ 分布，则接受样本 x 为目标样本；否则拒绝接受，即将 x 分类为非目标样本，所以单分类问题也叫做数据描述（data description）。

设训练数据集 $x_k \in \mathbf{R}^n (k = 1, \cdots, n)$，Schölkopf 提出的 One-Class SVM 基本算法如下：

$$\min_{w, b, \xi, \rho} \frac{1}{2} w^{\mathrm{T}} w - \rho + \frac{1}{\nu n} \sum_{i=1}^{n} \xi_i$$

$$\begin{cases} w^{\mathrm{T}} \varphi(x_i) \geqslant \rho - \xi_i \\ \xi_i \geqslant 0, & i = 1, \cdots, n \end{cases} \tag{2.29}$$

上式可转化为求解

$$\min_{\alpha} \frac{1}{2} \alpha^{\mathrm{T}} Q \alpha$$

$$\begin{cases} 0 \leqslant \alpha_i \leqslant \dfrac{1}{\nu n}, & i = 1, \cdots, n \\ e^{\mathrm{T}} \alpha = 1 \end{cases} \tag{2.30}$$

其中，$Q_{ij} = K(x_i, x_j) = \varphi(x_k)^{\mathrm{T}} \varphi(x_l)$。

决策函数为

$$f(x) = \text{sign}\Big\{ \sum_{i=1}^{n} \alpha_i K(x, x_i) - \rho \Big\}$$

如果采用超球面替代超平面进行数据描述则产生了支持向量数据描述方法（SVDD），原问题表示为

$$\min_{R, \xi, c} R^2 + \frac{1}{\nu n} \sum_{i=1}^{n} \xi_i$$

$$\begin{cases} \| \varphi(x_i) - c \|^2 \leqslant R^2 + \xi_i \\ \xi_i \geqslant 0, \quad i = 1, \cdots, n \end{cases} \tag{2.31}$$

参数 $\nu \in [0, 1]$ 可以方便地控制超球的半径和误差。当 ν 小时，超球尽可能将数据包围，当 ν 大时，尽量压缩球的尺寸。

对偶形式为

$$\min_{\alpha} \sum_{i,j=1}^{n} \alpha_i \alpha_j K(x_i, x_j) - \sum_{i=1}^{n} \alpha_i K(x_i, x_i)$$

$$\begin{cases} 0 \leqslant \alpha_i \leqslant \dfrac{1}{\nu n}, \quad i = 1, \cdots, n \\ e^{\mathrm{T}} \alpha = 1 \end{cases} \tag{2.32}$$

决策函数为

$$f(x) = \text{sign}\Big\{ R^2 - \sum_{i,j=1}^{n} \alpha_i \alpha_j K(x_i, x_j) + 2 \sum_{i=1}^{n} \alpha_i K(x_i, x) - K(x, x) \Big\} \tag{2.33}$$

算法评注如下：机械故障诊断的目标就是要判断设备运行状态是正常还是异常，对于这个目标而言，二值分类和单值分类似乎没有什么差别，但二者在方法上却有很大的差别：在建立二值分类器时，同时需要正常和异常两类状态的数据样本作为学习样本；而单值分类器的建立只需要一类样本，即正常运行状态的数据样本作为学习样本，而不需要其他故障状态的数据样本。在机械系统中，正常运行状态的数据样本是很容易获得的，而故障样本一般是难以获得的，应用单值分类方法，仅仅依靠正常运行状态下的数据样本，需要很少，甚至完全没有故障样本，就可以建立起单值故障分类器，从而对机器的运行状态进行识别。当然，这种状态识别仅能区分出机器的运行是正常还是异常两种情况，无法判断具体的故障类型。而这在多数情况下是可以满足生产实际需要的。这对事故的预防已经起到了积极的作用。因为对关键设备而言，只要有故障发生就必须停机维修，再根据其他信息就可以确诊故障类型和故障发生部位，并提出排除故障建议。仅依靠正常运行状态的数据信号，就可以对设备的运行进行状态监测，具有

重要的应用价值。

2.2.4　LS-SVM

Suykens 在 1999 年首次提出 LS-SVM(least squares support vector machines)用于解决分类和函数估计问题。这种方法采用最小二乘线性系统作为损失函数,代替传统的支持向量机采用二次规划方法,这种方法的优点是能够解决大尺度问题,并且具有较好的推广性和很强的鲁棒性,但是却是以支持向量机解的稀疏性损失为代价的。分类 LS-SVM 算法推导如下。LS-SVM 算法二元分类问题可以描述求解:

$$\min_{w,b,e} \Phi(w,b,e) = \frac{1}{2}w^{\mathrm{T}}w + \frac{1}{2}\gamma\sum_{i=1}^{n}e_i^2 \tag{2.34}$$

$$y_i = [w^{\mathrm{T}}\varphi(x_i)+b] = 1-e_i, \quad i=1,\cdots,n$$

定义拉格朗日函数

$$L(w,b,e,\alpha) = \Phi(w,b,e) - \sum_{k=1}^{N}\alpha_k\{y_k[w^{\mathrm{T}}\varphi(x_k)+b]-1+e_k\} \tag{2.35}$$

其中,拉格朗日乘子 $\alpha_k \in \mathbf{R}$。对上式进行优化:

$$\begin{cases} \dfrac{\partial L}{\partial w} = 0 \rightarrow w = \sum_{k=1}^{N}\alpha_k y_k\varphi(x_k) \\[2mm] \dfrac{\partial L}{\partial b} = 0 \rightarrow \sum_{k=1}^{N}\alpha_k y_k = 0 \\[2mm] \dfrac{\partial L}{\partial e_k} = 0 \rightarrow \alpha_k = \gamma e_k \\[2mm] \dfrac{\partial L}{\partial \alpha_k} = 0 \rightarrow y_k[w^{\mathrm{T}}\varphi(x_k)+b]-1+e_k = 0 \end{cases} \tag{2.36}$$

上式可化为求解下面的线性方程组:

$$\begin{bmatrix} 0 & -Y^{\mathrm{T}} \\ Y & ZZ^{\mathrm{T}}+\gamma^{-1}I \end{bmatrix} \begin{bmatrix} b \\ \alpha \end{bmatrix} = \begin{bmatrix} 0 \\ 1 \end{bmatrix} \tag{2.37}$$

其中,$Z = [\varphi(x_1)^{\mathrm{T}}y_1,\cdots,\varphi(x_N)^{\mathrm{T}}y_N]$;$Y = [y_1,\cdots,y_N]$;$1 = [1,\cdots,1]$;$e = [e_1,\cdots,e_N]$;$\alpha = [\alpha_1,\cdots,\alpha_N]$。

记 $\Omega = ZZ^{\mathrm{T}}$,应用核技巧可得到 $\Omega_{ij} = y_iy_jK(x_i,x_j)$,则分类 LS-SVM 支持向量机决策函数为

$$y(x) = \mathrm{sign}\Big\{\sum_{i=1}^{n}\alpha_i y_i K(x,x_i)+b\Big\} \tag{2.38}$$

算法评注如下:LS-SVM 算法只需要求解线性规划而不用解决二次规划问

题,从而可以较为可观地提高学习速度,得到的解具有较好的鲁棒性,但却是以支持向量机的稀疏性损失为代价。

2.2.5　多类支持向量机方法

多值分类问题是目前支持向量机研究领域的一个重要研究方向。由于支持向量机是针对二分类问题提出的,而现实生活中遇到的模式分类问题大多数都是多类别的,因此如何将支持向量机方法推广到多类别就显得非常重要。这里列出几种在国内外有重要影响的多类分类方法,给出了详细的算法。

1. 一对多型多类支持向量机方法

训练集 $T = \{(x_1, y_1), (x_2, y_2), \cdots, (x_n, y_n)\}$,其中 $x_i \in \mathbf{R}^m$,$y_i \in \{1, 2, \cdots, k\}$,$i = 1, \cdots, n$,算法描述为:

(1) 对于 k 分类问题,取所有 $y = i$ 和 $y \neq i$ 的训练样本,可以构建 $M = C_k^1 = k$ 个训练子集 T_i。

(2) 对 $i = 1, \cdots, k$,则由第 i 类和其余 $M-1$ 类训练数据便可训练式(2.22)所示的二值分类器,分别使用 SVM 二值分类算法对这 M 个训练集进行学习,便可以构造 M 个分类器:

$$
\min_{w^i, b^i, \xi^i} \frac{1}{2}(w^i)^\mathrm{T} w^i + C \sum_j \xi_j^i (w^i)^\mathrm{T}
$$
$$
\begin{cases}
(w_i)^\mathrm{T} \varphi(x_j) + b^i \geqslant 1 - \xi_j^i, & y_j = i \\
(w_i)^\mathrm{T} \varphi(x_j) + b^i \leqslant -1 + \xi_j^i, & y_j \neq j \\
\xi_j^i \geqslant 0, & j = 1, \cdots, k
\end{cases}
\tag{2.39}
$$

得到的决策函数为

$$
y_i(x) = \mathrm{sign}(g_i(x)), \quad g_i(x) = \{w^i \varphi(x) + b^i\}, \quad i = 1, \cdots, k \tag{2.40}
$$

(3) 测试阶段,将测试样本输入到 M 个支持向量机,得到决策函数集 $\{g_i(x)\}$ 和判别函数集 $\{y_i(x)\}$($i = 1, \cdots, k$),则将其归为决策函数 $g_i(x)$ 最大的所对应的类别指示值:

$$
y_{\text{test}} = \arg \max_{i=1, \cdots, k} g_i(x)
$$

算法评注如下:该算法需要构造的支持向量机较少,与分类数相等。但是其单个支持向量机的训练规模较大,且分类精度较低。这主要是因为在超空间存在较大的不可分区域的缘故,所以该方法分类精度相对较低。

2. 一对一型多类支持向量机方法

训练集 $T = \{(x_1, y_1), (x_2, y_2), \cdots, (x_n, y_n)\}$,其中 $x_i \in \mathbf{R}^m$,$y_i \in \{1, 2, \cdots, k\}$,$i = 1, \cdots, n$,算法描述为:

（1）对于 k 分类问题，取所有 $y=i$ 和 $y=j$ 的训练样本构建 $M=C_k^2$ 个训练子集 T_{ij}。

（2）对 $i=1,\cdots,k,j=1,\cdots,k$，则由第 i 类和第 j 类数据训练数据便可训练二值分类器，分别使用 SVM 二值分类算法对这 M 个训练集进行学习，便可以构造 M 个分类器：

$$\min_{w^{ij},b^{ij},\xi^{ij}} \frac{1}{2}(w^{ij})^{\mathrm{T}}w^{ij}+C\sum_t \xi_t^{ij}(w^{ij})^{\mathrm{T}}$$

$$\begin{cases} (w^{ij})^{\mathrm{T}}\varphi(x_t)+b^{ij} \geqslant 1-\xi_t^{ij}, & y_t=i \\ (w^{ij})^{\mathrm{T}}\varphi(x_t)+b^{ij} \leqslant -1+\xi_t^{ij}, & y_t=j \\ \xi_t^{ij} \geqslant 0 \end{cases} \qquad (2.41)$$

得到的决策函数集为

$$y_{ij}(x)=\mathrm{sign}\{w^{ij}\varphi(x)+b^{ij}\}, \quad i=1,\cdots,k;j=i+1,\cdots,k \qquad (2.42)$$

（3）测试阶段的判别采用投票决策法（voting strategy），用所有的 M 个分类器对测试样本 x 进行分类，在第 i 类和第 j 类之间分类时，记 v_y 为投票函数，若该分类器判断 x 属于 i 类，则 i 类的票数加 1，否则 j 类的票数加 1。最后将测试样本 x 归为得票数最多的类别，采用的判别函数如下：

$$y_{\text{test}}=\arg \max_{y=1,\cdots,k} v_y(x) \qquad (2.43)$$

算法评注如下：这种方法也叫最大赢家（max-wins）决策法，尽管有 M 个支持向量机参与投票，但每一个 SVM 只能区分参与训练他的两种样本，因此可以对第 i 类样本作出投票的只有第 i 类样本参与训练的 $k-1$ 个 SVM。换句话说，每一类的最高得票数只能是 $k-1$。如果某一样本在第 t 类的得票数为 $k-1$，则可以非常肯定地被归类到第 t 类，即识别率为 100%。

该算法需要构造 M 个分类器，比一对多所用的分类器要多，后者只需要构造 k 个分类器。然而，在每个分类器的训练中只涉及两类问题的数据计算，计算相对比较简单，而一对多的 k 个分类器中则要用到所有的训练数据进行训练，计算的复杂程度就较大。所以，一对一方法虽然需要构造的分类器数量较多，但其总体效率并不比一对多的方法低。这种方法也存在一些问题，一是当某两类的得票数相同，并同时为最大时，将难以正确分类，一种简单的做法是将其划分到编号较小的那一类；二是当类别很多时，分类器的数目将急剧增加，导致在决策时速度很慢。而且这种方法使得不可分区域大大减少，但是总体而言这种方法是最实用的。

3. DDAG 型多类支持向量机方法

对于一对一算法，Plat 等提出了一种新的学习构架：决策导向无环图（decision

directed acyclic graph, DDAG)。对于 k 分类问题, DDAG 也含有 $k(k-1)/2$ 个二值分类器, 而在对多个一对一分类器进行组合的过程中, 引入了图论中的有向无环图(DAG)的思想。现有的文献大都只给出了 DDAG 的拓扑结构, 而并未给出较为实用的算法, 本书在介绍完拓扑结构生成方法之后, 再给出完整的实现算法, 而对于支持向量机的二分类算法不再复述。对于 k 分类问题, DDAG 的拓扑结构中, 共有 $k(k-1)/2$ 个节点, 每个节点对应二类训练样本, 分布于 k 层结构中, 各节点的排列呈三角形, 处于最顶端的称之为根节点, 根节点只有引出线, 而没有引入线。第 2 层有 2 个节点, 第 3 层有 3 个节点, 依此类推, 第 i 层有 i 个节点。第 j 层的第 i 个节点指向第 $j+1$ 层的第 i 个节点和第 $i+1$ 个节点。在此拓扑结构中, 每个节点代表一个二值分类函数, 将区分第 j 类和第 i 类的分类器称为 ji 分类器, 对应的节点为 ji 节点, 此节点位于 DDAG 的第 $n-i+j$ 层的第 j 个位置上。至此, DDAG 支持向量机的拓扑结构就完全确定了。这里采用 MATLAB 绘制了四分类问题的 DDAG 决策图, 如图 2.5 所示, 图中数字是按照训练的先后顺序标定的分类器标识。

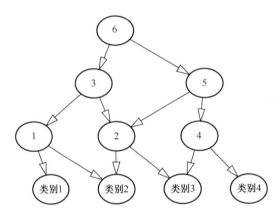

图 2.5　四分类 DDAG 决策导向无环图

对于给定的样本 x, 要判定它的属类, 可以从根节点开始, 逐个节点(二值分类器)进行检验, 如果某个节点的判别函数值为 -1, 则从左边进入下一层, 继续判断, 否则, 如果判别函数为 $+1$, 则从右边进入下一层。直至达到最底层, 就可将 x 归类。

以四分类问题为例, 程序首先从根节点分类器 6(1 类对 4 类)开始执行, 判断是非 1 类还是非 4 类, 然后根据判断的结果跳到节点 3(1 类对 3 类)或者节点 5(2 类对 4 类), 再根据判断的结果跳到节点 1(1 类对 2 类)或者节点 2(2 类对 3 类)或者节点 4(3 类对 4 类), 从而得到最终的分类结果。

在分析完之后 DDAG 的详细结构之后,下面介绍 DDAG 和支持向量机的训练算法和测试算法。

训练集 $T=\{(x_1,y_1),(x_2,y_2),\cdots,(x_n,y_n)\}$,其中 $x_i\in\mathbf{R}^m,y_i\in\{1,2,\cdots,k\}$, $i=1,\cdots,n$。

训练算法描述如下:

DDAGSVM 训练算法:

记样本输入集为 $x\in\mathbf{R}^{n\times m}$,目标指示集为 $y\in\mathbf{R}^{n\times 1}$:

(1) 设定类别 k,初始化 DDAG:DDAG$\leftarrow$zeros(n,k)。

(2) for $i=1$ to k //根据类别指示值生成 DDAG 拓扑结构

　　　　　%DDAG 的一对一生成规则

　　　　　　　DDAG$(:,i)\leftarrow 2*(y(:)==i)-1$;

　　　　　%若指示值是当前类别则将对应项置为 1,其余项置为 -1

　　　end for

(3) 设定分类器规则标号 Nc$\leftarrow 1$;

　　　for $i=1$ to k

　　　　　for $j=1$ to $i-1$

　　　　　　　%找出 i 类、j 类对应的索引

　　　　　　　idx$\leftarrow[\text{find}(y(:,i)>0);\text{find}(y(:,j)>0)]$;

　　　　　　　%产生二值分类器数据

　　　　　　　varargin$\{1\}\leftarrow x(\text{idx},:)$;%两类数据的输入集

　　　　　　　varargin$\{2\}\leftarrow y(\text{idx},i)$;%两类数据的指示值

　　　　　　　Classifier. Rule(Nc)$\leftarrow$SVM(varargin$\{1\}$,varargin$\{2\}$,option);

　　　　　　　Nc$\leftarrow$Nc$+1$;

　　　　　end for

　　　end for

算法评注如下:DDAG 的训练算法其实跟一对一算法类似,只是由于采用了有向无环图的思想,使得在使用之前先要按规则生成 DDAG 图,对于一对一算法则不需要;对于分类器的训练规则二者是相同的。

测试算法描述如下:

```
DDAGSVM 测试算法：
％计算分类器的类别数
k ←0.5＋sqrt(0.25＋2 * size(Classifier. Rule));
％初始化分类表
y ←ones(size(x,1), k);
％执行 DDAG 图的搜索路径
for i=1 to k−1
    for j =1 to i
        ％找出当前分类器所涉及的二分类数据索引
        index1←k−i＋j;
        index2←j;
        ％确定当前分类器在分类器规则中的位置
        n ←0.5 * (index1−1) * (index1−2)＋index2;
        ％找出两类数据所有可能的关联类
        idx←unique([find(y(:,a)>0);find(y(:,b)>0)]);
        ％计算节点分类器的输出
        y ←SVM(Classifier. Rule(n),x(idx,:),option);
        ％若输出大于 0,则排除为 index2 所在类
        y(idx(find(y>0))),index2)←−1;
        ％若输出小于 0,则排除为 index1 所在类
        y(idx(find(y<0))),index1)←−1;
    end for
end for
```

算法评注如下：DDAGSVM 由于采用了有向无环图的思想,推广误差只取决于类别数和节点上的类间间隔,而与输入空间的维数无关,得到的结果具有严格的推广误差界,而对于一对一或者一对多都无法分析推广界。同时,由于采用了有向无环图,使得组合分类面的不可分区域减少,提高了分类的精度。另外,DDAG 又与一般的树状结构不同,它具有冗余特性,同一类别的分类个体,分类路径可能不同,这种方法同一般的决策树方法相比更加易于计算,学习的效果也更好。

4. K 类支持向量机方法

训练集 $T=\{(x_1,y_1),(x_2,y_2),\cdots,(x_n,y_n)\}$,其中 $x_i\in\mathbf{R}^m$,$y_i\in\{1,2,\cdots,$

$k\}, i=1, \cdots, n, k$ 类支持向量机算法与一对多方法类似,它也是构造 k 个支持向量机决策函数,不同的是所有支持向量机的参数是通过求解下面所述的二次规划问题完成:

$$\min_{w,b,\xi} \sum_{m=1}^{k} \frac{1}{2} w_m^{\mathrm{T}} w_m + C \sum_{i=1}^{n} \sum_{m \neq y_i} \xi_i^m$$

$$\begin{cases} w_{y_i}^{\mathrm{T}} \varphi(x_i) + b_{y_i} \geqslant w_m^{\mathrm{T}} \varphi(x_i) + b_m + 2 - \xi_i^m \\ \xi_i^m \geqslant 0, \quad i=1, \cdots, n; m \in \{1, 2, \cdots, k\} \backslash y_i \end{cases} \tag{2.44}$$

与一对多的判别函数类似,k 类支持向量机算法的判别函数为

$$y_{\text{test}} = \arg \max_{m=1, \cdots, k} (w_m^{\mathrm{T}} \varphi(x) + b_m) \tag{2.45}$$

算法评注如下:这种方法对所有的训练样本使用同一个二次规划,只需要一次就可以决定分类。这种方法的局限性在于由于要一次处理所有数据,约束条件剧增,使得二次规划的规模比较庞大,即便是将其转化为线性规划,数据的规模还是受到限制。但是,如果当所面对的分类问题类别特别多的话,这种方法具有一定的优越性。

5. LS-SVM 型多类支持向量机方法

考虑新的训练样本形式 $\{y_j^{(i)}, x_j\}_{j=1,i=1}^{j=N,i=k}$,其中 N 是训练样本数,k 是分类数。$y_j^{(i)}$ 是指第 j 个样本对于第 i 类别的输出。构建多元分类 LS-SVM 支持向量机实现分类可以描述为解决以下问题:

$$\min_{w_i, b_i, e_{j,i}} \Phi^{(k)}(w_i, b_i, e_{j,i}) = \frac{1}{2} \sum_{i=1}^{k} w_i^{\mathrm{T}} w_i + \frac{1}{2} \gamma \sum_{j=1}^{N} \sum_{i=1}^{k} e_{j,i}^2$$

$$\begin{cases} y_j^{(1)} [w_1^{\mathrm{T}} \phi_1(x_j) + b_1] = 1 - e_{j,1} \\ y_j^{(2)} [w_2^{\mathrm{T}} \phi_2(x_j) + b_2] = 1 - e_{j,2} \\ \quad \vdots \\ y_j^{(k)} [w_k^{\mathrm{T}} \phi_k(x_j) + b_j] = 1 - e_{j,k} \end{cases} \quad j=1, \cdots, N \tag{2.46}$$

根据上式定义拉格朗日函数:

$$L^{(k)}(w_i, b_i, e_{j,i}, \alpha_{k,i}) = \Phi^{(k)}(w_i, b_i, e_{j,i}) - \sum_{j,i} \alpha_{j,i} \{y_j^{(i)} [w_i^{\mathrm{T}} \varphi_i(x_j) + b_i] - 1 + e_{j,i}\} \tag{2.47}$$

对上式进行优化:

$$
\begin{cases}
\dfrac{\partial L}{\partial w_i} = 0 \rightarrow w_i = \sum_{j=1}^{N} \alpha_{j,i} y_j^{(i)} \varphi_i(x_j) \\[2mm]
\dfrac{\partial L}{\partial b_i} = 0 \rightarrow \sum_{j=1}^{N} \alpha_{j,i} y_j^{(i)} = 0 \\[2mm]
\dfrac{\partial L}{\partial e_{j,i}} = 0 \rightarrow \alpha_{j,i} = \gamma e_{j,i} \\[2mm]
\dfrac{\partial L}{\partial \alpha_{j,i}} = 0 \rightarrow y_j^{(i)} \left[w_i^{\mathrm{T}} \varphi_i(x_j) + b_i \right] - 1 + e_{j,i} = 0
\end{cases}
\tag{2.48}
$$

其中，$j=1,\cdots,N$，$i=1,\cdots,k$。消除 w_i 和 $e_{k,i}$，转化为求解下列分块矩阵：

$$
\begin{bmatrix} 0 & Y_K^{\mathrm{T}} \\ Y_K & \Omega_K \end{bmatrix}
\begin{bmatrix} b_K \\ \alpha_K \end{bmatrix}
= \begin{bmatrix} 0 \\ 1 \end{bmatrix}
\tag{2.49}
$$

其中，Y_K 是对角阵，$Y_K = \left\{ \begin{bmatrix} y_1^{(1)} \\ \vdots \\ y_N^{(1)} \end{bmatrix}, \cdots, \begin{bmatrix} y_1^{(k)} \\ \vdots \\ y_N^{(k)} \end{bmatrix} \right\}$；$\Omega_K$ 是对角阵，$\Omega_K = \{ \Omega^{(1)}, \cdots, \Omega^{(k)} \}$，

$\Omega_{jl}^{(i)} = y_j^{(i)} y_l^{(i)} \Psi_i(x_j, x_l) + \gamma^{-1} I$。解分块矩阵，求出 $b_K = [b_1, \cdots, b_k]$，$\alpha_K = [\alpha_{1,1}, \cdots, \alpha_{N,1}, \cdots, \alpha_{1,k}, \cdots, \alpha_{N,k}]$。

多元分类 LS-SVM 决策函数为

$$
y(x) = \mathrm{sign}\left[\sum_{j=1}^{N} \alpha_{j,i} y_j^{(i)} K_i(x_j, x) + b_i \right]
\tag{2.50}
$$

其中，核函数 $K_i(x_j, x) = \varphi_i(x_j)^{\mathrm{T}} \varphi_i(x)$。

6. ECOC 型多类支持向量机方法

在多类问题当中，前面已经有很多的构造两类问题的方法，这里简短地介绍一种基于误差修正编码（error correcting output codes，ECOC）的多类别处理方法。ECOC 编码是由 Bose 和 Chaudhuri 在 1960 年提出的一种分布式输出码，1963 年，Duba 将其应用于模式识别领域中，1995 年，Dietterich 和 Bakiri 将 ECOC 引入到多类别模式识别问题中。

通过前面的介绍可知，可以通过一类对余类或者一类对一类的方式构造二分类问题，当然也可以把奇数类看做是正类（+1），把偶数类看做是负类（−1），或者采用某种特定适宜实际分类问题情况的构造方法，这样就可以得到一系列的两类问题，总共可以得到 L 个决策函数集 $\{ f_1, \cdots, f_L \}$。按照设定的对应规则，就可以将每一类与一系列长度为 L、值为 +1 或者 −1 的编码相对应，按照类别的顺序就可以得到一个 k 行 L 列的编码表，例如，对于一个 11 类 14 位编码的误差修正码编码表可以如表 2.1 所示。

表 2.1　11 类 14 位编码的误差修正码编码表

类别	f_1	f_2	f_3	f_4	f_5	f_6	f_7	f_8	f_9	f_{10}	f_{11}	f_{12}	f_{13}	f_{14}
1	−1	−1	−1	−1	1	1	1	−1	1	1	−1	−1	1	−1
2	1	1	1	−1	−1	−1	1	−1	−1	1	1	−1	1	−1
3	−1	1	1	1	1	1	−1	−1	1	−1	−1	1	1	−1
4	1	−1	−1	1	−1	1	1	−1	−1	1	1	1	1	−1
5	1	1	1	1	−1	1	−1	1	1	−1	−1	−1	−1	1
6	−1	1	1	1	1	1	1	−1	−1	1	−1	−1	−1	1
7	1	1	1	−1	−1	1	−1	1	1	−1	−1	−1	1	1
8	−1	−1	1	−1	1	1	1	1	1	1	1	−1	−1	1
9	−1	−1	1	1	1	1	1	1	1	−1	−1	−1	1	1
10	1	−1	−1	−1	1	−1	1	1	−1	−1	1	−1	1	1
11	−1	−1	1	1	1	−1	1	1	−1	1	−1	1	1	1

　　上面所述的规则可比较严格地叙述如下:由 +1 或者 −1 的编码矩阵记为 $M^{k \times L}$,其中 k 为类别数,L 为编码长度也就是分类器的个数。当 $m_{ij} = \pm 1(\quad)$ 时,表示此样本相对于第 i 类而言是作为正(负)类训练第 j 个分类器 f_j。这样就可以得到决策函数集 $f(x) = \{ f_1(x), f_2(x), \cdots, f_L(x) \}$,而测试过程中,对于测试样本 x,只需要计算各个分类器的输出向量与各类别向量的距离,使其最小的类就是样本所属的类。判别函数如式(2.51)所示。

$$y = \arg \min_{i \in (1,k)} d(M_i, f(x)) \tag{2.51}$$

其中,y 为 x 所属的类别;d 为汉明距离(Hamming distance)

$$d(M_i, f(x)) = \sum_{i=1}^{k} \frac{|m_{ij} - \text{sign}(f_j)|}{2} \tag{2.52}$$

　　从上述的编码表可以看出对于每一个决策函数 f,实际执行的就是二值判断的功能,从而在训练时就可以按照表中的规则训练 L 个二值 SVM 分类器。测试过程中,则只需要计算各个分类器的输出向量与各个类别向量之间的距离,使其距离最小的类就是测试样本所属的类。

　　算法评注如下:ECOC 支持向量机方法实际也是按编码表进行操作的,因此编码表的优劣对于训练和测试有很大的影响。设计一个好的 ECOC 有两个基本原则:一是行分离,即尽量使每行的汉明距离最大,以使 ECOC 有更大的修正能力;二是列分离,保持分类器之间相互独立,即使第 i 列与其他各列及其补集的汉明距离最大。如果第 i 列和第 j 列相似或相同,f_i 和 f_j 会产生相似或相同的错误,而 ECOC 的纠错能力是有限的,如果同时产生很多的错误,ECOC 是无法将其修正的。因此,列分离要求每列既不相同又不互补。较常用的设计方法主要有:详尽码方法(exhaustive codes)、在详尽码中取列的方法(column selection from exhaustive codes)、随机登山算法(random hill climbing)以及 BCH 码方法等。在实际使用过程中,ECOC 的设计常常比较复杂,因而也使得这一方法受到一定程度的限制。但是如果设计者对于问题的求解具有先验知识,采用该方法可以收到很好的效果。该方法尤其适合大规模具有先验知识模式分类问题的求解。

2.3　支持向量机回归算法

支持向量机最初是用来做分类的,那么分类支持向量机是怎样推广到回归估计中去的呢? 本节将首先介绍一种损失函数(称作 ε 不敏感损失函数),然后再详细介绍如何把在分类算法中得到的结果推广到回归估计中去。对于支持向量回归的算法也有很多变形,这些变形只需要将分类算法中得到的结果移植到回归算法中,便可以得到结论。另外,对于多变量的回归问题,支持向量机尚没有十分有效的算法。因此,本节讨论最基本的回归算法 ε-SVR。

2.3.1　数学描述

给定训练集: $T = \{(x_1, y_1), (x_2, y_2), \cdots, (x_n, y_n)\} \in (X \times Y)^n$,其中 $x_i \in X = \mathbf{R}^n, y_i \in Y = \mathbf{R}, i = 1, \cdots, n$。假定训练集是按 $X \times Y$ 上的某个概率分布 $P(x, y)$ 选取的独立同分布的样本点,同时给定损失函数 $c(x, y, f)$,回归问题就是寻求一个函数使得期望风险

$$R[f] = \int c(x, y, f) \mathrm{d}P(x, y) \qquad (2.53)$$

达到最小。应当指出的是对于概率分布 $P(x, y)$ 我们是一无所知的,仅仅知道的就只是训练集。

2.3.2　ε 不敏感损失函数

在前几节中曾经讲过,在支持向量机中一般可以采用少量的支持向量来表示决策函数,也就是说得到的解具有稀疏性。当把该方法推广到回归问题中去的时候,我们也希望能够找到合适的算法,使得到的结果仍具有这个属性。我们知道要建立回归算法就需要选择适当的损失函数,对实值函数集 $\{f(x, \alpha), \alpha \in \Lambda\}$ 的回归估计,通常采用的损失函数是二次损失函数:

$$L(y, f(x, \alpha)) = (y - f(x, \alpha))^2 \qquad (2.54)$$

其中,y 是在正态噪声情况下对实值函数的回归结果,是在 ERM(经验风险最小

化)原则下,给出的对回归 $f(x,\alpha_0)$ 的一个最佳无偏估计。

但是,对于加噪服从其他分布的情况,在 ERM(经验风险最小化)原则下,最好的回归估计是基于其他形式的与加噪分布有关的损失函数,即

$$L(y,f(x,\alpha))=L(|y-f(x,\alpha)|) \tag{2.55}$$

常用的损失函数如图 2.6~图 2.9 所示。1964 年 Huber 提出了一种可以在只知道关于噪声模型的一般信息的情况下,选择损失函数的最佳策略的理论。他认为,如果只知道描述噪声的密度是一个对称函数,那么最好的对回归的最大最小逼近(在最坏可能的噪声模型下的最后逼近)的损失函数是

$$L(y,f(x,\alpha))=|y-f(x,\alpha)| \tag{2.56}$$

在这个损失函数下最小化经验风险称为最小模方法,即为鲁棒回归(robust regression)。如果噪声是某种固定的分布(如正态分布)噪声与一个对称连续密度函数的任意噪声的混合,最优解(依据最小最大策略)所采用的损失函数即 Huber 损失函数(图 2.8)是

$$L(|y-f(x,\alpha)|)=\begin{cases} c|y-f(x,\alpha)|-\dfrac{c^2}{2}, & \text{若}|y-f(x,\alpha)|>c \\[2mm] \dfrac{1}{2}|y-f(x,\alpha)|^2, & \text{若}|y-f(x,\alpha)|\leqslant c \end{cases} \tag{2.57}$$

其中,常数 c 由混合比例定义。在分类算法中,只有间隔区域内的点才对决策函数提供信息,解的稀疏性对在高维空间中处理大量数据非常重要。为了对实值函数构造支持向量机保持支持向量机的稀疏特性,引入一种新型损失函数即 ε 不敏感损失函数(图 2.9),它使支持向量回归估计具有鲁棒性,且具有良好的稀疏性。常见的损失函数列在表 2.2 中,其中 $\xi=y-f(x,\alpha)$。

表 2.2　各型损失函数表

名称	损失函数	密度模型
ε 不敏感	$c(\xi)=|\xi|_\varepsilon$	$p(\xi)=\dfrac{1}{2(1+\varepsilon)}\exp(-|\xi|_\varepsilon)$
Laplacian	$c(\xi)=|\xi|$	$p(\xi)=\dfrac{1}{2}\exp(-|\xi|)$
Gaussian	$c(\xi)=\dfrac{1}{2}\xi^2$	$p(\xi)=\dfrac{1}{\sqrt{2\pi}}\exp\left(-\dfrac{\xi^2}{2}\right)$
Huber	$c(\xi)=\begin{cases}\dfrac{1}{2\sigma}(\xi)^2, & |\xi|\leqslant\sigma \\[2mm] |\xi|-\dfrac{\sigma}{2}, & \text{其他}\end{cases}$	$p(\xi)\propto\begin{cases}\exp\left(-\dfrac{\xi^2}{2\sigma}\right), & |\xi|\leqslant\sigma \\[2mm] \exp\left(\dfrac{\sigma}{2}-|\xi|\right), & \text{其他}\end{cases}$

名称	损失函数	密度模型
多项式	$c(\xi)=\dfrac{1}{p}\mid\xi\mid^{p}$	$p(\xi)-\dfrac{p}{2\Gamma(1/p)}\exp(-\mid\xi\mid^{p})$
分段多项式	$c(\xi)=\begin{cases}\dfrac{1}{p\sigma^{p-1}}(\xi)^{p}, & \mid\xi\mid\leqslant\sigma \\ \mid\xi\mid-\sigma\dfrac{p-1}{p}, & \text{其他}\end{cases}$	$p(\xi)\propto\begin{cases}\exp\left(-\dfrac{\xi^{p}}{p\sigma^{p-1}}\right), & \mid\xi\mid\leqslant\sigma \\ \exp\left(\sigma\dfrac{p-1}{p}-\mid\xi\mid\right), & \text{其他}\end{cases}$

ε 不敏感函数损失函数的形式可以描述如下：

$$L(y,f(x,\alpha))=L(\mid y-f(x,\alpha)\mid_{\varepsilon})$$

$$\mid y-f(x,\alpha)\mid_{\varepsilon}=\begin{cases}0, & \mid y-f(x,\alpha)\mid\leqslant\varepsilon \\ \mid y-f(x,\alpha)\mid-\varepsilon, & \text{其他}\end{cases} \quad (2.58)$$

这种损失函数描述这样一种 ε 不敏感模型，即如果预测值和实际值之间的差别小于 ε，则损失等于 0，可见对于在 ε 以内的区域中的点对于损失函数没有作用，而这个特点是其他的损失函数所不具有的，因此该型损失函数可以保证得到的解具有较好的稀疏性。

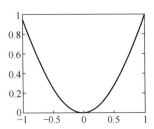

图 2.6　二次损失函数

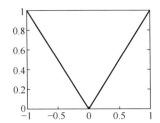

图 2.7　Laplace 损失函数

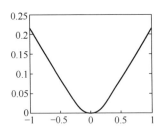

图 2.8　Huber 损失函数

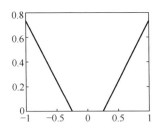

图 2.9　ε 不敏感损失函数

2.3.3　回归 SVM

如果在线性函数集合 $f(x,\alpha)=(w\cdot x)+b$ 中估计回归函数，把回归估计的问

题定义为对线性 ε 不敏感损失函数($\varepsilon \geqslant 0$)进行风险最小化的问题,而且用 SRM
(结构风险最小化)原则进行风险最小化,其中结构 S_n 的元素由以下不等式定义:

$$(w \cdot w) \leqslant c_n \tag{2.59}$$

那么就产生了对回归的支持向量估计,也称支持向量回归估计(support vector re-
gression,SVR)。在这里给出关于支持向量回归估计算法的详细推导和深入
分析。

给定训练样本集 $T = \{(x_1, y_1), (x_2, y_2), \cdots, (x_n, y_n)\} \in (X \times Y)^n$, $x_i \in X =$
$\mathbf{R}^n$, $y_i \in Y = \mathbf{R}$, $i = 1, \cdots, n$, $R_{\mathrm{emp}}(w, b) = \dfrac{1}{n} \sum\limits_{i=1}^{n} |y_i - (w \cdot x) - b|_\varepsilon$,则在约束
式(2.59)下最小化经验风险 $R_{\mathrm{emp}}(w, b)$ 等价于:寻找 w、b,最小化由松弛变量 ξ_i, ξ_i^* ($i = 1, \cdots, n$)定义的下述量:

$$F(\xi, \xi^*) = \sum_{i=1}^{n} \xi_i^* + \sum_{i=1}^{n} \xi_i$$

$$\begin{cases} ((w \cdot x_i) + b) - y_i \leqslant \varepsilon + \xi_i \\ y_i - ((w \cdot x_i) + b) \leqslant \varepsilon + \xi_i^* \\ \xi_i, \xi_i^* \geqslant 0, \quad i = 1, \cdots, n \end{cases} \tag{2.60}$$

对上式构造拉格朗日函数:

$$\begin{aligned} L(w, \xi^*, \xi, \alpha^*, \alpha, C^*, \gamma, \gamma^*) = & \sum_{i=1}^{n} (\xi_i^* + \xi_i) - \sum_{i=1}^{n} \alpha_i [y_i - (w \cdot x_i) - b + \varepsilon + \xi_i] \\ & - \sum_{i=1}^{n} \alpha_i^* [(w \cdot x_i) + b - y_i + \varepsilon + \xi_i^*] \\ & - \frac{C^*}{2} (c_n - (w \cdot w)) - \sum_{i=1}^{n} (\gamma_i^* \xi_i^* + \gamma_i \xi_i) \end{aligned} \tag{2.61}$$

求解上式即对 w、b、ξ_i^* 和 ξ 求最小点,对拉格朗日乘子 $C^* \geqslant 0$、$\alpha_i^* \geqslant 0$、$\alpha_i \geqslant 0$、
$\gamma_i^* \geqslant 0$ 和 $\gamma_i \geqslant 0$($i = 1, \cdots, n$)求最大点。上式的求解是一个复杂的优化问题,可以
转换为已给定的正则化参数 C 值,求解下面的凸优化问题,即求下式的最小值:

$$\Phi(w, \xi^*, \xi) = \frac{1}{2}(w \cdot w) + C\left(\sum_{i=1}^{n} \xi_i^* + \sum_{i=1}^{n} \xi_i\right)$$

$$\begin{cases} ((w \cdot x_i) + b) - y_i \leqslant \varepsilon + \xi_i \\ y_i - ((w \cdot x_i) + b) \leqslant \varepsilon + \xi_i^* \\ \xi_i, \xi_i^* \geqslant 0, \quad i = 1, \cdots, n \end{cases} \tag{2.62}$$

式中右边的第一项为了提高学习的泛化能力,第二项则为减少误差,常数 C 对两
者做出折中。根据 ε 不敏感损失函数定义可知,当 $f(x_i) = (w \cdot x_i) + b$ 与 y_i 的差
别不大于 ε 时,不计误差,即为零,当大于 ε 时,误差为 $|f(x_i) - y_i| - \varepsilon$,也可以看

出此时得到的最优化问题也具有稀疏特性。

上面的凸二次规划问题,可转化为求解下述新形式得到:

$$\min w(\alpha,\alpha^*) = \frac{1}{2}\sum_{i,j=1}^{n}(\alpha_i - \alpha_i^*)^{\mathrm{T}}(x_i,x_j)(\alpha_j - \alpha_j^*)$$
$$+ \varepsilon\sum_{i=1}^{n}(\alpha_i + \alpha_i^*) + \sum_{i=1}^{n}y_i(\alpha_i - \alpha_i^*)$$
(2.63)

$$\begin{cases} \sum_{i=1}^{n}(\alpha_i - \alpha_i^*) = 0 \\ 0 \leqslant \alpha_i, \alpha_i^* \leqslant C, \quad i = 1, \cdots, n \end{cases}$$

支持向量回归估计函数为

$$f(x) = \sum_{i=1}^{n}(-\alpha_i + \alpha_i^*)(x_i,x) + b$$
(2.64)

对于非线性回归问题,与非线性分类相似,即通过核函数把非线性数据映射到高维空间,在高维空间中进行线性回归。因此,二次规划优化形式可转化为

$$\min w(\alpha,\alpha^*) = \frac{1}{2}\sum_{i,j=1}^{n}(\alpha_i - \alpha_i^*)^{\mathrm{T}}K(x_i,x_j)(\alpha_j - \alpha_j^*)$$
$$+ \varepsilon\sum_{i=1}^{n}(\alpha_i + \alpha_i^*) + \sum_{i=1}^{n}y_i(\alpha_i - \alpha_i^*)$$
(2.65)

其中,$K(x_i \cdot x_j)$是核函数,$K(x_i \cdot x_j) = x_i \cdot x_j$。

支持向量回归估计函数为

$$f(x) = \sum_{i=1}^{n}(-\alpha_i + \alpha_i^*)K(x_i,x) + b$$
(2.66)

根据 KKT 条件,在鞍点有

$$\begin{cases} \alpha_i[\varepsilon + \xi_i^* - y_i + ((w \cdot x_i) + b)] = 0 \\ \alpha_i[\varepsilon + \xi_i + y_i - ((w \cdot x_i) + b)] = 0 \\ \xi_i^* \gamma_i^* = 0 \\ \xi_i \gamma_i = 0 \end{cases} \quad i = 1, \cdots, n$$
(2.67)

由前两式可得:$\alpha_i^* \cdot \alpha_i = 0$,再由后两式与前面推导的两式可得

$$(C - \alpha_i^*)\xi_i^* = 0, \quad i = 1, \cdots, n$$
(2.68)

$$(C - \alpha_i)\xi_i = 0, \quad i = 1, \cdots, n$$
(2.69)

可知:当 $\alpha_i^* = C$ 或 $\alpha_i = C$ 时,$f(x_i)$ 与 y_i 的误差可能大于 ε,当 $\alpha_i^* \in (0,C)$ 或 $\alpha_i \in (0,C)$ 时,$f(x_i)$ 与 y_i 的误差一定等于 ε,即 $\xi_i^* = 0$ 或 $\xi_i = 0$,因此有

$$\varepsilon - y_i + f(x_i) = 0, \quad \text{当 } \alpha_i^* \in (0,C)$$
(2.70)

在实值函数 $f(x)$ 的支持向量回归估计中,支持向量数目是受 ε 值控制的。根据以上研究,本书分析如下:

假设以精度 ε 逼近函数 $f(x)$，即用估计函数 $f^*(x)$ 来描述函数 $f(x)$，使得函数 $f(x)$ 处在 $f^*(x)$ 的 ε 管道里。这个管道的轴线定义了函数 $f(x)$ 的 ε 逼近 $f^*(x)$，管道碰到函数 $f(x)$ 处的点的坐标定义了支持向量。因为支持向量就是那些在 KKT 条件中拉格朗日乘子不为零的向量。这个乘子定义了在一个不等式类型的优化问题中边界点，亦即函数 $f(x)$ 接触到 ε 管道处的点。ε 值越大，管道越宽，接触点越少，即支持向量越少。核函数 $K(x_i,x_j)$ 则描述了管道的弹性规律。

阈值 b 是常数，求解 b 有几种方法，列举如下：

(1) $\min\limits_{b} \sum\limits_{i=1}^{n} \big(y_i - \big(\sum\limits_{i=1}^{n}(\alpha_i^* - \alpha_i)K(x_i,x)\big) - b\big)^2$；

(2) $\dfrac{1}{2}(\min(-y_i + f(x_i,\alpha^*,\alpha) - b) + \max(-y_j + f(x_j,\alpha^*,\alpha) - b))$；

(3) $b = \dfrac{1}{2}\min\limits_{x_j\,|\,\alpha_j>0}\big(-y_j + \sum\limits_{i=1}^{n}(\alpha_i^* - \alpha_i)K(x_j,x_i)\big) + \min\limits_{x_k\,|\,\alpha_k^*>0}\big(-y_k + \sum\limits_{i=1}^{n}(\alpha_i^* - \alpha_i)K(x_k,x_i)\big)$。

根据回归支持向量机和 ε 不敏感函数损失函数原理，本书还给出一种求解 b 的方法，分析如下：

求解 b 主要依据 KKT 条件。预测样本点的误差 $\delta_k = f(x_k) - y_k$ 通过 α_k 和 α_k^* 确定。对于 ε 不敏感损失函数，是在预测管道边缘（图 2.10）中选择合理的 x_k。那么样本点 k 的误差可以确切地表述为 $\delta_k = \varepsilon \mathrm{sgn}(\alpha_k^* - \alpha_k)$，采用所有这些样本点误差和的平均值表示误差，则可推导 b 的求解公式为

$$b = \frac{1}{m}\sum_{k=1}^{m}\big(y_k - \sum_{i=1}^{n}((\alpha_i^* - \alpha_i)K(x_i,x_k)) + \varepsilon\mathrm{sgn}(\alpha_k^* - \alpha_k)\big) \qquad (2.71)$$

其中，m 为合理样本数。

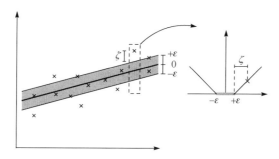

图 2.10　不敏感损失函数的误差意识图

通过上述分析可知，采用支持向量机解决回归函数估计问题，必须首先确定三个自由参数：ε 不敏感值、正则化参数 C 以及核参数（多项式核的阶数、径向基核的宽度参数、样条生成核的样条阶数等），然后采用支持向量回归估计方法进行回归估计。

2.3.4　回归 LS-SVM

设训练样本集 $D=\{(x_k,y_k)\,|\,k=1,2,\cdots,N\},x_k\in\mathbf{R}^n,y_k\in\mathbf{R},x_k$ 是输入数据，y_k 是输出数据。在权 w 空间（原始空间）中的函数估计问题可以描述求解下面问题：

$$\min_{w,b,e} J(w,e)=\frac{1}{2}w^{\mathrm{T}}w+\frac{1}{2}\gamma\sum_{k=1}^{N}e_k^2 \tag{2.72}$$

约束条件为

$$y_k=w^{\mathrm{T}}\varphi(x_k)+b+e_k,\quad k=1,\cdots,N$$

其中，$\varphi(\cdot):\mathbf{R}^n\rightarrow\mathbf{R}^{n_h}$ 是核空间映射函数；权向量 $w\in\mathbf{R}^{n_h}$（原始空间）；误差变量 $e_k\in\mathbf{R}$；b 是偏差量；损失函数 J 是 SSE 误差和规则化量之和；γ 是可调常数。核空间映射函数的目的是从原始空间中抽取特征，将原始空间中的样本映射为高维特征空间中的一个向量，以解决原始空间中线性不可分的问题。根据式(2.72)，可定义拉格朗日函数

$$L(w,b,e;\alpha)=J(w,e)-\sum_{k=1}^{N}\alpha_k[w^{\mathrm{T}}\varphi(x_k)+b+e_k-y_k] \tag{2.73}$$

其中，拉格朗日乘子 $\alpha_k\in\mathbf{R}$。对上式进行优化，即求 L 对 w、b、e_k、α_k 的偏导数等于 0。

消除变量 w、e，可得以下矩阵方程：

$$\begin{bmatrix} 0 & 1_v^{\mathrm{T}} \\ 1_v & \Omega+\dfrac{1}{\gamma}I \end{bmatrix}\begin{bmatrix} b \\ \alpha \end{bmatrix}=\begin{bmatrix} 0 \\ y \end{bmatrix} \tag{2.74}$$

其中，$e=[e_1,\cdots,e_N]$；$y=[y_1,\cdots,y_N]$；$1_v=[1,\cdots,1]$；$\alpha=[\alpha_1,\cdots,\alpha_N]$；$\Omega_{kl}=\varphi(x_k)^{\mathrm{T}}\varphi(x_l),k,l=1,\cdots,N$。根据 Mercer 条件，存在映射函数 φ 和核函数 $K(\cdot,\cdot)$，使得

$$K(x_k,x_l)=\varphi(x_k)^{\mathrm{T}}\varphi(x_l) \tag{2.75}$$

LS-SVM 支持向量机的函数估计为

$$y(x)=\sum_{k=1}^{N}\alpha_k K(x,x_k)+b \tag{2.76}$$

其中，α、b 由式(2.74)求解出；核函数 $K(x_k,x_l)$ 可采用多项式核、多层感知(MLP)核、B 样条核、RBF 核等。

2.3.5　稀疏回归 LS-SVM

1. 基本研究思路

稀疏性是指样本约束时的简约性、非冗余性，而在最小二乘支持向量机建模

中,可能存有大量冗余信息,因此剔除冗余信息、简化模型结构是最小二乘支持向量机建模的重要研究方向之一。目前,解决该问题主要有两种思路:其一,从支持权重出发;其二,从样本分布出发。思路一以 Suykens 为主要代表,采用循环迭代剪切策略,即对大样本训练学习,删除权重值较小的样本;然后以删减后的样本集再次训练,再次删除权重较小的样本,如此循环,直到最终模型性能变差为止;在此基础上,国内很多学者进行剪切点优选、快速算法的改进等研究。思路二从样本分布出发,由于大量样本中不可避免地存在许多分布较密集甚至近似重复的点,基于这些大量重复样本进行训练,所得模型无疑是冗余的,为此可以采用聚类方法或者其他方法从分布较密点中抽取典型点进行训练,实现稀疏性。这两种思路各有侧重,思路一的计算量体现在循环迭代的筛选过程中上,思路二的计算量则体现在提取典型样本以及剪切近似冗余样本方面。本节在对回归模型分析基础上,基于正交分解算法提出一种稀疏化新思路,不需要迭代求解支持权重,直接确认核心支持样本集,实现稀疏化。

2. 基于正交分解的稀疏化策略

最小二乘支持向量机模型确认最终归根于求解模型系数,即求解一个高维线性方程组 $H\theta=Y$,其中实矩阵 $H=[h_1,h_2,\cdots,h_n]$ 为 $n\times n$ 实矩阵,$n=l+1$,输出向量为 $Y=[0,y_1,y_2,\cdots,y_l]^T$。最小二乘求解问题即可描述为求 $\theta=[\theta_1,\theta_2,\cdots,\theta_n]^T$,使得 $\|H\theta-Y\|$ 为最小,$\theta=[b,\alpha_1,\alpha_2,\cdots,\alpha_l]^T,\alpha_i(i=1,2,\cdots,l)$ 对应为每一个训练样本的支持权重。因此,模型稀疏化问题可以归结为从 l 个训练样本中选择出 n_{sv} 个最优样本,即支持向量。

为此,本节提出一种最小二乘支持向量机的新型稀疏化策略,将支持样本选择问题转化为高维映射核矩阵中输入向量对输出向量的贡献问题。

MCGS 算法基于选主元策略决定待正交化矩阵 H 的列向量的引入次序,并同时以 CGS 算法对其实施正交化。记列重排后的矩阵为 H_c,相应地,其正交化矩阵为 $Q_c=[q_1,q_2,\cdots,q_n]$,最小二乘解为 Θ_c,则 MCGS 算法描述如下:

步骤 1:对于 $i=1,2,\cdots,n$,记 $q_1^i=h_i$,计算 $g_1^i1=\langle q_1^i,Y\rangle/d_1^i;d_1^i=\langle q_1^i,q_1^i\rangle$;$[\mathrm{err}]_1^i=(g_1^i)^2d_1^i/\langle Y,Y\rangle$;

在 $[\mathrm{err}]_1^i(i=1,2,\cdots,n)$ 中选择最大值,假定 $[\mathrm{err}]_1^{I_1}=\max\{[\mathrm{err}]_1^i,1\leqslant i\leqslant n\}$,则 $q_1=q_1^{I_1}$ 项被选作矩阵 Q_c 的第一列,并以 $g_1=g_1^{I_1}$ 作为 G_c 的第一个元素,记 $[\mathrm{err}]_1=[\mathrm{err}]_1^{I_1}$。记 $d_1=d_1^{I_1}=\langle q_1,q_1\rangle$,相应地,以 h_{I_1} 作为矩阵 H_c 的第一列,不妨仍记为 h_1;θ_{I_1} 作为相应最小二乘解 Θ_c 的第一个元素,仍记为 θ_1。记 $\mathrm{Index}(1)=I_1$。

计算 $Y^{(1)}=Y-g_1q_1$。

步骤 $2:k(k>1):$ 对于 $i=1,2,\cdots,n,$ 且 $i\notin\{\text{index}(1),\text{index}(2),\cdots,\text{index}(k-1)\},j=1,2,\cdots,k-1,$ 执行如下算法,对于 $j=1,2,\cdots,k-1:$

$$r_{jk}^i=\langle q_j,h_i\rangle/d_j,\quad q_k^i=h_i-\sum_{j=1}^{k-1}r_{jk}^iq_j,\quad d_k^i=\langle q_k^i,q_k^i\rangle$$

$$g_k^i=\langle q_k^i,Y^{k-1}\rangle/\ d_k^i,\quad [\text{err}]_k^i=(g_k^i)^2d_k^i/\langle Y,Y\rangle$$

同样对 $[\text{err}]_k^i,i\notin\{\text{index}(1),\text{index}(2),\cdots,\text{index}(k-1)\}$ 进行最大值的筛选,假设 $[\text{err}]_k^{l_k}=\max\{[\text{err}]_k^i,1\leqslant i\leqslant n,i\notin\{\text{index}(1),\text{index}(2),\cdots,\text{index}(k-1)\}\},$ 则 $q_k=q_k^{l_k}$(相应于矩阵 H 的 h_{I_k}),被选作矩阵 Q_c 的第 k 列,并以 $g_k=g_k^{l_k}$ 作为 G_c 的第 k 个元素,$[\text{err}]_k=[\text{err}]_k^{l_k}$。相应地,以 h_{I_k} 作为矩阵 H_c 的第 k 列,不妨仍记为 H_{I_k},并以 θ_h 作为相应的最小二乘解 Θ_c 的第 k 个元素,同样不妨仍记为 θ_k。记 $d_k=d_k^{l_k}=\langle q_k,q_k\rangle$,记 $\text{index}(k)=I_k$。计算 $Y^{(k)}=Y^{(k-1)}-g_kq_k$。

迭代过程在第 n_{sv} 步终止,满足 $J_N(n_{sv})=\sqrt{\langle\varepsilon,\varepsilon\rangle/N}<\rho_{s1}$,其中残差序列 $\varepsilon=Y^{n_{sv}}$,ρ_{s1} 为设定的理想阈值,其值可以通过参考系统的信噪比及迭代过程中基于残差的损失函数稳定值来设定,N 为数据采样长度。当然,在计算过程中如果某一迭代步骤上 $\langle q_k^i,q_k^i\rangle$ 小于某一预定较小值,则相应项 h_i 将不被作为候选项,以避免计算机编程中的浮点溢出。

上面根据改进的 Gram-Schmidt 正交化算法将对输出向量 Y 影响较大的主要贡献项选择出来,针对最小二乘支持向量机而言,即从训练样本全集中选择主要支持向量,其编号包含于 $\{\text{index}(1),\text{index}(2),\cdots,\text{index}(n_{sv})\}$。因为 $n_{sv}\ll l$ 或 $n_{sv}-1\ll l$(注:$n_{sv}-1\ll l$ 的情况对应为把偏置 b 对应项也选择了出来),所以实现了稀疏化。使用优选样本再次训练,即可得到相对于原始样本的稀疏型最小二乘支持向量机。该策略优点在于全面考虑了原始样本对输出向量的影响,避免了剪枝算法中的多次训练过程,间接实现了剪枝算法。

2.3.6　在线回归 LS-SVM

在实际工业过程中,系统会产生大量工作数据,为了跟踪系统动态特性,应将新信息加入到函数模型中,如将新样本加入到训练集中。然而随着样本源源不断地增加,核矩阵维数也随之增加,最终导致计算资源的耗尽,这影响着支持向量机模型的在线使用。因此在线建模必须有一个吐故纳新、新陈代谢的过程:既吸纳新信息,又保证样本规模。在线建模的基本思路为常规滑动时窗策略,吸收最新样本,删除最老样本,保持规模不变。

1. 常规滑动时窗策略

常规滑动时窗策略示意图如图 2.11 所示,常规滑动时窗表示参训样本简单的随时间逐步移动,时窗每一次移动,参训样本也随最新观测窗移动,n_{sv} 为时窗宽度,正比于样本个数。

在此定义特征矩阵 $Q_L = \Omega_L + (1/\gamma)I$,其中,$Q_L \in \mathbf{R}^{L \times L}$;$\Omega_L \in \mathbf{R}^{L \times L}$ 为核矩阵,$\Omega_{i,j} = K(x_i, x_j) = \varphi(x_i)\varphi(x_j)$,$i, j = 1, 2, \cdots, L$。由上述推导公式可知,建立最小二乘支持向量回归模型关键在于求解 Q_L^{-1},因此滑动时窗策略的在线建模问题就转化为不断吸收新样本、削减老样本、更新 Q_L^{-1} 的过程。

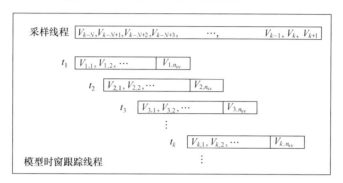

图 2.11　常规滑动时窗策略示意图

1) 新样本吸纳过程

设前一时刻特征矩阵为 Q_L,设增加当前采集样本 $(x_{\text{new}}, y_{\text{new}})$,相对于 Q_L,有

$$Q'_{\text{new}} = \begin{bmatrix} Q_L & k_{L+1} \\ k_{L+1}^{\mathrm{T}} & k_{\text{new}}^* \end{bmatrix} \in \mathbf{R}^{(L+1) \times (L+1)} \tag{2.77}$$

其中,$k_{L+1} = [K(x_{\text{new}}, x_1), K(x_{\text{new}}, x_2), \cdots, K(x_{\text{new}}, x_L)]^{\mathrm{T}}$;$k_{\text{new}}^* = 1/\gamma + K(x_{\text{new}}, x_{\text{new}})$;当核函数采用 RBF 核函数时,$k_{\text{new}}^* = \dfrac{1}{\gamma} + 1$,由矩阵求逆引理可以求出 Q'_{new}。根据分块矩阵求逆引理可得 Q'^{-1}_{new} 如下:

$$Q'^{-1}_{\text{new}} = \begin{bmatrix} Q_L & k_{L+1} \\ k_{L+1}^{\mathrm{T}} & k_{\text{new}}^* \end{bmatrix}^{-1} = \begin{bmatrix} Q_L^{-1} + Q_L^{-1}k_{L+1}k_{L+1}^{\mathrm{T}}Q_L^{-1}\rho^{-1} & -Q_L^{-1}k_{L+1}\rho^{-1} \\ -k_{L+1}^{\mathrm{T}}Q_L^{-1}\rho^{-1} & \rho^{-1} \end{bmatrix}$$

$$\tag{2.78}$$

其中,$\rho^{-1} = k_{\text{new}}^* - k_{L+1}^{\mathrm{T}}Q_L^{-1}k_{L+1}$。由于计算过程中,$Q_L^{-1}$ 在上一步骤中是已知的,因此增加一维后,这种分块计算方式减轻了计算量。在增加样本后,为了保持样本规模,应该将老样本剔除。

2) 老样本删减过程

在增加一个最新样本后,余下涉及的计算就是削减最老样本的影响。在上一步的基础上,增加最新样本的 Q'^{-1}_{new} 已经计算出,因此,将 Q'_{new} 进行重新表述,其新的表达形式如下:

$$Q'_{\text{new}} = \begin{bmatrix} k_1^* & k_1^{\mathrm{T}} \\ k_1 & Q_{\text{new}} \end{bmatrix} \tag{2.79}$$

其中，$Q_{new} \in \mathbf{R}^{L \times L}$ 为核矩阵，$k_1^* = \dfrac{1}{\gamma} + k(x_1, x_1)$，当选择 RBF 核函数时，$k_1^* = \dfrac{1}{\gamma} +$

$1, k_1 = [K(x_1, x_2), K(x_1, x_3), \cdots, K(x_1, x_N), K(x_1, x_{new})]$，$Q_{new} = \Omega_{new} + \dfrac{1}{\gamma} I_{N \times N}$，

$\Omega_{new} \in \mathbf{R}^{L \times L}$，且 $\Omega_{new} = K_{i+j}(x_{i+1}, x_{j+1})$，$i, j = 1, 2, \cdots, L - 1$，$(\Omega_{new})_{L,L} =$

$K(x_{new}, x_{new})$。

同样应用矩阵分块求逆引理，可知：

$$Q_{new}^{'-1} = \begin{bmatrix} \rho^{-1} & -k_1^{\mathrm{T}} Q_{new}^{-1} \rho^{-1} \\ -Q_{new}^{-1} k_1 \rho^{-1} & Q_{new}^{-1} + Q_{new}^{-1} k_1 k_1^{\mathrm{T}} Q_{new}^{-1} \rho^{-1} \end{bmatrix} = \begin{bmatrix} q & p^{\mathrm{T}} \\ p & Q' \end{bmatrix} \tag{2.80}$$

其中，$\rho^{-1} = k_1^* - k_1^{\mathrm{T}} Q_{new}^{-1} k_1$。因此可以求出

$$Q_{new}^{-1} = Q' - pp^{\mathrm{T}}/q \tag{2.81}$$

因此，新的观测窗矩阵 $Q_{new}^{-1} \in \mathbf{R}^{L \times L}$ 已经求出。由于系统加入了新样本，削除了老样本，因此实现了对系统动态特性的跟踪。

3）在线最小二乘支持向量回归模型辨识算法

以时间预测为例，在线 LS-SVM 回归模型算法描述如下：

步骤 1：指定时间窗观测长度 L，离线得到最初的 L 个样本，由 LS-SVM 训练过程，得到函数模型 $y(x) = \sum\limits_{i=1}^{L} \alpha_i K(x, x_i) + b$，用于预报，当输入为 x_{L+1} 时，得到预报输出为 $\tilde{y}_{L+1}$，记录下 Q_L^{-1}、e_i。

步骤 2：通过采样得到新的输入向量 x_{new}，预报 $\tilde{y}_{new}$；

步骤 3：提取系统输出 y_{new}，得到新样本 (x_{new}, y_{new})，计算误差 $e_{new} = y_{new} - \tilde{y}_{new}$，如果是加权计算，可以根据样本误差分布进行各个样本权重的计算。

步骤 4，吸收新样本：计算 Q_{new}'，并将所得矩阵重新描述，得到 Q'、q、p 等。

步骤 5，削减老样本：计算 Q_{new}^{-1}，Q_{new}^{-1} 对应为最新的 L 个样本，已经吸纳了 (x_{new}, y_{new}) 样本的最新样本。

步骤 6：将 Q_{new}^{-1} 代入求解公式，得到 α_{new}、b_{new}，从而得到新的函数回归模型，

$$y(x) = \sum\limits_{i=1}^{L} \alpha_{new} K(x, x_i) + b_{new} 。$$

步骤 7：将样本集和误差集移位，$x_i = x_{i+1}$，$y_i = y_{i+1}$，$e_i = e_{i+1}(i = 1, 2, \cdots, L - 1)$；$x_L = x_{new}$，$y_L = y_{new}$，$e_L = e_{new}$；如果是加权模型，根据各个样本对应误差重新计算权重。

步骤 8：移位 $Q_L^{-1} = Q_{new}^{-1}$；跳转步骤 2。

以上的过程是一个循环往复过程，随着采样的进行，建模采用的样本则始终是最新的 L 个样本，即实现了滑动时间窗的在线移动。

2. 基于优选样本的改进滑动时窗策略

上节所述方法认定系统新样本一定带来新信息,然而有时新样本未必对过程模型产生新信息,如下面的大偏离过程就是一个极端例子,如图 2.12 所示。

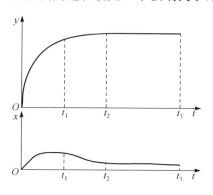

图 2.12　极端实例示意图

从图 2.12 中可以看出,从 t_2 到 t_3 时刻的输入向量 x 变化特征不明显,而 t_1 到 t_2 时刻的样本数据更能反映动态过程。因为滑动观测窗宽度总是有限的,所以当观测窗移到 t_2 和 t_3 时刻之间,这一时间段的样本分布并不能很好地反映系统动态特性,据此得到的模型在下一步的预报中则会有更大的误差,而采用 t_1 与 t_2 时刻之间的样本进行回归得到的模型在下一步的预报中误差较小。

为此,本节提出一种改进滑动时窗策略,即基于优选样本的改进滑动时窗策略。训练样本长度仍然是固定的,区别在于在吸收过程中并非直接将最新样本吸纳,而是先判断该样本是否带来新信息:如果没有带来新信息,则保持回归模型不变;否则,将最新样本与已有的训练样本组成新训练样本集,并从中筛选出一个较差的样本删除,保持训练样本容量的一致性。这样得到的模型更能反映系统的动态过程,其流程跟踪示意图如图 2.13 所示。

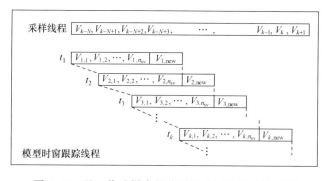

图 2.13　基于优选样本的改进滑动时窗策略示意图

在该方法中,如何判定新样本带来新信息很重要,以下是两种典型策略:

(1) 模型预测误差法。即设置模型预测阈值的方法,根据上一时刻的回归拟合模型和当前的输入 x_{new},依据模型可以得到预测输出 $\widetilde{y}_{new} = \sum_{i=1}^{n_{sv}} \alpha_i K(x_{new}, x_i) + b$,同样根据实际系统的采样 y_{new},如果实际输出与预测输出之间的误差很小,即 $\| y_{new} - \widetilde{y}_{new} \| < \varepsilon$(此处 ε 代表一个较小的数,即阈值),表明新样本没有产生新信息,因此无须进行下一步的计算;反之,新样本产生了新信息。

(2) 样本的相关度检测法。除了对模型影响计算之外,还可以采取新样本与已有训练样本集的相关度进行比较。如果新样本在映射空间能够被已有训练样本集描述,则新样本无须参训。样本在映射空间的相关描述定义如下:

新样本的输入仍为 x_{new},上一时刻的训练样本分别为 $x_i (i=1,2,\cdots,n_{sv})$;如果存在如下的描述关系,$K(x, x_{new}) = \sum_{i=i}^{n_{sv}} c_i K(x, x_i)$,$c_i$ 为常系数,则新样本映射到高维映射空间后,线性依赖于 n_{sv} 个 $(x_1, x_2, \cdots, x_{n_{sv}})$ 样本的支持向量,因此新样本对系统动态过程模型没有新影响,即其影响完全可以由上一时刻的训练样本描述。

在理论上采用上式计算新样本与已有训练样本集的线性相关性,有可能导致数值计算不稳定。因此,采用如下的近似条件判断:

$$\Delta_{new} = \left\| \varphi(x_{new}) - \sum_{i=1}^{n_{sv}} c_i \varphi(x_i) \right\|^2 \leqslant \varepsilon_{new} \tag{2.82}$$

其中,ε_{new} 为当前时刻界限值。因此,上式展开可描述如下:

$$\begin{aligned}
\Delta_{new} &= \left\| \varphi(x_{new}) - \sum_{i=1}^{n_{sv}} c_i \varphi(x_i) \right\|^2 \\
&= \varphi(x_{new})\varphi(x_{new}) - 2\varphi(x_{new})\left(\sum_{i=1}^{n_{sv}} c_i \varphi(x_i)\right) + \sum_{i=1}^{n_{sv}} c_i \sum_{j=1}^{n_{sv}} c_j \varphi(x_j)\varphi(x_i) \\
&= K(x_{new}, x_{new}) - 2\sum_{i=1}^{n_{sv}} c_i K(x_i, x_{new}) + \sum_{i=1}^{n_{sv}} c_i \sum_{j=1}^{n_{sv}} c_j K(x_i, x_j) \\
&\leqslant \varepsilon_{new}
\end{aligned} \tag{2.83}$$

最小化 Δ_{new},即可以求出训练样本对应的系数 $c_i (i=1,2,\cdots,n_{sv})$,为了适当放宽影响,因此适当降低 c_i 的精度,在上式中加入 L_2 范数正则项 $\rho \| c \|^2$,这样上式最小化后左边就变成

$$\min K(x_{new}, x_{new}) - 2\sum_{i=1}^{n_{sv}} c_i K(x_i, x_{new}) + \sum_{i=1}^{n_{sv}} c_i \sum_{j=1}^{n_{sv}} c_j K(x_i, x_j) + \rho \| c \|^2 \tag{2.84}$$

其中,ρ 为正的实常数。令 $[K]_{i,j} = K(x_i, x_j)$,$K_{new} = K(x_{new}, x_{new})$,$(K_{new})_i = K(x_{new}, x_i)(i=1,2,\cdots,n_{sv})$,则上式可以重写为

$$\min K_{\text{new,new}} - 2c \widetilde{K}_{\text{new}} + c^{\text{T}} c \widetilde{K} + \rho \parallel c \parallel^2 = c^{\text{T}} (\widetilde{K} + \rho I)c - 2c \widetilde{K}_{\text{new}} + K_{\text{new,new}}$$

$$(2.85)$$

为使上式最小化,则

$$c = (\widetilde{K} + \rho I)^{-1} \widetilde{K}_{\text{new}} \tag{2.86}$$

将式(2.86)代入式(2.85)可知

$$\Delta = K_{\text{new,new}} - \widetilde{K}_{\text{new}} c = K_{\text{new,new}} - \widetilde{K}_{\text{new}} ((\widetilde{K} + \rho I)^{-1} \widetilde{K}_{\text{new}}) \tag{2.87}$$

因此,在每一步中计算出最小值,然后判断是否将样本加入到下一阶段的训练样本。通过上面的判断,可以知道新样本是否加入。如果带来新信息,则加入新样本,然后删除旧样本,此时可以采用删除最老样本的方法,当然也可以采用删除最劣样本的策略。此时将新样本与上一时刻训练样本集组合重新训练,至于删除方法,可以采用上面提到的改进正交化算法,只是实现策略有所改变,只选择其中最重要的 l 个样本,当然采用删除最不重要的那一个样本更为简单。

2.4 支持向量机求解算法

求解支持向量机主要是解决二次规划优化问题,二次规划问题公式可以写为

$$\max -\frac{1}{2} \alpha^{\text{T}} \hat{K} \alpha + 1^{\text{T}} \alpha$$

其中,$\hat{K}$ 是半正定矩阵,$\hat{K}_{ij} = y_i y_j K(x_i, x_j)$;$1^{\text{T}}$ 是所有单位向量。这个二次规划优化的解一定是全局收敛到最大值。但是采用不同的优化方法,仍然会获得不同的效果。因为通常的数学规划方法一般是针对小样本数据或者假设 $\hat{K}$ 是稀疏的(即矩阵中的许多元素为零)。在支持向量机中,采用常规二次规划优化方法解决大规模数据问题,需要计算和存储核函数矩阵,当样本点数目较大时,需要很大的内存,例如,当样本点数目超过 4000 时,存储核函数矩阵需要多达128MB 内存,而且,SVM 在二次型寻优过程中要进行大量的矩阵运算,多数情况下,寻优算法是占用算法时间的主要部分,因此,造成训练时间过长。支持向量机算法优化的目的就是使它在解决大规模数据问题时,具有快的收敛速度,而且占用内存少。

SVM 方法的训练速度是限制其广泛应用的主要原因,近年来人们针对方法本身的特点提出了许多算法来解决对偶寻优问题,这些算法的一个共同的思想就是采用分而治之的原则将原问题分解为规模较小的子问题,通过循环解决一系列子问题来求得原问题的解。根据分解策略、分解后子问题的大小以及子问题的求解策略可以将现有的训练算法分为三种:块算法、分解算法和顺序最小优化算法。

2.4.1　块算法

块算法(chunking algorithm)在支持向量机中的应用最早由 LeCun 和 Vapnik 等于 1995 年提出。在支持向量机解决大规模数据问题中,一个主要目标是 α 解的稀疏性。α 解一般为零或者趋于 C 的上界。如果知道 α 解中哪些 α_i 为零,那么就可以把它在矩阵 $\tilde{K}$ 中对应的行和列删除,且不影响二次规划优化的结果。对于给定的训练样本集,如果其中的支持向量是已知的,寻优算法就可以排除非支持向量,只需对支持向量计算权值(即 Lagrange 乘子)即可。实际上支持向量是未知的,因此"块算法"的目标就是通过某种迭代方式逐步排除非支持向量。具体的作法是,选择一部分样本构成工作样本集进行训练,剔除其中的非支持向量,并用训练结果对剩余样本进行检验,将不符合训练结果(一般是指违反 KKT 条件)的样本(或其中的一部分)与本次结果的支持向量合并成为一个新的工作样本集,然后重新训练。如此重复下去直到获得最优结果。

块算法的特点是:当支持向量的数目远远小于训练样本数目时,块算法显然能够大大提高运算速度。然而,如果支持向量的数目本身就比较多,随着算法迭代次数的增多,工作样本集也会越来越大,算法依旧会变得十分复杂。

2.4.2　分解算法

分解算法最早是由 Osuna 等提出来的。分解算法的实质也是基于块算法原理,当支持向量的数目远远小于训练样本数目时,块算法显然能够大大提高运算速度;然而,如果支持向量的数目本身就比较多,随着算法迭代次数的增多,工作样本集也会越来越大,算法依旧会变得十分复杂。因此,如果把问题分解成为固定样本数的子问题:工作样本集的大小固定在算法速度可以容忍的限度内,迭代过程中只是将剩余样本中部分"情况最糟的样本"与工作样本集中的样本进行等量交换,即使支持向量的个数超过工作样本集的大小也不改变工作样本集的规模,而只对支持向量中的一部分进行优化,这就是分解算法的基本思想。

后来 Hsu 和 Joachims 等又对其进行了改进,由 Osuna 等进行了完善,并应用于人脸识别问题这一算法将样本集分为两个集合 B 和 N,集合 B 中包含 b 个样本,作为子问题工作样本集进行 SVM 训练,集合 N 中有 n 个样本,且 $b+n=l$,在每一个子问题的训练过程中,所有 N 中的样本所对应的 Lagrange 乘数固定不变。子问题训练结束后,用所得到的决策函数对 N 中的样本进行测试,用违反 Kohn-Tucker 条件最严重的样本替换初始工作集中 Lagrange 乘子为零的样本。

Osuna 等证明了一个定理,该定理指出:如果存在不满足 Kohn-Tucker 条件的样本,那么在把它加入到上一个子问题的集合中后,重新优化这个子问题,则可行点依然满足约束条件,且性能严格地改进。因此,如果每一步至少加入一个不满足 Kohn-Tucker 条件的样本,一系列的二次规划子问题可保证最后单调收敛。

分解算法的特点是:分解算法和块算法的区别在于块算法的目标函数中仅包含当前工作样本集中的样本,而固定工作样本集方法虽然优化变量仅包含工作样本其目标函数却包含整个训练样本集,即工作样本集之外的样本的 Lagrange 乘子固定为前一次迭代的结果,而不是像块算法中那样设为零。而且固定工作样本集方法还涉及一个确定换出样本的问题(因为换出的样本可能是支持向量)。这样,这一类算法的关键就在于找到一种合适的迭代策略使得算法最终能收敛并且较快地收敛到最优结果。此外,还有学者在算法中采用一些启发式方法选择加入或者删除的样本(模式),同时引入内存动态调整方法,在解决具有几千个支持向量的大规模数据问题中获得了非常好的收敛性,但是仍需解二次规划问题。

2.4.3 顺序最小优化方法

在分解算法的基础上,微软研究院的 Platt 等提出并且改进了顺序最小优化算法(sequential minimal optimization,SMO)。该算法将工作样本集的规模减到最小——两个样本。之所以需要两个样本是因为等式线性约束的存在使得同时至少有两个 Lagrange 乘数发生变化。由于子问题的优化只涉及两个变量,而且应用等式约束可以将其中一个变量用另一个变量线性表示出来,所以迭代过程中每一步的子问题的最优解可以直接用解析的方法求出来,无须使用数值分析中的二次规划软件包,提高了子问题的运算速度。

此外,Platt 还设计了一个两层嵌套循环分别选择进入工作样本集的两个样本,外层循环选择第一个样本,内层循环选择第二个样本。外层循环首先在整个样本空间循环一遍,决定哪些样本违反了 Kohn-Tucker 条件。如果找到了不满足 Kohn-Tucker 条件的样本,它即被选作进入工作集的第一个样本。然后根据第二个启发式规则选择第二个样本。最后,用解析的方法快速对选定的样本进行优化。为了加快算法的运行速度,外层循环不总是每次检查所有训练样本。每次在所有样本上循环一遍以后,外层循环只在 Lagrange 乘数大于零和小于 C 的样本上进行循环,直到所有 Lagrange 乘数大于零和小于 C 的样本都满足了最优化所应该满足的 Kohn-Tucker 条件,然后再在整个样本空间循环一遍。这样,外层循环是交替地在整个样本空间和 Lagrange 乘数大于零且小于 C 的样本上循环。内层循环选择第二个进入工作集的样本,选择的原则是使目标函数靠近最优点的速度达到最快。这种启发式的样本选择策略大大加快了算法的收敛速度。标准样本集的实验结果证明,SMO 算法表现出在速度方面的良好性能。

SMO 算法可以看做是分解算法的一个特例,它将子问题的规模减少到了最小。子问题的规模和迭代的次数是一对矛盾,SMO 算法将工作样本集的规模减少到两个样本,一个直接的后果就是迭代次数的增加。所以 SMO 算法实际上是将求解子问题的耗费转嫁到迭代上,然后在迭代上寻求快速算法。

SMO 算法在实际应用中取得了较好的效果,但它也存在着一些问题。SMO 算法每次迭代都要更新 β 值,但是该值有可能是无法确定的(例如,不存在 $0<\alpha_i<C$ 的样本,尽管这种情况很少出现),这时 SMO 算法采用的方法是确定出 β 的上下界,然后取平均值;另外,每一次迭代过程中的 β 值仅取决于上次迭代结果的两个变量的最优值,用这个 β 值判断样本是否满足迭代结果,这就可能存在某些达到最优值的样本却不满足 KKT 条件的情况,从而影响了该算法的效率。

2.4.4　其他算法

除上述方法外,连续序列松弛算法(successive over relaxation,SOR)也是一种有效的求解实现方法。SOR 算法的思路是:如果能够简单有效地确定单个样本加入样本集后对训练结果的影响,一方面,出现新的样本时,可以利用原来的训练结果而不必重新开始;另一方面,让训练样本逐个进入样本集可以简化寻优过程,提高算法速度。这实际上是将样本集的样本数减少到一个。此外,Kernel-Adatron 方法通过在线学习构造大分类间隔超平面,实现算法非常简单,但是它不允许出现训练误差,即训练样本是完全可分类的。

2.5　支持向量机诊断理论应用

本节主要介绍支持向量机在分类问题也就是模式识别中的应用方法和实例。2.5.1 节着重对 SVM 分类算法应用的一般模式作了介绍;2.5.2 节介绍了 SVM 在航空发动机故障诊断中的应用;2.5.3 介绍了基于 SVM 的 Adaboost 诊断方法及其应用。

2.5.1　SVM 分类算法应用模式

模式识别系统基本上是由三个相互关联而又有明显区别的过程组成的,即数据生成、模式分析和模式分类。数据生成是将输入模式的原始信息转换为向量,成为计算机易于处理的形式。模式分析是对数据进行加工,包括特征选择、特征提取、数据维数压缩和决定可能存在的类别等。模式分类则是利用模式分析所获得的信息,采用分类算法对计算机进行训练,从而制定判别标准,以期对待识模式进行分类。

　　模式识别系统一般有两种工作模式:训练(学习)阶段和测试(分类)阶段。典型的统计模式识别系统的过程如图 2.14 所示[1]。在训练阶段,通过使用恰当的特征提取/特征选择方法获得能够代表输入模式的特征,分类器则利用获得特征对特征空间进行划分以获得最佳的分类面。当中的反馈通道则允许设计者优化预处理和特征提取/特征选择的策略。在分类阶段,训练好的分类器将测试模式在一定的特征衡量标准下划分到某个模式类下。

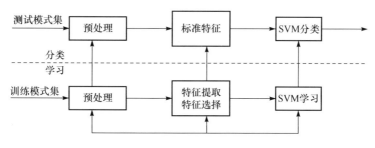

图 2.14　SVM 模式识别一般过程

　　预处理模块的作用在于从问题的背景中将模式分离出来,去除噪声、归一化模式以及其他一些有益于模式定义的特征,从而将测得的信号转化成为计算机可以操作的形式。

　　特征选择与提取也是支持向量机模式识别系统的必要环节,如果所选取的特征能够比较全面反映类的本质特征,那么分类器就比较容易设计;否则,分类器设计的难度就增加。值得指出的是,前面提到 SVM 可以对特征空间直接进行处理,而不需要进行降维操作。读者可能会问为何这里又要添加这一环节,这里给出解释。添加特征选择/特征提取是由客观原因决定的,实际应用中测得的信号序列一般都较长,而且当中又夹杂很多冗余信息,这时整个系统的执行速度会受到很大的影响,从而导致计算时间过长而无法很好地完成监控的任务。因此,对于 SVM 分类系统而言,恰当的特征提取/特征选择手段也是必要的。

　　经过特征选择/提取之后就可以获得识别系统关注的标准特征量。分类过程中,测得的标准特征就可以输入分类器进行分类。

2.5.2　基于 SVM 的航空发动机故障诊断

1. 工程背景

　　航空发动机是非常昂贵且复杂的设备,因其复杂的结构及高温、高速的恶劣工作环境,可靠性很难保证,发生故障后可能引发飞行事故,后果严重。因此对其进行及时的状态监测和故障诊断具有非常重大实际的意义。

根据飞行数据记录器的解码信息(含发动机转速、有关位置的温度、压力、燃油的流量、发动机的振动等参数),采用气路分析的方法,对发动机进行性能趋势分析,监视发动机的健康状况,预测发动机的故障状态。

航空发动机的故障诊断需要在发动机运行过程中连续监测 20~40 个参数,参数本身的值及相应之间的变化关系,分别对应着发动机的诸多状态。其对应关系是非常复杂的,很难用函数关系描述,可以用机器学习的办法来解决。

航空发动机故障的发生具有一定的突发性,且不可重复;航空发动机对工作条件要求严格,不允许带故障运转;多数情况下故障与信号之间的关系是模糊的,有可能一种信号对应几种故障类型。因此对于航空发动机的多数故障而言,故障样本的数目非常有限,属于典型的小样本集问题。

2. SVM 在航空发动机故障诊断中的应用研究[2,3]

1) 多类分类器

支持向量机最早用于二分类,对于通常的故障诊断问题,分类问题往往是多类的,如本书所要解决的发动机气路故障诊断就是 11 类的分类问题。因此必须由二分类的 SVM 分类器构造多类分类器。

目前常用的方法有两种,一种是一对其他模式,即对 k 类分类问题,设训练样本的标签为 $w=\{1,2,\cdots,k\}$,构造 k 个二值分类器,其中第 $i(i=1,\cdots,k)$ 个分类器把第 i 类样本看做是一类(输出 +1),剩余的 $k-1$ 类样本当作另一类(输出 -1)。对未知样本分类时,把它输入到 k 个分类器中,其中第 $i(i=1,\cdots,k)$ 个分类器依据输出作出判别 w_i(输出 +1,该样本属于第 i 类)或者 w_{-i}(输出 -1,该样本不属于第 i 类)。该方法事实上需要构造的分类器为 k 个。

另外一种把多类问题转换为两类分类问题的方法是"一对一"方法(one versus one),即对于 k 类问题,对其中任意两个不同的类别都构造一个支持向量机,总共构造 $k(k-1)/2$ 个两类支持向量机。对未知样本输入到这 $k(k-1)/2$ 个分类器中,把每一个分类器看做是一个投票者,哪一个类别的票数高就认为未知样本属于哪一类。尽管有 $k(k-1)/2$ 个 SVM 参与投票,但每一个两类 SVM 只能区分参与训练的两类样本。这两种多类分类器在应用过程中各有优势,第一种分类器需要构造的支持向量机较少,与分类数相等。但是其单个支持向量机训练规模较大,且分类精度较低。第二种分类器构造的支持向量机较多,但单个支持向量机的训练规模较小。下面以发动机气路故障诊断来比较这两种分类方法。

2) SVM 多类分类器在航空发动机气路故障诊断中的应用实例

分别将上述两种 SVM 多分类系统应用于航空发动机气路故障诊断问题,并进行比较。我们选取表征测量参数不同变化趋势的发动机稳态测量参数值与基值得偏差作为故障智能诊断模型的输入样本数据,取相对应的发动机故障模式为诊断模型的输出。输入样本的参数为 9 维,为某型涡扇发动机机载测量参数值与其基值的偏差,包括低压和高压换算转速偏差(ΔN_{1R})和(ΔN_{2R})、风扇内涵出口总压偏差(ΔP_{23})、风扇外涵出口静压偏差(ΔPs_{13})、压气机出口总压偏差(ΔP_{31})、涡轮排气压力偏差(ΔP_{65})、风扇外涵出口总温偏差(ΔT_{13})、涡轮排气温度偏差(ΔT_{65})、燃油总管压力偏差(ΔP_t)。根据输入样本数据的变化,可能产生不同故障模式,这里取表征发动机气路部件性能变化的主要 11 个参数,包括风扇和压气机效率下降量 $\Delta\eta_f(A)$ 和 $\Delta\eta_c(B)$、燃烧室效率下降量 $\Delta\eta_b(C)$、高压和低压涡轮效率下降量 $\Delta\eta_{ht}(D)$ 和 $\Delta\eta_{lt}(E)$、风扇和压气机流通能力的变化量 $\Delta W_{fR}(F)$ 和 $\Delta W_{cR}(G)$、高压和低压涡轮流通能力的变化量 $\Delta W_{ht}(H)$ 和 $\Delta W_{lt}(I)$、外涵道压力损失的变化量 $\Delta\sigma_{13}(J)$ 和燃油系统流量变化量 $\Delta W_{fb}(K)$。注:括号内字母为故障模式代码。11 个故障模式样本如表 2.3 所示。

表 2.3　气路故障诊断样本

	ΔN_{1R}	ΔN_{2R}	ΔP_{23}	ΔPs_{13}	ΔP_{31}	ΔP_{65}	ΔT_{13}	ΔT_{65}	ΔP_t
$\Delta\eta_f$	−0.304	0	−0.177	−0.224	−0.238	−0.188	−0.006	0.001	−0.095
$\Delta\eta_c$	0.001	0	0.093	0.123	0.036	0.097	0.090	0.159	0.162
$\Delta\eta_b$	0.036	0	0.049	0.062	0.054	0.051	0.051	0.058	0.141
$\Delta\eta_{ht}$	0.257	0	0.314	0.370	0.375	0.319	0.312	0.341	0.411
$\Delta\eta_{lt}$	−0.143	0	−0.046	−0.093	0.002	−0.046	−0.091	0.072	0.028
ΔW_{fR}	0.177	0	−0.154	−0.193	−0.213	−0.165	0.003	0.000	−0.085
ΔW_{cR}	−0.302	0	−0.242	−0.265	−0.437	−0.262	−0.236	−0.129	−0.226
ΔW_{ht}	0.173	0	0.175	0.203	−0.350	0.180	0.178	0.170	0.211
ΔW_{lt}	−0.519	0	−0.419	−0.561	−0.436	−0.427	−0.477	−0.198	−0.350
$\Delta\sigma_{13}$	−0.063	0	0.244	0.198	0.069	−0.031	0.136	0.038	0.013
ΔW_{fb}	−0.165	−0.489	−0.136	−0.149	−0.237	−0.147	−0.129	−0.076	−0.129

采用第一种方法建立多类分类器,用上述的故障样本进行训练,用故障仿真器产生的故障样本进行测试。测试流程如图 2.15 所示。

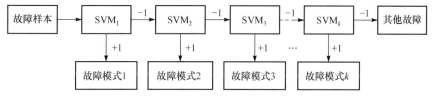

图 2.15　一对多诊断流程图

从表 2.4 看出,故障 1、3、8 无法被正确辨识,其原因在于 SVM 是高维特征空间的线形分类问题,在一对多的模式中,以三分类为例,特征空间样本分布和分类情况如图 2.16 所示。

表 2.4　诊断结果

故障	SVM₁	SVM₂	SVM₃	SVM₄	SVM₅	SVM₆	SVM₇	SVM₈	SVM₉	SVM₁₀	SVM₁₁
1	−1	−1	−1	−1	−1	−1	−1	−1	−1	−1	−1
2	−1	1	−1	−1	−1	−1	−1	−1	−1	−1	−1
3	−1	−1	1	−1	1	−1	−1	−1	−1	−1	−1
4	−1	−1	−1	1	−1	−1	−1	−1	−1	−1	−1
5	−1	−1	−1	−1	1	−1	−1	−1	−1	−1	−1
6	−1	−1	−1	−1	−1	1	−1	−1	−1	−1	−1
7	−1	−1	−1	−1	−1	−1	1	−1	−1	−1	−1
8	−1	−1	−1	1	−1	−1	−1	1	−1	−1	−1
9	−1	−1	−1	−1	−1	−1	−1	−1	1	−1	−1
10	−1	−1	−1	−1	−1	−1	−1	−1	−1	1	−1
11	−1	−1	−1	−1	−1	−1	−1	−1	−1	−1	1

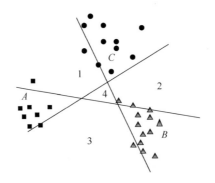

图 2.16　一对多分类面

在图 2.16 中,三条直线代表特征空间的线形分类面,整个空间共分为 7 个区域,区域 1、2、3、4 和 A、B、C。在这 7 个区域中,很明显只有落入区域 A、B、C 中的样本能够被正确分类。其他区域会出现两种不同现象:多类统包含和多类统拒绝。

分析气路故障诊断样本中被错误分类的样本 1、3、8。在这 3 个样本中,样本 3 和 8 出现同属多个类的现象,因此它们可能出现在特征空间的 1、2、3 区域。而样本 1 只可能出现在区域 4 中。因此,大多数情况下,这种方法的分类精确度较差,在本例中仅为 73%。

另外一种把多类问题转换为两类分类问题的方法是一对一方法,即对于 k 类问题,对其中任意两个不同的类别都构造一个 SVM,总共构造 $k(k-1)/2$ 个两类 SVM,其中有第 i 和第 j 类样本训练得到的 SVM 所作的判别用 w_i(属于第 i 类)和 w_j(属于第 j 类)表示。对未知样本输入到这 $k(k-1)/2$ 个分类器中,把每一个分类器看做是一个投票者,哪一个类别的票数高就认为未知样本属于哪一类。尽管有 $k(k-1)/2$ 个 SVM 参与投票,但每一个两类 SVM 只能区分参与训练它的两种样本,因此可以对第 i 类样本作出投票的只有第 i 类样本参与训练的 $k-1$ 个两类 SVM,换句话说,每一类的最高得票数只能是 $k-1$。如果某一样本在第 t 类的得票数为 $k-1$,则它便非常肯定地被归类到第 t 类,即识别率为 100%。(一对多方法对未知样本的识别策略也可以看做是"投票法":各个类别的票数为 1 或者 0)。图 2.17 所示为一对一方式多类分类器的分类结果,可以看出,新决策面消除了 A、B、C 等无法决策区域,但是一对一方式仍然存在一个不能被归为任何一类的区域 4。

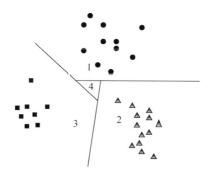

图 2.17 一对一分类面

分类结果表明,只有样本 1 的投票数相等,其他两个样本都能被正确分类。尽管如此,这种方法也有缺点,一是构造的 SVM 数量大,以分 10 类为例,需构造 45 个。二是每个 SVM 仅能识别两个类别,对其他类无贡献,当输入样本为新类别故障样本时,无法判断分类结果的正确性。

综上所述,一对多方法的主要缺点在于分类精度不高,容错性不强,个别支持向量机分类错误将导致整个结果错误;一对一方法的主要缺点是构造的支持向量机数量大。

目前许多学者正致力于研究新的方法来合理地融合多个二分类器的输出,以形成最优的决策面如模糊决策法等,但是效果不十分有效,或者算法过于复杂,并且对新故障样本通常无能为力。

3) K-SCVR 支持向量分类器

K-SVCR 支持向量机的基本方法是综合支持向量分类与回归的方法,使得支持向量的决策输出值为 $(-1,0,+1)$:

$$f(x) = \begin{cases} +1, & p=1,\cdots,n \\ -1, & p=n+1,\cdots,m+n \\ 0, & p=m+n+1,\cdots,l \end{cases}$$

为此引入参数 $1 \geqslant \alpha \geqslant 0$，分隔回归区和分类区。以三分类为例，$K$-SVCR 分类回归机空间分类情况如图 2.18 所示。

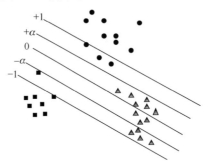

图 2.18　K-SVCR 分类回归机

综合分类泛函数和回归泛函数得到

$$\Phi(w, \theta_i, \theta_i^*) = \frac{1}{2} w^{\mathrm{T}} w + C \sum_{i=1}^{n} \xi_i + D \sum_{i=1}^{n} (\theta_i + \theta_i^*) \tag{2.88}$$

在如下约束条件下：

$$y_i [w^{\mathrm{T}} \varphi(x_i) + b] - 1 + \xi_i \geqslant 0, \quad i=1,\cdots,m+n$$
$$-\alpha - \theta_i \leqslant y_i - [w^{\mathrm{T}} \varphi(x_i) + b] \leqslant \alpha + \theta_i^*, \quad i=m+n,\cdots,l$$

求解最小化泛函式(2.88)，通过解下面拉格朗日函数的鞍点给出上述优化问题的解：

$$\begin{aligned} L - K\text{-SVCR} = & \frac{1}{2} w^{\mathrm{T}} w + C \sum_{i=1}^{l} \xi_i + D \sum_{i=1}^{l} (\theta_i + \theta_i^*) \\ & - \sum_{i=1}^{n+m} \partial_i [y_i \cdot (w^{\mathrm{T}} \varphi(x_i) + b) - 1 + \xi_i] - \sum_{i=m+n+1}^{l} \mu_i \xi_i \\ & + \sum_{i=m+n+1}^{l} \beta_i^* [y_i - (w^{\mathrm{T}} \varphi(x_i) + b - \partial - \theta_i^*)] - \sum_{i=m+n+1}^{l} \eta_i^* \theta_i^* \\ & - \sum_{i=m+n+1}^{l} \beta_i [y_i - (w^{\mathrm{T}} \varphi(x_i) + b - \partial - \theta_i)] - \sum_{i=m+n+1}^{l} \eta_i \theta_i \end{aligned} \tag{2.89}$$

得到的分类决策函数为

$$f(x) = \begin{cases} +1, & \sum_{i=1}^{n_{\mathrm{sv}}} v_i \ker(x_i, x) + b \geqslant \alpha \\ -1, & \sum_{i=1}^{n_{\mathrm{sv}}} v_i \ker(x_i, x) + b \leqslant -\alpha \\ 0, & \text{其他} \end{cases} \tag{2.90}$$

与一对一方法相似,*K*-SVCR 系统也构造多个二类样本的 SVM,通过投票决定最终的结果。但与之不同处在于 0 输出的引进,使得不属于这两类的样本通过损失函数的作用使输出回归于 0。在一对一分类器中,只有当样本输入到包含该类的支持向量分类器中,其输出才有意义,其他分类器的输出信息不包含任何信息,使得投票结果只有赞成票而不具有否决投票,使得对各样本类的投票结果之间的差距较小,通常不具有容错性。而在 *K*-SVCR 中,当输出为 0 时,可以作为两类样本(+1,−1)的否定投票,使得正确类投票和错误类之间的投票结果有较大距离,从而具有一定的容错性。

定义综合投票决策函数如下:

$$f(s_k) = \begin{cases} \text{class}_i, & s_k = 1 \\ \text{class}_j, & s_k = -1 \\ \text{class}_{\overline{ij}}, & s_k = 0 \end{cases} \tag{2.91}$$

可证明,训练完全正确的 *K*-SVCR 系统对样本 $X \in \text{class}_i$ 赞成投票结果为 $K-1$,反对为 0。而对其他任意类的投票为 $-K+2$ 个反对票,因此正确类与错误类在决策空间的距离为 $2K-3$,具有相当的容错能力。

例如,某发动机常见的自动停车故障征兆有 6 个,即排气温度超温(F_1)、振动大(F_2)、转速急降(F_3)、滑油警告灯亮(F_4)、滑油消耗量大(F_5)和转速上不去(F_6),故障成因有 5 个,即离心活门抱轴(S_1)、涡轮叶片折断(S_2)、滑油导管振裂(S_3)、油泵随动活塞卡死(S_4)和传动轴折断(S_5)。经过模糊处理和有经验的专家确定之后,故障征兆与故障成因之间的隶属度关系如表 2.5 所示。获得了特征信息之后,就可以对 SVM 进行训练。

表 2.5 停车训练样本

样本	F_1	F_2	F_3	F_4	F_5	F_6
S_1	0.60	0.80	0.95	0.00	0.00	0.30
S_2	0.40	0.98	0.00	0.00	0.00	0.60
S_3	0.00	0.30	0.80	0.98	0.90	0.90
S_4	0.98	0.00	0.30	0.00	0.00	0.98
S_5	0	0.00	0.98	0.00	0.00	0.95

分别用三种多分类方法进行分类,为了对其结果进行比较,在原训练样本基础上加入不同水平随机噪声进行实验仿真。在同一噪声水平下对每种分类方法进行了 400 次随机样本输入,发现当噪声水平为 0.15 以下时,三种方法的分类结果均为 100% 正确。当噪声水平为 0.15 时,一对多方法和一对一方法出现了错分现象。用 *K*-SCVR 方法进行分类,同样加入不同水平的随机噪声,发现在噪声水平为 0.19 时有错分。*K*-SCVR 分类过程见图 2.19。

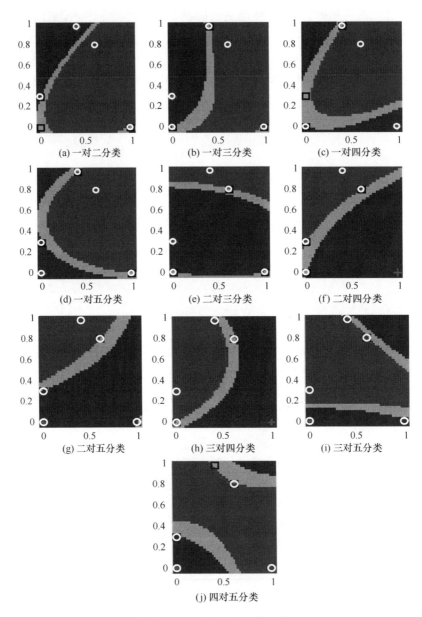

图 2.19　K-SCVR 分类过程

随着噪声水平的增加,错误率上升,三种方法的测试结果如图 2.20 所示。

结果显示,K-SVCR 在三种多类分类方法中,具有较好的性能,这是因为各类样本在投票空间中的距离被拉大。

例如,某型发动机在几次试车试验中,采集到 3 次不同状态的自动停车参数$(T_1 \sim T_3)$。经过滤波和处理提取出 6 个征兆参数$(F_1 \sim F_6)$,把这些参数经过选定

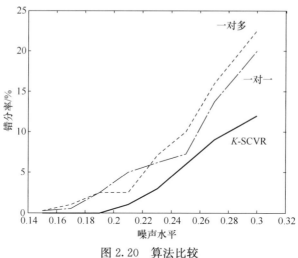

图 2.20　算法比较

的隶属度函数模糊处理后得到模糊特征向量,将其带入 SVM 分类器中进行测试,三种分类器的辨识别结果如表 2.6 所示。

表 2.6　测试故障模式与分类结果

	F_1	F_2	F_3	F_4	F_5	F_6	投票结果		
							一对多方法	一对一方法	K-SCVR 方法
T_1	0.58	0.80	0.94	0.10	0.00	0.30	1-0-0-0-0	4-3-0-1-2	4-1-(-1)-0-0
T_2	0.00	0.38	0.80	0.90	0.90	0.90	0-0-1-0-0	2.1-4-0-3	(-2)-1-4-(-2)-(-3)
T_3	0.10	0.00	0.97	0.00	0.10	0.95	0-0-0-0-1	2-0-1-3-4	(-4)-(-1)-(-3)-(-1)-4

从三种方法的投票结果可以看出,K-SCVR 方法对正确类投票和错误类之间的距离最大,因此具有最好的容错性。用表 2.6 的测试样本加入不同程度的随机噪声产生 300 组测试样本,测试结果如表 2.7 所示,证明了该方法的优越性。

表 2.7　噪声测试结果

分类方法	噪声水平		
	0.1	0.2	0.3
一对多方法	100%	4%	10%
一对一方法	100%	4%	10%
K-SVCR 方法	100%	3%	7%

3) SVM 和神经网络的比较

多年来,不少学者利用神经网络的非线形模式识别能力对航空发动机故障诊断进行了研究,取得了一定的进展,但是由于神经网络的训练过程通常需要大量的故障样本。而实际中,故障样本的可复现能力差,样本数量通常较少,这一问题严重影响了神经网络的推广能力。支持向量技术是基于小样本学习理论的,致力于小样本条件下的最优解,所以在航空发动机故障诊断领域应该具有比较好的性能。为研究这个问题,用神经网络和 SVM 对发动机气路故障问题进行仿真并进行比较研究。JT9D-7R4 发动机的小偏差系数如表 2.8 所表示。

表 2.8　小偏差系数

序号	故障因子	状态变量			
		$N_1/\%$	$N_2/\%$	$T_6/℃$	$F/\%$
1	放气活门开	−0.02	−0.14	−6.40	−1.40
2	低压压气机效率	+0.10	−0.15	−2.00	−0.15
3	低压流通能力	−0.20	−0.05	−2.00	−0.40
4	高压压气机效率	−0.10	+0.1	−7.00	−0.85
5	高压流通能力	−0.00	−0.25	−0.05	−0.10
6	高压涡轮效率	−0.10	+0.2	−8.50	−1.05
7	一级涡轮导向器面积	+0.05	−0.15	+2.50	+0.35
8	低压涡轮效率	+0.45	−0.00	−4.50	−0.00

　　为了测试在小样本条件下支持向量和神经网络的分类能力,将上面的 8 个故障模式作为样本,并使用该样本为基础的扩展样本进行测试,扩展样本生成方法如下所示:

$$X_{扩} = X + K\sigma \times \mathrm{randn}(1, n) \tag{2.92}$$

其中,K 表示噪声大小;randn 产生$(-1, +1)$之间的随机数;σ 为系统标准差。为了减少状态参数幅值变化大小对诊断结果的影响,采用模一化方法对样本进行归一处理,处理后的数据见表 2.9。

表 2.9　归一化样本

序号	故障因子	状态变量			
		$N_1/\%$	$N_2/\%$	$T_6/℃$	$F/\%$
1	放气活门开	−0.003	−0.021	−0.977	−0.21
2	低压压气机效率	+0.05	−0.075	−0.989	−0.075
3	低压流通能力	−0.098	−0.024	−0.976	−0.195
4	高压压气机效率	−0.014	+0.014	−0.9925	−0.12
5	高压流通能力	−0.00	−0.9128	−0.182	−0.365
6	高压涡轮效率	−0.116	+0.233	−0.992	−0.123
7	一级涡轮导向器面积	+0.0197	−0.059	+0.988	+0.138
8	低压涡轮效率	+0.707	−0.00	−0.707	−0.00

设 K 为噪声水平,每个 K 得到 50 组测试样本,分类结果如表 2.10 所示。

表 2.10　诊断结果

K 值	分类正确率/%	
	SVM	BP
0.05	100	100
0.1	99.2	95.0
0.15	98.0	90.2
0.2	94.0	87.0
0.3	85.6	82.5
0.4	78.8	66.5

从上面的仿真数据看,在单样本学习中,支持向量对该样本的扩展样本的测试准确程度平均高不到 10%。BP 网络的小干扰情况下的测试准确度也比较好,这说明两类学习机的样本学习能力或拟合能力都比较强。

在许多文献中用这一结果来判断学习机的分类能力是不够准确的,因为网络的推广性能是衡量一个学习机好坏的主要标准。4 个故障样本归一后标准差 $\sigma=$ [0.133 0.027 0.948 0.266];归一化的原始样本如表 2.11 所示。

表 2.11　独立测试样本

0.0107	−0.0697	0.976	0.20
−0.037	−0.137	−0.9676	−0.21
−0.021	0.024	0.998	−0.053
−0.024	−0.1	−0.98	−0.171

用上面的 4 个样本进行样本的扩展,得到 100 组测试样本进行分类测试,结果如表 2.12 所示。

表 2.12　测试结果

K 值	分类正确率/%	
	SVM	BP
0.05	99	90
0.1	94	82
0.15	88	70
0.2	85	65
0.3	79	57
0.4	75	53

　　从表 2.10 中的统计结果看,两种学习机的分类效果相差不大,但是在表 2.12 中两种方法效果差别很大。因为支持向量和 BP 网络同样具有较好的样本学习和拟合能力,因此当学习机进行表 2.9 中的局部样本学习后,就拥有了较好的局部拟合分类能力,但是如用表 2.11 中的独立样本进行测试时,支持向量机和 BP 网络的分类能力都有所下降,但 BP 网络正确率下降非常明显。

　　这主要是因为两种学习机的推广性能差别引起的,学习机的推广误差可以用下面的公式来度量:

$$V_b(w) = V(w) + \varepsilon(N, h, \alpha) \tag{2.93}$$

其中,$V(w)$ 可以看成训练集合上的误差;$\varepsilon(N, h, \alpha)$ 是置信范围。神经网络通常是固定置信范围 $\varepsilon(N, h, \alpha)$,最小化经验风险 $V(w)$,而支持向量机通常是固定 $V(w)$,最小化置信范围 $\varepsilon(N, h, \alpha)$。从图 2.21 中可以看出,推广误差最小的界是在一定的 VC 维上取得的,要取得这个最小值,必须保证学习过程中 VC 维可控。对于 BP 网络,当隐含节点的数目固定后,其 VC 维相应固定,所以一般不能取得最好的推广性能。而支持向量机在学习过程中的 VC 维是自适应的,故通常可取得较好的推广性。

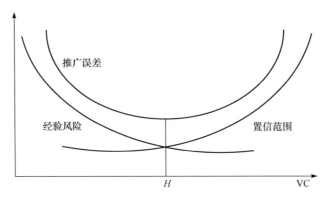

图 2.21　推广误差和 VC 维

　　本节首先对目前常用的两种多分类 SVM 方法进行了比较,通过气路故障诊断实例验证了两种分类方法的优缺点。然后引进了 K-SCVR 多类分类器,这种分类器能够较好地弥补两类分类器的缺点具有较好的容错性,通过对发动机停车故障样本的学习分类对此进行了验证。最后通过对 JT9D-7R4 发动机气路故障诊断案例综合比较了小样本条件下支持向量和 BP 网络的诊断性能,仿真结果显示,BP 网络和支持向量对学习样本都具有非常强的拟合能力,但对于其他独立样本的测试效果相差较大,即推广性能差别较大。

2.5.3　基于 SVM 的 AdaBoost 故障诊断方法

1. 工程背景

在对航空发动机进行了性能评估、故障检测、故障变量识别及特征提取之后，接下来需要完成的工作就是故障的诊断。航空发动机的故障诊断需要在发动机运行过程中连续监测多个参数、参数本身的值及相对之间的变化关系，分别对应着发动机的诸多状态。监测参数与发动机状态之间的对应关系是非常复杂的，很难用函数关系描述，可以考虑用机器学习的智能方法来解决。目前，国内外已发展了多种应用于航空发动机的智能故障诊断方法，如专家系统、神经网络，以及新近提出的基于支持向量机的诊断方法。多年来，虽然研究人员已对现有的诊断方法提出了各种改进算法，期望能进一步提高故障诊断的准确度。但所提的改进算法大多是通过改进单个分类器来提高分类精度。而神经网络、支持向量机等分类方法自身存在无法解决的缺陷，如神经网络的局部极值、隐层的设计和支持向量机的核参数选择等，这些缺陷有可能限制了单个分类器的分类性能的提高。因此，当还不知分类器本身的分类性能是否还能提高的情况下，寻找一般的提高已有分类器分类精度的方法是一个很好的思路。

组合分类的思想正是由此思路提出来的。它通过综合多个分类器的结果给出最终的分类结果。实践证明，这些分类器虽然单个分类性能都可能不太理想，但是综合后的结果一般来说都会比单个分类器的好，很多情况下分类性能甚至会有质的飞跃，并且组合分类器比单个学习器更适合非对称数据集，分散程度较大、聚类性较差的数据集及处理大规模数据集。基于上述原因，本书将组合分类方法引入到航空发动机故障诊断领域中，期望进一步提升诊断精度及发动机非对称样本的分类效果。

AdaBoost 算法是目前具有代表性、研究的最多、应用最广泛的组合分类算法。本章重点展开对该算法的研究拓展，并将其应用到航空发动机的故障诊断领域中[4,5]。

本节内容安排如下：首先介绍和分析了 AdaBoost 算法及相关理论，并指出了现有 AdaBoost 算法在两类及多类分类中存在的不足；针对两类分类问题存在的不足，提出采用支持向量机作为弱分类器的两类分类 AdaBoost 算法——AdaBoost-SVM；针对多类分类问题存在的不足，提出采用一种基于多类指数损失函数的多类分类 AdaBoost 算法——使用多类分类指数损失函数的前项逐步叠加模型（FSAMME）；对于上述算法均采用基准数据库进行了验证，然后分别建立了基于这两种算法的发动机诊断模型，并应用于航空发动机的故障诊断中，结果表明较好地解决了发动机故障诊断中存在的一些问题与不足。

　　1）AdaBoost 算法

　　AdaBoost 算法思想在于将若干具有一定分类意义的弱分类器通过某种规则整合成一个强分类器，其伪代码描述如下：

　　给定训练集 $S=\{(x_1,y_1),(x_2,y_2),\cdots,(x_m,y_m)\}$，每个成员都是带标签的训练样本。其中 $x_i\in X$，X 表示域或实例空间；标签 $y_i\in Y$，Y 表示某一标签集。分类器接受的样本 (x_i,y_i) 是从分布为 P 的 $X\times Y$ 上随机的选择。

　　假定是两类问题，$Y=\{-1,1\}$，它是多类问题的基础。AdaBoost 反复调用给定的弱分类器，其主要思想之一是在训练集中维护一套权重分布。

　　在第 $t(t=1,\cdots,T,T$ 为迭代次数）次迭代时样本 (x_i,y_i) 的分布权值记为 $D_t(i)$。初始时，所有样本的权重都设为相等（即 $1/m$）。但是每一回错分的实例其权重将增加，以使弱学习器被迫集中在训练集中的难分的样本上。弱学习的任务就是根据分布 D_t 找到合适的弱分类器：$h_t:X\rightarrow R_0$，最简单情况下每个 h_t 的范围是二值的：$\{-1,1\}$。于是该分类器的任务就是最小化错误率 $\varepsilon_t=\mathrm{Pr}_{i\sim D_t}[h_t(x_i)\neq y_i]$。

　　一旦得到 h_t，AdaBoost 便可根据错分样本权重的大小确定一个参数 α_t，该参数可直观地表明 h_t 的重要程度，典型地，对二值 h_t 设 $\alpha_t=\dfrac{1}{2}\ln\left(\dfrac{1-\varepsilon_t}{\varepsilon_t}\right)$，由 α_t 的表达式可知，随着错误率 ε_t 的减小，α_t 要增大，即分类效果好的弱分类器权重大。需要指出的是，α_t 的选取不是随意的，而是通过最小化训练错误率得到的。

　　最终分类器 H 是 T 次循环后，将 T 个弱分类器的输出按照不同权值组合而得到的。

　　具体算法如下：

　　（1）输入：$(x_1,y_1),(x_2,y_2),\cdots,(x_m,y_m)$，其中，$x_i\in X,y_i\in Y=\{-1,+1\}$。

　　（2）初始化：$D_1(i)=1/m$。

　　（3）对 $t=1,\cdots,T$ 循环执行：

　　① 用分布 D_t 训练弱学习器；

　　② 得到弱假设 $h_t:X\rightarrow R_0$，根据 h_t 可计算 ε_t，进而可计算 α_t；

　　③ 根据 h_t 和 α_t 更新训练集的权重分布

$$D_{t+1}(i)=\frac{D_t(i)\mathrm{e}^{-\alpha_t y_i h_t(x_i)}}{Z_t} \tag{2.94}$$

其中，Z_t 是归一化因子，它用于保证 D_{t+1} 仍是一个概率分布。

　　（4）输出：最终假设 $H(x)$ 是一加权和

$$H(x)=\mathrm{sign}\left(\sum_{t=1}^{T}\alpha_t h_t(x)\right) \tag{2.95}$$

2）训练错误分析

Schapire 和 Singer 在泛化 Freund 和 Schapire 的理论时指出最终假设的训练错误的边界为

$$\frac{1}{m}\left|\left\{i:H(x_i)\neq y_i\right\}\right|\leqslant\frac{1}{m}\sum_{t=1}^{T}\mathrm{e}^{-(y_if(x_i))}=\prod_{t=1}^{T}Z_t$$

其中，$f(x)=\sum_{t=1}^{T}\alpha_th_t(x)$，使得 $H(x)=\mathrm{sign}(f(x))$。

训练错误可以通过在每次选择 α_t 和 h_t 来最小化 $Z_t=\sum_{i=1}^{n}p_t(i)\mathrm{e}^{-\alpha_ty_ih_t(x_i)}$，从而最快地减少终假设的 ε。在两类情况下，Freund 和 Schapire 证明了最大错误率：

$$\varepsilon\leqslant\prod_{t=1}^{T}2\sqrt{\varepsilon_t(1-\varepsilon_t)}=\prod_{t=1}^{T}\sqrt{1-4r_t^2}\leqslant\exp\left(-2\sum_{t=1}^{T}r_t^2\right)$$

其中，$\varepsilon_t=\frac{1}{2}-r_t$，$\varepsilon_t$ 为 h_t 的训练误差。

因此，如果每个弱假设都比随机猜测（概率为 0.5）要好，约束 r_t 离 0 较远，于是训练错误就以指数级速度下降。AdaBoost 以前的 Boosting 算法也有相似的性质。然而，以前的算法在学习前需要得到已知的下界 r，实践中关于这样的边界知识是很难得到的。而 AdaBoost 可以调整单个弱假设的错误率，所以说是自适应的。

3）Margin 理论与泛化误差

以上讨论的都只是训练误差，我们的最终目的是要减小泛化误差，这样的分类器才具有好的推广能力。Freund 和 Schapire 用 VC 维从训练误差的角度分析 Boosting 的泛化误差，VC 维是学习算法的复杂度及其学习能力的度量。推导出其泛化误差最多为

$$\mathrm{Pr}(H(x)\neq y)+O\sqrt{\frac{Td}{m}} \tag{2.96}$$

其中，m 为样本个数；d 为 VC 维；T 为训练轮数；Pr 为训练集的经验概率。该公式表明，若训练轮数 T 过大，Boosting 会导致过适应，但许多实验表明，Boosting 不会导致过适应。鉴于此，Schapire 等给出了关于训练集的 margin 的另一个分析。

定义 margin(x,y) 为

$$\mathrm{margin}(x,y)=y\sum_t\alpha_th_t(x)$$

较大的正边界表示可信度高的正确预测，较大的负边界表示可信度高的错误预测；较小的边界表示可信度低的预测，Schapire 的解释是当训练误差降为零后，Boosting 仍继续提高边界，从而增大了最小边界，使分类的可靠性增加，降低总误差。Schapire 具体给出了总误差的上界：

$$\Pr(\mathrm{margin}(x,y)\leqslant\theta)+O\left(\sqrt{\frac{d}{m\theta^2}}\right) \tag{2.97}$$

可见,总误差的上界与训练轮数 T 无关。

对于 AdaBoost 来说有很多优点。该算法简单,易于编程。它除了迭代次数 T 外不需要调整参数。它不需要弱学习器的先验知识,因此可以灵活地和任意方法结合寻找弱假设。给定足够数据和一个仅能够满足中等精度的弱学习器,AdaBoost 便可以提供学习的一套理论保证。这是学习系统设计思想的一个转变:不是试图设计一个在整个空间都精确的学习算法,而是集中于寻找仅比随机好的弱学习算法。同时,AdaBoost 对噪声不敏感,各轮训练集并不独立,它的选择与前轮的学习结果有关;AdaBoost 的预测函数有权重;只能顺序生成;AdaBoost 方法要求不稳定的分类方法,即训练集的小变动能够使得分类模型显著改变的分类方法。

由 α_t 的表达式可知,如果单个分类器得出的分类错误率超过 0.5,则 α_t 成为负数而且经过一次计算后训练集权重的更新将沿着错误方向(错误样本权重不增加反而减小),从而导致组合分类结果的错误率也会随之增加。因此,组建成功的组合分类器必须要求弱分类器错误率小于 0.5。目前,已经被作为 AdaBoost 的弱分类器的有神经网络、决策树、简单的经验及最近邻分类器等方法。决策树是应用最早也是最多的弱分类器。

以上的 AdaBoost 算法介绍及误差分析都是基于两类问题展开的,实际的类别数往往超过两个。对于多类分类问题,可以采用类似于支持向量机多类分类的一对一或一对多的思路把多类问题转化为两类问题,例如,Schapire 提出的 AdaBoost. MH、Dietterich 和 Bakiri 提出的错误更正输出译码方法;也有学者提出专门用于多类问题的 AdaBoost 算法,例如,Freund 提出的 AdaBoost. M1 算法、AdaBoost. M2 算法等。多类分类算法误差分析与上文给出的两类算法的误差分析类似,均可给出泛化误差上界,保证组合分类器具有良好的推广性。具体算法及误差分析可参阅有关文献。

但不论是两类还是多类的 AdaBoost 算法,都在一定程度上存在不足之处。对于两类的 AdaBoost 算法,其不足之处表现为:

(1) 弱分类器本身的参数选取问题。虽然已有很多学者使用决策树或神经网络作为弱分类器进行组合分类,并取得了许多研究成果。但使用决策树作为弱分类器,涉及树的结构的合理确定问题;使用神经网络作为弱分类器,需要合理确定网络结构及相关参数,控制其复杂程度以防止过适应。在实际应用中,这些参数选取并无一般性、普遍适用的指导原则,更多依赖所要解决的问题本身及研究者本人的经验。

(2) 弱分类器的分类结果的差异问题。弱分类器的差异问题是影响组合分类器泛化精度的一个重要因素。众所周知,AdaBoost 存在精度与差异之间难以权衡的矛盾,也就是说,两个假设的精度越高,它们预测结果不一致的可能性就越小,最终反而会影响组合分类器泛化精度的提高。现有的 AdaBoost 算法对此问题也没有给出明确的解决方法。

(3) 训练轮数 T 的合理选取问题。有研究表明,AdaBoost 有可能对训练样本过适应而导致比较差的泛化性能,因此需要在适当时候停止 AdaBoost 的迭代过程。但是何时停止 AdaBoost 的迭代来防止过适应也仍是一个有待研究的问题。

而对于多类分类问题,除了上述不足之处,还存在另一个严重不足:为了保证经过一次计算后训练集权重的更新将沿着正确方向(分类错误样本权重增加;分类正确样本权重减小),要求每个弱分类器的分类精度大于 $1/2$。对于二分类问题($k=2$),随机猜测正确概率是 $1/2$;但对于多类问题($k>2$)时,随机猜测的正确概率是 $1/k(<1/2)$。因此,要求弱分类器的精度大于 $1/2$ 的条件要强于要求弱分类器的精度大于随机猜测。通过上述分析可知,和两类问题相比,多类问题对弱分类器的精度要求更高,而这一问题在某些情况下会成为制约组合分类器组建成功的因素。

针对上述分析的 AdaBoost 算法存在的不足之处展开了相应的研究。首先,对于两类问题,提出采用 SVM 作为弱分类器的两类分类 AdaBoost 算法——AdaBoost-SVM;其次,对于多类问题,提出采用一种多类分类 AdaBoost 算法——FSAMME。

2. 基于 SVM 的两类分类 AdaBoost 算法

统计学习理论早在 20 世纪 60 年代末就已提出,但是多年来,它都是在给定的数据集合上的函数估计问题的纯理论分析,直到 20 世纪 90 年代中期,基于这一理论的一种新的算法——SVM 的出现,使得统计学习理论不仅仅是一种理论分析工具,而且成为多维函数估计问题中创建实际算法的工具。基于统计学习理论的 SVM 算法由于在学习的经验风险和学习的推广能力之间找到一种好的折中,使其比诸如神经网络这样的算法具有更好的推广能力,困扰了此类算法的许多问题得到了清晰的解释,从而使得统计学习理论成为一个新的研究热点。因此,以 SVM 作为 AdaBoost 的弱分类器是一个值得研究的方向。

1) SVM 作为 AdaBoost 弱学习器

SVM 是根据结构风险最小化原则发展而来的。最早 SVM 是在线性可分情况下寻找最优分类超平面提出的,但对于非线性的情况,其分类能力是有限的,因此提出非线性 SVM。非线性 SVM 通过引入某种非线性映射,将输入数据映射到一个高维特征空间,在这个高维特征空间构造线性最优分类超平面。而通过核函数,SVM 又可将高维空间内积计算的复杂性转化为核函数在输入空间的计算复杂性。

RBF 高斯核函数 $k(x_i, x_j) = \exp\left(-\dfrac{\parallel x_i - x_j \parallel^2}{2\sigma^2}\right)$ 是 SVM 常用的核函数之一。当 SVM 使用的是 RBF 核函数,便可以构造输入空间非线性决策面的学习机器——SVM$_{\text{RBF}}$。

与神经网络相比,SVM$_{\text{RBF}}$能够自动计算中心的个数、位置及权重,并且它的分类性能受其参数影响,具体有核参数 σ 和规则化常数 C。通过选择合适的参数 C 和 σ 可以有效地防止过适应。改变 C 和 σ 中任意一个都会改变分类性能。C 值过小,分类器学习能力较弱,但如果 C 在一个合适范围内取值,此时 SVM$_{\text{RBF}}$ 的性能就会很大程度上依赖 σ 值,因此 σ 相对来说更为重要。只要粗略给定一个适当的 C 值,就可仅依靠调整 σ 值而很容易地改变 SVM$_{\text{RBF}}$ 的分类性能。σ 增大可降低学习模型的复杂度从而降低其分类精度,σ 减小使模型复杂性增加从而提高其分类精度。

一般情况下,在用 SVM$_{\text{RBF}}$ 作为 AdaBoost 的弱分类器时,需预先确定 σ 值,并对所有的 SVM$_{\text{RBF}}$ 都赋予同样的 σ,但是这个 σ 值有可能会使 SVM$_{\text{RBF}}$ 的分类性能过强或过弱,从而导致很难成功进行 AdaBoost。具体原因为:σ 太大会使 SVM$_{\text{RBF}}$ 分类性能太弱,分类精度往往小于 50% 而不能满足 AdaBoost 对学习算法的要求;σ 太小则会使得 SVM$_{\text{RBF}}$ 分类性能太强,从而导致不能有效地进行组合分类,因为此时弱分类器的错误高度相关,并且 σ 过小还有可能会使 SVM$_{\text{RBF}}$ 对训练样本过适应,这样得到的弱分类器也不能有效用于构造组合分类器。因此,寻找合适的 σ 是一个很重要的问题。使用模型选择技术如交叉检验或留一法(leave-one-out)是有可能找到一个最佳的 σ,使 AdaBoost 达到最佳的性能。但是模型选择过程计算量大且非常耗时,因此这种方法也不是非常可取。

根据上述分析可知,AdaBoost-SVM 要求作为弱分类器的 SVM$_{\text{RBF}}$ 性能不能太强,也不能太弱,否则,都不能很好地进行 AdaBoost;如若求解最佳 σ 又是一个繁琐的过程。而由前面的分析可知,通过调整 σ 的值可很容易地改变 SVM$_{\text{RBF}}$ 分类性能。因此,不固定 σ 值,而通过自适应地调整该值,就可以得到一系列具有适当精度的 SVM$_{\text{RBF}}$ 用于 AdaBoost,从而便可以成功地实现对 SVM$_{\text{RBF}}$ 进行 AdaBoost。

基于上述分析,提出采用 SVM$_{\text{RBF}}$ 作为弱分类器的 AdaBoost-SVM 算法。

2)AdaBoost-SVM 算法

SVM$_{\text{RBF}}$ 分类效果较好,属于强分类器,而 AdaBoost 方法用于强分类器时,要把分类器适当弱化以得到更好的组合分类效果。因此,在使用 SVM$_{\text{RBF}}$ 作为 AdaBoost 的弱分类器时,为得到性能相对较弱的 SVM$_{\text{RBF}}$,应该选一个相对较大的 σ。

AdaBoost-SVM 算法的伪代码如下:首先,赋予 σ 一个较大的值,它对应着具有较弱学习能力的 SVM$_{\text{RBF}}$;然后,参数 σ 不变并在多个回合使用,直到弱分类器对加权训练样本的分类精度降到 0.5。但训练到分类精度小于 0.5 时，σ 值将自适应的值稍减小以保证具有新 σ 值的 SVM_{RBF} 的分类精度达到 0.5；这个过程一直持续到 σ 减小到给定 σ 的下限。通过以上循环过程，AdaBoost-SVM 算法能产生一组具有适当精度且错误互不相关的 SVM_{RBF}。

AdaBoost-SVM 具体算法如下：

（1）输入：一组含有标签的训练样本 $\{(x_1, y_1), \cdots, (x_m, y_m)\}$，给 σ 赋初值 σ_{ini}，赋 σ 值下限值 σ_{min}，σ 值的减小步长 σ_{step}。

（2）初始化：初始化各样本对应的权重：$w_1(i) = 1/m, i = 1, \cdots, m$。

（3）循环计算（t 为训练轮数，当 $\sigma > \sigma_{\text{min}}$ 时循环结束）：

① 在加权训练样本集上用 SVM_{RBF} 算法训练得到弱分类器 h_t；

② 计算 h_t 的训练错误率：$\varepsilon_t = \sum\limits_{i=1}^{m} w_t(i), y_i \neq h_t(x_i)$；

③ 如果 $\varepsilon_t > 0.5$，则 σ 值减小 σ_{step}，再回到步骤（1），否则继续步骤（4）；

④ 为弱分类器 h_t 赋权重：$\alpha_t = \dfrac{1}{2} \ln\left(\dfrac{1 - \varepsilon_t}{\varepsilon_t}\right)$；

⑤ 更新训练样本的权重：$w_{t+1}(i) = \dfrac{w_t(i) \mathrm{e}^{-\alpha_t y_i h_t(x_i)}}{Z_t}$，$Z_t$ 是归一化常数，使

$\sum\limits_{i=1}^{m} w_{t+1}(i) = 1$。

（4）输出：$f(x) = \text{sign}\left(\sum\limits_{t=1}^{T} \alpha_t h_t(x)\right)$。

从上述算法过程可知，AdaBoost-SVM 算法可通过一种简便的方法控制每个弱分类器的分类精度，这样就为较好解决 Boosting 中的精度/差异平衡难题提供了一种可能。因此在上述算法的基础上，可再通过一些参数调整策略，从而使弱分类器的精度与差异分布达到较好平衡。这种考虑到精度/差异权衡的 AdaBoost-SVM，称之为 Diverse AdaBoost-SVM。它的分类性能有望比 AdaBoost-SVM 好，尤其是在处理非对称数据集的分类方面。

3）Diverse AdaBoost-SVM 算法

差异（diversity）被认为是影响组合分类方法泛化性能的一个重要因素，它的含义是各个弱分类器所产生的错误互不相关。对于 AdaBoost，各个弱分类器的精度/差异之间存在需要权衡的难题。是选择精度高而差异小的弱分类器还是差异大而精度低的弱分类器？关于这个问题，对于两个弱分类器，它们的精度越高，其结果不一致的可能性越小（即差异性越小），最终组合分类结果反而不会很好；如果每个弱分类器精度适当而又相互间错误互不相关，那么组合这些弱分类器得到的终假设的错误率将会减小，从而达到更好的组合分类结果。然而 AdaBoost-SVM

算法并没有就精度/差异问题进行专门的研究探讨,但 AdaBoost-SVM 算法得到的都是具有适当精度的弱分类器,这样它们之间错误不相关就是有可能的。通过在这些具有适当精度的弱分类器中进一步选择具有较大差异性的弱分类器,对这些具有较大差异性的弱分类器进行组合得到的组合分类器,便可较好解决 AdaBoost 算法中存在的精度/差异权衡的难题。

　　鉴于此,提出采用一种具有较大差异性的弱分类器进行组合分类的算法——Diverse AdaBoost-SVM,它有望获得比 AdaBoost-SVM 更好的泛化性能。关于如何度量和利用差异的问题,近年来研究已经取得了一些成果,并且也已有学者通过增大差异的方法使组合分类器达到了更高的泛化精度。在 Diverse AdaBoost-SVM 中,差异的定义是通过度量一个弱分类器的分类结果与其他所有弱分类器的分类结果的不一致性得到的。差异的具体计算方法如下:$h_t(x_i)$ 是第 t 个弱分类器对 x_i 的预测标签,而 $H(x_i)$ 是所有弱分类器最终的组合预测标签,那么第 t 个假设在 x_i 上的差异被定义为

$$d_t(x_i) = \begin{cases} 0, & h_t(x_i) = H(x_i) \\ 1, & h_t(x_i) \neq H(x_i) \end{cases} \tag{2.98}$$

　　含有 T 个假设和 m 个样本的 AdaBoost-SVM 的差异被定义为

$$D = \frac{1}{TN} \sum_{t=1}^{T} \sum_{i=1}^{N} d_t(x_i) \tag{2.99}$$

　　在 Diverse AdaBoost-SVM 的每一迭代回合,首先计算出差异值。如果大于预先设定的界限值 DIV,那么这个新的 SVM_{RBF} 弱分类器就被接受;否则,就拒绝这个新的 SVM_{RBF} 弱分类器。使用这种机制,便可产生一组具有适当精度且具有一定差异的 SVM_{RBF} 弱分类器。而相比来说,前面提出的 AdaBoost-SVM 算法则是无选择地接受所有的 SVM_{RBF}。

　　Diverse AdaBoost-SVM 的具体算法如下:

　　(1) 输入:一组含有标签的训练样本 $\{(x_1,y_1),\cdots,(x_m,y_m)\}$,给 σ 赋初值 σ_{ini},确定 σ 值的下限值 σ_{min}、σ 减小的步长 σ_{step}、差异的界限值 DIV。

　　(2) 初始化:初始化所有样本对应的权重 $w_1(i)=1/m, i=1,\cdots,m$。

　　(3) 循环计算(t 为训练轮数,当 $\sigma > \sigma_{\text{min}}$ 时循环结束):

　　① 在加权训练样本集上用 SVM_{RBF} 算法训练得到弱分类器 h_t;

　　② 计算 h_t 的训练错误率:$\varepsilon_t = \sum_{i=1}^{m} w_t(i), y_i \neq h_t(x_i)$;

　　③ 计算 h_t 的差异:$D_t = \sum_{i=1}^{m} d_t(x_i)$;

　　④ 如果 $\varepsilon_t > 0.5$ 或 $D_t < \text{DIV}$,则 σ 减小 σ_{step},然后转步骤①,否则,继续步骤⑤;

⑤ 为弱分类器 h_t 赋权重：$\alpha_t = \dfrac{1}{2}\ln\left(\dfrac{1-\varepsilon_t}{\varepsilon_t}\right)$；

⑥ 更新训练样本的权重：$w_{t+1}(i) = \dfrac{w_t(i)\mathrm{e}^{-\alpha_t y_i h_t(x_i)}}{Z_t}$，$Z_t$ 是归一化常数，并且

$\displaystyle\sum_{i=1}^{m} w_{t+1}(i) = 1$。

（4）输出：$f(x) = \mathrm{sign}\left(\displaystyle\sum_{t=1}^{T}\alpha_t h_t(x)\right)$。

4）应用案例

以神经网络作为弱分类器的 AdaBoost 算法性能要优于使用决策树作为弱分类器的 AdaBoost 算法。所以本书不比较使用决策树作为弱分类器的 AdaBoost 算法，只比较 AdaBoost-SVM、Diverse AdaBoost-SVM、以神经网络为弱分类器的 AdaBoost-NN 及单个 SVM 算法。本节使用了四个基准数据集和一个非对称数据集进行了试验比较。在此需要指出的是，本节所提（Diverse）AdaBoost-SVM 算法均是针对两类分类的，对于以下试验中出现的多类分类情况，均需把多类转化为多个两类问题来处理。

（1）基准数据集的测试。四个数据集均来自 UCI 数据库。数据集的有关信息如表 2.13 所示。

表 2.13　数据集的有关信息

数据集	总样本数	输入变量数	类别数
B. Cancer	286	9	2
Diabetes	768	8	2
Thyroid	7200	21	3
Waveform	5300	21	3

（Diverse）AdaBoost-SVM 算法有关参数的设置：C 的值设为 $10\sim100$；$\sigma_{\min}$ 是任意两个训练样本之间距离的最小值；σ_{ini} 是 $\sigma_{\min}$ 的 $10\sim15$ 倍；σ_{step} 能影响 AdaBoost-SVM 的学习循环次数，但从下文的分析可知其对最终的泛化性能影响不大，故 σ_{step} 值设为 $1\sim3$；DIV 是上一回合得到的最大差异的 $0.7\sim1$ 倍，0.7 是差异可能变化的极限值。参数设定以后，便可以按照（Diverse）AdaBoost-SVM 的算法的具体步骤进行训练、测试分类。

参数 C、$\sigma_{\min}$、σ_{ini}、σ_{step} 的选取采用交叉检验的方法，划分成 5 组对分类器泛化性能进行估计，测试误差由所有测试集的误差进行平均得到。表 2.14 给出了四种算法的平均泛化性能。

表 2.14　四种算法的泛化性能比较

数据集	测试误差/%			
	AdaBoost-NN	AdaBoost-SVM	Diverse AdaBoost-SVM	SVM
B. Cancer	30.4±4.7	25.5±5.0	24.8±4.4	26.0±4.7
Diabetes	26.5±2.3	24.8±2.3	24.3±2.1	23.5±1.7
Thyroid	4.4±2.2	4.4±2.1	3.7±2.1	4.8±2.2
Waveform	10.8±0.6	9.3±1.7	10.0±1.2	9.9±0.4
平均值	18.0±2.4	16.2±2.7	15.7±2.4	16.0±2.3

由表 2.14 结果可知,提出的 AdaBoost-SVM 算法性能要优于 AdaBoost-NN 算法,与 SVM 相比则相当,而提出的 Diverse AdaBoost-SVM 性能要稍好于 SVM。

为了研究参数 C 对提出算法的影响,让 C 从 1 增加到 100,在 UCI 的"Diabetes"数据集上五层 Cross-Validation 得到平均性能。在相当大的范围内(从 1 到 100),C 的变化对最终的泛化性能影响作用不大(小于 1%)。另外,随着 SVM 弱分类器数量的增多,σ 的值从 σ_{ini} 减小到 σ_{min}。图 2.22 左上角部分有一段直线部分,说明测试错误率并不是一开始就随着 σ 减小而减小,而是当 σ 减小到一定值时,测试错误率才会开始减小,然后测试错误率急剧减小到最小值,再往后变化又很小。由此表明,σ_{ini} 值对 AdaBoost-SVM 的分类性能并没有太大影响。并且,当 σ 减小到给定的 σ_{min} 就可以结束学习。因此,通过设定一个合适的 σ_{min},AdaBoost-SVM 就可在适当时候停止学习,从而较好地避免学习训练过程中存在的过适应问题。由图 2.22 可看出,选取的 C、σ_{ini}、σ_{min} 是合理的。

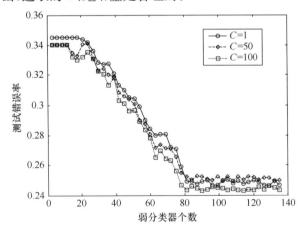

图 2.22　不同 C 值下的 AdaBoost-SVM 算法性能比较

利用 UCI 的"Diabetes"数据集,在 σ_{step} 取值不同的 AdaBoost-SVM 上做试验,试验结果如图 2.23 所示。由该图可知,学习的循环次数会有差别,但最终的泛化精度比较稳定,变化不大。在其他数据集上试验结果也基本一致。因此可以认为,σ_{step} 对 AdaBoost-SVM 的最终的泛化性能影响不大。

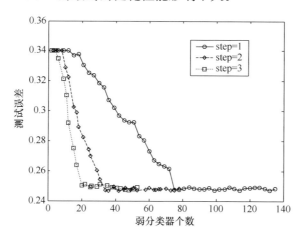

图 2.23 不同 σ_{step} 值下的 AdaBoost-SVM 算法性能比较

根据以上对参数 C、σ_{ini}、σ_{step} 的讨论结果,AdaBoost-SVM 算法的参数调整要比以神经网络为弱学习算法的 AdaBoost 容易得多。

为了更好地理解 Diverse AdaBoost-SVM,图 2.24 给出了 Diverse AdaBoost-SVM 和 AdaBoost-NN 在 UCI 的"Diabetes"数据集训练的精度/差异图表。图 2.24 中每个点对应一个弱分类器,图中 x 坐标是对应弱分类器的差异值,y 坐标是精度值。

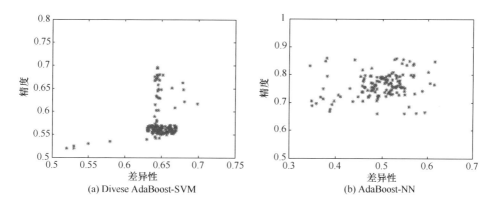

图 2.24 Diverse AdaBoost-SVM 和 AdaBoost-NN 精度/差异比较

由图 2.24 可知,Diverse AdaBoost-SVM 获得了更多的具有较大差异、精度适当的弱分类器,由此便可以有效地保证各弱分类器之间的错误是不相关联的。

（2）非对称数据集的测试。该部分比较 Diverse AdaBoost-SVM 算法和单个 SVM 对非对称数据集的分类能力。两类分类问题中,非对称问题指的是标签为正的样本数目远大于标签为负的抽样数目,或者是与其相反的情形。众所周知,标准的 SVM 算法不能很好地处理此类问题。

下面的试验用于测试比较 Diverse AdaBoost-SVM 和单个 SVM 在非对称数据集上的分类性能,试验采用 UCI 的"Diabetes"数据集。"Diabetes"数据集有 150 个标签为正的训练样本,300 个标签为负的训练样本,318 个测试样本。在下列试验中,标签为负的训练样本数固定为 300 个,让标签为正的训练样本数从 150 减到 20,三种分类方法分类性能如图 2.25 所示。通过试验可以发现,当正样本与负样本之比减小时,Diverse AdaBoost-SVM 的测试样本分类性能相对于 SVM 的改进就越显著;当比例达到 20：300,SVM 表现得几乎与随机猜测一样,而 Diverse AdaBoost-SVM 仍有较好的性能。由此可知,当处理非对称分类问题时,Diverse AdaBoost-SVM 比单个 SVM 性能要好。其原因是 Diverse AdaBoost-SVM 算法包含许多适当精度的 SVM 弱分类器,其中有一些能将注意力集中于样本数目较少的非主要类,通过组合这些具有适当精度的 SVM 分类器,使得 Diverse Ada-Boost-SVM 对于非对称数据集的分类性能要比单个的 SVM 好。

由图 2.25 还可看出,Diverse AdaBoost-SVM 的非对称数据集的分类性能也要好于 AdaBoost-NN;而 AdaBoost-NN 虽然在均匀样本的分类中性能差于单个 SVM,但在非对称数据集的分类中性能则要好于单个 SVM。由此也说明组合分类方法适合非对称样本的分类。

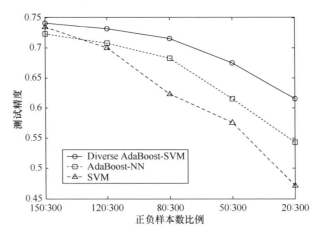

图 2.25　三种方法在非对称数据集上的性能比较

（3）Diverse AdaBoost-SVM 算法在航空发动机故障诊断中的应用。通过上述分析可知，Diverse AdaBoost-SVM 算法能很容易地控制每个弱分类器的精度和差异，从而使得最终组合得到的分类器能较好地对分散程度较大、含有噪声的样本数据进行分类，并且对非对称数据集的分类也能取得较好效果。鉴于该算法具有以上优点，本书利用 Diverse AdaBoost-SVM 算法对航空发动机转子部件的故障进行诊断。

在对发动机转子部件的故障诊断中，振动信号的频谱是用于诊断故障的重要依据之一。当发动机运行异常时，一般都会出现振动增大、振动性质改变等现象。已知转子部件常见的四种故障：ω_1（喘振）、ω_2（旋转失速）、ω_3（摩擦）、ω_4（机械损坏），它们的标准频谱模式由表 2.15 给出。表中 f_0 代表转子的工作频率。

表 2.15 转子部件常见的四种故障的频谱标准模式

	$0.2f_0$	$0.25f_0$	$0.43f_0$	$0.5f_0$	$0.75f_0$	f_0	$2f_0$	$3f_0$	$4f_0$	$5f_0$
ω_1	1.0	0.2	0.0	0.0	0.2	1.0	0.4	0.0	0.0	0.0
ω_2	0.0	1.0	0.0	0.0	1.0	1.0	0.2	0.0	0.0	0.0
ω_3	0.2	0.2	0.2	0.2	0.2	0.8	0.2	0.2	0.2	0.2
ω_4	0.0	0.0	0.0	0.0	0.0	1.0	0.0	0.0	0.0	0.0

为了得到足够多的输入样本数据，分别在标准故障模式的基础上，按下式叠加噪声信号，得到 120 个故障样本，每个故障模式有 30 个样本：

$$Y = Y_{std} + K\sigma \times \text{randn}(1,30) \tag{2.100}$$

其中，Y_{std} 表示标准故障模式样本；K 表示噪声幅值；σ 为标准差；函数 randn 产生 $(-1,1)$ 之间的随机数。

对于每类故障样本构成的数据矩阵 X 按下式进行标准化处理作为训练样本：

$$x'_{nm} = \frac{x_{nm} - \bar{\varepsilon}_m}{\sigma_m} \tag{2.101}$$

其中，$x_{nm}(n=1,2,\cdots,30;m=1,2,\cdots,10)$ 为数据矩阵 X 中的元素；$\bar{\varepsilon}_m$ 为每列数据的平均值；σ_m 为每列数据的标准差。经过上述处理后，得到标准化的数据矩阵 X'，每列数据具有零均值和单位标准差。

某型发动机在两次试车过程中，均出现了强烈的机械振动，压气机出口压力和流量大幅度地波动，发出的声音由尖锐转为低沉，根据经验判断该发动机发生了旋转失速和喘振故障。对两次试车过程中采集的压力信号进行了频谱分析，分别取喘振发生前 1s 内的信号和喘振后信号的频谱分析结果，按式(2.101)经标准化处理后构成两组被检样本，如下所示：

$$\begin{vmatrix} X_1 \\ X_2 \end{vmatrix} = \begin{vmatrix} -0.89 & 1.17 & -0.87 & -0.64 & 1.01 & 1.62 & 0.71 & -0.74 & -0.77 & -0.61 \\ 2.12 & -0.32 & -0.57 & -0.54 & -0.60 & 1.63 & -0.38 & -0.40 & -0.60 & -0.35 \end{vmatrix}$$

$$\begin{vmatrix} X_3 \\ X_4 \end{vmatrix} = \begin{vmatrix} -0.76 & 1.03 & -0.69 & -0.52 & 1.13 & 1.81 & 0.68 & -0.72 & -0.83 & -0.67 \\ 1.96 & -0.42 & -0.73 & -0.67 & -0.71 & 1.54 & -0.30 & -0.52 & -0.67 & -0.48 \end{vmatrix}$$

在不同噪声幅值水平下,可得到不同的训练样本集,分别采用 Diverse Ada-Boost-SVM 方法和 AdaBoost-NN、SVM 方法对上述训练样本集进行训练,然后对被检样本进行测试诊断,其结果如表 2.16。

表 2.16　三种方法在不同噪声幅值下的诊断结果

分类方法	测试样本	不同噪声幅值下的分类结果								
		0.10	0.20	0.30	0.4	0.45	0.50	0.55	0.60	0.65
Diverse AdaBoost-SVM	X_1	ω_2	ω_2	ω_2	ω_2	ω_2	ω_2	ω_2	ω_1	ω_4
	X_2	ω_1	ω_1	ω_1	ω_1	ω_1	ω_1	ω_1	ω_1	ω_3
	X_3	ω_2	ω_2	ω_2	ω_2	ω_2	ω_2	ω_2	ω_1	ω_1
	X_4	ω_1	ω_1	ω_1	ω_1	ω_1	ω_1	ω_1	ω_3	ω_3
AdaBoost-NN	X_1	ω_2	ω_2	ω_2	ω_2	ω_4	ω_4	ω_4	ω_4	ω_4
	X_2	ω_1	ω_1	ω_1	ω_1	ω_1	ω_3	ω_2	ω_4	ω_2
	X_3	ω_2	ω_2	ω_2	ω_2	ω_4	ω_1	ω_4	ω_1	ω_1
	X_4	ω_1	ω_1	ω_1	ω_1	ω_1	ω_2	ω_2	ω_3	ω_4
SVM	X_1	ω_2	ω_2	ω_2	ω_4	ω_4	ω_1	ω_3	ω_2	ω_3
	X_2	ω_1	ω_1	ω_1	ω_3	ω_1	ω_3	ω_2	ω_1	ω_2
	X_3	ω_2	ω_2	ω_2	ω_4	ω_4	ω_1	ω_4	ω_1	ω_3
	X_4	ω_1	ω_1	ω_1	ω_3	ω_3	ω_3	ω_3	ω_1	ω_4

从表 2.16 的诊断结果可以看出,采用 Diverse AdaBoost-SVM 方法,在标准故障模式叠加噪声的幅值小于 0.55 时,被检样本 X_1、X_3 归属于故障模式 ω_2,X_2、X_4 归属故障模式 ω_1,这说明 X_1、X_3 对应了发动机旋转失速,X_2、X_4 对应了发动机喘振故障,诊断结果与该发动机实际试车结果是一致的。而 AdaBoost-NN 方法在噪声幅值大于 0.4 时出现了错判;SVM 方法在噪声幅值大于 0.3 时出现了错判。

由于噪声信号幅值的大小反映了故障样本分散程度的大小,因此由上述诊断结果的比较可表明,Diverse AdaBoost-SVM 方法受故障模式分布结构的影响较小,与其他方法相比较来说,更适合对分散程度较大、聚类性较差的故障样本进行分类。

除此之外,由于样本获取的困难,实际的航空发动机故障样本有时还会不可避免地会出现非对称的情形,为了验证在这种情形下该算法的有效性,做如下设置:取噪声幅值为 0.2 的 120 组数据作为样本,使故障模式 ω_1 的样本数依次按 30、25、20、15、10、5 减少,而其余三种故障模式样本数固定不变。由此可产生 6 组训练样本,样本数分别为 120、115、110、105、100、95;测试样本与上文采用的相同。对上述 6 组训练样本分别采用 Diverse AdaBoost-SVM、AdaBoost-NN 及单个 SVM 进行训练,然后对测试样本进行分类测试,结果如表 2.17 所示。

表 2.17　三种方法在不同样本比例下的诊断结果

分类方法	测试样本	不同样本数比例下的分类结果					
		30∶30	25∶30	20∶30	15∶30	10∶30	5∶30
Diverse AdaBoost-SVM	X_1	ω_2	ω_2	ω_2	ω_2	ω_2	ω_2
	X_2	ω_1	ω_1	ω_1	ω_1	ω_1	ω_2
	X_3	ω_2	ω_2	ω_2	ω_2	ω_2	ω_2
	X_4	ω_1	ω_1	ω_1	ω_1	ω_1	ω_3
AdaBoost-NN	X_1	ω_2	ω_2	ω_2	ω_2	ω_2	ω_4
	X_2	ω_1	ω_1	ω_1	ω_3	ω_3	ω_2
	X_3	ω_2	ω_2	ω_2	ω_4	ω_4	ω_3
	X_4	ω_1	ω_1	ω_1	ω_3	ω_3	ω_2
SVM	X_1	ω_2	ω_2	ω_3	ω_4	ω_2	ω_4
	X_2	ω_1	ω_1	ω_2	ω_2	ω_2	ω_3
	X_3	ω_2	ω_2	ω_2	ω_2	ω_4	ω_3
	X_4	ω_1	ω_1	ω_3	ω_3	ω_3	ω_2

　　从表 2.17 的诊断结果可以看出,采用单个 SVM 的方法,在样本比例为 20∶30 时开始出现错分情况;采用 AdaBoost-NN 方法,在样本比例为 15∶30 时开始出现错分的情况;而采用 Diverse AdaBoost-SVM 方法,在样本比例为 5∶30 时才开始出现错分的情况。由此表明,Diverse AdaBoost-SVM 方法更适合对航空发动机中的非对称故障样本集进行诊断。

3. 一种基于多类指数损失函数的多类分类 AdaBoost 算法——FSAMME

(Diverse)AdaBoost-SVM 算法仅是针对两类分类问题,对于多类分类问题,均需转换成多个两类问题来处理。这对于类别数不多的情况,尚可以应用;但对于类别数较多的分类情况,则会大大增加 AdaBoost 计算复杂程度及计算量。因此,对于类别数较多的航空发动机故障诊断情况,需要研究 AdaBoost 的多类分类方法。

　　基于 AdaBoost 的多类分类方法主要有 AdaBoost. M1、AdaBoost. M2 和 Ada-Boost. MH。AdaBoost. M1 是一种最直接的方法,弱分类器直接给每个样本分配 k 个可能标签中的一个,计算公式也与两类算法的一样;对弱分类器的精度要求和两类分类的 AdaBoost 也一样,必须大于 $1/2$,这对于多类分类问题来说,要求太高,某些情况下不一定能满足,从而导致组合分类结果变差。AdaBoost. M2 算法在 AdaBoost. M1 的基础上,采用伪损失代替错分率来衡量分类精度。使用伪损失后,每一迭代回合的弱分类器不只是注重错分样本,而且还注重错分的类别,使弱分类器也将注意力放在难以辨别的标签类上;并且对弱分类器的分类精度要求有所降低,只要伪损失稍比随机猜测好就可以。但是,伪损失函数要比错分率计算复杂得多,因此 AdaBoost. M2 算法比较复杂,计算成本和时间也相应增加。Ada-Boost. MH 是一种直接将 K 类问题转化为 K 个两类问题的算法,该算法的主要不足之处就是计算过程繁琐,计算量大,尤其在类别数 K 较大时;但其优点也是显而易见的,由于转化为两类问题,这样弱分类器的精度要求可以较容易地得到满足,多类分类效果改善明显。

Friedman 等发展了一种统计学观点,将原始的两类分类 AdaBoost 算法归结为使用两类分类指数损失函数 $L(y, f) = \mathrm{e}^{-yf(x)}$ 的前向逐步叠加模型(forward stagewise additive modeling),也就是说两类分类 AdaBoost 算法其实是由最小化指数损失函数得到,而最小化指数损失函数又可以使两类分类 AdaBoost 算法满足贝叶斯最优分类规则。因此,两类分类 AdaBoost 算法实质是贝叶斯最优分类器。

基于上述统计学观点,可将这种两类分类的前向逐步叠加模型自然扩展到多类分类情况,从而给出一种多类分类 AdaBoost 算法——使用多类分类指数损失函数的前向逐步叠加模型(forward stagewise additive modeling using a multi-class exponential loss function, FSAMME)。FSAMME 算法和现有多类分类算法相比,具有如下优点:与两类分类的 AdaBoost 算法一样,FSAMME 只需要每个弱分类器的精度比随机猜测好,而以前的算法对弱分类器精度要求太高;FSAMME 不用将多类问题转化为多个两类问题,而是直接求解多类分类问题,可大为减小计算量;算法简单明了。

为了体现该算法的优点,本书选择其他两种算法与其进行比较。首先选取 AdaBoost. M1 算法,因为二者在算法复杂程度、计算成本时间方面基本相当,它们比较的侧重点是分类准确率;其次选取 AdaBoost. MH 算法,有研究表明 Ada-Boost. MH 在现有的多类分类算法中准确率是较高的,因此这里将其作为比较参考的对象,其比较的侧重点是算法复杂程度与计算成本时间。

1) AdaBoost. M1 算法

在介绍 FSAMME 算法之前,为了便于比较和理解 FSAMME 算法,首先列出 Freund 等(1997 年)提出的 AdaBoost. M1 算法。

(1) 输入:带有标签 $y_i \in Y = \{1, \cdots, k\}$ 的 n 个样本 $(x_1, y_1), \cdots, (x_n, y_n)$。

(2) 初始化权重向量:$w_i = 1/n (i = 1, 2, \cdots, n)$。

(3) 对 $t = 1, 2, \cdots, M$ 进行循环计算:

① 利用加权样本训练得到弱分类器 $T^{(m)}(x)$;

② 计算弱分类器错分率 $\mathrm{err}^{(m)}$: $\mathrm{err}^{(m)} = \sum_{i=1}^{n} w_i [\![(c_i \neq T^{(m)}(x))]\!] / \sum_{i=1}^{n} w_i$;

③ 计算弱分类器权重 $\alpha^{(m)}$: $\alpha^{(m)} = \lg\left(\dfrac{1-\mathrm{err}^{(m)}}{\mathrm{err}^{(m)}}\right)$;

④ 样本权重更新 : $w_i \leftarrow w_i \exp(\alpha^{(m)} [\![(c_i \neq T^{(m)}(x))]\!])$, $i=1,2,\cdots,n$;

⑤ 归一化权重 w_i 。

（4）输出 $C(x) = \arg\max_k \sum_{m=1}^{M} \alpha^{(m)} [\![T^{(m)}(x) = k]\!]$ 。

2）FSAMME 算法

FSAMME 算法与 AdaBoost. M1 的区别只有 $\alpha^{(m)}$ 的计算公式不同，其他部分均相同。因此相同部分在此不再列出，只列出两者的不同部分 $\alpha^{(m)}$ 。FSAMME 算法的 $\alpha^{(m)}$ 的计算公式为 : $\alpha^{(m)} = \lg\left(\dfrac{1-\mathrm{err}^{(m)}}{\mathrm{err}^{(m)}}\right) + \lg(K-1)$ 。与 AdaBoost. M1 中的 $\alpha^{(m)}$ 相比仅增加了正数项 $\lg(K-1)$ ，但这一项的增加为 AdaBoost 多类分类性能带来很大的变化。

在 AdaBoost. M1 中，为了保证 $\alpha^{(m)}$ 是正数，要求 $1-\mathrm{err}^{(m)} > 1/2$ ，即弱分类器的精度要大于 $1/2$ ，这对于多类情况，要求太高。但在 FSAMME 中，根据 $\alpha^{(m)}$ 计算式可知，只要求 $1-\mathrm{err}^{(m)} > 1/K$ 就可以保证 $\alpha^{(m)}$ 为正，即只需要求弱分类器的精度比随机猜测的好，这就说明该算法对弱分类器的精度要求大为降低。由于 FSAMME 中的 $\alpha^{(m)}$ 比 AdaBoost. M1 中的 $\alpha^{(m)}$ 增加了正数项 $\lg(K-1)$ ，根据权重更新规则，FSAMME 会在权重更新时使错分样本得到更大的权重。同样因为 $\alpha^{(m)}$ 的变化，FSAMME 组合弱分类器的计算公式也不一样，多了 $\lg(K-1) \cdot \sum_{m=1}^{M} [\![T^{(m)}(x) = k]\!]$ 。但是当 $K=2$ 时，FSAMME 就和 AdaBoost. M1 一样了。

从上述分析可看出，$\alpha^{(m)}$ 的计算式增加 $\lg(K-1)$ 为 AdaBoost 多类分类带来了很大的改善，并且和 AdaBoost. MH 相比，FSAMME 算法不用将多类问题转化为多个两类问题，而是直接求解多类分类问题，这样又可大大减小计算量。$\lg(K-1)$ 项不是任意给定的，而是为了使该算法正好符合使用多类指数损失函数的前向逐步叠加模型才得出的，即为了保证 FSAMME 算法为一个贝叶斯分类器才得出需要增加 $\lg(K-1)$ 。

3）理论证明

为了证明所提的 FSAMME 算法实质是一个贝叶斯分类器，先介绍相关准备知识：贝叶斯分类规则及其分类器、两类及多类指数损失函数，以及前向逐步叠加模型。

证明过程如下：通过证明最小化指数损失函数可使分类决策函数满足贝叶斯分类规则；然后证明符合前向逐步叠加模型的算法可以逼近最小指数损失函数；最

后将证明 FSAMME 算法是符合前向逐步叠加模型的,即该算法可以最小化指数损失函数,从而说明 FSAMME 算法是满足贝叶斯分类规则的最优分类器。

(1) 贝叶斯分类规则及贝叶斯分类器。给定一组训练样本 $(x_1,c_1),\cdots,(x_n,c_n)$,$x_i\in\mathbf{R}^p$,类别标签 c_i 在 $\{1,2,\cdots,K\}$ 中取值,K 是总的类别数。分类目标是从训练数据里找到一个分类规则 $C(x)$,给定一个新输入 x 就能从 $\{1,2,\cdots,K\}$ 分配给它一个类别标签。

在这里,需要考虑什么是最好的分类规则。通常,把"最好"定义为具有最低的错分率。一般认为训练样本是独立、同分布的,均服从未知概率分布 $\text{Prob}(X,C)$。那么分类规则 $C(x)$ 的错分率为

$$E_{X,C}\prod_{C(X)\neq C}=E_X\text{Prob}[(C(X)\neq C\,|\,X)]$$

$$=1-E_X\text{Prob}(C(X)=C\,|\,X)=1-\sum_{k=1}^{K}E_X\Big[\prod_{C(X)=k}\text{Prob}(C(X)=k\,|\,X)\Big]$$

$$(2.102)$$

显然,当下式成立时:

$$C^*(x)=\arg\max_k\text{Prob}(C=k\,|\,X=x) \qquad (2.103)$$

将使错分率达到最小,此时的错误率$=1-E_X\max\limits_k\text{Prob}(C=k\,|\,X)$。把这种错分率达到最小的分类器称之为贝叶斯最优分类器。

(2) 指数损失函数。Friedman 等将原始的两类分类 AdaBoost 算法归结为使用两类分类指数损失函数的前向逐步叠加模型。其中,两类分类的指数损失函数为 $L(y,f)=\mathrm{e}^{-yf(x)}$,其中 $y=(\llbracket c=1\rrbracket-\llbracket c=2\rrbracket)\in\{-1,1\}$。由此,将其扩展为多类分类的指数损失函数

$$L(y,f)=\exp\Big(-\frac{1}{K}(y_1f_1+\cdots+y_Kf_K)\Big)=\exp\Big(-\frac{1}{K}y^{\mathrm{T}}f\Big) \qquad (2.104)$$

其中,$y=(y_1,\cdots,y_K)^{\mathrm{T}}$,其取值为

$$y_k=\begin{cases}1, & c=k \\ -\dfrac{1}{K-1}, & c\neq k\end{cases} \qquad (2.105)$$

f_k 对应分类器所确定的第 k 个类别的输出值。对 f 必须加以限制,不然的话,所有的 f_k 都增加一个常数将不会改变损失函数的值。根据 y 值的定义,不妨增加对称约束 $f_1+\cdots+f_K=0$。在此约束下,当 $K=2$ 时,多类分类指数损失函数就可变为两类的指数损失函数。

(3) 最小化指数损失函数。

① 最小化两类分类指数损失函数:

$$L(y,f)=\mathrm{e}^{-yf(x)}=\text{Prob}(c=1\,|\,x)\mathrm{e}^{-f(x)}+\text{Prob}(c=2\,|\,x)\mathrm{e}^{f(x)} \qquad (2.106)$$

为了最小化指数损失函数,通过式(2.106)对 $f(x)$ 求导可得

$$f^*(x) = \arg\min_{f(x)} L(y, f) = \frac{1}{2}\lg(\mathrm{Prob}(c=1|x)/\mathrm{Prob}(c=2|x)) \quad (2.107)$$

由式(2.107)容易看出,贝叶斯分类规则是与 $f^*(x)$ 相一致的,即

$$\arg\max_y \mathrm{Prob}(Y=y|X=x) = \mathrm{sign}(f^*(x)) \quad (2.108)$$

由此可见,对于两类分类问题,最小化指数损失函数得到的分类函数正好符合贝叶斯最优分类规则。

② 最小化多类分类指数损失函数。最小化多类分类指数损失函数可转化为如下约束优化问题:

$$\arg\min_{f(x)} = E_{Y|x}\exp\left(-\frac{1}{K}(y_1 f_1 + \cdots + y_K f_K)\right) \quad (2.109)$$
$$\mathrm{s.\,t.} \quad f_1 + \cdots + f_K = 0$$

上述约束优化问题的 Lagrange 形式可写为

$$\exp\left(-\frac{f_1(x)}{K-1}\right)\mathrm{Prob}(c=1|x) + \cdots + \exp\left(-\frac{f_K(x)}{K-1}\right)\mathrm{Prob}(c=K|x) \quad (2.110)$$
$$-\lambda(f_1(x) + \cdots + f_K(x))$$

其中,λ 为 Lagrange 乘数。将式(2.110)分别对 f_k 和 λ 求导得

$$\begin{cases} -\dfrac{1}{K-1}\exp\left(-\dfrac{f_1(x)}{K-1}\right)\mathrm{Prob}(c=1|x) - \lambda = 0 \\ \qquad\qquad\vdots \\ -\dfrac{1}{K-1}\exp\left(-\dfrac{f_K(x)}{K-1}\right)\mathrm{Prob}(c=K|x) - \lambda = 0 \\ f_1(x) + \cdots + f_K(x) = 0 \end{cases} \quad (2.111)$$

求解方程组(2.111)可得

$$f_k^*(x) = (K-1)\left(\lg(\mathrm{Prob}(c=k|x)) - \frac{1}{K}\sum_{k'=1}^{K}\lg(\mathrm{Prob}(c=k'|x))\right), \quad k=1,\cdots,K \quad (2.112)$$

由式(2.112)则可得

$$\arg\max_k f_k^*(x) = \arg\max_k \mathrm{Prob}(c=k|x) \quad (2.113)$$

式(2.113)说明最小化我们提出的多类分类指数损失函数是符合贝叶斯分类规则的。由此可表明,本书提出的多类分类指数损失函数的使用是合理的,因为与两类指数损失函数类似,最小化多类分类指数损失函数所得到的分类决策函数也是符合贝叶斯最优分类规则的。并且一旦 $f_k^*(x)$ 确定,由式(2.112)可以反推出类别概率

$$\mathrm{Prob}(c=k|x) = \frac{\exp\left(\dfrac{1}{K-1}f_k^*(x)\right)}{\exp\left(\dfrac{1}{K-1}f_1^*(x)\right) + \cdots + \exp\left(\dfrac{1}{K-1}f_K^*(x)\right)}, \quad k=1,\cdots,K \quad (2.114)$$

③ 前向逐步叠加模型。前向逐步叠加模型是一种保证指数损失函数逼近最小值的模型，因此，符合前向逐步叠加模型的算法就可以保证组合分类器在分类时相应的指数损失函数逼近最小。而根据对两类和多类指数损失函数的分析，能够使指数损失函数最小的组合分类器就符合贝叶斯分类规则。因此，当一个算法符合前向逐步叠加模型，那么该算法得到的组合分类器应该是贝叶斯最优的。

这一部分要证明 FSAMME 符合使用多类指数损失函数的前向逐步叠加模型，即 FSAMME 组合分类器是符合贝叶斯最优分类规则的最优分类器。为了便于证明，下文首先采用一般形式的损失函数 $L(\cdot,\cdot)$，然后再采用本书提出的多类指数损失函数。

给定训练样本，找到 $f(x)=(f_1(x),\cdots,f_K(x))^{\mathrm{T}}$，使之满足下面的优化问题：

$$\min_{f(x)}\sum_{i=1}^{n}L(y_i,f(x_i))$$

$$\mathrm{s.\,t.}\quad f_1(x)+\cdots+f_K(x)=0 \tag{2.115}$$

在叠加模型和 FSAMME 中 $f(x)$ 具有下面的形式：

$$f(x)=\sum_{t=1}^{T}\beta^{(t)}g^{(t)}(x) \tag{2.116}$$

其中，$\beta^{(t)}\in\mathbf{R}$ 是系数；$g^{(t)}(x)$ 是基本的子分类器。$g(x)$ 是在式(2.115)的 K 个可能的 K 维向量中取值，即给定一个 x，$g(x)$ 将 x 映射到 Y：

$$g:x\in\mathbf{R}^{p}\rightarrow Y \tag{2.117}$$

其中，Y 是包含 K 个 K 维向量的集合，即

$$Y=\Big\{\Big(1,-\frac{1}{K-1},\cdots,-\frac{1}{K-1}\Big)^{\mathrm{T}},\Big(-\frac{1}{K-1},1,\cdots,-\frac{1}{K-1}\Big)^{\mathrm{T}},$$
$$\cdots,\Big(-\frac{1}{K-1},\cdots,-\frac{1}{K-1},1\Big)^{\mathrm{T}}\Big\} \tag{2.118}$$

由式(2.118)可知，$g^{(t)}(x)$ 满足对称约束 $g_1^{(t)}(x)+\cdots+g_K^{(t)}(x)=0$，进而满足式(2.115)的约束条件。

前向逐步叠加模型通过顺序叠加新的子函数到 $f(x)$，而不去调整已经被叠加进去的函数的参数和系数来达到最小化损失函数。下面列出其具体算法：

初始化 $f^{(0)}(x)=0$；

从 $t=1$ 到 T 循环以下步骤：

求解各子分类器及其系数：

$$(\beta^{(t)},g^{(t)}(x))=\arg\min_{\beta,g}\sum_{i=1}^{n}L(y_i,f^{(t-1)}(x_i)+\beta g(x)) \tag{2.119}$$

设

$$f^{(t)}(x)=f^{(t-1)}(x)+\beta^{(t)}g^{(t)}(x) \tag{2.120}$$

在上述两步中,最关键的是各子分类器及其系数的计算。在这里使用多类指数损失函数求解 $g^{(t)}(x)$ 和 $\beta^{(t)}$:

$$(\beta^{(t)}, g^{(t)}(x)) = \arg\min_{\beta, g} \sum_{i=1}^{n} \exp\left(-\frac{1}{K} y_i^{\mathrm{T}} (f^{(t-1)}(x_i) + \beta g(x_i))\right)$$

$$= \arg\min_{\beta, g} \sum_{i=1}^{n} w_i \exp\left(-\frac{1}{K} \beta y_i^{\mathrm{T}} g(x_i)\right) \tag{2.121}$$

其中,$w_i = \exp\left(-\frac{1}{K} y_i^{\mathrm{T}} f^{(t-1)}(x_i)\right)$,该权重未经归一化。

为方便证明,在此使用 $T(x)$ 表示一个多类分类器。根据式(2.118)可知,$g(x)$ 与 $T(x)$ 有如下的一一对应关系:如果 $g_k(x)=1$,则 $T(x)=k$;如果 $g_k(x)=-\frac{1}{K-1}$,则 $T(x)\neq k$。反过来由上述对应关系可得

$$g_k(x) = \begin{cases} 1, & T(x)=k \\ -\dfrac{1}{K-1}, & T(x)\neq k \end{cases} \tag{2.122}$$

综上分析可知,求解 $g^{(t)}(x)$ 与寻找一个多类分类器 $T^{(t)}(x)$ 等价。因此,下文只需要求解 $T^{(t)}(x)$,求解 $T^{(t)}(x)$ 即等于求解了 $g^{(t)}(x)$;然后在此基础上再求解 $\beta^{(t)}$。通过求解式(2.123)可得 $T^{(t)}(x)$ 和 $\beta^{(t)}$,下面首先给出二者的表达式,然后再进行证明。$T^{(t)}(x)$ 和 $\beta^{(t)}$ 表达式如下:

$$T^{(t)}(x) = \arg\min_{\beta, g} \sum_{i=1}^{n} w_i [\![c_i \neq T(x_i)]\!] \tag{2.123}$$

$$\beta^{(t)} = \frac{(K-1)^2}{K} \left(\lg\frac{1-\varepsilon^{(t)}}{\varepsilon^{(t)}} + \lg(K-1) \right) \tag{2.124}$$

其中,$\varepsilon^{(t)}$ 的定义为

$$\varepsilon^{(t)} = \sum_{i=1}^{n} w_i [\![c_i \neq T^{(t)}(x_i)]\!] \Big/ \sum_{i=1}^{n} w_i \tag{2.125}$$

证明　对任一 $\beta>0$,使用定义式(2.122)把式(2.121)展开成如下形式:

$$\arg\min_{\beta, g} \sum_{i=1}^{n} w_i \exp\left(-\frac{1}{K} \beta y_i^{\mathrm{T}} g(x_i)\right)$$

$$= \arg\min_{T(x_i)} \left(\sum_{c_i=T(x_i)} w_i \exp\left(-\frac{1}{K}\beta\left((K-1)\frac{1}{(K-1)^2}+1\right)\right) \right.$$

$$+ \left. \sum_{c_i\neq T(x_i)} w_i \exp\left(-\frac{1}{K}\beta\left((K-2)\frac{1}{(K-1)^2}-\frac{2}{K-1}\right)\right) \right)$$

$$= \arg\min_{T(x_i)} \left(\sum_{c_i=T(x_i)} w_i \exp\left(-\frac{\beta}{K-1}\right) + \sum_{c_i\neq T(x_i)} w_i \exp\left(\frac{\beta}{(K-1)^2}\right) \right)$$

$$= \underset{T(x_i)}{\arg\min}\left(\exp\left(-\frac{\beta}{K-1}\right)\sum_i w_i + \left(\exp\left(\frac{\beta}{(K-1)^2}\right)\right.\right.$$

$$\left.\left. - \exp\left(-\frac{\beta}{K-1}\right)\right)\sum_i w_i [\![c_i \neq T(x_i)]\!]\right) \tag{2.126}$$

由式(2.126)又可进一步得到

$$T^{(t)}(x) = \arg\min \sum_{i=1}^{n} w_i [\![c_i \neq T(x_i)]\!] \tag{2.127}$$

至此,式(2.123)得证。将式(2.123)式代入式(2.122)后得到一个凸函数,求导取极值就能证明 β 的解为式(2.124)。

在求得 $T^{(t)}(x)$ 和 $\beta^{(t)}$ 后,就可按如下公式可对叠加组合模型进行更新:

$$f^{(t)}(x) = f^{(t-1)}(x) + \beta^{(t)} g^{(t)}(x) \tag{2.128}$$

根据式(2.121)中 w_i 的定义可得第 $t+1$ 轮的权重更新为

$$w_i \leftarrow w_i \exp\left(-\frac{1}{K}\beta^{(t)} y_i^{\mathrm{T}} g^{(t)}(x_i)\right) \tag{2.129}$$

式(2.129)又可进一步表示为

$$w_i \exp\left(-\frac{(K-1)^2}{K^2}\alpha^{(t)} y_i^{\mathrm{T}} g^{(t)}(x_i)\right) = \begin{cases} w_i \exp\left(-\dfrac{K-1}{K}\alpha^{(t)}\right), & c_i = T(x_i) \\ w_i \exp\left(\dfrac{1}{K}\alpha^{(t)}\right), & c_i \neq T(x_i) \end{cases} \tag{2.130}$$

式(2.130)中, $\alpha^{(t)}$ 与 FSAMME 算法中定义的一样。并且经比较可知,式(2.130)表示的权重更新规则与 FSAMME 的归一化后的权重更新规则一致。由此可知,前向逐步叠加模型和 FSAMME 的权重更新规则是一样的。

由上述证明过程得出以下结论:

(1) 根据前向逐步叠加模型的算法,前向逐步叠加模型不改变原来叠加了的基础函数参数和系数,它在每轮都选择相应的系数和基础函数叠加到线性组合函数,而系数和基础函数必须满足使得叠加后的组合函数损失函数最小。因此,它是一种逐步逼近损失函数最小的模型。

(2) 采用同样的指数损失函数,FSAMME 算法的组合函数权重系数与前向逐步叠加模型组合函数系数之间只有常数倍关系,即 $\beta^{(t)} = \dfrac{(K-1)^2}{K}\alpha^{(t)}$ 。

(3) 采用同样的指数损失函数,FSAMME 算法和前向逐步叠加模型的初始化 w 相等,而经过归一化后,它们的权重更新规则也一样。

(4) 与 FSAMME 训练弱分类器的规则是一致的,子分类器只和权重分布有关。

综合上述四点结论可得:由结论(3)和(4)可知,FSAMME 的弱分类器与前向逐步叠加模型的子分类器是一样的;由结论(2)可知,由于权重系数只有常数倍关系,所以最终的组合函数中,各对应子函数重要性是一一对应的。因此,FSAMME 算法完全符合使用指数损失函数的前向逐步叠加模型。再由结论(1)可知,

FSAMME 可以逼近指数损失函数最小值,即可以逼近贝叶斯最优分类规则。

证毕。

4) 应用案例

为了测试 FSAMME 算法的性能,采用 UCI 基准数据库的其中三个数据集作为训练测试数据,对 FSAMME、AdaBoost. M1、AdaBoost. MH 进行比较;然后把该算法应用到航空发动机的故障诊断中,期望能有效提高多类故障诊断的效果。

（1）基准数据库的测试。选取 UCI 基准数据库中的 Letter、Pendigits、Segmentation 三个数据集,数据集的有关信息如表 2.18 所示。

表 2.18　UCI 数据集的有关信息

数据集	总样本数	输入变量数	类别数
Letter	20000	16	26
Pendigits	10992	16	10
Segmentation	2310	19	7

三种算法均采用决策树中的 CART 算法作为弱分类器,树的结构由五层 Cross-Validation 确定。

图 2.26 给出了 FSAMME 与 AdaBoost. M1 算法在 Letter 数据集上的组合分类结果,采用的是交叉检验的方法,划分成五组。图 2.26(a)为 AdaBoost. M1 算法的测试误差、单个弱分类器的错误率 $err^{(m)}$ 及单个弱分类器的权重 $\alpha^{(m)}$ 随弱分类器个数的变化情况;图 2.26(b)对应为 FSAMME 算法各项指标随弱分类器个数的变化。

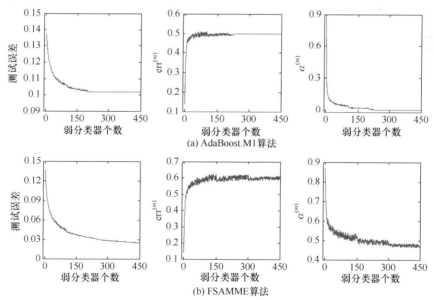

图 2.26　FASMME 与 AdaBoost. M1 算法比较

可见 AdaBoost. M1 算法的测试错误率随弱分类器个数增加很快减小,并在 200 回合左右就保持为 10.2% 不变;单个弱分类器的错误率到 200 回合左右时逐渐增加到 50%;并且在弱分类器的错误率增加到 50% 时权重减小为 0,此时随弱分类器个数继续增加,训练样本的权重不能再更新,从而使得 AdaBoost. M1 在 200 回合左右就不能继续再减小测试错误率。而 FSAMME 算法对单个弱分类器的精度要求低,即使在单个弱分类器的精度小于 50% 时仍可以改变训练样本的权重,从而在 200 回合时仍可以减小组合分类器的测试错误率,最终是在 450 回合左右保持 2.5% 不变。图 2.27 给出了 FSAMME 与 AdaBoost. MH 算法在 Letter 数据集上的组合分类结果比较。

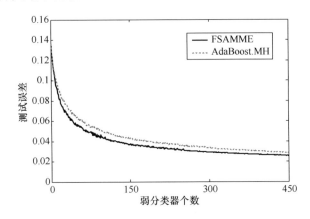

图 2.27　FSAMME 与 AdaBoost. MH 算法比较

由图 2.27 可看出,在 Letter 数据集上两种算法的测试错误率非常接近,FSAMME 算法性能(测试误差为 2.5%)略优于 AdaBoost. MH(测试误差为 2.9%)。

表 2.19 给出了三种算法在 3 个数据集上采用交叉检验的方法,划分成 5 组所得到的误差结果,为便于比较,还同时列出了单个决策树 CART 的分类结果。

表 2. 19　四种算法的测试误差比较

数据集	测试误差/%			
	FSAMME	AdaBoost. MH	AdaBoost. M1	CART
Letter	2.5±0.3	2.9±0.4	10.2±0.6	13.9±0.6
Pendigits	2.5±0.3	3.0±0.3	6.0±0.4	8.3±0.6
Segmentation	5.2±0.4	4.6±0.4	10.5±0.6	14.5±0.6
平均值	3.4±0.3	3.5±0.3	9.9±0.5	12.2±0.6

由图 2.27 和表 2.19 可知,FSAMME 的分类效果与 AdaBoost. MH 基本相

当,优于 AdaBoost. M1。另外,由表 2.19 还可看出组合分类器的分类效果明显优于单个决策树 CART。

虽然 FSAMME 的分类精度与 AdaBoost. MH 相当,但 FSAMME 算法简单,直接处理多类问题,计算量小;而 AdaBoost. MH 则需把多类问题转化为多个两类问题来处理,计算过程复杂,计算量大。因此综合比较来说,FSAMME 算法性能要优于 AdaBoost. MH,同时它还显著优于 AdaBoost. M1 和单个决策树 CART。

(2) FSAMME 算法在航空发动机故障诊断中的应用。下面以航空发动机气路部件故障为例说明该算法在在航空发动机故障诊断中的应用。

航空发动机气路部件故障往往是潜在且难以判断的。通常,在实际样本数据中很难包括所有的故障模式和其严重程度,也很难获得足够多的样本,此时可考虑根据发动机数学模型,建立发动机故障仿真器来获取相应的故障样本。本节同样以 2.5.2 节的风扇效率下降故障模式为例,考虑发动机气路部件故障形成的逐渐性、故障仿真器的计算误差、测量系统的误差,选取地面不加力状态、$N_2 = 100\%$、风扇效率下降 3%,发动机模型计算出的测量参数值与基值的偏差值作为风扇效率故障模式的输入特征样本;同理,可以获得其他 10 个故障模式的输入特征样本,每种故障模式有 10 个特征样本,共有 110 个样本,对所有样本数据进行归 化预处理,如表 2.3 所示。

针对上述故障样本,分别采用 FSAMME、AdaBoost. M1、AdaBoost. MH 三种组合分类器对其进行学习,弱分类器仍采用决策树中的 CART 算法。然后分别输入新的测试样本到三个训练好的组合分类器中进行诊断。以发动机地面不加力状态、$N_2 = 100\%$ 时,性能参数变化量分别为 1.0%、2.5%、3.5%、4% 的测量参数偏差量作为诊断测试输入样本,对应每一性能参数变化量下的每一种故障模式有 10 个样本。因此,对应于每一个性能参数变化量的测试样本有 110 个,总共有 440 个测试样本。三种算法测试诊断结果如表 2.20 所示。另外,为便于比较,本书给出了单个决策树 CART 的分类结果。

表 2.20 各分类方法对发动机气路部件的故障诊断结果

性能参数变化量/%	分类正确率/%			
	FSAMME	AdaBoost. MH	AdaBoost. M1	CART
1.0	95.5	93.7	87.5	83.5
2.5	98.2	98.2	93.7	91.0
3.5	99.1	100	94.6	91.9
4.0	98.2	96.4	91.9	89.2
平均准确率	97.8	97.3	91.4	88.7

由表 2.20 可知,本节所提 FSAMME 算法针对航空发动机的气路故障的分类

精度与 AdaBoost. MH 基本相当,高于 AdaBoost. M1;同时也可看出,组合分类器分类精度高于单个决策树。

通过上述诊断结果比较及分析可得出 FSAMME 算法有如下优点:与 AdaBoost. MH 相比,FSAMME 不用把多类转化为多个两类,大为减小计算复杂度及计算量;和 AdaBoost. M1 相比,FSAMME 具有与其同样简单的计算过程,直接求解多类分类问题,但 FSAMME 具有更高的分类精度。因此,将本书提出的 FSAMME 算法用于航空发动机故障诊断中,一方面可达到较高的诊断准确率;另一方面,可减小算法复杂度及计算量,满足在线快速诊断的要求。

近年来,虽然 AdaBoost 算法已被人们大量研究和广泛应用,但仍在一定程度上存在一些不足。针对两类分类问题存在的不足,提出采用支持向量机作为弱分类器的一种新算法——(Diverse)AdaBoost-SVM;针对多类分类问题存在的不足,并基于两类分类 AdaBoost 算法的统计学观点,提出采用一种新的多类 AdaBoost 算法——使用多类指数损失函数的前项逐步叠加模型(FSAMME)。然后建立基于以上两种算法的发动机诊断模型,并应用于航空发动机的故障诊断中。所取得的结果或结论总结如下:

(1) AdaBoost-SVM 可以自适应地调整核参数得到一组有效的弱分类器,较好解决了模型参数选取问题;无须进行精确模型选择,可以大大减小计算量;设定一个比 σ 大致范围更小的下限值,便可以在适当时候终止 Boosting 迭代学习,较好地解决了其他学习算法存在的过适应问题,从而使 AdaBoost-SVM 具有更好的泛化性能。

(2) 在 AdaBoost-SVM 的基础上,Diverse AdaBoost-SVM 进一步考虑到了精度/差异权衡的问题,较好地解决了 AdaBoost 中精度/差异之间难以平衡的问题,使其分类性能比 AdaBoost-SVM 又有所提高,尤其是在处理非对称数据集的分类方面。这从另一个角度证明以 SVM 为学习算法的 AdaBoost 是值得研究的。

(3) 多类分类 AdaBoost 算法——FSAMME 不用将多类问题转化为多个两类问题,而是直接求解多类分类问题,可大为减小计算复杂度及计算量;对弱分类器的分类精度要求大大降低,只需要每个弱分类器的精度比随机猜测好,从而有效地提高了最终组合分类器的分类精度。

(4) 通过基准数据库的测试表明,上述算法在泛化性能、非对称样本分类及多类分类准确率、分类效率方面均取得了较为满意的结果。通过在航空发动机故障诊断中的应用表明,Diverse AdaBoost-SVM 方法由于考虑到精度/差异的问题,受故障模式分布结构的影响较小,与其他方法相比较来说,更适合对分散程度较大、聚类性较差的故障样本进行分类,并且也更适合对航空发动机中的非对称故障样本集的进行诊断。FSAMME 与其他用于多类分类的 AdaBoost 算法相比,一方面可达到较高的诊断准确率;另一方面,可减小算法复杂度及计算量,满足在线快速诊断的要求。

2.6　支持向量机建模与预测理论及其应用

回归分析在支持向量机的应用中占有重要的地位。回归应用模型本质上是运用了支持向量机的任意逼近性的特点,如系统辨识、时间序列预测等。支持向量机采用了特殊的损失函数,使得回归得到的函数也具有稀疏特性和较好的推广特性。本节将主要介绍支持向量机回归算法的两种重要用途:时间序列预测和系统建模分析[1,6,7]。这两种用法也是目前支持向量机回归应用的典型代表。

2.6.1　SVM 回归应用模型

1. SVM 用于时间序列预测建模的一般框架

根据 Kolmogrov 定理,任何一个时间序列都可以看成是由一个非线性机制确定的输入输出系统。因此,时间序列预测本质上就是依据历史数据序列寻求映射 $f: \mathbf{R}^m \rightarrow \mathbf{R}^n$ 逼近数据中的隐含非线性机制 F,这样就可以采用 f 作为理想中的预测器使用。所提出的基本框架是:对时间序列进行相空间重构,构建训练样本数据对,选择合适的函数逼近工具,进行参数估计和拓扑结构确定。最后,根据确定的预测器构建预测模型进行序列分析。一般框架结构如图 2.28 所示,其中,f 表示逼近规律,F 表示理想中的数据规律,$\{x_i\}$ 表示一维时间序列,e 表示预测器的误差学习算法,$\{x,y\}$,$x \in \mathbf{R}^m$,$y \in \mathbf{R}^n$ 表示重构得到的样本对,$\{x\}$ 表示输入,$\{y\}$ 表示目标值,$\{\hat{y}\}$ 表示逼近值。

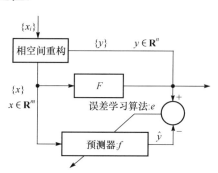

图 2.28　时间序列预测建模的一般框架

1) SVM 预测器拓扑结构确定

对于给定的时间序列 $\{x_1, x_2, \cdots, x_N\}$,假设已知 $x(t)$ 预测 $x(t+1)$,则可建立映射 $f: \mathbf{R}^m \rightarrow \mathbf{R}$

$$\hat{x}(t+1) = f(x(t-(m-1)\tau), \cdots, x(t-\tau), x(t)) \tag{2.131}$$

　　在时间序列预测模型中,神经网络获得了成功的应用,但是由于神经网络理论上的缺陷,使得神经网络模型存在一些不可避免的缺陷,例如,隐层节点个数的确定,这一直是困扰神经网络预测器结构确定的关键问题;神经网络采用梯度下降法,得到的网络结构容易受到局部极值的影响,且对于网络连接权的初值也主要是凭经验选取;神经网络仅考虑样本误差的最小化,推广能力较差。而 SVM 可基本解决上述问题,只需要采用合适的模型选择准则优化选取 SVM 的输入节点数,即可得到最优的预测器结构。理论上的优势使得 SVM 可作为时间序列分析的更好的预测器使用。SVM 预测器的拓扑结构如图 2.29 所示,其中 m 称为嵌入维数。

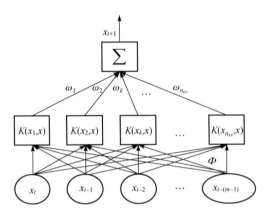

图 2.29　SVM 预测器的结构

2) 相空间重构与嵌入维数

　　对时间序列 $\{x_1, x_2, \cdots, x_N\}$ 建模,将其分成两部分,其中前 n_{tr} 个数据用来训练预测器进行参数估计和预测器的拓扑结构确定,其余的数据用来验证模型的有效性,为了更有效地进行预测模型建模,对其进行相空间重构,即将一维的时间序列将其转化成矩阵形式获得数据间的关联关系以挖掘到尽可能大的信息量,建立输入:

$$x_t = \{x_{t-1-(m-1)\tau}, \cdots, x_{t-1-\tau}, x_{t-1}\}$$

与输出 $y_t = \{x_t\}$ 之间映射关系 $f: \mathbf{R}^m \rightarrow \mathbf{R}$,可以看出 m 值反映了转换后矩阵蕴涵的知识量。在时间序列预测中,对于嵌入维数的选取尚无严格意义上的理论依据。本书采用最终误差预报准则(final prediction error,FPE)评价模型的预测误差,并根据误差大小选取嵌入维数 m。

$$\text{FPE}(k) = \frac{n_{tr} + k}{n_{tr} - k} \cdot \sigma_a^2 \tag{2.132}$$

其中, $\sigma_a^2 = E(a_{n_{tr}}) = \dfrac{1}{n_{tr}-2-(k-1)\tau} \sum_{t=2+(k-1)\tau}^{n_{tr}} \left[x_t - \left(\sum_{i=2+(k-1)\tau}^{n_{tr}} (\alpha_i - \alpha_i^*) \, k(x_i,x_t) \right) + b \right]^2$, n_{tr} 表示用于训练的数据个数, k 为需要确定的嵌入维数。从式(2.132)可看出, 当 k 值增大时, 残差 σ_a^2 将减少, 因此总可以找到一个最优值 m 使得 FPE 达到最小。

3) 预测模型

在确定了 SVM 预测器的拓扑结构, 得到学习样本后, 就可对 SVM 进行训练, 得到的回归函数表示如下:

$$y_t = \sum_{i=2+(m-1)\tau}^{n_{tr}} (\alpha_i - \alpha_i^*) k(x_i,x_t) + b \qquad (2.133)$$

其中, $t=2+(m-1)\tau,\cdots,n_{tr}$; $x_t = \{x_{t-1-(m-1)\tau},\cdots,x_{t-1-\tau},x_{t-1}\}$。

一步预测模型为

$$y_{n_{tr}+1} = \sum_{i=2+(m-1)\tau}^{n_{tr}} (\alpha_i - \alpha_i^*) k(x_i,x_{n_{tr}+1}) + b \qquad (2.134)$$

其中, $x_{n_{tr}+1} = \{x_{n_{tr}-(m-1)\tau},\cdots,x_{n_{tr}-\tau},x_{n_{tr}}\}$。

l 步预测模型为

$$y_{j,l} = \sum_{i=2+(m-1)\tau}^{n_{tr}} (\alpha_i - \alpha_i^*) k(x_i,x_{j,l}) + b \qquad (2.135)$$

其中, $x_{j,l} = \{x_{j-1-(m-1)\tau},\cdots,\hat{x}_{j,1},\cdots,\hat{x}_{j,(l-1)}\}$, $j=n_{tr+1},\cdots,N$; $\hat{x}$ 表示预测值。

2. SVM 用于系统建模的一般模式

对于参数易变的非线性复杂系统的模型辨识, 古典辨识方法和现代辨识方法均很难取得好的效果, 而神经网络、模糊理论、粗集理论和 SVM 等智能方法则可以在一定程度上对这类系统进行辨识。本节主要介绍 SVM 在系统建模中的应用, 首先介绍一下系统辨识的基本知识。

1) 系统辨识的基本知识

系统模型建立可分为机理建模、系统辨识建模、机理分析和系统辨识相结合建模三种方法。

(1) 机理建模是一种常见的建模方法, 是根据系统的结构、分析系统运动的规律, 利用已知的相应定律、定理或原理, 如化学动力学原理、生物学定律、能量平衡方程和传热传质原理等推导出描述系统的数学模型, 建立的模型可能是线性的或者是非线性的, 这类建模有时也叫做白箱建模。

(2) 系统辨识一种利用系统的输入输出数据建模的方法, 是黑箱建模问题, 即使对系统的结构和参数一无所知, 也可以通过多次测量得到的系统输入和输出的数据来求得系统的模型,是对实际系统的一个合适的近似。

(3) 机理建模和辨识建模相结合的方法适用于系统的运动机理不是完全未知的情况,称之为灰色建模。

辨识问题包括模型结构辨识和参数估计。对于模型的结构辨识主要是依靠一些工程经验或者一些启发式的算法进行选择的。对于参数估计实际就是在给定模型基础上按照一定的误差准则进行的函数逼近。系统辨识就是研究如何获得必要的系统输入输出数据以及如何从所获得的数据构造一个相对真实的反映客观对象的数学模型,这里也引用 Zadeh 在 1962 年曾给出系统辨识的定义:

辨识就是在输入输出数据的基础上,从一组给定的模型类中确定一个与所测系统等价的模型。从这里面可以看出,辨识具有三大要素:

(1) 数据:能观测到的被辨识系统的输入/输出数据,它们是辨识的基础。

(2) 模型类:就是所考虑模型的结构。

(3) 等价准则:这实际是辨识的优化目标,用来衡量模型接近实际系统的标准。

由于观测到的数据一般都含有噪声,因此辨识建模是一种实验统计办法,是系统的输入/输出特性在确定的准则下的一种近似描述。辨识的目的就是根据系统提供的测量信息,在某种准则意义下估计出模型结构和未知参数。Zadeh 的这个定义实际上也给出了系统辨识的基本步骤:①获取观测数据;②确定模型结构;③进行参数估计。

2) SVM 模型辨识常用结构

模型辨识中有正向建模和逆向建模的结构,正向建模中常见的结构有串-并辨识的结构及并联辨识结构;逆向建模又分为直接逆向辨识结构和特殊逆向辨识结构。应当注意到 SVM 与神经网络同样具有强大的非线性逼近特性,可以说凡是神经网络能用的地方,都可以采用 SVM 替代,不同的是对于 SVM 而言它同时处理所有数据,而没有误差反馈修正的过程,但是 SVM 不能直接用来做在线模式,这时需要采用递归型 SVM。下面主要分析各种模型辨识结构各自的优缺点,以便于读者在使用是可以根据遇到问题的特点灵活选择。

系统辨识中的一个重要问题是系统的可辨识性,即给定一个特殊的模型结构,被辨识的系统是否能够在该结构内适当地表示出来。系统的辨识就是根据整体系统的输入输出特性利用适当的算法(如神经网络、SVM)获得模型的参数。如果这种算法表示正向的系统动态,则这种建模方法就叫做正向辨识建模。这种建模方法的结构如图 2.30 所示,其中,TDL 表示延迟,SVM 与过程平行,但是这个过程是无监督的,SVM 通过学习所有的数据直接得到模型参数。假定被辨识系统具有以下形式:

$$y_P(k+1)=f\big[y_P(k),y_P(k-1),\cdots,y_P(k-n+1);$$
$$u(k),u(k-1),\cdots,u(k-m+1)\big]$$

$$(2.136)$$

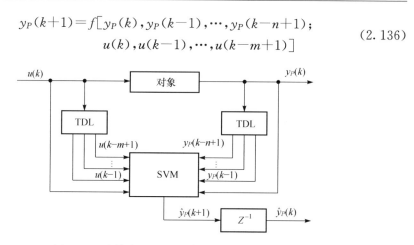

图 2.30　支持向量机正向建模串-并结构图

　　上式是非线性的离散时间差分方程,$y_P(k+1)$代表在时间 $k+1$ 时刻系统的输出,它是提供给 SVM 的教师信号,并取决于过去的 n 个输出值、m 个输入值。值得注意的是这里只考虑系统的动态部分,还没有记入系统所承受的扰动。在建模过程中,可将 SVM 的结构选择的和式(2.136)一致,利用 SVM 完成对上述非线性映射的逼近。注意到网络结构中利用 SVM 的输入以及系统的过去输出值,本质上扩大了输入空间,实际上是完成了对系统的一步预报,在这种串-并联的模型的建立过程中,SVM 的训练实际上是对静态非线性函数的逼近,而且在模型中不存在反馈且利用了系统的输入输出数据作为辨识信息对 SVM 进行训练,因此有利于保证辨识模型的收敛性和稳定性,这种辨识结构在系统辨识中应用较多。

　　上面所述的是对静态系统的辨识,如果系统是动态的,则需要采用动态形式的辨识结构,动态形式的正向建模结构如图 2.31 所示。

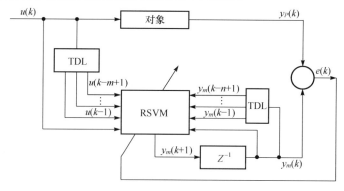

图 2.31　动态系统的并联辨识结构

对比静态形式和动态形式的不同：一个是无监督学习的，一个是有监督学习的；一个是采用系统的过去输出值，一个是采用 SVM 的过去输出值。这种模型可用下式表示：

$$y_m(k+1)=f[y_m(k),y_m(k-1),\cdots,y_m(k-n+1);u(k),u(k-1),\cdots,u(k-m+1)]$$

$$(2.137)$$

对于这种动态模型，常规的 SVM 是不能完成任务的，此时需要采用递归型 SVM。如递归最小二乘 SVM，关于递归最小二乘 SVM 的应用模型在 2.6.4 节给出了主要的相关结论。

另外，还有一些其他的模型结构，如逆向建模方法中的直接逆向、特殊逆向等方法，这里就不再叙述。值得一提的是如果系统是多入多出（MIMO），则可利用多个 SVM 分别完成对某一函数的映射。

3）SVM 模型辨识算法

这里以静态函数的辨识为例进行说明，其本质就是函数逼近，所需要做的工作和步骤其实就是按照 Zadeh 的定义进行的。第一步：设法获取输入输出数据；第二步：按照辨识结构生成 SVM 的学习样本（是多入对单出格式）；第三步：对 SVM 进行训练，获得逼近函数，系统辨识结束。

3. 递归型 LS-SVM 动态模型

不失一般性，为了推导公式简便起见，这里仅给出自治情况下的递归模型，如下所示：

$$y_m(k)=f[y_m(k-1),y_m(k-2),\cdots,y_m(k-n)] \tag{2.138}$$

引入如下等式和符号：

$$y_{mk}=w^{\mathrm{T}}\varphi\left(\begin{bmatrix}y_{m(k-1)}\\y_{m(k-2)}\\\vdots\\y_{m(k-n)}\end{bmatrix}\right)+b \tag{2.139}$$

以给定的已知数据和误差的形式表示上式可写为

$$y_k-e_k=w^{\mathrm{T}}\varphi(x_{k-1|k-n}-\xi_{k-1|k-n})+b \tag{2.140}$$

定义 $e_k=y_k-y_{mk}$，$x_{k|k-n}=[y_{m(k-1)},y_{m(k-2)},\cdots,y_{m(k-n)}]$，$\xi_{k-1|k-n}=[e_{k-1},e_{k-2},\cdots,e_{k-n}]$，$\varphi(\cdot):\mathbf{R}^n\to\mathbf{R}$ 为与 Mercer 条件相关的非线性映射，则求解式（2.140）可以等价于式（2.141）：

$$\min_{w,b,e}J(w,b,e)=\frac{1}{2}w^{\mathrm{T}}w+C\frac{1}{2}\sum_{k=1+n}^{N+n}e_k^2$$

$$\begin{cases}y_k-e_k=w^{\mathrm{T}}\varphi(x_{k-1|k-n}-\xi_{k-1|k-n})+b\\k=n+1,\cdots,n+N\end{cases} \tag{2.141}$$

定义如下 Lagrange 函数：

$$L(w,b,e,\alpha) = J(w,b,e) + \sum_{k=n+1}^{N+n} \alpha_{k-n}\left[y_k - e_k - w^{\mathrm{T}}\varphi(x_{k-1|k-n} - \xi_{k-1|k-n}) - b\right]$$

$$(2.142)$$

由 KKT 条件得到如下关系式：

$$\begin{cases} \dfrac{\partial L}{\partial w} = w - \displaystyle\sum_{k=n+1}^{N+n} \alpha_{k-n}\varphi(x_{k-1|k-n} - \xi_{k-1|k-n}) = 0 \\[3mm] \dfrac{\partial L}{\partial b} = \displaystyle\sum_{k=n+1}^{N+n} \alpha_{k-n} = 0 \\[3mm] \dfrac{\partial L}{\partial e_k} = Ce_k - \alpha_{k-n} - \displaystyle\sum_{i=1}^{n} \alpha_{k-n+i}\dfrac{\partial}{\partial e_{k-i}}\left[w^{\mathrm{T}}\varphi(x_{k-1|k-n} - \xi_{k-1|k-n})\right] = 0, \quad k = n+1,\cdots,N \\[3mm] \dfrac{\partial L}{\partial \alpha_{k-p}} = y_k - e_k - w^{\mathrm{T}}\varphi(x_{k-1|k-n} - \xi_{k-1|k-n}) - b = 0, \qquad k = n+1,\cdots,N+p \end{cases}$$

$$(2.143)$$

记 $z_{k-1|k-n} = x_{k-1|k-n} - \xi_{k-1|k-n}$，引入核函数 $K(z_{k-1|k-n}, z_{l-1|l-n}) = \varphi(z_{k-1|k-n})^{\mathrm{T}}\varphi(z_{l-1|l-n})$，这样上式就可以简化为

$$\begin{cases} \displaystyle\sum_{k=n+1}^{N+n} \alpha_{k-n} = 0 \\[3mm] Ce_k - \alpha_{k-n} - \displaystyle\sum_{i=1}^{n} \alpha_{k-n+i}\dfrac{\partial}{\partial e_{k-i}}\left[\sum_{l=n+1}^{N+n} \alpha_{l-n}K(z_{k-1|k-n}, z_{l-1|l-n})\right] = 0, \quad k = n+1,\cdots,N \\[3mm] y_k - e_k - \displaystyle\sum_{l=n+1}^{N+n} \alpha_{l-n}K(z_{k-1|k-n}, z_{l-1|l-n}) - b = 0, \qquad k = n+1,\cdots,N+n \end{cases}$$

$$(2.144)$$

值得指出的是求解带有上述约束条件的 Lagrange 问题计算量十分大，而且不实用，因此可以考虑当 $C \to \infty$ 时的情形，对应的优化函数变为

$$\min_{w,b,e} J(w,b,e) = \frac{1}{2}\sum_{k=1+n}^{N+n} e_k^2$$

$$\begin{cases} \displaystyle\sum_{k=n+1}^{N+n} \alpha_{k-n} = 0 \\[3mm] y_k - e_k = \displaystyle\sum_{l=n+1}^{N+n} \alpha_{l-n}K(z_{k-1|k-n}, z_{l-1|l-n}) + b, \quad k = n+1,\cdots,N+n \end{cases}$$

$$(2.145)$$

求解优化函数就可以得到如下模型：

$$y_{mk} = \sum_{l=n+1}^{N+n} \alpha_{l-n} K(z_{l-1|l-n}, \begin{bmatrix} y_{m(k-1)} \\ y_{m(k-2)} \\ \vdots \\ y_{m(k-n)} \end{bmatrix}) + b \tag{2.146}$$

满足给定初始条件：$y_{mi} = y_i(i=1, \cdots, n)$，采用 RBF 核函数 $K(z_{k-1|k-n}, z_{l-1|l-n}) = \exp(-\nu \parallel z_{k-1|k-n} - z_{l-1|l-n} \parallel^2)$，其中 ν 为一恰当选取的正实数。应当指出这种优化问题实际是非凸的、带约束条件的非线性最优化问题，可以采用 SQP 方法求解。而且，由于舍弃了正则化项 $\frac{1}{2}w^\mathrm{T}w$，得到的网络动态结构具有一定的风险性，可能会导致过学习现象的发生，此时则可以采用适当的早停技术以获得良好的网络结构。另外，关于常数 ν 的选取仍需要进一步的研究。

本节介绍 SVM 回归算法在航空工程中应用的一个实例。在研究某型航空喷气发动机起动过程的特性时，遇到了起动过程的数学模型无法建立的问题，为了解决这一难题，作者提出了利用 RBF 神经网络对起动过程进行建模的方法，但这种方法所建立的起动模型在推广应用时效果不是很好。为此，进一步提出了基于 SVM 的起动过程建模方法，应用结果显示，SVM 回归算法在航空发动机动力学过程建模中具有较大的优势。

2.6.2 基于 SVM 的航空发动机起动过程建模与应用

1. 工程背景

随着计算机技术的发展，目前对于航空燃气涡轮发动机非线性动力学仿真模型的研究已取得了很大的进展，在提高模型的精确度和仿真程序的实时性方面做了大量卓有成效的工作。但是，在发动机的转子转速 70%～80%（称之为慢车转速）以下的起动过程，建立数学模型非常困难，其困难在于：

（1）低转速下发动机的部件特性难以得到，例如，使用通常的气体动力学方法或基元级理论，难以计算低转速下轴流压气机稳态特性。这是因为一般压气机的气动设计是以额定发动机工作状态为基准，而在远离工作状态的低转速范围内，其流动速度和攻角变化范围均远远超出设计状态。而理论和实践还表明，也难以用部件试验的方法建立压气机的通用特性和数学模型。

（2）能量损失和热传递的影响在起动过程中非常明显，并成为不可忽略的因素，针对这一问题采用传统的方法建立起准确的数学模型非常困难，只能做大量的假设。利用传统的方法对航空发动机的起动性能进行定量分析时，通常必须解决下列问题：涡轮起动机的功率特性计算与分析；起动阶段燃油流量的定量计算；燃烧室工作特性的研究；发动机在低转速情况下压气机流量特性、涡轮特性和压气机不稳定工作边界的获取，以及以上述研究为基础的发动机起动过程非稳态仿真模型的建立。

为了克服基于气动热力学方程建立起动模型时存在的困难,另一种途径是采用辨识技术,即不考虑发动机的部件特性,而是直接从系统整体上进行动态辨识。但采用经典的辨识方法仍会遇到难于克服的困难:

（1）起动过程中不存在稳态（或平衡）工作点,难于应用线性理论进行状态辨识。

（2）由于过程是非线性大偏差的,目前还无法确定模型或传递函数的结构。由于这两方面的原因,使用传统的系统辨识技术是无法解决起动模型的离线或在线辨识问题的。近年来,人工智能与计算机技术的迅猛发展为解决这一问题提供了有效的途径,尤其是神经网络、支持向量机等机器学习技术的出现,使得它们在复杂非线性系统或过程的模型辨识中取得了广泛的应用。

众所周知,对于一个动力学系统或过程,通常有两种类型的数学描述,即输入输出描述和状态空间描述。其中状态空间描述可以作为系统或过程的一种完全的描述,能完全表征系统或过程的一切动力学特性。航空燃气涡轮发动机的起动是一个多系统相互配合工作的复杂动力学过程,涉及转子动力学、气动热力学、燃烧学和传热学等多门学科。要完全、准确地描述发动机的起动过程,需要首先找到能够完全表征起动过程时间域行为的一个最小内部状态变量组,这个状态变量组必须包含起动过程的全部物理特征,但达到这一要求存在较大困难。通过对起动系统进行分析,得到发动机起动过程模型的统一结构如图 2.32 所示。

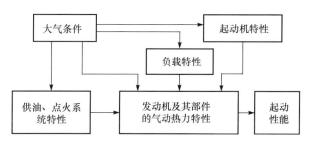

图 2.32　航空燃气涡轮发动机起动模型

由图 2.32 可以看出,在起动过程中,起动机、发动机、点火系统、供油系统和负载系统等相互配合工作,协同完成不同大气条件下的起动任务。发动机起动模型的构成主要有四大部分,即发动机及部件的气动热力特性、负载特性、起动机特性、供油系统及点火系统特性。对起动过程而言,数学模型的核心是发动机的气动热力特性,模型的输入量为大气条件、起动机特性、负载特性和燃烧室供油特性（在正常起动的情况下,点火特性可以与供油特性一起考虑）。当考虑发动机旋转质量、部件通道容腔和换热部件为储能器时,用状态空间法描述的起动模型的一般形式为

$$\begin{cases} \dot{x} = f(x, T_0, p_0, N_{st}, N_f, m_f) \\ y = g(x, T_0, p_0, N_{st}, N_f, m_f) \end{cases} \tag{2.147}$$

其中，T_0、p_0 分别为大气温度和压力；N_{st}、N_f 分别为起动机扭矩和负载阻力矩；m_f 为主燃烧室供油量；$y = [n_1, n_2, \cdots]^T$ 是 m 维输出向量，n_1、n_2 分别为低、高压转子转速；$x = [n_1, n_2, T_i^*, p_i^*, \cdots]^T$ 是 n 维状态向量，T_i^*、p_i^* 分别表示不同发动机截面的总温和总压。

　　起动过程中发动机各截面的气流速度较低，各部件容腔气体质量的存储可以不予考虑。当考虑发动机转子的惯性时，得到低、高压转子转速两个状态变量；对燃烧室的能量存储及热损失进行考虑时，可以增加涡轮前燃气温度这一状态变量，但其测量比较困难，根据经验可增加涡轮后排气温度作为第三个状态变量。由以上分析，假设起动系统各部件正常工作，起动过程中发动机不进行几何调节，则得到离散形式的非线性起动模型如下：

$$\begin{cases} n_1(k+1) = f_1(n_1(k), n_2(k), T_6^*(k), T_0, p_0, N_{st}(k), N_f(k), m_f(k)) \\ n_2(k+1) = f_2(n_1(k), n_2(k), T_6^*(k), T_0, p_0, N_{st}(k), N_f(k), m_f(k)) \\ T_6^*(k+1) = f_3(n_1(k), n_2(k), T_6^*(k), T_0, p_0, N_{st}(k), N_f(k), m_f(k)) \end{cases}$$

$$\tag{2.148}$$

其中，T_6^* 为涡轮后排气温度。对于以上的状态空间模型，如果取输出向量与状态向量的元素相同，则得到以低、高压转子转速和排气温度为输出量的起动模型。

2. 发动机起动模型的 SVM 辨识方法及结果

　　由于回归 SVM 只能用于单输出函数的逼近问题，因此为了实现多输入多输出对象的模型辨识，必须针对每个输出量分别设计相应的学习机。本节根据某型发动机地面起动试验采集的数据，分别取低压转子转速、高压转子转速、涡轮后排气温度作为输出量设计三个 SVM 起动模型。已知的某型发动机起动试验数据有：$-40\,℃$、$-26\,℃$、$+4\,℃$ 和 $+15\,℃$ 大气温度下起动过程中低、高压转子转速、涡轮后排气温度和主燃烧室供油量的采样时刻值；$-40\,℃$、$+15\,℃$ 和 $+50\,℃$ 大气温度下的起动机扭矩特性；$-40\,℃$、$-26\,℃$ 和 $+15\,℃$ 大气温度下的负载阻力矩特性。首先利用二次插值方法推算出大气温度为 $-26\,℃$、$+4\,℃$ 时的起动机扭矩特性和大气温度为 $+4\,℃$ 时的负载阻力矩特性，具体应用时，仅采用 $-40\,℃$、$-26\,℃$、$+4\,℃$ 和 $+15\,℃$ 的四组数据。按照 SVM 辨识模型对数据的要求，把所有 $n_1(k)$、$n_2(k)$、$T_6^*(k)$、$m_f(k)$、$N_{st}(k)$、$N_f(k)$ 及对应的大气条件 T_0、p_0 构成向量序列 $I'(k) \in \mathbf{R}^8$，并对向量中各参数进行加权处理 $I(k) = I'(k) \cdot \omega, \omega \in \mathbf{R}^8$ 为权值向量。然后将处理后的四种大气条件下的数据分别构成矩阵 T_{-40}、T_{-26}、T_{+4} 和 T_{+15}，每个矩阵均为 8 列,每列代表一个参数,每行代表一个采样时刻点。首先取 T_{-40}、T_{+4} 和 T_{+15} 作为 SVM 学习样本的输入,取其中各采样数据点对应的下一时刻的低、高压转子转速和排汽温度分别作为期望输出,进行起动模型的学习、辨识。然后取 T_{-26} 作为测试数据,输入到辨识模型中,将模型输出的 $n_1(k+1)$、$n_2(k+1)$ 和 $T_6^*(k+1)$ 与 $-26℃$ 大气温度的试验数据进行对比,检查模型在不同大气条件下的泛化能力。

为了便于在训练过程中对 SVM 的设计参数进行调整,在进行模型辨识之前首先将所有样本数据进行归一化处理。这里采用 SVM 核函数为径向基核函数,并采用内点算法对 SVM 进行训练。为了使起动性能估算的结果尽可能地准确、可靠,需要提高辨识模型的准确度,通常情况下,如果 SVM 的学习精度过高,则会导致起动模型的准确度大大降低,推广性能往往不令人满意,因此,在辨识时必须合理地选取 SVM 的设计参数,即平衡因子 C、不敏感度 ε 和核函数参数 σ,使其既能保证较高的学习精度,又能得出较为准确的性能估算结果。通过合理调整平衡因子 C、不敏感度 ε 和径向基核函数参数 σ,可得知当取 $C=100$、$\varepsilon=0.008$、$\sigma=4.5$ 时,能够得到满足误差要求且推广能力强的 SVM 起动模型。为了检验模型的学习精度,需要将学习(训练)样本重新输入到 SVM 模型中,计算对应的输出,模型输出与 $-40℃$、$+4℃$ 和 $+15℃$ 试验数据的对比情况如图 2.33～图 2.36 所示。由图可以看出,所有结果很好地逼近了试验数据,说明此时 SVM 模型能够很好地逼近试验数据。利用 T_{-26} 对所建立的起动模型的泛化性能进行检验,结果如图 2.36 所示,模型泛化结果与实际试验数据相差很小,与训练误差基本一致,可以看出 SVM 模型具有较好的泛化能力。

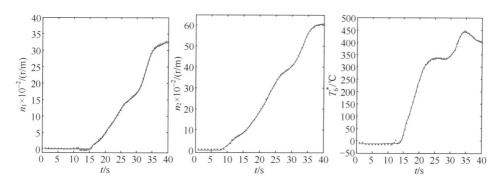

图 2.33　$-40℃$ 大气温度下起动模型输出与试验数据的对比

(实线为试验数据,点线为模型输出)

另外,为了更加全面地检验 SVM 辨识起动模型的可行性,再任意取其他三个温度下的起动试验数据作为训练样本,取另外一个温度下的试验数据作为测试样本,对模型的泛化能力进行检验,同样也能取得较好的效果。

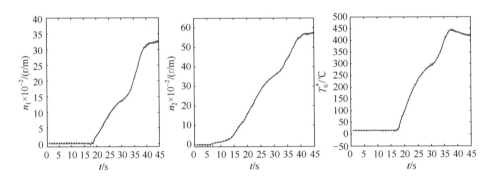

图 2.34　+4℃大气温度下起动模型输出与试验数据的对比

（实线为试验数据，点线为模型输出）

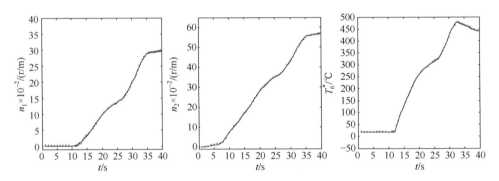

图 2.35　+15℃大气温度下起动模型输出与试验数据的对比

（实线为试验数据，点线为模型输出）

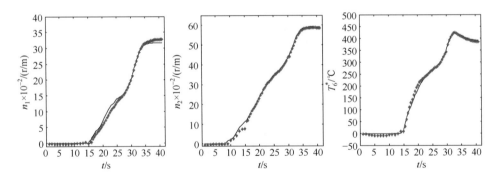

图 2.36　-26℃大气温度下起动模型泛化能力检验结果

（实线为试验数据，点线为模型输出）

3. SVM 起动模型在起动特性仿真中的应用

针对以上所建立的起动模型，如果已知其他某些大气条件下发动机起动过程中的起动机扭矩、负载阻力矩特性和主燃烧室供油量特性,那么只需给定高、低压转子转速和涡轮后排气温度的初始值,通过模型递推的方式即可估算出这些大气条件下发动机起动过程参数随时间的变化曲线,估算方法如图 2.37 所示。其基本思想可描述为:输入大气条件 T_0、p_0,根据当前时刻的 $m_f(k)$、$N_{st}(k)$、$N_f(k)$ 以及 $n_1(k)$、$n_2(k)$ 和 $T_6^*(k)(k=1,2,3,\cdots)$,由 SVM 模型计算得到下一时刻的输出量 $n_1(k+1)$、$n_2(k+1)$ 和 $T_6^*(k+1)$,将这些输出与 $m_f(k+1)$、$N_{st}(k+1)$ 和 $N_f(k+1)$ 一起再次作为模型的输入,不断迭代求解后一时刻的输出,依此递推,就得到了发动机起动性能的估算结果。该方法仅需利用少量试验数据,就可以解决各种不同大气条件下发动机起动性能的估算问题。

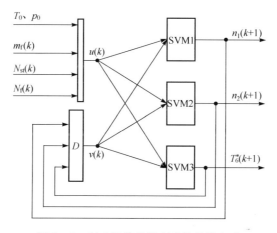

图 2.37　起动性能的模型递推估算方法

根据前面所建立的起动模型,运用上述性能估算方法对 $-26℃$ 大气温度的起动性能进行估算,可得估算结果与试验数据的对比情况如图 2.38 所示。n_1、n_2、T_6^* 的最大误差分别为 2.14%、2.8% 和 4.04%,能够满足起动性能估算的精度要求。

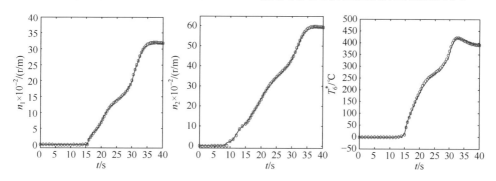

图 2.38　$-26℃$ 大气温度下起动性能估算结果与试验数据的对比

(实线为试验数据,圆圈为模型输出)

同样,上述方法也可应用于训练样本,得到大气温度为－40℃、＋4℃和＋15℃时的性能估算方法应用的结果如图 2.39～图 2.41 所示,图中同样给出了它们与试验数据的对比情况。

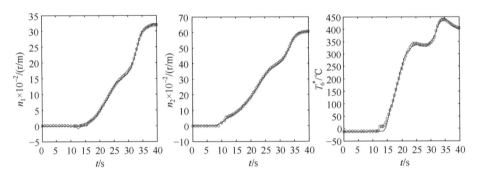

图 2.39　－40℃大气温度下起动性能估算方法应用的结果与试验数据对比
（实线为试验数据,圆圈为模型输出）

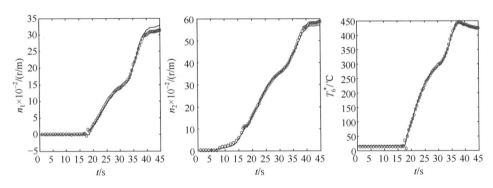

图 2.40　＋4℃大气温度下起动性能估算方法应用的结果与试验数据对比
（实线为试验数据,圆圈为模型输出）

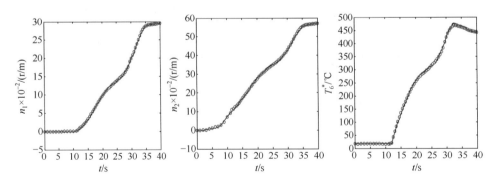

图 2.41　＋15℃大气温度下起动性能估算方法应用的结果与试验数据对比
（实线为试验数据,圆圈为模型输出）

从上述例子以及所给出的结果可以看出,回归 SVM 用于航空燃气涡轮发动机起动过程的建模,能够在一定程度上解决使用传统建模方法及神经网络方法等无法解决的问题。进一步地可以考虑利用 SVM 建立发动机其他工作状态或工作过程的非线性动态数学模型。

2.6.3　基于 SVM 的早期故障预示研究

1. 早期故障预示研究概述

故障诊断除了进行故障的定位和原因调查外,还需要一种预测工具来有效监测设备和生产系统的实时状态,预测系统进一步的发展趋势,防止事故的发生。一旦发生意外时及时采取有效措施防止事故的扩散和传播。由于各种设备、机器系统日趋复杂,人们无法充分地理解其行为特性,缺乏有效的预测模型来监督设备劣化状态的变化趋势,这是解决故障预测问题的主要障碍。

美国 UWM 智能维护系统中心研制的 Watchdog Agent 能通过处理来自传感设备的检测信息和各种推理智能体的分析资料,建立基于行为的设备状态变化模型,有效地评估设备当前所处的状态,结合设备历史资料,从而预测设备性能进一步的发展趋势。通常一个待诊断系统(可以是设备、子系统,甚至某个状态参量)的运行状态可以分为四种情况,即正常状态,隐性异常状态、预防维修状态和失效状态。其中,对处于隐性异常状态的系统进行设备性能变化趋势的预测和监控是至关重要的,一旦发现系统劣化趋势加重,则应立即采取相应预防和控制措施,防止故障的发生。图 2.42 给出了系统故障发生和演变过程的一个直观描述。

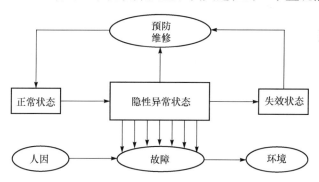

图 2.42　故障发生和演变过程

如果能够对故障的发生和发展做出一定的预测,在故障发生的早期阶段或萌芽时期就采取必要的维护措施,起到防微杜渐的作用,而不是在故障发生以后再去亡羊补牢般地处理事故,那将是一件十分有意义的事情。因此,研究开发有效的早期故障(incipient fault)预示(prognosis)理论与技术,具有重要的科学意义和应用价值。

　　早期故障有两方面含义,其一是指处于早期阶段的故障、弱故障或潜在的故障;其二是从物理意义上讲,某一故障是另一故障的早期阶段,如不平衡与动静碰摩、旋转失速与喘振、油膜涡动与油膜振荡、气门和活塞环密封性能与内燃机燃烧压力等,如同医疗诊断中的小儿感冒与肺炎的关系一样。因此,早期故障的监测诊断要比常规的设备监测诊断,在数据信号处理、模式分类及判别决策等方面,具有更高的要求,也有更大的难度。显然,大型复杂机电系统早期故障的准确识别、监测与诊断,必须综合利用多种诊断信息进行学习、记忆、判断、预测和显示,即具有"智能预示"功能。

　　一个系统在经过设计、制造、安装调试到最后投入运行,其性能指标多数可以达到或超过设计指标,即系统工作在正常性能状态,但是系统实际运行中存在各种随机因素(操作员的失误、外界环境的变化、实际操作点的改变、自身功能的退化等),随着时间的推移,系统的某些控制量逐渐偏离其正常参数,有些部件开始失效,呈现衰退趋势,系统进入隐性异常状态。这一状态是一个非常关键的状态,潜藏着故障的发生而且征兆不明显。这时需要对系统进行预防或维修,经过适当的维修调整后,系统性能参数逐渐恢复,系统有可能重新返回正常工作状态,这样可以减缓异常状态的进程。当由于重大故障,必须停机检修,系统就进入了完全失效状态,必须进行故障诊断和修复。

　　在上述故障演变过程中,人们强调对隐性异常状态的监测和趋势预测。由于隐性异常状态的系统参数变化较为隐蔽,这增加了特征知识发现的困难。但是根据对系统重大事故原因的分析调查,大多数的重大故障在发生之前都已呈现一定时间的故障前兆,如果能够及时捕捉到这些征兆(与系统正常状态的差异性)的话,大多数的故障是能够在前一时刻发现和避免的。进行早期故障预示的理论与技术研究,是工程实际的迫切需要,也是设备状态监测与故障诊断技术发展的必然趋势。

　　近年来,国内外为确保机电设备安全、可靠地运行,对机电设备早期故障预示的理论与技术,进行不懈的研究和开发,取得了可喜的进展。美国麻省理工学院(MIT)2002 年针对核电站大型复杂机电系统,综合贝叶斯网络、影响图、模糊逻辑、专家系统等人工智能方法,提出混合智能模型(hybrid intelligent system),进行在线监测、故障诊断和预知维修。美国德克萨斯大学基于经验模型采用多分辨信号处理和循环动态神经网络,针对机电设备早期故障进行有效的诊断。美国宾州大学研究振动传感器的优化布置和设备在线监测、诊断和预示系统,为预知维修和质量保证取得实效。英国 Sussex 大学采用相关信号小波匹配方法对机电设备早期故障检测和失效预防。意大利 Cassino 大学采用自谱与互谱技术有效地监测诊断航空滚动轴承早期损坏及其扩展。

国内学术界和工程界在早期故障预示的理论和方法的研究上,近年来也有较大的进展。如清华大学基于递阶结构染色体提出进化算法用以设计和训练小波网络,有效地研究了水轮机组运行状态预测问题。华中科技大学采用双谱技术成功地诊断出齿轮早期微弱裂纹故障。浙江大学研究了隐 Markov 模型(HMM),对设备进行动态观察、评估,能够早期发现潜在故障。西安交通大学提出小波包自回归方法应用于大型矿山电铲齿轮箱滚动轴承微弱故障早期诊断。空军工程大学利用综合参数法进行航空喷气发动机性能趋势监控,利用 SVM 方法预测滑油中金属含量的变化,利用混沌 SVM 预测轴流压气机失速/喘振的发展。

状态趋势预测是实现早期故障诊断和故障预示的重要手段之一。时间序列分析方法是一种常用的趋势预测方法,其基本理论依据是实际测量所得的征兆量具有随机性的特点,往往表现为一个确定性的趋势与随机性变化的相互叠加。因此可以采用时间序列分析方法提取其中的趋势项。本节在前面介绍的 SVM 回归算法的基础上,研究了一种基于 SVM 回归的趋势监测方法,应用于涡轮发动机的趋势监测,并与传统的 AR 模型方法和 RBF 神经网络方法进行了比较。

2. 航空发动机滑油监测和 AR 模型介绍[8,9]

随着燃气涡轮发动机性能的不断提高,使得发动机各个部件的工作状况变得更加恶劣。发动机运行的安全性和可靠性也越加重要,因此需要与之相适应的故障诊断和监测方法。及时的检测出系统故障并自修复或重构控制规律,可以避免系统的崩溃以及由此造成的经济损失。

对于发动机的传动系统,接触滑油的零组件更趋向于高载荷、高工作温度及轻质量。在发动机内部有摩擦件的地方就有润滑油,如转子轴承、齿轮、封严装置。这些部件中有许多是发动机重点部件,又处在发动机的内部,故障征兆一般很难发现。而滑油中携带着发动机运动机件状态的大量信息,如机件磨损的数量、形状、粒度成分等,这些信息为我们提供了发动机有关机件的磨损程度、疲劳剥落情况以及磨损件位置等情况。滑油的消耗量及滑油中金属含量值能比较准确反映发动机的轴承、附件和齿轮的磨损情况。这些信息为监控与技术诊断提供了良好的条件,从而为预测发动机部件使用寿命和可靠性提供了有力依据,有助于减少不必要的零部件更换,或及时采取维修行动,以降低逐步发展的故障模式的二次损伤,从而降低费用,减少空中停车率。

一般来说,对工程系统、运行设备进行工况监视和故障诊断,都要获取表达这一系统或设备工作状态的观测数据。这些观测数据按时间顺序(或空间顺序,或其他物理量的顺序)依次排列,并有其大小。正是这种顺序和大小,蕴含了系统状态的重要信息,他是进行系统分析和故障诊断的基础。这种有序的观测数据称为时间序列。

　　时间序列分析方法是对有序的观测数据进行统计学意义上的处理与分析的一种数学方法。通常所指的时序方法，是对观测数据建立差分方程形式的数学模型，再依据模型进行分析研究的一种方法。所谓建模，就是对观测所得的时间序列拟合出合适的 ARMA（自回归滑动平均）模型。

　　当观测时序 $\{x_t\}$ 是平稳的、满足正态分布的、具有零均值的序列时，可按时序方法对 $\{x_t\}$ 拟合一个差分方程模型，其式为

$$x_t - \varphi_1 x_{t-1} - \varphi_2 x_{t-2} - \cdots - \varphi_n x_{t-n} = a_t - \theta_1 a_{t-1} - \theta_2 a_{t-2} - \cdots - \theta_m a_{t-m}$$

(2.149)

其中，$\{a_t\}$ 为白噪声序列；$\varphi_1, \varphi_2, \cdots, \varphi_n$ 称为自回归参数；$\theta_1, \theta_2, \cdots, \theta_m$ 称为滑动平均参数；等号左边为自回归部分；等号右边为滑动平均部分；$n、m$ 分别为相应的阶数。式(2.149)称为 n 阶自回归 m 阶滑动平均模型，简写为 $\mathrm{ARMA}(n, m)$。当 $m=0$，即为 n 阶自回归模型，简写为 $\mathrm{AR}(n)$ 模型。

　　由于 AR 模型的参数估计为线性回归过程，计算简单且速度快，且只要模型阶数足够高，其精度可逼近 ARMA 模型的精度，故实际中应用较多。因此，本书采用 AR 模型对滑油中四种金属元素镁、铝、铁和铜的含量的变化建立模型。

　　需要说明一点的是本书建模的基础是认为在发动机的正常磨损期，没有因换油、更换零件及对润滑系统进行调整，即被监测系统发动机没有受到扰动，这时滑油中金属含量的数据序列是平稳的。

　　1) AR 模型建模步骤

　　建模工作的内容包括数据的采集和预处理、模型参数的估计以及模型适用性的检验，其中最关键的是模型参数的估计。

　　(1) 观测数据的预处理。

　　由于建立 ARMA 模型的前提条件是 $\{x_t\}$ 为平稳、正态、零均值的时序，因此需检验 $\{x_t\}$ 是否满足这三项前提条件：

　　① $\{x_t\}$ 的平稳性检验。通常，当 $\{x_t\}$ 围绕某一水平线上下波动而无明显周期趋势或其他趋势时，可以认为 $\{x_t\}$ 是平稳的。工程上一般均如此处理。

　　② $\{x_t\}$ 的正态性检验。对于 $\{x_t\}$ 的正态性，最简单的是检验 $\{x_t\}$ 的三阶矩和四阶矩。从理论上来说，若 x_t 是满足正态分布的随机变量，则其三阶矩和四阶矩应分别满足下式：

$$\begin{cases} E\left[\dfrac{x_t - u_x}{\sigma_x}\right]^3 = 0 \\ E\left[\dfrac{x_t - u_x}{\sigma_x}\right]^4 = 3 \end{cases}$$

(2.150)

　　若满足式(2.150)，则认为 $\{x_t\}$ 满足正态分布。不过，工程中为简单起见，很少进行此项检验，即认为 $\{x_t\}$ 已经满足正态分布了。

③ $\{x_t\}$ 的零化处理。当 $\{x_t\}$ 平稳时,先估算出 $\{x_t\}$ 的均值 $\hat{u}_x$,再对 $\{x_t\}$ 中每一数据逐个减去 $\hat{u}_x$,以 $\{x_t-\hat{u}_x\}$ 作为建模用的时序,这一过程称为对数据的零化处理。

（2）模型参数的估计。

对于 AR(n)模型

$$x_t=\varphi_1 x_{t-1}+\varphi_2 x_{t-2}+\cdots+\varphi_n x_{t-n}+a_t, \quad a_t\sim\mathrm{NID}(0;\sigma_a^2) \qquad (2.151)$$

所谓参数估计,是指根据已知的观测时序 $\{x_t\}$ 按某一方法估计出 $\varphi_1,\varphi_2,\cdots,$ φ_n 和 σ_a^2。

对于模型的残差序列 $\{a_t\}$,由式(2.151)有

$$a_t=x_t-\varphi_1 x_{t-1}+\varphi_2 x_{t-2}+\cdots+\varphi_n x_{t-n} \qquad (2.152)$$

根据 σ_a^2 的含义,对模型而言,σ_a^2 是模型残差序列 $\{a_t\}$ 的方差,故有

$$\sigma_a^2 = E[a_t^2] = \frac{1}{N}\sum_{t=n+1}^{N}(x_t-\varphi_1 x_{t-1}+\varphi_2 x_{t-2}+\cdots+\varphi_n x_{t-n})^2 \qquad (2.153)$$

可见,一旦估计出 $\varphi_1,\varphi_2,\cdots,\varphi_n$,即可按式(2.153)估计出 σ_a^2。

对于模型参数估计方法有很多,如最小二乘估计法、U-C 估计法、马普法估计法、Levinson 估计法等。这里采用目前参数估计精度较高的 U-C 估计法。

（3）模型的适用性检验。

前述参数估计方法只解决了在给定模型阶数 n 的情况下如何确定模型参数的问题,但没有解决 n 到底是多少才合适的问题,而模型适用性检验的核心就是解决模型定阶问题。

从理论上说,ARMA 模型成立的根本条件是 $\{a_t\}$ 为白噪声。因此,模型适用性的最根本的检验准则应是检验 $\{a_t\}$ 是否为白噪声。但在实际中常用的准则有:FPE 准则、AIC 准则、BIC 准则、F-准则、序列相关性准则等。本书只介绍最终预报误差(FPE)准则。

计算 FPE 值的公式为

$$\mathrm{FPE}=\frac{N+n}{N-n}\cdot\sigma_a^2 \qquad (2.154)$$

其中,N 为 $\{x_t\}$ 的数据个数;n 为 AR 模型的阶数;σ_a^2 为模型的残差方差,由式(2.153)确定。由于提高模型拟合的阶数 n,则残差 σ_a^2 将减小,而阶次 n 将增大。故对不同的模型阶数 n,计算出不同的 FPE 值。FPE 值达极小时的 n 就是适用模型的阶数,相应的模型即为最佳适用模型。

2）AR 模型的预测

对于 AR(n)模型,在 t 时刻向前第一步最佳预测值为

$$\hat{x}_t(1)=E[x_{t+1}]=E[\varphi_1 x_t+\varphi_2 x_{t-1}+\cdots+\varphi_n x_{t+1-n}+a_{t+1}] \qquad (2.155)$$

由于在 t 时刻,各 $x_t,x_{t-1},\cdots,x_{t+1-n}$ 是已确定了的,而 a_{t+1} 尚未出现,即 $E[a_{t+1}]=0$,故式(2.155)可写为

$$\hat{x}_t(1) = \varphi_1 x_t + \varphi_2 x_{t-1} + \cdots + \varphi_n x_{t+1-n} \tag{2.156}$$

同理,在 t 时刻向前第二步最佳预测值为

$$\hat{x}_t(2) = \varphi_1 \hat{x}_t(1) + \varphi_2 x_t + \cdots + \varphi_n x_{t+2-n} \tag{2.157}$$

以此类推,可得 AR (n) 模型的向前 l 步的预测值为

$$\hat{x}_t(l) = \begin{cases} \sum\limits_{i=1}^{n} \varphi_i x_{t+l-i} \\ \sum\limits_{i=1}^{l-1} \varphi_i \hat{x}_t(l-i) + \sum\limits_{i=1}^{n} \varphi_i x_{t+l-i} \\ \sum\limits_{i=1}^{n} \varphi_i \hat{x}_t(l-i) \end{cases} \tag{2.158}$$

由式(2.158)可看出,只要用到 $x_t, x_{t-1}, \cdots, x_{t+1-n}$ 这 n 个数据,而不必计算 $\{a_t\}$。

这种模型的特点是计算简单,但是要求时间序列是平稳的,而实际中我们获得的滑油金属含量时间序列有可能都是非平稳的,另外,该方法不具有自学习能力,精度比较低。针对这些问题,我们提出了基于 SVM 和神经网络的航空发动机滑油监测方法。比较研究表明,SVM 方法具有更高的精度。

3. SVM 在涡轮发动机滑油监测中的应用实例

1) 训练样本的获得

对于时间序列 $\{x_1, x_2, \cdots, x_n\}$,为了能够采用 SVM 进行预测,关键是如何重构线性空间,如何将其转化成矩阵形式获得数据间的相互关联关系以便于挖掘尽可能多的信息。朴素地讲就是如果 $\{x_t\}$ 是预测的目标值,将先前的目标值 $\{x_{t-1}, x_{t-2}, \cdots, x_{t-p}\}$ 作为相关量,由于先前的目标值可能会影响到未来值,因此在模型中考虑先前值的影响将有助于更好的预测。

建立自相关输入 $x_t = \{x_{t-1}, x_{t-2}, \cdots, x_{t-p}\}$ 与输出 $y_t = \{x_t\}$ 之间一一映射关系 $f: \mathbf{R}^p \rightarrow \mathbf{R}$,其中 p 值称为嵌入维数,可以看出 p 值的选取实际隐含反映了转换后矩阵蕴涵的知识量。而在 SVM 回归时间序列预测中,其选取尚无严格理论指导。同时为了与 AR 模型比较,这里也采用 FPE 准则评价预测误差,并根据误差值大小来优化选取嵌入维数 p。经过这样的变换之后,可以得到用于 SVM 学习的样本:

$$X = \begin{bmatrix} x_1 & x_2 & \cdots & x_p \\ x_2 & x_3 & \cdots & x_{p+1} \\ \vdots & \vdots & & \vdots \\ x_{n-p} & x_{n-p+1} & \cdots & x_{n-1} \end{bmatrix}, \quad Y = \begin{bmatrix} x_{p+1} \\ x_{p+2} \\ \vdots \\ x_n \end{bmatrix} \tag{2.159}$$

2) 滑油监控分析实例

采用的数据来自某型发动机从一次换油到另一次换油的完整工作阶段的滑油

光谱分析数据,并按照光谱分析的时间排序得到金属含量数据序列(取 94 个),因为在滑油监测中以 Fe 的金属含量为主要监控对象,因此本书仅以含 Fe 量的时间序列分析为例。

(1) 数据的预处理。首先,对数据进行相对化处理,得到的时间序列结果如图 2.43 所示,可以看出 Fe 金属含量数据基本围绕 2.5 上下波动,再对数据零化处理得到新的 Fe 相对含量时间序列 $\{x_i\}$。

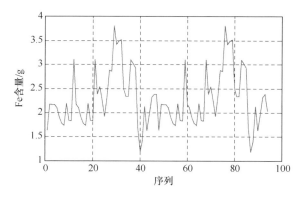

图 2.43　Fe 相对含量时间序列

(2) AR 模型与回归 SVM 预测模型的建立。从图 2.44 中可以看出当 $p_{AR}=$ 13 时,AR 模型 FPE 值达到最小为 1.44×10^{-2};而当 $p_{SVM}=11$ 时,FPE 值达到最小为 0.92×10^{-6},图中也可以反映出 SVM 回归方法具有很高的建模精度。

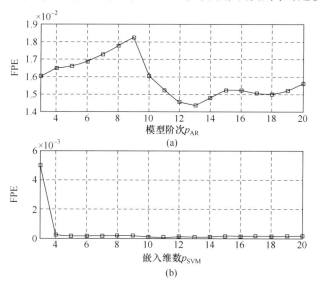

图 2.44　模型阶次与 FPE 误差

（3）训练与测试结果比较。将数据分成两组：前 60 次数据作为训练数据，后 34 次作为测试数据，采用 AR 模型、SVM 回归模型分别进行提前 1～5 步预测，其中提前 1～4 步的结果如图 2.45 所示，1～5 步二者的预测平均相对误差值如表 2.21 所示。其中回归 SVM 采用高斯径向基函数，且 $\sigma^2 = 0.5$，常数 $C = 10000$，$\varepsilon = 0.005$。

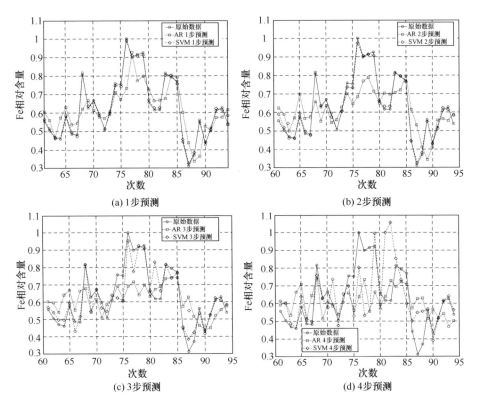

图 2.45　提前 1～4 步预测结果

表 2.21　预测步数与平均相对误差

预测步数	SVM	AR
1	0.0028	0.1201
2	0.0042	0.1473
3	0.0164	0.1717
4	0.0845	0.1984
5	0.1818	0.2725

（4）小子样条件下 SVM 与 RBF 之间的比较。为了比较在不同小子样条件下的逼近能力,对 RBF 和 SVM 在不同样本下学习机的预测比较,图 2.46 和图 2.47 分别为 40 组和 30 组样本下进行训练后的预测结果。

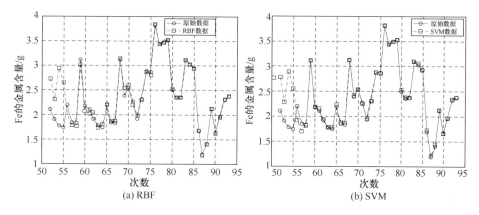

图 2.46　40 组样本情况

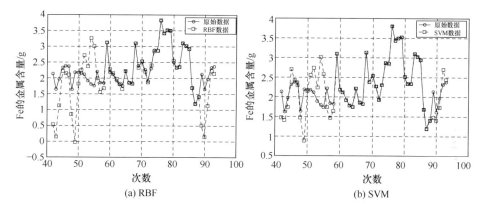

图 2.47　30 组样本情况

从测试结果（表 2.22）可以看出,随着样本数量的减少,SVM 和 RBF 预测结果相对误差增加,SVM 预测结果的准确度高;随着样本数量的增加,SVM 的相对预测误差收敛于 0.63,当数目进一步增加时,拟合精度增加,但预测误差几乎不变,这是因为 SVM 采用的是结构风险最小化原则,较好地抑制了过拟合问题,在学习过程中,它不仅仅考虑减少样本点的误差,而且同时减少结构误差,缩小模型的泛化误差上界,使得模型的推广能力较好。

表 2.22　SVM 和 RBF 在单步下的预测误差和拟合误差比较

样本数量/组	SVM 预测/%		RBF 预测/%	
	预测误差	拟合误差	预测误差	拟合误差
65	0.64	1.52	1.02	1.24
60	0.63	1.72	0.60	1.44
50	0.63	1.74	1.32	1.54
45	1.02	1.65	1.46	1.64
40	5.15	1.68	5.64	1.70
30	9.28	1.72	15.56	1.78

　　RBF 神经网络是一种局部迭代的结构自适应的神经网络,有较好的逼近能力,但是在本例中,随着训练样本的增加,拟合程度提高,而预测误差在达到最小值后,迅速升高,这是由于样本中的数据可能含有噪声成分,当神经网络学习机通过各种方法选定其自身构造后,其学习过程为最小化经验风险过程,这个过程也就是在测试样本集上拟合误差最小化的过程,为了过分追求拟合精度,往往使模型陷于训练样本的细节,而不能反映数据本质特征。在时间序列预测中由于学习样本是无法随机选取的,导致了这种不均匀的样本分布。

　　在预测问题中,SVM 主要依靠参数 C 和 ε 来权衡泛化能力和拟合能力,使得学习过程有较好的可控性,我们以 50 组样本为例对这两个参数进行仿真,如图 2.48和图 2.49 所示。

　　从仿真结果看,程序运行时间几乎与 $\lg C$ 成正比,C 越大,运行时间越长。而 C 对预测误差的影响有一定范围,在本例中 C 取值在 100～10000 比较好。C 是决定拟合误差和预测误差的重要参数,过小的 C 使得样本点拟合精度太小,影响预测误差;过大的 C 使学习机增加网络的复杂性和训练时间;当 C 趋于无穷时,SVM 学习机从结构风险最小化变成了经验风险最小化。

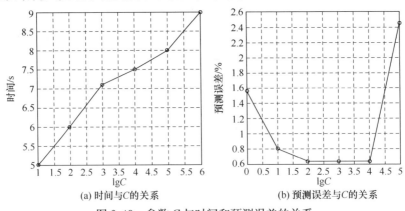

(a) 时间与C的关系　　　　　　　(b) 预测误差与C的关系

图 2.48　参数 C 与时间和预测误差的关系

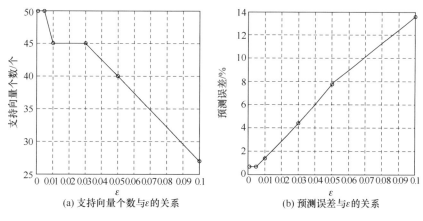

(a) 支持向量个数与 ε 的关系　　　　　　(b) 预测误差与 ε 的关系

图 2.49　参数 ε 与支持向量个数和预测误差关系

参数 ε 为不敏感损失函数,它的大小直接决定了 SVM 的数目和逼近函数的拟合精度。我们固定参数 C,取不同 ε 来仿真。图 2.49 表示了该例中 SVM 个数与 ε 的关系,以及预测误差与 ε 的关系。从图中看出,随着参数 ε 的增大,SVM 的数量减少,预测误差增大。在该例中,从预测误差曲线中可以看出,ε 的取值在 0.001 和 0.005 之间较好。

本节主要利用发动机滑油光谱分析样本数据建立预测模型,比较了 SVM、AR 模型、RBF 网络对离散时间序列的预测能力。文中还对影响 SVM 预测的参数 C 和 ε 的选取进行了分析研究,给出了最佳参数范围。通过算例分析得出:

(1) SVM 应用于航空发动机金属含量的时间序列预测是成功的,可以看出随着预测步数的增加,AR 模型以及 SVM 的预测平均相对误差均增加,但 SVM 与 AR 相比仍然具有较高的精度,这说明 SVM 具有很强的推广能力。在给出金属含量警戒值的情况下,采用 SVM 可以进行较长区间有效预警,从而可以为发动机的监控提供重要的依据。

(2) 针对 SVM 与 RBF 网络预测模型研究了序列样本个数对预测结果的影响,结果表明小样本条件下 SVM 的回归预测能力明显高于 RBF 方法。

2.6.4　基于 LS-SVM 的航空发动机动态过程建模

1. 工程背景

某型发动机是一种双涵道、混合排气的加力式涡轮风扇发动机,推力大、噪声低、使用寿命长,在国、内外被广泛使用。在多年使用过程中工作可靠、性能稳定,是涡轮风扇发动机的一个典型机型。针对该型涡轮风扇发动机而言,其工作数据来源主要有三种途径:地面试车数据、高空台试车数据和飞行过程中飞行参数记录系统的数据。该型发动机飞行参数记录系统中涉及燃油的记录参数为机载当前剩油量,机载当前剩油量仅作为飞机状态监控系统中的一个告警信号用,记录较为粗略,因此通过剩油量递推得到的系统耗油量不够精确,不宜作为辨识用数据;对该型发动机而言,高空试验需要专门的高空试验台,由于试验条件限制,目前本书缺少高空台试车数据,因此采用该型发动机的地面台架试验数据作为辨识用数据来源。在该型发动机地面试车台记录、监控与自动测试系统中,最高数据采样频率为30Hz。当然采用地面试车数据有一定的局限性,如进口条件(温度、高度等)在试车过程中变化不充分,如果研究进口条件对动态过程的影响,则还应该采用高空试验数据、高空台模拟试验数据或者其他处理方法进行。另外,由于进口温度变化较小,在研究中可以进行一定的简化,即将系统的进口温度影响作为一个常量来近似处理,这为简化辨识提供了依据。

参考该型发动机控制原理,该型发动机非加力主控制系统的动态过程其非线性动态映射可描述如下:

$$
\begin{cases}
n_2(k+1) = f_1(n_2(k), \cdots, n_2(k-l_1), n_1(k), \cdots, n_1(k-l_2), T_6(k), \cdots, \\
\qquad T_6(k-l_3), W_f(k), \cdots, W_f(k-l_4), A_8(k), \mathrm{IGV}(k), \cdots, \mathrm{IGV}(k-l_5)) \\
n_1(k+1) = f_2(n_2(k), \cdots, n_2(k-l_1), n_1(k), \cdots, n_1(k-l_2), T_6(k), \cdots, \\
\qquad T_6(k-l_3), W_f(k), \cdots, W_f(k-l_4), A_8(k), \mathrm{IGV}(k), \cdots, \mathrm{IGV}(k-l_5)) \\
T_6(k+1) = f_3(n_2(k), \cdots, n_2(k-l_1), n_1(k), \cdots, n_1(k-l_2), T_6(k), \cdots, \\
\qquad T_6(k-l_3), W_f(k), \cdots, W_f(k-l_4), A_8(k), \mathrm{IGV}(k), \cdots, \mathrm{IGV}(k-l_5))
\end{cases}
$$

$$(2.160)$$

其中,n_2、n_1、T_6、W_f、A_8 和 IGV 分别为高压转子转速、低压转子转速、涡轮后燃气温度、供油量(耗油量)、喷口截面积和高压压气机进口导流叶片角度;l_1、l_2、l_3、l_4 和 l_5 分别为输入变量的系统时延,当然根据不同的工作过程段,还可以再简化;f_1、f_2 和 f_3 表示非线性映射函数,即需要辨识的非线性关系。

2. 基于 LS-SVM 的模型辨识过程及预测仿真[10]

基本 LS-SVM 只能解决单输出函数的逼近问题,为了实现多输出对象的模型辨识,需要针对每个输出变量分别设计学习机。由式(2.160)的模型表达式可以看出,发动机的多输出模型属于输入相关类型,即样本的输入变量是一致的,只是支持权重不同,因此编程过程可以减少计算量。

本章根据该型发动机地面试车数据,分别以高、低压转子转速和涡轮后燃气温度作为输出量设计学习机。考虑到发动机的动态惯性因素和控制过程的调节因素,设计输入向量为 $(n_2(k), n_2(k-1), n_1(k), n_1(k-1), W_f(k), W_f(k-1), \mathrm{IGV}(k), T_1(k), T_6(k), T_6(k-1), A_8(k))$ 共 11 维;输出向量为 $(n_2(k+1),$

$n_1(k+1)$，$T_6(k+1)$)，共 3 维；SVM 核函数采用径向基核函数。

　　为了便于在训练过程中对 SVM 的设计参数进行调整，在模型辨识之前首先将所有样本数据进行预处理，即数据归一化。为了使过程辨识更准确，提高辨识精度，因此需要合理设计规则化常数 γ 和核函数参数 σ，使其既保证较高的学习精度，又具有良好的泛化能力。采用粒子群迭代优化算法对参数进行优化，确定 $\gamma=150$，$\sigma=10.51$。为了比较辨识模型的精度，将学习样本重新加入学习模型，得到模型输出。下面将模型针对辨识用数据与同一台发动机类似阶段的非辨识用数据进行验证，对比结果如图 2.50～图 2.52 所示。

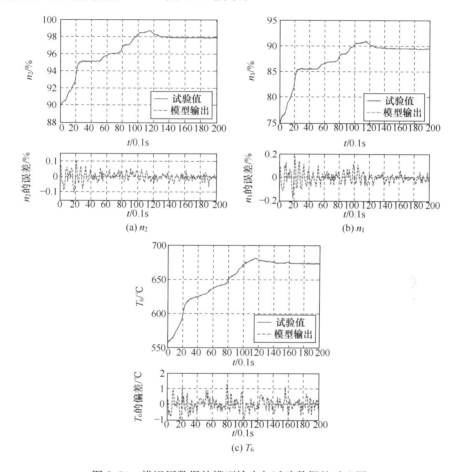

图 2.50　辨识用数据的模型输出与试验数据的对比图

　　由结果来看，在较大动态范围内，模型输出与试验值的偏差加大，但是仍然取得较好的精度。在小偏离的动态过程，n_2、n_1 的误差低于 0.2%，T_6 的偏差低于 $1℃$；在大偏离过程中，误差增大，n_2、n_1 的误差低于 0.5%，T_6 的绝对温度值低于

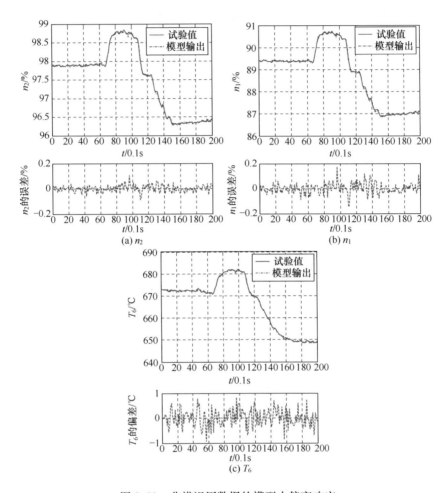

图 2.51　非辨识用数据的模型小偏离响应

4℃,取得较好的效果。分析偏差产生原因,可能由于不同动态过程的加减速过程推收油门的速率不同,导致燃油流量变化率不同,以至于样本分布不同。因为,LS-SVM 模型其本质是基于样本的分布而映射的非线性模型,它并不能反映实际对象工作过程的物理意义(注:所有的泛化验证数据与辨识建模用的数据来自同一台发动机,而且检测验证过程都在相类似的动态过程阶段。)

3. LS-SVM 动态过程模型性能预估仿真

　　如果已知类似动态过程的控制供油量、高压压气机进口导流叶片控制量和温度、转速的基准点,则可以通过递推的方式给出动态过程的响应,估算出这些参数随着控制量的变化趋势。估算方法如图 2.53 所示。

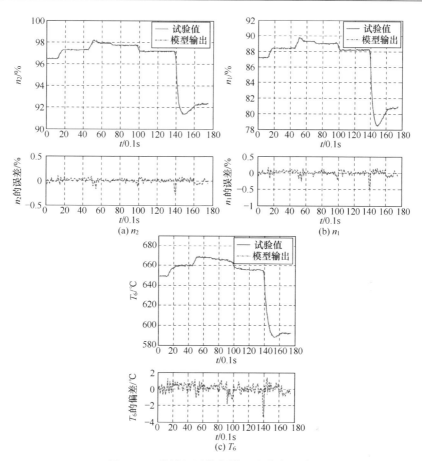

图 2.52　非辨识用数据模型大偏离响应

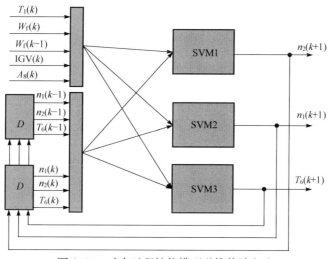

图 2.53　动态过程性能模型递推估计方法

基本思路为:在某时刻 $n_2(k)$、$n_2(k-1)$、$n_1(k)$、$n_1(k-1)$、$T_6(k)$、$T_6(k-1)$ 的基准点上,根据当前时刻 $W_f(k)$、$W_f(k-1)$、$IGV(k)$、$T_1(k)$、$A_8(k)$ 等,递推下一时刻的 $\hat{n}_2(k+1)$、$\hat{n}_1(k+1)$、$\hat{T}_6(k+1)$;将所得参数为新基准点,用已知的 $W_f(k+1)$、$W_f(k)$、$IGV(k+1)$、$T_1(k+1)$、$A_8(k+1)$ 作为新输入,递推下一时刻的 n_2、n_1 和 T_6。依次递推,不断迭代,从而得到了整个动态过程的估算值。

根据上述的辨识模型,运用估算方法进行估算。从辨识用数据的第 10 个点开始进行仿真,以后高压转子转速、低压转子转速、涡轮后燃气温度采用模型递推求得的数据,递推 80 帧,如图 2.54 所示。然后又针对该台发动机另一次近似过程进行预估分析,如图 2.55 所示。

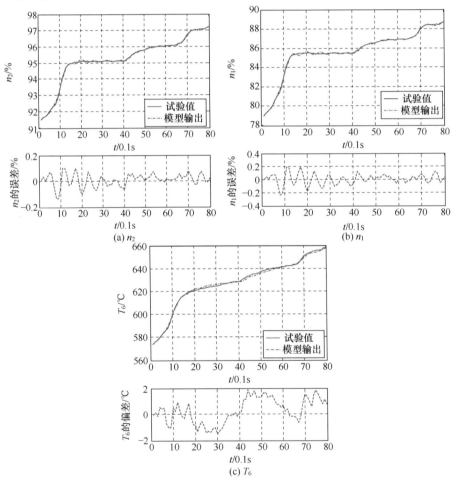

图 2.54　动态过程辨识用数据的重新预估对比

可以看出,预估过程的误差显然比预测过程偏大,其中高低压转子转速大于 0.1%;涡轮后温度 T_6 表现尤为明显,普遍大于 $1\,℃$;另外,在非辨识用数据采用递

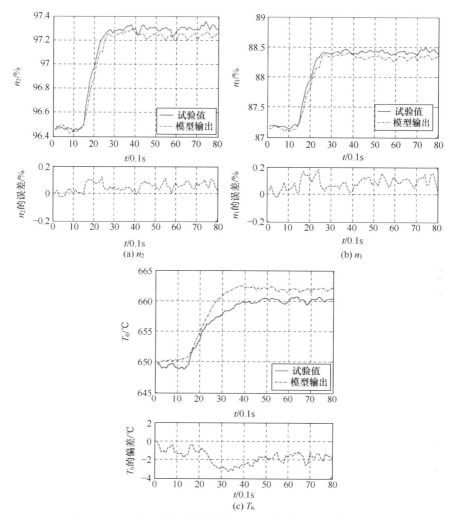

图 2.55　动态过程非辨识用数据的仿真估算与实际输出对比

推估计结果与试验结果对比来看,误差较大,其中高、低压转子转速大于 0.1%,涡轮后温度 T_6 表现尤为明显,普遍大于 2℃,有的超过 3℃,但是仍保持了参数的变化趋势。分析原因,作者认为在预估过程中,预估结果并非真实值,将预估值作为基准点是有误差的,这种误差在递推过程中产生传播积累效应,并在后期被逐级放大。简而言之,误差增大现象根源于模型误差的积累与传递。

4. 稀疏型 LS-SVM 动态过程模型辨识及预测仿真

实际控制仿真过程中,更关心控制算法的品质,因此发动机动态模型的计算和训练不宜占据大量时间。本节采用稀疏化策略,重新对动态过程的样本进行稀疏化处理,从而得到发动机的稀疏 LS-SVM 模型,同时检验算法的有效性。为此,本节仍基于原始样本数为 200 个,稀疏化阈值设为 0.005,对输入输出映射矩阵进行稀疏正交化分解,得到按照次序排列的 63 个样本。基于优选的 63 个样本训练所得模型记为稀疏模型,基于原始样本训练所得模型记为原始模型,下面将原始模型输出、稀疏模型输出以及试验值对比分析,分别采用辨识用过程和一个非辨识用过程进行预测仿真,结果分别如图 2.56 和图 2.57 所示,图中中间部分为原始模型误差,而图中下

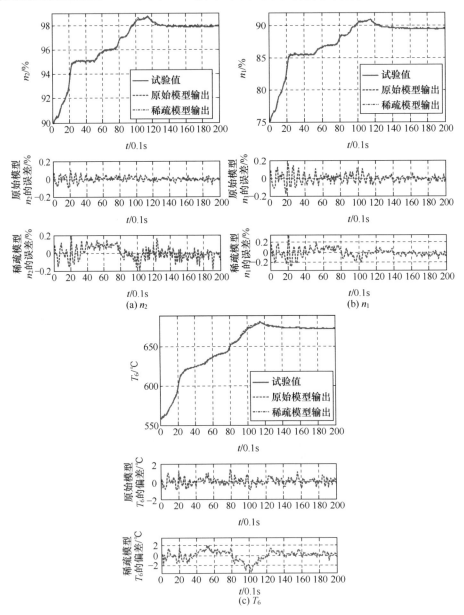

图 2.56　动态过程辨识用数据的稀疏模型仿真估算与实际输出对比

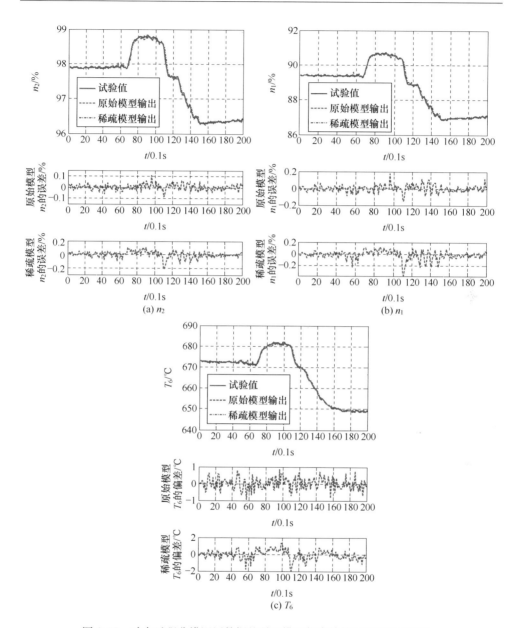

图 2.57 动态过程非辨识用数据的稀疏模型仿真估算与实际输出对比

面部分为稀疏模型误差,总结误差对比结果如表 2.23 所示。因为稀疏模型大大减少了参训样本,因此在再次训练过程中,相对于原始模型而言,降低了计算量。分析其误差可知:稀疏模型相对原始模型精度略有下降,然而仍然保持了较高的精度。

表 2.23　稀疏模型最大误差对比分析

参数	辨识用样本		非辨识用样本	
	原始模型	稀疏模型	原始模型	稀疏模型
n_2的误差/%	0.10417	0.19464	0.1074	0.21026
n_1的误差/%	0.17995	0.32623	0.17544	0.3736
T_6的偏差/℃	1.3302	3.2346	0.92535	1.9416

从误差结果对比图 2.58 中可以看出,基于优选样本训练所得的在线预测模型预测精度要比固定视窗训练模型的预测精度要高。需要说明的是虽然本章提出的在线优选方法在预测精度上有优势,但这是以损失计算时间为代价的,因为样本优选过程占用了计算资源。

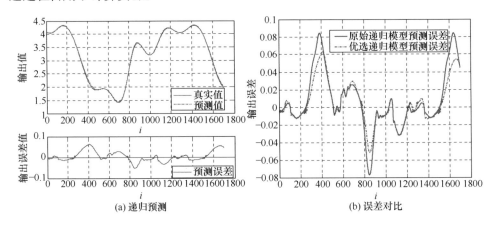

图 2.58　优选递归预测示意和误差对比示意图

2.6.5　基于 SVM 的压气机低转速特性建模

1. 工程背景

用部件法建立航空发动机起动过程数学模型的主要困难在于缺少发动机的低转速部件特性。目前,国内外有关压气机和涡轮低转速特性的研究几乎都是采用特性外推的方法,即根据已知的高转速状态下的部件特性,运用一定的外推算法,计算出低转速状态下的部件特性。文献[11]根据压气机流场的相似原理,经过简单的数学推导指出,通过在压气机特性图上设定若干条辅助线(每条辅助线均穿过所有的等转速线),并在特性图的高转速区域选取辅助线上的一个参考工作点,可以确定一个常值比例系数,利用这个常值比例系数,结合压气机流场相似原理,每一条辅助线都可以外推到低转速区域。这种特性外推方法比较简单,但是,对于不同的辅助线,常系数的值是不一样的,要确定合适的常系数必须依靠人的经验或试验统计结果,没有理论上的依据。在文献[12]的研究中,对压气机低转速特性进行外推时采用了两条规则,即各条等转速线上的最高效率点的连线呈现一定的规律;当转速一定时,压气机特性与级特性之间存在相似性。这种外推方法原理上并不复杂,但在实际应用中,对具体的发动机实现起来也会存在一定的困难,而且多数情况下很难保证外推结果的准确度。

在对已知的压气机特性图进行处理并从中读取特性数据时,通常需要采用各种插值的方法。传统的压气机特性图中,特性线的斜率变化较大,各等转速线的变化规律区别也很大,没有太多的规律可循。对于特性插值问题,往往由于缺乏有效的理论指导而导致插值的效果不能令人满意。为了使压气机特性图更加适合于压气机低转速特性的表达和外推计算,本书提出一种压气机特性图的转换方法,经过转换后的压气机特性图使用换算扭矩 T_{qCcor} 代替效率 η_C,使用压气机出口换算流量 W_{a3cor} 代替进口换算流量 W_{a2cor},即

$$\begin{cases} \pi_C = f_1(W_{a3cor}, n_{cor}) \\ T_{qCcor} = f_2(W_{a3cor}, n_{cor}) \end{cases} \tag{2.161}$$

其中,T_{qCcor} 和 W_{a3cor} 的表达式分别如下:

$$T_{qCcor} = \frac{T_{qC}}{W_{a2} \cdot \sqrt{T_{in}^*}} = \frac{30}{\pi_C} \cdot \frac{l_C/T_{in}^*}{n_{cor}} \tag{2.162}$$

$$W_{a3cor} = \frac{W_{a2} \cdot \sqrt{T_{out}^*}}{P_{out}^*} \cdot \frac{101325}{\sqrt{288}} = W_{a2cor} \cdot \sqrt{\frac{T_{out}^*}{T_{in}^*}} \bigg/ \pi_C \tag{2.163}$$

在压气机的整个工作范围内,换算扭矩的数值都将保持有限且变化连续。同时,采用压气机出口换算流量既能有效解决压气机特性数据在不同等换算转速线上的读取问题,也可以有效改善传统压气机特性图插值困难的问题。以某型涡扇发动机的风扇特性图为例,转换前后的压气机特性图的效果对比情况分别如图 2.59、图 2.60 所示。

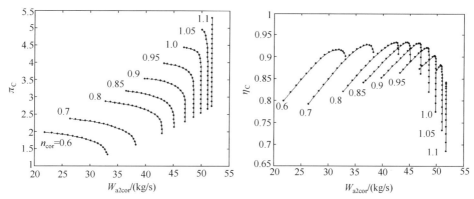

图 2.59　某压气机转换前的特性图

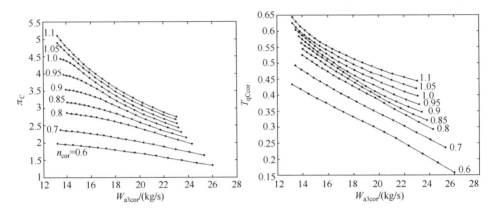

图 2.60　某压气机转换后的特性图

由实例可以看出,转换后的特性图与转换前的特性图相比具有明显的优势,在转换后的两张图(压比图和扭矩图)上,等转速线几乎都接近于直线,并且随着转速的降低,线性度逐渐升高。在整个压气机工作转速范围内,都能很方便地根据压气机出口换算流量和换算转速读取增压比和换算扭矩的数据。

转换后的压气机特性图在应用于发动机各种状态下的性能计算时,需要有一个参数转换的过程,即把从特性图上读出的参数转换成发动机特性计算程序所需要的参数。分析表明,这种转换过程并不需要增加复杂的计算。因此,本书所采用的压气机特性图转换方法是可行、有效的。

2. 基于支持向量机的压气机特性模型

当外推压气机特性到非常低的转速时,需要考虑这些等转速线与零转速特性线的相似性,因此需要分析在零转速时压气机和涡轮特性的特点。由文献[13]可知,在压气机特性图上,零转速线必将通过换算流量等于零且压比等于 1 的点,且无论换算流量和压比有多大,压气机功保持为零。本书针对已知的高转速下的压气机特性数据,结合零转速下的压气机特性,研究采用支持向量机逼近部件特性模型的有效性。

选取图 2.59 中的压气机特性数据作为支持向量机的学习样本,可以发现,如果用换算流量 W_{a2cor} 和换算转速 n_{cor} 作为支持向量机的输入,同时用增压比 π_C 和效率 η_C 作为支持向量机的输出,则不可能获得满意的建模效果。原因是高转速区域的几条等转速特性线都存在流动壅塞区。因此,需要将图 2.59 转换为图 2.60 的形式,然后在模型训练过程中取出口换算流量 W_{a3cor} 和换算转速 n_{cor} 作为支持向量机的输入,同时取增压比 π_C 和换算扭矩 T_{qCcor} 作为支持向量机的输出。

由于支持向量机只能用于单输出函数的逼近问题,为了实现多输入多输出对象的模型辨识,必须针对每个输出量分别设计相应的学习机[14,15]。为此,在进行压气机特性建模时,取出口换算流量 W_{a3cor} 和换算转速 n_{cor} 作为支持向量机的输入,同时,分别取增压比 π_C 和换算扭矩 T_{qCcor} 作为输出量设计两个支持向量机。这两个支持向量机并联在一起,共同组成压气机低转速特性的估计模型,通过对已知高转速下的压气机特性数据的分析和训练,用支持向量机逼近压气机的低转速特性。

支持向量机的核函数选用径向基(RBF)核函数,这也是回归支持向量机最常用的一种核函数。对于支持向量机的参数选择问题,在既能够保证支持向量机的训练精度,同时保证辨识结果的推广能力的前提下,采用文献[16]中所提出的支持向量机参数优化选择方法,估算原理如图 2.61 所示。

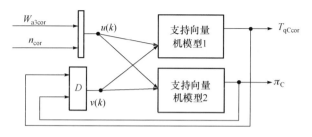

图 2.61　压气机特性估算原理图

1) 基于支持向量机的压气机特性建模

选取图 2.60 中的压气机特性数据作为支持向量机的学习样本,针对已知的高转速下的压气机特性数据,分析采用支持向量机建立压气机特性模型的有效性。具体研究过程为:

(1) 选择图 2.60 中换算转速分别为 0.6、0.7、0.8、0.85、0.9、0.95、1.0、1.05时的特性数据,组成训练样本集 (x_i, y_i),其中 x 为 $[W_{a3cor}\ n_{cor}]^T$,y 为 π_C 或 T_{qCcor},$i = 1, 2, \cdots, l$,l 为样本数目,并对样本集进行归一化处理。

(2) 选择合适的支持向量机参数 σ(径向基核的宽度参数)、C(平衡因子)和 ε(不敏感值),采用支持向量机回归算法对样本集 (x_i, y_i) 进行训练,得到压气机特性的支持向量机模型。经对模型输出进行反归一化处理,给出训练结果与样本数据的对比情况。

(3) 选择换算转速分别为 0.7、0.8、0.85、0.9、0.95、1.0、1.05 时的特性数据作为训练样本,并选择换算转速为 0.6 时的特性数据作为测试样本,进行支持向量机模型的训练和测试,检验支持向量机对压气机特性的逼近效果和外推性能。

外推过程中,选择支持向量机的参数为 $\sigma = 0.1$、$C = 100$ 和 $\varepsilon = 0.0001$。图 2.62 给出了支持向量机模型对换算转速为 0.6 的特性数据的外推效果。

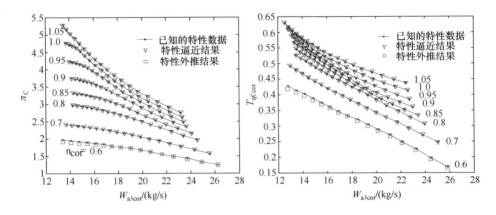

图 2.62　基于支持向量机压气机特性图建模及外推结果

图 2.62 中增压比的最大相对误差对训练样本和测试样本分别为 0.05% 和 1.04%,换算扭矩的最大相对误差对训练样本和测试样本分别为 0.07% 和 0.17%。可以看出,支持向量机对压气机特性的逼近效果良好,同时也表现出了很好的外推性能。

2) 基于支持向量机的压气机低转速特性外推实例

为了验证支持向量机用于压气机低转速特性分析时的有效性,本书仍选择前面提到的某型发动机的压气机特性图为例进行外推。为了使低转速特性模型更为准确,更适合于表达低转速下的压气机特性,在选择高转速下的特性数据作为训练样本时,只选择已知的最低的 4 条等换算转速线(0.6、0.7、0.8、0.85)上的数据,用支持向量机实现对压气机低转速特性的外推。外推结果如图 2.63 所示。

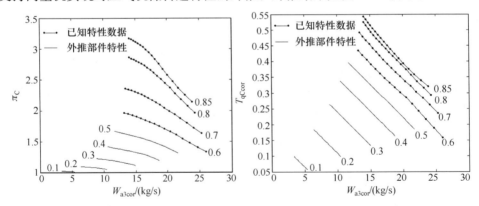

图 2.63　支持向量机压气机特性模型对低转速特性的外推效果

为了从另一角度观察支持向量机对特性图的逼近情况及其外推效果,现将外推结果转换到传统压气机特性图 $\pi_C = f(W_{a2cor}, n_{cor})$ 和 $\eta_C = f(W_{a2cor}, n_{cor})$ 中,如图 2.64 所示。

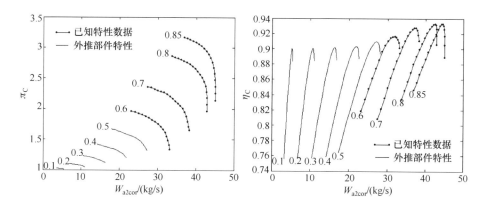

图 2.64　转换回传统压气机特性图的压气机低转速特性外推效果

可以看出,在增压比-换算流量图中,各等换算转速线与压气机零转速特性越来越接近;在效率-换算流量图中,效率峰值线在低转速下的斜率逐渐趋近于零。经采用文献[13]所提出的发动机部件低转速特性合理性判据,对外推结果的合理性和准确性进行检验可知,基于支持向量机的压气机特性模型能够满足发动机起动过程建模的需求。

参 考 文 献

[1] 李应红,尉询楷,刘建勋. 支持向量机的工程应用. 北京:兵器工业出版社,2004.

[2] 尉询楷,陆波,汪诚,等. 支持向量机在航空发动机故障诊断中的应用. 航空动力学报,2004,19(6):844-848.

[3] 尉询楷,李应红,刘建勋,等. 基于支持向量机的信息融合诊断方法. 系统工程与电子技术,2005,27(9):1665-1668.

[4] 胡金海,谢寿生,蔡开龙,等. Diverse AdaBoost-SVM 分类方法及其在航空发动机故障诊断中的应用. 航空学报,2007,28(9):1085-1090.

[5] 胡金海,谢寿生,杨帆,等. 基于支持向量机的组合分类方法研究及其在诊断中的应用. 推进技术,2007,28(6):669-673.

[6] 尉询楷,李应红,张朴,等. 基于支持向量机的时间序列预测模型分析与应用. 系统工程与电子技术,2005,27 (3):529-532.

[7] 尉询楷,李应红,王剑影,等. 基于支持向量机的航空发动机辨识模型. 航空动力学报,2004,19(5):684-688.

[8] 胡金海,谢寿生,骆广琦,等. 基于支持向量机方法的发动机性能趋势预测. 推进技术,2005,26(3):260-264.

[9] 尉询楷,李应红,王硕,等. 基于支持向量机的航空发动机滑油监控分析. 航空动力学报,2004,19(3):392-397.

[10] 王海涛，谢寿生，武卫，等．基于稀疏最小二乘支持向量机的航空发动机动态过程辨识．航空动力学报，2010，25(9)：2139-2147．

[11] Agrawal R K, Yunis M. A generalized mathematical model to estimate gas turbine starting characteristics. Journal of Engineering of Power,1982, 104：194-201.

[12] 王占学,乔渭阳,李文兰.基于部件匹配技术的涡扇发动机起动过程数值模拟．航空动力学报,2004,19(4):444-448.

[13] 刘建勋．涡扇发动机的学习机模型与动态控制研究[博士学位论文]．西安:空军工程大学,2005.

[14] 刘建勋,王剑影,李应红.某型发动机起动模型的支持向量机辨识及应用．推进技术,2004,25(5):401-404.

[15] 李应红,刘建勋.基于支持向量机的涡扇发动机起动性能估算研究．航空学报,2005,26(1):32-35.

[16] Jones G B, Pilidis P, Curnock B S. Extrapolation of compressor characteristics to the low-speed region for sub-idle performance modeling. ASME GT-2002-30649，2002.

第3章　覆盖机器学习理论及应用

　　为能够有效处理航空发动机诊断预测面临的高维、大数据、多分类、多元回归和不完备故障集下的新样本发现等关键问题,在对机器学习和 SVM 研究的基础上,提出了按照人认知行为的规律特点,采用覆盖点集研究机器学习问题,实现对人"一类一类认识"规律特点模拟的研究思路。研究工作建立在统计学习理论的基础上,具有严格的理论支持,可以确保得到最小覆盖几何体的过程中实现了对于学习问题的"认识"。本章介绍了能够同时兼顾低复杂度和大推广性的覆盖机器学习模型,并详细介绍了航空发动机起动过程多变量建模以及多类故障分类、预测方法,形成覆盖机器学习诊断和预测新理论。

3.1　覆盖机器学习模型

　　人在认识自然界规律的时候,从宏观上看,基本上可以按照两条规律加以概括。第一条是按照类别一类一类进行学习的,即"人以群分、物以类聚"。第二条是对于未知的事物,人总是会试图从已有记忆中回顾与其特征相关的同类事物,并且加以辨认和学习。换句话说,人总是试图从已有知识当中发现新事物的不同特征并且善于加以学习,而不是从宏观上对所有事物按照特征进行分类和辨认。王守觉院士率先提出了仿生模式识别的概念[1],并且提出采用多个神经元模型产生的空间覆盖来实现同类样本的学习,而不是数据间的超平面或者决策面划分。传统模式识别针对不同类样本在特征空间的划分出发设计分类器;而仿生模式识别引入了特征空间同类样本的连续性规律,对一类事物的"认识",实际上是对这类事物的全体在特征空间中形成的无穷点集合的"形状"的分析和认识。本章将在仿生模式识别思想的基础上,提出一种通过获得样本点集 MEB 实现机器学习功能的模型化方法。

3.1.1　覆盖机器学习模型化

　　模拟"认知活动"的两种思路即从多个最小覆盖几何体组合模型角度进行直观模拟以及从最优化模型等价角度研究机器学习模型的最小覆盖球表征形式。本节对这两种思路进行了分析,指出了从组合模型角度模拟认知活动的几个问题,最终确定从最优化模型等价角度研究覆盖机器学习的研究思路。

1. 模型化研究思路

作者早在 2004 年出版的《支持向量机的工程应用》[2]，就基于认知科学对于人类认知事物过程的理解明确提出了"认知"学习概念和模型化研究思路。SVDD 通过计算包含一组数据的最小超球形边界来对该组数据进行描述。结合人类认识事物的过程和特点来看，SVDD 实际可以看成是对"认识一类事物"的功能模拟。从组合模型模拟角度看，如果只知道一部分样本的类别，而其他样本的类别是未知的，则可以在 SVDD 的基础上设计一个简单的学习认知器。该认知器在训练时只需要对已知类别的数据进行描述，然后得到该类数据的描述边界，根据此边界就可以判断未知的数据是否属于该类别。用球结构支持向量机解决多分类问题，将支持向量机的认知模型推广到了多类情况下，其主要思想就是将同一类数据用超球来界定，决策空间变为由若干个超球组成，从三维空间看像是很多三维肥皂泡的集合。但是，这种组合模型和样本分布、决策规则息息相关，如果样本之间有重合，则采用距离决策方法就会有较大的误差产生。从模型复杂度来看，组合数据描述分类方法由于排除了与其他类之间的关联，模型复杂度相对一对多支持向量机而言要小，但是仍然要同时计算与类别数相关的学习机。因此，从模型复杂度来看，这种模型化思路对于算法收敛速度的改进不大。

为了能够从模型上根本解决多类分类和多元回归理论难题，降低模型的复杂度，本书将从模型发展角度出发首先建立低复杂度向量值多分类学习机和向量值回归学习机，然后研究其最小覆盖几何体的表征形式，最后采用最小覆盖几何体核心集快速算法对学习机进行训练。只有发展具有低复杂度的向量值学习机模型，才能显著降低模型复杂度，因此，本书提出采用低复杂度向量值学习机最小覆盖球（MEB）模型化的研究思路。

2. MEB 模型及最优化表征

从数学问题求解的角度看，数学最优化算法和实现技术研究现状[3-7]的理论和技术支持为覆盖机器学习模型化研究思路的提出提供了丰富、坚实的研究基础。由于规则几何体（如球）具有表征简单，而且为凸实体等优点，因此，非常适合作为覆盖机器学习模型化的载体。因此，本书主要围绕从 MEB 的模型化方法开展研究。本节主要给出 MEB 模型的定义和最优化表征形式。

定义 3.1　对给定 $c \in \mathbf{R}^d$ 和非负实数 $r \in \mathbf{R}$，则中心位于 $c \in \mathbf{R}^d$，半径为 $r \in \mathbf{R}$ 的球体定义为 $B_{c,r} := \{x \in \mathbf{R}^d : \| x - c \| \leqslant r\}$，其中 $\| \cdot \|$ 表示欧几里得范数。

定义 3.2　给定有穷点集 $Z := \{z_i \in \mathbf{R}^d\}_{i=1}^m$，球体 $B_{c,r}$ 被称为 MEB 点集 Z 的 MEB $B_{c_z, r_z} := \mathrm{MEB}(Z)$，当且仅当球体 $B_{c,r}$ 覆盖所有的给定点并且具有最小的半径。

定义 3.3　给定正实数 $\varepsilon > 0$，当 $Z \subset B_{c,r}$，满足 $r < (1+\varepsilon) r_Z$ 时，球体 $B_{c,r}$ 被称

为点集 Z 最小覆盖球 $B_{c_Z, r_Z} := \text{MEB}(Z)$ 的 $(1+\varepsilon)$ 逼近。

定义 3.4　给定子集 $X \subseteq Z$ 及其 MEB B_{c_X, r_X}，当 $r_X \leqslant r_Z \leqslant (1+\varepsilon) r_X$，子集 $X \subseteq Z$ 被称为是 Z 的 ε 核心集。

采用上面给出的定义，对于给定点集 $Z \in \mathbf{R}^d$，欧几里得空间的 MEB 问题可以表示为如下凸优化形式：

（1）原始二阶锥规划（second order cone programming，SOCP）形式：

$$\min_{c,r} r$$
$$\text{s. t.}\quad \| z_i - c \| \leqslant r, \quad i = 1, \cdots, m \tag{3.1}$$

（2）原始 QP 形式：

$$\min_{c,r} \gamma$$
$$\text{s. t.}\quad z_i^{\mathrm{T}} z_i - 2 z_i^{\mathrm{T}} c + c^{\mathrm{T}} c \leqslant \gamma, \quad i = 1, \cdots, m \tag{3.2}$$

其中，$\gamma = r^2$。式(3.2)对偶问题的矩阵形式为

$$\max_{\alpha} \Phi(\alpha) := \alpha^{\mathrm{T}} \text{diag}(Z^{\mathrm{T}} Z) - \alpha^{\mathrm{T}} Z^{\mathrm{T}} Z \alpha$$
$$\text{s. t.}\quad \alpha^{\mathrm{T}} \cdot 1 = 1, \quad \alpha_i \geqslant 0, \quad i = 1, \cdots, m \tag{3.3}$$

3.1.2　核学习机 MEB 等价表征

本节主要分析核学习算法与 MEB 的等价表征关系，分别针对 SVDD、L2SVM 模型给出了其对应的 MEB 表示形式[8-13]。这种等价关系是连接核分类学习机与 MEB 之间的桥梁，并且给出了一条通用的核学习机训练模型，即只要核学习机可以表征为一个 MEB 形式，则其就可采用 MEB 算法训练核学习机。

1. SVDD MEB 表征

Tax 等首先从支持向量机背景下基于 MEBQP 对偶问题提出了硬间隔 SVDD 算法。根据式(3.3)，并且引入核函数，得到其对偶形式为

$$\max_{\alpha} \Phi(\alpha) := \alpha^{\mathrm{T}} \text{diag}(K) - \alpha^{\mathrm{T}} K \alpha$$
$$\text{s. t.}\quad \alpha^{\mathrm{T}} \cdot 1 = 1, \quad \alpha_i \geqslant 0, \quad i = 1, \cdots, m \tag{3.4}$$

其中，$\alpha = [\alpha_1, \cdots, \alpha_m]^{\mathrm{T}}$ 是 Lagrange 乘数；$K_{m \times m}$ 是核矩阵，且 $k_{ij} = \varphi(x_i)^{\mathrm{T}} \varphi(x_j)$，且原始变量可以由下式得到：

$$c = \sum_{i=1}^{m} \alpha_i \varphi(x_i), \quad r = \sqrt{\alpha^{\mathrm{T}} \text{diag}(K) - \alpha^{\mathrm{T}} K \alpha} \tag{3.5}$$

可以看出，如果采用核函数满足 $k(x,x) = \kappa$，κ 表示常数，则上式可以简化为

$$\max_{\alpha} \Phi(\alpha) := -\alpha^{\mathrm{T}} K \alpha$$
$$\text{s. t.}\quad \alpha^{\mathrm{T}} \cdot 1 = 1, \quad \alpha_i \geqslant 0, \quad i = 1, \cdots, m \tag{3.6}$$

2. L2SVM MEB 表征

给定训练集 $\{z_i = (x_i, y_i)\}_{i=1}^l$，其中，$y_i \in \{\pm 1\}$ 是类别指示值。L2SVM 的主要思想[9,12]是通过构造具有最大间隔 $\rho / \| w \|$ 最优分离朝平面 $y = w^{\mathrm{T}} \varphi(x) + b$，获得最小的分类误差 ξ_i，则 L2SVM 的原始形式表示为

$$\min_{w,b,\rho,\xi_i} \| w \|^2 + b^2 - 2\rho + C \sum_{i=1}^l \xi_i^2 \tag{3.7}$$
$$\text{s. t.} \quad y_i (w^{\mathrm{T}} \varphi(x_i) + b) \geqslant \rho - \xi_i$$

其对偶形式为

$$\max_\alpha \ -\alpha^{\mathrm{T}} \widetilde{K} \alpha \tag{3.8}$$
$$\text{s. t.} \quad \alpha \geqslant 0, \quad \alpha^{\mathrm{T}} \cdot 1 = 1$$

其中，$\widetilde{K} := \left(K \odot yy^{\mathrm{T}} + yy^{\mathrm{T}} + \dfrac{1}{C} I \right)$，$\odot$ 表示 Hadamard 积。实际上，核矩阵 $\widetilde{K}$ 可以看成是由更改的核函数 $\widetilde{k}(z_i, z_j) = y_i y_j k(x_i, x_j) + y_i y_j + \delta_{ij} / C$ 得到的，其中如果 $i = j$，$\delta_{ij} = 1$，否则为 0。相应的非线性映射可以视为 $\widetilde{\varphi}(z_i) = \left[y_i \varphi(x_i) \ y_i \dfrac{1}{\sqrt{C}} e_i \right]^{\mathrm{T}}$。其中，$e_i$ 是只有第 i 个元素为 1 其余为 0 的 l 维单位向量。

如果采用 $k(x, x) = \kappa$ 的核，则同样可以得到 $\widetilde{k}(z, z) = \kappa + 1 + \dfrac{1}{C}$。因此，式(3.8)可以通过求解一个 MEB 问题得到。其原始变量可由下式求得：

$$w = \sum_{i=1}^m \alpha_i y_i \widetilde{\varphi}(z_i) \tag{3.9}$$
$$b = \sum_{i=1}^m \alpha_i y_i, \quad \xi_i = \frac{\alpha_i}{C}$$

半径和球心可以由下式获得：

$$c = \sum_{i=1}^m \alpha_i \widetilde{\varphi}(z_i) \tag{3.10}$$
$$r = \sqrt{\widetilde{\kappa} - \alpha^{\mathrm{T}} \widetilde{K} \alpha}$$

其中，$\widetilde{\kappa} = \kappa + 1 + \dfrac{1}{C}$。

3.1.3　核学习机广义 **MEB** 等价表征

应当指出 3.1.2 节的 MEB 表征仅适用于 $k(x,x)=\kappa$ 为常数的核函数,为了能够适用于任意的核函数,引出了广义 MEB 表征或中心受限 MEB 的表征问题[10,13]。

1. 广义 MEB 表征

与原 MEB 的唯一差别是,广义 MEB 首先给每个点 $\widetilde{\varphi}(z_i)$ 增加一个额外项 $\Delta_i\in\mathbf{R}$,从而获得一个新的点 $\begin{bmatrix}\widetilde{\varphi}(z_i)\\\Delta_i\end{bmatrix}$,并且限制中心满足 $\begin{bmatrix}c\\0\end{bmatrix}$,即最后一维限制为 0。则广义 MEB 的原始形式可以表征为

$$\max_{\alpha}\ \alpha^{\mathrm{T}}(\mathrm{diag}(\widetilde{K})+\Delta)-\alpha^{\mathrm{T}}\widetilde{K}\alpha \tag{3.11}$$

$$\mathrm{s.t.}\quad \alpha\geqslant 0,\quad \alpha^{\mathrm{T}}\cdot 1=1$$

其中,$\Delta:=[\Delta_1^2,\cdots,\Delta_m^2]^{\mathrm{T}}$,半径和球心可由下式确定:

$$c=\sum_{i=1}^{m}\alpha_i\widetilde{\varphi}(z_i) \tag{3.12}$$

$$r=\sqrt{\alpha^{\mathrm{T}}(\mathrm{diag}(\widetilde{K})+\Delta)-\alpha^{\mathrm{T}}\widetilde{K}\alpha}$$

且球心 $\begin{bmatrix}c\\0\end{bmatrix}$ 与任意点 $\begin{bmatrix}\widetilde{\varphi}(z_l)\\\Delta_l\end{bmatrix}$ 之间的距离可完全由核函数表征为

$$\|c-\varphi(z_l)\|^2+\Delta_l^2=\|c\|^2-2\,(\widetilde{K}\alpha)_l+k_{ll}+\Delta_l^2 \tag{3.13}$$

其中,$(\widetilde{K}\alpha)_l:=\sum_{i=1}^{m}y_iy_lk(x_i,x_l)+y_iy_l+\delta_{il}/C$。

由于 $\alpha^{\mathrm{T}}\cdot 1=1$,则对于任意 $\eta\in\mathbf{R}$,式(3.11)等价于

$$\max_{\alpha}\ \alpha^{\mathrm{T}}(\mathrm{diag}(\widetilde{K})+\Delta-\eta\cdot 1)-\alpha^{\mathrm{T}}\widetilde{K}\alpha \tag{3.14}$$

$$\mathrm{s.t.}\quad \alpha\geqslant 0,\quad \alpha^{\mathrm{T}}\cdot 1=1$$

可见,式(3.14)现在允许目标函数出现线性项 $\mathrm{diag}(\widetilde{K})+\Delta-\eta\cdot 1$。比较式(3.11)与式(3.8),只需要定义

$$\Delta=\max_{i}\{\widetilde{K}_{ii}\}\cdot 1-\mathrm{diag}(\widetilde{K})\geqslant 0 \tag{3.15}$$

$$\eta=\max_{i}\{\widetilde{K}_{ii}\}$$

就可以将式(3.8)表征为式(3.14)的形式,而且式(3.14)对核函数没有要求。这使得核函数的选择更加灵活。回顾 $\widetilde{\varphi}(z_i)=[y_i\varphi(x_i)\ y_i\dfrac{1}{\sqrt{C}}e_i]^{\mathrm{T}}$,则 L2SVM 的原始变量可有下式获得:

$$w=\sum_{i=1}^{m}\alpha_i y_i\begin{bmatrix}\widetilde{\varphi}(z_i)\\\Delta_i\end{bmatrix} \tag{3.16}$$

$$b=\sum_{i=1}^{m}\alpha_i y_i,\quad \xi_i=\frac{\alpha_i}{C}$$

2. L2SVM MEB 表征

给定训练点 $\{z_i=(x_i,y_i)\}_{i=1}^{l}$,其中输入 $x_i\in\mathbf{R}^d$,输出 $y_i\in\mathbf{R}$,支持向量回归算法估计函数 $f(z)=w^{\mathrm{T}}\varphi(z)+b$ 通过 $\bar{\varepsilon}$-损失函数:

$$|y-f(x)|_{\bar{\varepsilon}}=\begin{cases}0, & |y-f(x)|\leqslant\bar{\varepsilon}\\|y-f(x)|-\bar{\varepsilon}, & \text{其他}\end{cases} \tag{3.17}$$

其中,$\bar{\varepsilon}$ 是管道容差。

同时支持向量回归最小化 $\|w\|$ 以获得最大间隔,通过引入松弛变量 ξ_i、ξ_i^*,则可得 L2SVM 回归学习模型的原始形式为

$$\min\ \|w\|^2+b^2+\frac{C}{\mu l}\sum_{i=1}^{l}(\xi_i^2+\xi_i^{*2})+2C\bar{\varepsilon}$$

$$\text{s. t.}\quad\begin{aligned}y_i-(w^{\mathrm{T}}\varphi(x_i)+b)&\leqslant\bar{\varepsilon}+\xi_i\\(w^{\mathrm{T}}\varphi(x_i)+b)-y_i&\leqslant\bar{\varepsilon}+\xi_i^*\end{aligned} \tag{3.18}$$

其中,$C>0$ 是惩罚项;$\mu>0$ 是控制管道容差 $\bar{\varepsilon}$ 的参数。

构造 Lagrange 函数为

$$\begin{aligned}L(w,b,\bar{\varepsilon},\xi_i,\xi_i^*,\alpha_i,\alpha_i^*)&=\frac{1}{2C}\|w\|^2+\frac{1}{2C}b^2+\frac{1}{2\mu l}\sum_{i=1}^{l}(\xi_i^2+\xi_i^{*2})\\&\quad+\bar{\varepsilon}+\sum_{i=1}^{l}\alpha_i(y_i-w^{\mathrm{T}}\varphi(x_i)-b-\bar{\varepsilon}-\xi_i)\\&\quad+\sum_{i=1}^{l}\alpha_i^*(w^{\mathrm{T}}\varphi(x_i)+b-y_i-\bar{\varepsilon}-\xi_i^*)\end{aligned} \tag{3.19}$$

应用 KKT 最优化条件,可得

$$\begin{cases} \dfrac{\partial L}{\partial w} = 0 \Rightarrow w = C \sum_{i=1}^{l} (\alpha_i - \alpha_i^*) \varphi(x_i) \\[2mm] \dfrac{\partial L}{\partial b} = 0 \Rightarrow b = C \sum_{i=1}^{l} (\alpha_i - \alpha_i^*) \\[2mm] \dfrac{\partial L}{\partial \bar{\varepsilon}} = 0 \Rightarrow \sum_{i=1}^{l} (\alpha_i + \alpha_i^*) = 1 \\[2mm] \dfrac{\partial L}{\partial \xi_i} = 0 \Rightarrow \xi_i = \mu l \alpha_i \\[2mm] \dfrac{\partial L}{\partial \xi_i^*} = 0 \Rightarrow \xi_i^* = \mu l \alpha_i^* \end{cases} \tag{3.20}$$

则可得到对偶形式为

$$\max_{\alpha_i,\alpha_i^*} \begin{bmatrix} \alpha^{\mathrm{T}} & \alpha^{\mathrm{T}^*} \end{bmatrix} \begin{bmatrix} \dfrac{2}{C}y \\[2mm] -\dfrac{2}{C}y \end{bmatrix} - \begin{bmatrix} \alpha^{\mathrm{T}} & \alpha^{\mathrm{T}^*} \end{bmatrix} \widetilde{K} \begin{bmatrix} \alpha^{\mathrm{T}} \\ \alpha^{\mathrm{T}^*} \end{bmatrix} \tag{3.21}$$

$$\text{s. t.} \quad \begin{bmatrix} \alpha^{\mathrm{T}} & \alpha^{\mathrm{T}^*} \end{bmatrix} \cdot 1 = 1, \quad \alpha, \alpha^* \geqslant 0$$

其中，$y = [y_1, y_2, \cdots, y_l]^{\mathrm{T}}$，$\alpha = [\alpha_1, \alpha_2, \cdots, \alpha_l]^{\mathrm{T}}$，$\alpha^* = [\alpha_1^*, \alpha_2^*, \cdots, \alpha_l^*]^{\mathrm{T}}$ 是对偶变量。

$$\widetilde{K} = [\widetilde{k}(z_i, z_j)] = \begin{bmatrix} K + 1 \cdot 1^{\mathrm{T}} + \dfrac{\mu l}{C}I & -(K + 1 \cdot 1^{\mathrm{T}}) \\[2mm] -(K + 1 \cdot 1^{\mathrm{T}}) & K + 1 \cdot 1^{\mathrm{T}} + \dfrac{\mu l}{C}I \end{bmatrix} \tag{3.22}$$

其中，$\widetilde{K}$ 是一个 $2l \times 2l$ 核矩阵。

显然式(3.22)是一个二次规划问题，但是由于包含线性项，因此不能够直接写成 MEB 形式，但是可以表征为广义 MEB 形式。其中，原始变量可由下式获得：

$$\begin{cases} w = C \sum_{i=1}^{l} (\alpha_i - \alpha_i^*) \varphi(x_i), \quad b = C \sum_{i=1}^{l} (\alpha_i - \alpha_i^*) \\[2mm] \xi_i = \mu l \alpha_i, \quad \xi_i^* = \mu l \alpha_i^* \end{cases} \tag{3.23}$$

容差管道宽度 $\bar{\varepsilon}$ 可由如下 KKT 条件获得

$$\begin{cases} \alpha_i(y_i - (w^{\mathrm{T}}\varphi(x_i) + b) - \bar{\varepsilon} - \xi_i) = 0 \\ \alpha_i^*((w^{\mathrm{T}}\varphi(x_i) + b) - y_i - \bar{\varepsilon} - \xi_i^*) = 0 \end{cases} \tag{3.24}$$

将上述两式相加，且结合 $[\alpha^{\mathrm{T}} \ \alpha^{\mathrm{T}^*}] \cdot 1 = 1$，则可得

$$\bar{\varepsilon} = \begin{bmatrix} \alpha^{\mathrm{T}} & \alpha^{\mathrm{T}^*} \end{bmatrix} \begin{bmatrix} y \\ -y \end{bmatrix} - C \begin{bmatrix} \alpha^{\mathrm{T}} & \alpha^{\mathrm{T}^*} \end{bmatrix} \widetilde{K} \begin{bmatrix} \alpha^{\mathrm{T}} \\ \alpha^{\mathrm{T}^*} \end{bmatrix} \tag{3.25}$$

同样可得 $\xi_i = \mu l a_i$，$\xi_i^* = \mu l a_i^*$，且 $[\alpha^{\mathrm{T}} \ \alpha^{*\mathrm{T}}] \cdot 1 = 1$，则可得 $\mu = \dfrac{1}{l}\sum\limits_{i=1}^{l}(\xi_i^* + \xi_i)$。

3.1.4 核学习机与 MEB 关系性质

前面分析了核学习机算法可以表征为的两种 MEB 表征形式，本节主要从模型角度出发，说明为什么核学习机算法可以采用 MEB 进行训练，二者之间有什么样的关系？

命题 3.1 对于二类分类问题，位于 MEB 边界上的非训练点包含于 L2SVM 的边界超平面；对于 MEB 边界上的训练点对应于 L2SVM 的支持向量点。

证明 不妨记 MEB 的球心为 c，则 MEB 的边界点满足

$$\| \widetilde{\varphi}(x) - c \|^2 = R^2 \tag{3.26}$$

$$c = \sum_{i=1}^{l} \alpha_i \widetilde{\varphi}(x_i) \tag{3.27}$$

则将式(3.27)代入式(3.26)可得

$$\widetilde{k}(x,x) - 2\sum_{j=1}^{l} \alpha_j \widetilde{k}(x_j,x) + \sum_{i=1}^{l}\sum_{j=1}^{l} \alpha_i \alpha_j \widetilde{k}(x_i,x_j) = R^2 \tag{3.28}$$

由于原始 MEB 最优值与对偶值相等，则可以得到如下关系：

$$\sum_{i=1}^{l} \alpha_i \left(y y_i k(x,x_i) + y y_i + \frac{\delta_i}{C} \right) = \rho \tag{3.29}$$

其中，$\delta_i = \begin{cases} 1, & x = x_i \\ 0, & x \neq x_i \end{cases}$，不妨设 S 为训练集，代入 δ_i 后，则可以得到如下两种情形：

(1) 当 $x \neq x_i$，$\forall x_i \in S$ 时，则可得

$$\sum_{i=1}^{m} \alpha_i (y_i y k(x_i,x) + y_i y) = \rho \tag{3.30}$$

由于 $k(x_i,x_j) = \phi(x_i) \cdot \phi(x_j)$，则可得

$$y(w \cdot \phi(x) + b) = \rho \tag{3.31}$$

(2) 当 $x = x_i$，$x_i \in S$ 时，则可得

$$\sum_{i=1}^{m} \alpha_i \left(y y_i k(x,x_i) + y y_i + \frac{1}{C} \right) = \rho \tag{3.32}$$

同样可得

$$y_i(w \cdot \phi(x_i) + b) + \xi_i = \rho \tag{3.33}$$

显然上式是 SVM 的边界超平面。

命题 3.2 位于 $(1+\varepsilon)$MEB 边界上的非训练点对应如下超平面：

$$y_i(w \cdot \phi(x) + b) = \rho + \varepsilon\left(1 + \frac{1}{2}\varepsilon\right)(\rho - \widetilde{k}) \tag{3.34}$$

位于 $(1+\varepsilon)$ MEB 边界上的训练点对应如下超平面：

$$y_i(w \cdot \phi(x_i) + b) + \xi_i = \rho + \varepsilon\left(1 + \frac{1}{2}\varepsilon\right)(\rho - \tilde{k}) \tag{3.35}$$

证明　采用与命题 3.1 类似的思路，证明略。

二者关系存在如下推论：

推论 3.1　设 $\rho' = \rho + \varepsilon\left(1 + \frac{1}{2}\varepsilon\right)(\rho - \tilde{k})$，则 $y_i(w \cdot \varphi(x) + b) = \rho + \varepsilon\left(1 + \frac{1}{2}\varepsilon\right)$

$\cdot (\rho - \tilde{k})$ 可以写成：$w \cdot \varphi(x) = \rho'$ 和 $y(w \cdot \varphi(x) + b) = \rho'$，且 $\rho' \leqslant \rho$。

证明

$$\rho' - \rho = \varepsilon\left(1 + \frac{1}{2}\varepsilon\right)(\rho - \tilde{k}) \tag{3.36}$$

得到

$$\rho - \tilde{k} = \alpha^{\mathrm{T}}\tilde{K}\alpha - \tilde{k}\,(\alpha^{\mathrm{T}}e)^2 = \sum_{i=1}^{m}\sum_{j=1}^{m}\alpha_i\alpha_j(\tilde{k}(x_i, x_j) - \tilde{k}) \tag{3.37}$$

$$\begin{aligned}
\tilde{k}(x_i, x_j)^2 &= \langle\tilde{\varphi}(x_i) \cdot \tilde{\varphi}(x_j)\rangle^2 \\
&\leqslant \|\tilde{\varphi}(x_i)\|^2 \|\tilde{\varphi}(x_j)\|^2 \\
&= \tilde{k}(x_i, x_i)\tilde{k}(x_j, x_j) = \tilde{k}^2
\end{aligned} \tag{3.38}$$

由于 $\tilde{k}(x_i, x_j) \leqslant \tilde{k}$ 且 $\rho \leqslant \tilde{k}$，则可得 $\rho' \leqslant \rho$。

证毕。

从上述分析过程可以看出，由于 SVM 是一个凸优化模型，因此利用原始函数和对偶函数目标相等的条件就可以获得原始变量之间的关系。因此，可以从命题 3.1、命题 3.2 和推论 3.1 得出结论，训练 MEB 实际就相当于训练 SVM。

本节提出了覆盖机器学习模型化的研究途径，提出采用最优化和最小覆盖几何体模型模拟一类认知过程研究机器学习的途径。建立了核学习算法与 MEB 算法之间的关联关系，并且分析了二者之间的几何关系，阐述了 MEB 边界点与支持向量分割平面之间的对应关系。本节内容是覆盖机器学习概念的核心，是后续结构覆盖分类、回归学习机的理论分析基础。

3.2　MEB 核心集快速实现算法

3.1 节确立了覆盖机器学习模型化方法，提出了从最小覆盖集和最优化模拟认知活动过程的概念和研究思路。本节则以 MEB 为例，介绍了适用于求解 MEB 问题的核心集快速实现算法，并给出了详细的理论分析。

3.2.1　最小 MEB 算法现状

首先,分析 MEB 算法用于机器学习的历史背景。以 SVM 等核方法为代表的统计学习理论在各个领域取得了令人瞩目的成功[14-18]。可以说统计学习理论从本质上改变了人们对于学习机设计的观念,从而很大程度上推动了模式识别理论及相关领域的进步。其中,SVM 一个最显著的特点就是它可以表征成为一个凸二次规划问题(QP),之后再采用 QP 求解器得到全局唯一最优解。而且多数核方法都是在标准 SVM 基础上通过变形得到的,因此多数核方法也都通过求解 QP 问题得到结构参数。然而,QP 问题的计算复杂度一般是 $O(m^3)$,因而使得核方法在应用于大数据集时,一方面,需要消耗较大的内存存储 Gram 矩阵;另一方面,算法在寻优的过程中要执行大量的大矩阵运算,因而使得算法的收敛速度和效率大大降低。因此,训练算法是决定 SVM 及核方法能否应用于大数据集学习问题的关键之一。

总的来看,为降低算法复杂度,基本的思路都是"化繁为简"。一种思路是将原问题分解为更小规模的子问题,通过循环求解这一系列的子问题求得原问题的解。实际上,一方面,实际上通过设定停机条件如相对间隔容差、KKT 条件等小于某个小的正数 ε 获取近似最优解能够取得令人满意的应用结果[19,20]。另一方面,以 MEB 为代表的近似逼近算法近些年来取得了突破[21-37],算法的计算复杂度、空间复杂度使得计算高维大数据问题成为可能,并且已有学者将其应用于核方法取得了初步成果。

近几年来,国内外学者对于 MEB 的研究取得了可喜的成果。总体来看,大致可以分为两类:一类是基于直接求解 MEB 最优化表征问题的精确算法,如 QP 算法、SOCP 算法等;另一类则是从组合优化的角度,采用稀疏迭代求解的近似算法。而且,大部分的研究成果仅限于欧几里得空间。给定点集 $Z:=\{z_i \in \mathbf{R}^d\}_{i=1}^l$,则点集 Z 的 MEB(Z)指的是具有最小体积且覆盖所有给定点的球体。对于固定维数,早期给出的算法可以在 $O(m)$ 时间内求解得到 MEB,但是这种算法与维数 d 成指数关系[21]。然而,对于高维问题,这些算法都承受维数灾难带来的低效问题。高维问题自此一直悬而未决,代表性的算法直到 Bădiou 等[22]发现了 $O\left(\dfrac{1}{\varepsilon^2}\right)$ 大小核心集的存在性和唯一性,并且得到的这个核心集是与维数 d 和点数 m 均独立不相关的,这个特点使得高维 MEB 问题的求解变得可行。Bădiou 和 Clarkson 又给出了改进的具有 $O\left(\dfrac{1}{\varepsilon}\right)$ 大小的核心集,并且将计算复杂度改善为 $O\left(\dfrac{md}{\varepsilon} + \dfrac{1}{\varepsilon^5} \lg \dfrac{1}{\varepsilon}\right)^{[23]}$。与此同时,Kumar 等也独立发现并且证明了 $O\left(\dfrac{1}{\varepsilon}\right)$ 大小核心集的存在性和唯一性,其采用 SOCP 形式将算法复杂度进一步改

善为 $O\left(\dfrac{md}{\varepsilon}+\dfrac{1}{\varepsilon^{4.5}}\lg\dfrac{1}{\varepsilon}\right)^{[24]}$。Yildirim 最近提出了一种基于改进 Frank-Wolfe 算法

的一阶泰勒逼近算法[25]，算法得到 $O\left(\dfrac{1}{\varepsilon}\right)$ 大小核心集，并且将算法的复杂度降低

为 $O\left(\dfrac{md}{\varepsilon}\right)$。除此之外，Clarkson 从更基础的角度综述了核心集，稀疏贪婪优化以

及 Frank-Wolfe 算法之间的关系[26]。Bulatov 等提出了一种具有 $O\left(\dfrac{1}{\varepsilon^{2}}\right)$ 计算复杂

度的 $(1+\varepsilon)$ 逼近核核心集算法，并且成功将其应用于手写体识别[27]，取得的结果
要优于标准 SVM。

　　一方面，目前求解算法已经具备计算较高维数 MEB 实际问题的能力，但是由
于这些算法是在欧几里得距离框架下不可避免地要受到维数灾难的影响；另一方
面，引入了核技巧将数据映射到高维特征空间，可以巧妙地将距离计算复杂度转换
为核函数计算，而核表征形式与维数无关。这使得核方法更适合解决高维计算问
题。故适用更高维数，甚至无穷维数 MEB 的研究就具有重要的理论价值。

3.2.2　最优核心集 MEB 算法

　　2005 年 Tsang 等提出了核心集向量机（CVM）算法[9]，并且将 SVDD、
L2SVM、L2OCSVM 等一系列核学习算法表征为 MEB 问题。最优核心集 MEB
算法如下所示：

　　输入：$\widetilde{k}(\cdot),\widetilde{\varphi}(\cdot),Z\subset\widetilde{F},l\geqslant3,\varepsilon\in(0,1)$。

　　（1）初始化核心集 $X\leftarrow\{z_1,z_2\}$；

　　（2）停止，如果训练点 z 满足 $\widetilde{\varphi}(z)$ 位于 $(1+\varepsilon)B_{c^t,(1+\varepsilon)r^t}$ 外；

　　（3）找到点 z 满足 $\widetilde{\varphi}(z)$ 距离当前球心 c 最远的点，将其添加至核心集当中
$X^{t+1}=X^t\bigcup\{z\}$；

　　（4）更新最小覆盖球 $B_{c^{t+1},(1+\varepsilon)r^{t+1}}$；

　　（5）$t\leftarrow t+1$，转到第（2）步。

　　CVM 的核心算法是基于 Bǎdiou 和 Clarkson 提出的最优核心集 MEB 算
法[28]，每一步循环中求解一个 QP 子问题，最终在 $O\left(\dfrac{1}{\varepsilon^{2}}+\dfrac{1}{\varepsilon^{4}}\right)$ 时间内得到核心集

大小为 $O\left(\dfrac{1}{\varepsilon}\right)$ 的 $(1+\varepsilon)$ 逼近。

　　可以证明，上述算法给出的是 MEB 的 $(1+\varepsilon)$ 逼近，但前提是每步得到的 MEB
子问题必须是严格准确的，而这基本是不可能得到保证的。因此，对于 CVM 算法
而言，这个问题是其理论分析上的弊端。实际上，现在基于内点法的停机条件都是
通过判断相对容差与给定精度之间关系确定的。因此，可以通过研究给出 QP 内

点法停机条件——相对容差 δ 与 MEB 精度之间的关系,从理论上给出更为合理、更为严格的$(1+\varepsilon)$ MEB 逼近。

3.2.3　严格核心集 MEB 算法

本节提出了一种具有严格理论依据的快速核心集 MEB 算法。首先,简单介绍了 CVM 算法,值得指出的是我们的新算法正是在 CVM 的启发下得到的。接着,详细分析了我们提出的新算法,从理论上给出了严格的证明,最后得到了两个重要的定理。算法如下所示:

输入: $\tilde{k}(\,\cdot\,),\tilde{\varphi}(\,\cdot\,),Z\subset\tilde{F},m\geqslant3,\varepsilon\in(0,1)$。

(1) 初始化核心集 $X\leftarrow\{z_{f_1},z_{f_2}\}$,设置所有点检测标志 ALL_CHECKED$\leftarrow$ 0,设置相对容差 $\delta\leftarrow\varepsilon^2/163$,初始化计数器 $k\leftarrow0$;

(2) while ALL_CHECKED$==1$,do;

(3) $B,c,r\leftarrow$QPMEB(X,δ);

(4) $z\leftarrow\arg\max\limits_{f\in T\backslash X}\parallel\tilde{\varphi}(z)-c\parallel$;

(5) if $z\in B_{c,(1+\frac{\varepsilon}{2})r}$ then;

(6) ALL_CHECKED$\leftarrow1$;

(7) else;

(8) ALL_CHECKED$\leftarrow0$;

(9) $k\leftarrow k+1$;

(10) end if;

(11) $X\leftarrow X\bigcup\{z\}$;

(12) end while。

输出: $B^k,c^k,\left(1+\dfrac{\varepsilon}{2}\right)r^k,X^k$。

在给出新算法之前,需要明确的是如果要将核心集 MEB 算法应用于核方法,首先要做的是将其表征为式(3.14)所示的 MEB 形式,之后就可以套用 MEB 算法进行求解,并且根据 KKT 条件求得原始形式的逼近解。这是核心集 MEB 算法用于核学习机训练的基本思路。按照这条思路,现有的 MEB 算法在经过核化之后都可以用于训练核学习机。因此,这类算法的优劣根本还是在于 MEB 算法本身的好坏。

3.2.4　新算法理论分析

本节对新算法进行了详细的分析:引理 3.1 证明了对于给定点集,存在唯一的 MEB。引理 3.2 则给出了选取初始点的方法。引理 3.3 给出了基于引理 3.2 初始点选取算法的初始化分析。引理 3.4 给出了迭代过程中,每增加一个最远距离点,新的逼近球与当前逼近球的半径关系。引理 3.5 给出了$(1+\delta)$逼近球与 MEB

之间的量化关系。引理 3.6 给出了停机条件的选择依据。最后给出了定理 3.1 和定理 3.2。在引理的证明过程中,参考了文献[24]的结果。

引理 3.1 给定点集 Z,存在唯一 MEB(Z)。

证明

(1) 存在性。对于点集 Z,构造中心位于原点,半径为 $r^a = \max\limits_{i=1,\cdots,m} \|\varphi(z_i)\|$ 的球 B_{0,r^a},则满足 $Z \subset B_{0,r^a}$。若在式(3.14)附加约束条件 $r \leqslant r^a$,则现在的可行域封闭且有界,又目标函数连续,且根据封闭有界集上的连续函数存在全局最优解定理可知,MEB(Z) 存在。

(2) 唯一性。假设存在两个具有相同半径 r_Z,中心分别为 c_Z、$c_{Z'}$ 的最小覆盖球 B_{c_Z,r_Z}、$B_{c_{Z'},r_Z}$,则根据 MEB 的定义,二者应满足:$Z \subseteq B_{c_Z,r_Z}$,$Z \subseteq B_{c_{Z'},r_Z}$,且 $Z \subseteq (B_{c_Z,r_Z} \bigcap B_{c_{Z'},r_Z})$,而 $(B_{c_Z,r_Z} \bigcap B_{c_{Z'},r_Z}) \subseteq B_c$,其中,$c = \dfrac{1}{2}(c_Z + c_{Z'})$,$r = \sqrt{r_Z^2 - \dfrac{1}{4}\|c_Z - c_{Z'}\|^2}$,这表明存在比半径 r_Z 更小的 MEB,而这与 B_{c_Z,r_Z},$B_{c_{Z'},r_Z}$ 是 MEB 的定义矛盾,因此最小体积覆盖球是唯一的。证毕。

引理 3.2 记 B_{c_Z,r_Z} 为给定点集 Z 的 MEB,则对于通过球心 c_Z 的任意闭半空间至少包含 B_{c_Z,r_Z} 球面子集中的一点 z_i 满足:$z_i \in Z$,$\|\widetilde{\varphi}(z_i) - c_Z\| = r_Z$。

证明 定义球面子集为 $P := \{z_i \in Z, \|\widetilde{\varphi}(z_i) - c_Z\| = r_Z\}$,则其至多包含 m 个点。采用反证法,假设 H 是通过球心 c_Z 的闭半空间,且不包含 P 的任意点。记 $\omega > 0$ 为集合 P 和 H 的最小距离,记 $0 < \vartheta < r_Z$ 为球心 c_Z 到集合 $Z \bigcap P$ 的最大距离,则可以选取一个正数满足:$\varpi < \min\{\omega, r_Z - \vartheta\}$,则如果将 B_{c_Z,r_Z} 沿着 H 外法线方向平移 ϖ 距离就可以得到新球 B_{c',r_Z},且对于点 $z \in P \backslash H$,由三角不等式可以得到

$$\|\widetilde{\varphi}(z) - c'\| \leqslant \|\widetilde{\varphi}(z) - c_Z\| + \|c_Z - c'\| < \|\widetilde{\varphi}(z) - c_Z\| = r_Z \tag{3.39}$$

而对于点 $z \in P \bigcap H$,同样可以得到:

$$\|\widetilde{\varphi}(z) - c'\| < \|\widetilde{\varphi}(z) - c_X\| + \varpi < \vartheta + \varpi < \vartheta + r_Z - \vartheta = r_Z \tag{3.40}$$

由此可以推断新球体 B_{c',r_Z} 仍然包含原球面点集 P,且 P 中任意点均不位于边界上。这就意味着新球体 B_{c',r_Z} 可以继续压缩,而根据引理 3.1,这与 B_{c_Z,r_Z} 是 MEB 矛盾,故至少存在一点满足题给条件。

证毕。

引理 3.3 采用两个最远距离点 z_{f_1}、z_{f_2} 得到的初始半径满足:$r^0 \geqslant \dfrac{1}{\sqrt{3}} r_Z$。

证明 记 $z_{f1} = \arg\max\limits_i \|\widetilde{\varphi}(z_i) - \widetilde{\varphi}(z_1)\|$,$z_{f_2} = \arg\max\limits_i \|\widetilde{\varphi}(z_i) - \widetilde{\varphi}(z_{f_1})\|$,则初始半径为 $r^0 = \dfrac{1}{2}\|\widetilde{\varphi}(z_{f_2}) - \widetilde{\varphi}(z_{f_1})\|$,初始球心为 $c^0 = \dfrac{1}{2}\|\widetilde{\varphi}(z_{f_2}) + \widetilde{\varphi}(z_{f_1})\|$。

假设 $\parallel \widetilde{\varphi}(z_1) - c_Z \parallel \geqslant \frac{1}{\sqrt{3}} r_Z$，则根据引理 3.2，记 H 为垂直于 $z_1 c_Z$ 且包含球心 c_Z 的闭半空间，则有 $z_1 \in Z$ 满足 $\parallel \widetilde{\varphi}(z_1) - c_Z \parallel = r_Z$。因此，有

$$\parallel \widetilde{\varphi}(z_{f_2}) - \widetilde{\varphi}(z_{f_1}) \parallel^2 \geqslant \parallel \widetilde{\varphi}(z_1) - c_Z \parallel^2 + r_Z^2 \geqslant \frac{4}{3} r_Z^2 。$$

利用上述不等式可以得到

$$r^0 = \frac{1}{2} \parallel \widetilde{\varphi}(z_{f_2}) - \widetilde{\varphi}(z_{f_1}) \parallel \geqslant \frac{1}{2} \parallel \widetilde{\varphi}(z_1) - \widetilde{\varphi}(z_{f_1}) \parallel \geqslant \frac{1}{2} \frac{2}{\sqrt{3}} r_Z = \frac{1}{\sqrt{3}} r_Z$$

现在假设 $\parallel \widetilde{\varphi}(z_1) - c_Z \parallel = v r_Z$，其中 $v < \frac{1}{\sqrt{3}} r_Z$。

由三角不等式知

$$\parallel \widetilde{\varphi}(z_1) - \widetilde{\varphi}(z_{f_1}) \parallel \leqslant \parallel \widetilde{\varphi}(z_1) - c_Z \parallel + \parallel c_Z - \widetilde{\varphi}(z_{f_1}) \parallel \tag{3.41}$$

则可得

$$\parallel c_Z - \widetilde{\varphi}(z_{f_1}) \parallel \geqslant \parallel \widetilde{\varphi}(z_1) - \widetilde{\varphi}(z_{f_1}) \parallel - \parallel \widetilde{\varphi}(z_1) - z_Z \parallel \geqslant (\sqrt{1+v^2} - v) r_Z \tag{3.42}$$

再次根据引理 3.2，得到

$$(r^0)^2 = \frac{1}{4} \parallel \widetilde{\varphi}(z_{f_2}) - \widetilde{\varphi}(z_{f_1}) \parallel^2 \geqslant \frac{1}{4} (\parallel \widetilde{\varphi}(z_{f_1}) - c_Z \parallel^2 + r_Z^2)$$

$$\geqslant \frac{1}{4} (1 + v^2 + v^2 - 2v \sqrt{1+v^2} + 1) r_Z \tag{3.43}$$

$$= \frac{1}{2} (1 + v^2 - v \sqrt{1+v^2}) r_Z$$

而函数 $1 + v^2 - v \sqrt{1+v^2}$，$v < \frac{1}{\sqrt{3}} r_Z$ 是减函数，故得到 $(r^0)^2 \geqslant \frac{1}{2} \left(1 + \frac{1}{3} - \frac{2}{3} \right) r_Z^2 = \frac{1}{3} r_Z^2$，即 $r^0 \geqslant \frac{1}{\sqrt{3}} r_Z$。

证毕。

引理 3.4 记 B_{c, r_X} 是核心集 X 的 MEB，对于给定 $\varepsilon \in (0, 1)$，记点 $z \notin B_{c_X, (1 + \frac{\varepsilon}{3}) r_X}$，则新点集 $X \cup \{z\}$ MEB 的半径至少为 $\left(1 + \frac{\varepsilon^2}{33} \right) r_X$。

证明 记 $X \cup \{z\}$ 的 MEB 为 $B_{c', r'}$。如果 $\parallel c_X - c' \parallel < \frac{\varepsilon}{4} r_X$，则可得

$$\parallel \widetilde{\varphi}(z) - c' \parallel \geqslant \parallel \widetilde{\varphi}(z) - c_X \parallel - \parallel c_X - c' \parallel \geqslant \left(1 + \frac{\varepsilon}{3} \right) r_X - \frac{\varepsilon}{4} r_X = \left(1 + \frac{\varepsilon}{12} \right) r_X \tag{3.44}$$

记 H 为垂直 $c_X c'(c' \notin H)$ 且包含 c_X 的闭半空间,则根据引理 3.2,存在球面点 $z \in H$ 满足 $\| \widetilde{\varphi}(z) - c_X \| = r_X$,则有 $r' \geqslant \| \widetilde{\varphi}(z) - c' \| = \sqrt{\| \widetilde{\varphi}(z) - c_X + c_X - c' \|^2}$。因而下式成立:

$$\sqrt{\| \widetilde{\varphi}(z) - c_X + c_X - c' \|^2} = \sqrt{r_X^2 + \| c_X - c' \|^2 - 2r_X \| c_X - c' \| \cos\theta}$$
$$\geqslant \sqrt{r_X^2 + \left(\frac{r_X \varepsilon}{4}\right)^2} \geqslant \left(1 + \frac{\varepsilon^2}{33}\right) r_X$$

其中,$\theta := \angle c_X c' \widetilde{\varphi}(z) \geqslant \dfrac{\pi}{2}$。

证毕。

引理 3.5　记 B_{c_Z, r_Z} 为点集的 MEB,$B_{c,r}$ 为 MEB 的 $(1+\delta)$ 逼近,则有 $\| c_Z - c \| \leqslant r_Z \sqrt{\delta(\delta+2)}$ 且 $B_{c_Z, r_Z - \| c - c_Z \|} \subseteq B_{c,r} \subseteq B_{c_Z, (1+\delta) r_Z + \| c - c_Z \|}$。

证明　记 H 为垂直 $c_Z c'(c' \notin H)$ 且包含 c_Z 的闭半空间,则根据引理 3.2,存在点 z,满足 $\| \widetilde{\varphi}(z) - c_Z \| = r_Z$,因此有 $\| \widetilde{\varphi}(z) - c \| \leqslant r_Z \leqslant (1+\delta) r_Z$,且根据余弦定理可得

$$\| c - c_Z \|^2 = \| c - \widetilde{\varphi}(z) \|^2 - r_Z^2 + 2r_Z \| c - c_Z \| \cos\theta \leqslant r^2 - r_Z^2 \leqslant \delta(\delta+2) r_Z^2 \tag{3.45}$$

其中,$\theta := \angle c_X c' \widetilde{\varphi}(z) \geqslant \dfrac{\pi}{2}$。

对于任意点 $z \in B_{c_Z, r_Z - \| c - c_Z \|}$,有 $\| \widetilde{\varphi}(z) - c_Z \| \leqslant r_Z - \| c - c_Z \|$,根据三角不等式有 $\| \widetilde{\varphi}(z) - c \| \leqslant \| \widetilde{\varphi}(z) - c_Z \| + \| c_Z - c \| \leqslant r_Z \leqslant r$,即 $B_{c_Z, r_Z - \| c - c_Z \|} \subseteq B_{c,r}$ 成立。

同样地,对于任意点 $z \in B_{c,r}$,有 $\| z - c \| \leqslant r$,根据三角不等式有:$\| \widetilde{\varphi}(z) - c_Z \| \leqslant \| \widetilde{\varphi}(z) - c \| + \| c - c_Z \| \leqslant (1+\delta) r_Z + \| c - z \|$,即 $B_{c,r} \subseteq B_{c_Z, (1+\delta) r_Z + \| c - c_Z \|}$ 成立。

证毕。

引理 3.6　记 B_{c_Z, r_Z} 是点集 Z 的 MEB,$B_{c,r}$ 是 MEB 的 $(1+\delta)$ 逼近。如果点 $z \notin B_{c, (1+\frac{\varepsilon}{2}) r}$,且满足 $\delta \leqslant \dfrac{\varepsilon^2}{163}$,则 $z \notin B_{c_Z, (1+\frac{\varepsilon}{3}) r_Z}$。

证明　由引理 3.5 可知,$B_{c, (1+\frac{\varepsilon}{2})(r_Z - \| c - c_Z \|)} \subseteq B_{c, (1+\frac{\varepsilon}{2}) r}$,则对于任意点 $z \notin B_{c, (1+\frac{\varepsilon}{2}) r}$,有

$$\| \widetilde{\varphi}(z) - c_Z \| \geqslant \left(1 + \frac{\varepsilon}{2}\right)(r_Z - \| c - c_Z \|) \geqslant \left(1 + \frac{\varepsilon}{2}\right)(r_Z - r_Z \sqrt{\delta(\delta+2)}) \tag{3.46}$$

因此,如果 $z \notin B_{c_Z, (1+\frac{\varepsilon}{3}) r_Z}$,则其必须满足

$$\left(1 + \frac{\varepsilon}{2}\right)(r_Z - r_Z \sqrt{\delta(\delta+2)}) \geqslant \left(1 + \frac{\varepsilon}{3}\right) r_Z \tag{3.47}$$

即

$$\delta \leqslant \sqrt{1+\left(\frac{\varepsilon}{6+3\varepsilon}\right)^2}-1 \tag{3.48}$$

则对于 $\varepsilon \in (0,1)$，设置 $\delta \leqslant \dfrac{\varepsilon^2}{163} \leqslant \sqrt{1+\left(\dfrac{\varepsilon}{6+3\varepsilon}\right)^2}-1$ 显然满足式(3.48)，从而 $z \notin B_{c_Z,(1+\frac{\varepsilon}{3})r_Z}$ 成立。

证毕。

定理 3.1　记 B_{c_Z,r_Z} 是点集 Z 的 MEB，则 3.3 节提出的严格核心集 MEB 新算法返回的至多是 B_{c_Z,r_Z} 的 $(1+\varepsilon)$ 逼近；新算法的时间复杂度为 $O\left(\dfrac{m}{\varepsilon^2}+\dfrac{1}{\varepsilon^4}\right)$。

证明　注意到新算法返回球体 $B_{c,(1+\frac{\varepsilon}{2})r}$，其中 $B_{c,r}$ 是核心集 $X \subseteq Z$ MEB B_{c,r_X} 的 $(1+\delta)$ 逼近。算法在第 (5) 步得到 $Z \subseteq B_{c,(1+\frac{\varepsilon}{2})r}$，因此只需要证明 $\left(1+\dfrac{\varepsilon}{2}\right)r$ 至多是 B_{c_Z,r_Z} 半径 r_Z 的 $(1+\varepsilon)$ 倍即可。由于核心集 $X \subseteq Z$，则有 $r_Z \geqslant r$，因此只需要证明 $\left(1+\dfrac{\varepsilon}{2}\right)r \leqslant (1+\varepsilon)r_X$ 成立。

根据引理 3.4 可知，$B_{c,r} \subseteq B_{c_X,(1+\delta)r_X+\|c-c_X\|}$，因此有

$$r \leqslant (1+\delta)r_X + \|c-c_X\| \tag{3.49}$$

因此，只需要证明 $\left(1+\dfrac{\varepsilon}{2}\right)(1+\delta)r + \left(1+\dfrac{\varepsilon}{2}\right)\|c-c_X\| \leqslant (1+\varepsilon)r_X$ 成立。

而上式等价于 $\|c-c_X\| \leqslant \left(\dfrac{\varepsilon}{2+\varepsilon}-\delta\right)r_X$，再根据引理 3.5，令 $Z \leftarrow X$，则

$$\|c_X-c\| \leqslant r_X \sqrt{\delta(\delta+2)} \tag{3.50}$$

等价于 $\sqrt{\delta(\delta+2)} \leqslant \dfrac{\varepsilon}{2+\varepsilon}-\delta \leqslant \dfrac{\varepsilon}{3}-\delta$ 成立，即要求 $\delta \leqslant \dfrac{\varepsilon^2}{18+6\varepsilon}$ 成立。而新算法设定 $\delta=\dfrac{\varepsilon^2}{163}$，显然满足这一条件，因此，新算法至多是点集 Z 的 MEB B_{c_Z,r_Z} 的 $(1+\varepsilon)$ 逼近。

假设 $\varepsilon_i=\dfrac{1}{2^i}(i=1,\cdots,n)$，记 τ_i 为每提高一个精度量级第 i 循环的总共迭代次数，也就是加入到核心集的点数，记 r_i 为 MEB X_i 的半径，则每个循环以 r_{i-1} 开始，而以 r_i 结束。而且每迭代一次，半径至少增加为 $\left(1+\dfrac{\varepsilon_i^2}{33}\right)r_{i-1}$，则根据引理 3.3 和引理 3.4，有

$$\tau_i \leqslant \frac{r_i-r_{i-1}}{r_{i-1}\dfrac{\varepsilon_i^2}{33}} \leqslant \left(\frac{r_i}{r_{i-1}}-1\right)2^i \tag{3.51}$$

$$\Rightarrow \tau_i \leqslant 33\left(\frac{r_Z}{r_Z/2\sqrt{3}}-1\right)2^i = 33(2\sqrt{3}-1)2^i$$

则迭代的总次数为

$$S_\tau = 2 + \sum_{i=1}^{n} \tau_i \leqslant \frac{198}{\varepsilon} = O\left(\frac{1}{\varepsilon}\right)$$

这里采用与 CVM 相似的复杂度分析方法,假设 QP 算法的复杂度为 $O(m^3)$,并且由于核函数的计算可以在常数时间内求解,可以假设核函数计算时间为常数。则根据新算法,每一次迭代 k,至多有一个点被添加到核心集中,则核心集的大小为 $|X^k| = 2+k$,初始化需要的时间为 $O(m)$,而 QP 子问题需要 $O((k+2)^3) = O(k^3)$ 时间,步骤(4)、步骤(5)的距离计算按照前面的假设也只需要常数时间,则一次迭代共需要的时间为 $O(k^3 + km)$。则对于 $S_\tau = O\left(\frac{1}{\varepsilon}\right)$ 次迭代,总共需要的时间为

$$T = \sum_{i=1}^{S_\tau} O(km + k^3) = O(S_\tau^2 m + S_\tau^4) = O\left(\frac{m}{\varepsilon^2} + \frac{1}{\varepsilon^4}\right) \qquad (3.52)$$

证毕。

定理 3.2　新算法返回的 X 是点集 Z 的 ε 核心集,并且其大小为 $O\left(\frac{1}{\varepsilon}\right)$。

证明　记 B_{c_X, r_X} 是核心集 X 的 MEB,则根据第(5)步可知,$Z \subseteq B_{c, (1+\frac{\varepsilon}{2})r}$,其中 $B_{c,r}$ 是 B_{c_X, r_X} 的 $(1+\delta)$ 逼近。根据定义 3.4,我们只需要证明 $Z \subseteq B_{c_X, (1+\varepsilon)r_X}$ 成立即可。由于 $Z \subseteq B_{c, (1+\frac{\varepsilon}{2})r}$,则只需要证明 $B_{c, (1+\frac{\varepsilon}{2})r} \subseteq B_{c_X, (1+\varepsilon)r_X}$ 成立。

根据引理 3.4,$B_{c, (1+\frac{\varepsilon}{2})r} \subseteq B_{c_X, (1+\frac{\varepsilon}{2})(1+\delta)r_X + \|c-c_X\|}$,则等价于要求下式成立:

$$\left(1 + \frac{\varepsilon}{2}\right)\left((1+\delta)r_X + \|c_X - c\|\right) \leqslant (1+\varepsilon)r_X$$

而根据引理 3.4,有 $\|c_X - c\| \leqslant r_X \sqrt{\delta(\delta+2)}$,而且对于 δ,有 $\delta \leqslant \sqrt{\delta(\delta+2)}$ 成立,则只需要证明 $\left(1 + \frac{\varepsilon}{2}\right)(1 + 2\sqrt{\delta(\delta+2)}) \leqslant (1+\varepsilon)$ 或者 $\sqrt{\delta(\delta+2)} \leqslant \frac{\varepsilon}{2(2+1)}$ 成立即可,化简即可得到 $\delta \leqslant \frac{\varepsilon^2}{73}$ 时成立,而 $\delta = \frac{\varepsilon^2}{163}$ 显然满足上述不等式,因此 X 是点集 Z 的 ε 核心集。

由定理 3.1 可知,算法在每一步迭代中核心集至多增加一个点,则对于 $O\left(\frac{1}{\varepsilon}\right)$ 次迭代,至多增加的点数同样为 $O\left(\frac{1}{\varepsilon}\right)$。

证毕。

比较二者,可以发现主要有如下特点:

(1)二者具有相同的理论算法复杂度。根据 Tsang 的研究可知,CVM 一般具有较快的收敛速度。因此,从理论上看,新算法的实际复杂度会比 CVM 大些,这主要是由于 CVM 没有考虑 QP 子问题的相对容差,而新算法则将其强化到 QP 子问题的求解中的缘故。

（2）二者具有相同的初始半径选取方法，按照引理 3.3 给出的结果可知，采用这样的初始化方法能期望得到更好的初始半径，从而利于促进算法的快速收敛。

（3）给定同样的精度 ε，结合定理 3.1 的分析可知 CVM 返回的逼近球具有较大的半径。

（4）CVM 要求用 QP 算法得到的 MEB 子问题是精确的，而新算法只要求相对容差满足给定关系即可，并不要求精确解。

本节提出了一种新的严格 MEB 算法，详细分析了算法的初始化、收敛条件，建立了内点法容差与 MEB 算法 ε 之间的定量关系，证明了严格 MEB 算法返回的是 $O\left(\dfrac{1}{\varepsilon}\right)$ 大小的核心集与点集的维数无关，证明了算法返回的至多是 MEB 的 $(1+\varepsilon)$ 逼近。该算法将被作为后续结构覆盖机器学习章节的默认求解器。

3.3 结构覆盖分类学习机

传统的 SVM 理论在解决二类分类问题上取得了令人瞩目的成绩，但是对有效解决多类分类面临的高复杂度和组合分类推广性分析难题，一直缺少令人满意的解答。本章将在再造核空间的基础上，引入标签向量的概念，对常规的 SVM 进行推广，并从理论上针对多类分类问题和低复杂度学习机模型建立了具有低复杂度和满意推广性、且与分类类别数无关的向量值核学习机模型，初步从理论上解决了 SVM 直接应用于多类分类的难题。为了加快算法的收敛速度，使算法可以有效地解决高维、大数据、大类别分类问题，本章提出了结构覆盖分类学习机模型。

3.3.1 理论背景

向量值分类的理论需求主要来自于两个方面：一是从对于模式识别理论的发展贡献看，多类别分类需要发展 SVM 模型。统计学习理论尤其是 SVM 从根本上改变了传统的经验风险最小化设计分类器的思路，而代之以结构风险最小化，可以说 SVM 代表了当前模式识别理论的发展方向和研究水平。而多类别分类作为模式识别当中的重要内容，非常需要将 SVM 推广应用至这一领域当中去。然而 SVM 一直无法从理论上给出既具有满意的复杂度又具有严格推广性要求的表征，因此近些年来一直成为国内外众多学者关注的难点和热点问题[2]。二是从 SVM 自身的发展来看，解决多分类问题已不再是一个将多分类如何转化为多个二分类组合的技巧问题，而是一个不可忽略的理论问题。常规解决多分类问题的思路一般是沿用经典的一对一、一对多等方法构造多个二类别 SVM 分别加以求解，之后再根据"最大胜"原则或者投票方法判别未知样本所属的类别。这些方法从理论上看，有其缺陷：一是对于多类别大样本数据集时，SVM 不但需要构造为数众多的二分类 SVM，而且还要面临模型复杂度急剧上升的难题；二是多数组合 SVM 方法一般存在不可分区域；三是组合生成的 SVM 很难进行推广性界的确定。

　　为能够从模型上有效解决多分类问题，美国康内尔大学 Tsochantaridis 等提出了结构 SVM 概念，提出了适用多类算法的 SVM 学习模型[38]。纽约州立大学 Micchelli 等将再造核空间（reproducing kernel hilbert space，RKHS）推广至向量值再造核空间（vector value reproducing kernel hilbert space，VRKHS），研究了向量值 SVM（vector value SVM，VSVM）方法[39]，但是其采用的求解算法复杂度没有显著改善。英国南安普敦大学 ISIS 研究组 Szedmak 提出了一种只有一类 SVM 复杂度的多类学习算法[40]，降低了多分类模型的复杂度，而且分类性能甚至给出了优于一对一多分类 SVM 的性能，但是由于这种方法仍然采用 QP 作为求解器，因此，针对大（海量）数据问题算法仍然面临收敛速度慢的难题。

　　综合上述分析可以看出，采用组合 SVM 方法和现存的多分类算法都存在一些理论上无法解决的弊端，因此，发展具有低复杂度、能够快速收敛的 SVM 向量值新模型就显得十分迫切。

　　本节将在向量值再造核空间和向量值表征定理的基础之上，对常规的 SVM 进行推广和重新定义。为解决多分类和高复杂度问题，提出将标签也通过映射嵌入到某一再造核 Hilbert 空间，建立低复杂度向量值分类模型，研究其最优化表征形式和求解方法，最后通过相似度关系求得真实的标签指示值。

　　在前面回顾多分类的过程中，不难发现，所有的标签值都是取自一个二元符号集合 $\{y_1=1, y_2=-1\}$。这个集合只有两个元素，由于其表征能力的限制，因此其自然组合只能解决两分类问题。故在解决多分类问题的时候，只能借助于辅助的组合方法将多分类 $\{y_1, y_2, y_3, \cdots, y_M\}$ 转化为多个二分类问题 $\{1, -1\}$ 的组合。从常规分类方法的思想看，标签集合 $\{y_1, y_2, y_3, \cdots, y_M\}$ 在决策空间当中的意义仅是将所有的样本按照分类算法在特征空间中进行分割，且在理想可分情况下得到的分割区域是没有交叉的，之后将对应每个同类的分割区域与标签值进行一一对应，从而达到对特征空间进行标识的目的。

　　换句话说，标签除了作为一个标识的指示值作用外，其对于整个分类算法不具有任何数值意义上的真正贡献（后续章节将具体分析）。本书认为这也是 SVM 不能直接应用于多分类问题的一个关键点。对此，本书另辟蹊径，从向量空间的角度出发提出一种信息表征更丰富的标签表示方法。

　　1. 标签向量空间概念

　　实际上，对于一个 M 分类标签集合 $\{y_1, y_2, y_3, \cdots, y_M\}$，可以将其嵌入到一个 M 维实线性空间当中，并将其与一组线性无关的向量组进行关联，从而将一维标签集合转化为一组线性无关且维数为 T 的向量集合。下面，首先给出标签向量空间的定义再详细分析采用这种嵌入方法的特点。

定义 3.5 标签向量空间:给定一个 M 分类问题,记原始分类标签指示集合为 $Y=\{y_1,y_2,\cdots,y_M\}$,$\mathbf{R}^M$ 空间(自然基)中的任意一组线性无关的向量集合为 $L=\{I_1,I_2,\cdots,I_M\}$,$I_i\in\mathbf{R}^M$,则存在线性变换 $\psi:Y\rightarrow L$,并称 $L=\{I_1,I_2,\cdots,I_M\}$,$I_i\in\mathbf{R}^M$ 张成的向量空间为标签向量空间。

由于原始分类指示标签仅具有指示类别的作用,故从分类的角度看,对于 $Y=\{y_1,y_2,\cdots,y_M\}$ 当中的任何元素之间都是独立且不相关的,故可假设 Y 亦有 M 个基,则对于 Y 当中的每一个元素经线性变换 ψ 到 L 空间:

$$\psi(y_1)=\zeta_{11}e_1+\zeta_{21}e_2+\cdots+\zeta_{T1}e_T=I_1$$
$$\psi(y_2)=\zeta_{12}e_1+\zeta_{22}e_2+\cdots+\zeta_{T2}e_T=I_2$$
$$\vdots \tag{3.53}$$
$$\psi(y_T)=\zeta_{1T}e_1+\zeta_{2T}e_2+\cdots+\zeta_{TT}e_T=I_M$$

称 L 为 Y 的象空间。若采用矩阵形式,则可表示为

$$\psi(y_1,y_2,\cdots,y_M)=(e_1,e_2,\cdots,e_M)A \tag{3.54}$$

其中,矩阵 $A=\begin{bmatrix}\zeta_{11} & \zeta_{12} & \cdots & \zeta_{1M}\\ \zeta_{21} & \zeta_{22} & \cdots & \zeta_{2M}\\ \vdots & \vdots & & \vdots\\ \zeta_{M1} & \zeta_{M2} & \cdots & \zeta_{MM}\end{bmatrix}$ 称为线性变换 ψ 在自然基下的矩阵。

注意到矩阵 A 的每一列实际上对应着线性变换 ψ 在 L 当中的坐标,从中也可以推出:若矩阵 A 非奇异,则对应的标签向量线性无关;反之,标签向量线性无关,则矩阵 A 必非奇异。

在采用上述变换之后,可以看出每个原始分类指示标签在标签空间当中均对应唯一一个标签向量,这是因为标签向量之间是线性无关的。故采用这种嵌入映射的方法从理论上看是可行的。

为能够对这种方法有个初始概念,本书首先分析一个简单的例子。例如,给定一个三分类问题,在 $\mathbf{R}^3$ 空间中选取如下两组线性无关的向量集合:

$$L_3=\left\{I_1=\begin{bmatrix}1\\0\\0\end{bmatrix},I_2=\begin{bmatrix}0\\1\\0\end{bmatrix},I_3=\begin{bmatrix}0\\0\\1\end{bmatrix}\right\} \tag{3.55}$$

$$L_3'=\left\{I_1=\begin{bmatrix}\sqrt{\dfrac{2}{3}}\\[2mm]\sqrt{\dfrac{1}{3\times2}}\\[2mm]\sqrt{\dfrac{1}{3\times2}}\end{bmatrix},I_2=\begin{bmatrix}\sqrt{\dfrac{1}{3\times2}}\\[2mm]\sqrt{\dfrac{2}{3}}\\[2mm]\sqrt{\dfrac{1}{3\times2}}\end{bmatrix},I_3=\begin{bmatrix}\sqrt{\dfrac{1}{3\times2}}\\[2mm]\sqrt{\dfrac{1}{3\times2}}\\[2mm]\sqrt{\dfrac{2}{3}}\end{bmatrix}\right\} \tag{3.56}$$

由于 $|A_{L_3}| = \begin{vmatrix} 1 & 0 & 0 \\ 0 & 1 & 0 \\ 0 & 0 & 1 \end{vmatrix} = 1 > \mathbf{0}$，则可知 L_3 的三个向量线性无关，而 $|A_{L_3'}| =$

$$\begin{vmatrix} \sqrt{\dfrac{2}{3}} & \sqrt{\dfrac{1}{3 \times 2}} & \sqrt{\dfrac{1}{3 \times 2}} \\ \sqrt{\dfrac{1}{3 \times 2}} & \sqrt{\dfrac{2}{3}} & \sqrt{\dfrac{1}{3 \times 2}} \\ \sqrt{\dfrac{1}{3 \times 2}} & \sqrt{\dfrac{1}{3 \times 2}} & \sqrt{\dfrac{2}{3}} \end{vmatrix} = 0.2722 > 0$$，则可知 L_3' 的三个向量亦线性无关，则

可将类别标签分别对应于每组当中的标签向量，即按照映射 $\psi : \begin{bmatrix} y_1 \\ y_2 \\ y_3 \end{bmatrix} \rightarrow \begin{bmatrix} I_1 \\ I_2 \\ I_3 \end{bmatrix}$ 进行一

一对应。

　　由标签向量空间的定义可以看出，标签向量空间实际是实线性空间的一个子空间，因此，标签向量空间实际上也是一个实内积空间，可以定义任意两个标签向量的内积如下。

　　定义 3.6（标签内积）　定义任意两个标签向量 I_1、I_2 的内积为 $(I_1, I_2) = I_1^{\mathrm{T}} I_2$。

以 $L_3' = \left\{ I_1 = \begin{bmatrix} \sqrt{\dfrac{2}{3}} \\ \sqrt{\dfrac{1}{3 \times 2}} \\ \sqrt{\dfrac{1}{3 \times 2}} \end{bmatrix}, I_2 = \begin{bmatrix} \sqrt{\dfrac{1}{3 \times 2}} \\ \sqrt{\dfrac{2}{3}} \\ \sqrt{\dfrac{1}{3 \times 2}} \end{bmatrix}, I_3 = \begin{bmatrix} \sqrt{\dfrac{1}{3 \times 2}} \\ \sqrt{\dfrac{1}{3 \times 2}} \\ \sqrt{\dfrac{2}{3}} \end{bmatrix} \right\}$ 三分类问题为例，则

可以得到如下内积：

$$(I_1, I_1) = \begin{bmatrix} \sqrt{\dfrac{2}{3}} & \sqrt{\dfrac{1}{3 \times 2}} & \sqrt{\dfrac{1}{3 \times 2}} \end{bmatrix} \begin{bmatrix} \sqrt{\dfrac{2}{3}} \\ \sqrt{\dfrac{1}{3 \times 2}} \\ \sqrt{\dfrac{1}{3 \times 2}} \end{bmatrix} = 1$$

$$(I_1,I_2)=\left[\sqrt{\frac{2}{3}}\quad\sqrt{\frac{1}{3\times2}}\quad\sqrt{\frac{1}{3\times2}}\right]\begin{bmatrix}\sqrt{\dfrac{1}{3\times2}}\\[2mm]\sqrt{\dfrac{2}{3}}\\[2mm]\sqrt{\dfrac{1}{3\times2}}\end{bmatrix}=\frac{5}{6}$$

$$(I_1,I_3)=\left[\sqrt{\frac{2}{3}}\quad\sqrt{\frac{1}{3\times2}}\quad\sqrt{\frac{1}{3\times2}}\right]\begin{bmatrix}\sqrt{\dfrac{1}{3\times2}}\\[2mm]\sqrt{\dfrac{1}{3\times2}}\\[2mm]\sqrt{\dfrac{2}{3}}\end{bmatrix}=\frac{5}{6}$$

$$(I_2,I_2)=\left[\sqrt{\frac{1}{3\times2}}\quad\sqrt{\frac{2}{3}}\quad\sqrt{\frac{1}{3\times2}}\right]\begin{bmatrix}\sqrt{\dfrac{1}{3\times2}}\\[2mm]\sqrt{\dfrac{2}{3}}\\[2mm]\sqrt{\dfrac{1}{3\times2}}\end{bmatrix}=1$$

$$(I_2,I_3)=\left[\sqrt{\frac{1}{3\times2}}\quad\sqrt{\frac{2}{3}}\quad\sqrt{\frac{1}{3\times2}}\right]\begin{bmatrix}\sqrt{\dfrac{1}{3\times2}}\\[2mm]\sqrt{\dfrac{1}{3\times2}}\\[2mm]\sqrt{\dfrac{2}{3}}\end{bmatrix}=\frac{5}{6}$$

$$(I_3,I_3)=\left[\sqrt{\frac{1}{3\times2}}\quad\sqrt{\frac{1}{3\times2}}\quad\sqrt{\frac{2}{3}}\right]\begin{bmatrix}\sqrt{\dfrac{1}{3\times2}}\\[2mm]\sqrt{\dfrac{1}{3\times2}}\\[2mm]\sqrt{\dfrac{2}{3}}\end{bmatrix}=1$$

任意标签向量的范数可描述如下。

定义 3.7(标签范数)　对于任意一个标签向量 $I=(\zeta_1,\zeta_2,\cdots,\zeta_T)^{\mathrm{T}}$ 的范数：

$$\parallel I\parallel=\sqrt{(I,I)}=\sqrt{\zeta_1^2+\zeta_2^2+\cdots+\zeta_T^2}$$

有了范数的概念之后,就可以定义任意两个标签向量 I_1、I_2 之间的距离(或相

似度）为

$$d = \parallel I_1 - I_2 \parallel = \sqrt{(I_1 - I_2, I_1 - I_2)} = \sqrt{(I_1, I_1) + (I_2, I_2) - (I_1, I_2) - (I_2, I_1)}$$

$$(3.57)$$

由此可见，距离可以通过内积表出。例如：

$$L_3' = \left\{ I_1 = \begin{bmatrix} \sqrt{\dfrac{2}{3}} \\ \sqrt{\dfrac{1}{3 \times 2}} \\ \sqrt{\dfrac{1}{3 \times 2}} \end{bmatrix}, I_2 = \begin{bmatrix} \sqrt{\dfrac{1}{3 \times 2}} \\ \sqrt{\dfrac{2}{3}} \\ \sqrt{\dfrac{1}{3 \times 2}} \end{bmatrix}, I_3 = \begin{bmatrix} \sqrt{\dfrac{1}{3 \times 2}} \\ \sqrt{\dfrac{1}{3 \times 2}} \\ \sqrt{\dfrac{2}{3}} \end{bmatrix} \right\} \qquad (3.58)$$

按照距离的计算公式，可以求得任意两个标签向量点之间的距离为

$$d_{12} = \parallel I_1 - I_2 \parallel = \left\| \begin{matrix} \sqrt{\dfrac{2}{3}} - \sqrt{\dfrac{1}{3 \times 2}} \\ \sqrt{\dfrac{1}{3 \times 2}} - \sqrt{\dfrac{2}{3}} \\ \sqrt{\dfrac{1}{3 \times 2}} - \sqrt{\dfrac{1}{3 \times 2}} \end{matrix} \right\| = 0.5774$$

$$d_{13} = \parallel I_1 - I_3 \parallel = \left\| \begin{matrix} \sqrt{\dfrac{2}{3}} - \sqrt{\dfrac{1}{3 \times 2}} \\ \sqrt{\dfrac{1}{3 \times 2}} - \sqrt{\dfrac{1}{3 \times 2}} \\ \sqrt{\dfrac{1}{3 \times 2}} - \sqrt{\dfrac{2}{3}} \end{matrix} \right\| = 0.5774$$

$$d_{23} = \parallel I_2 - I_3 \parallel = \left\| \begin{matrix} \sqrt{\dfrac{1}{3 \times 2}} - \sqrt{\dfrac{1}{3 \times 2}} \\ \sqrt{\dfrac{2}{3}} - \sqrt{\dfrac{1}{3 \times 2}} \\ \sqrt{\dfrac{1}{3 \times 2}} - \sqrt{\dfrac{2}{3}} \end{matrix} \right\| = 0.5774$$

由此可知，对给定线性无关向量组 L_3'，三个标签向量点构成一个等边三角形。

2. 线性无关向量可分定理

根据上述定义，可分别得到 L_3、L_3' 在标签空间中对应的三点，如图 3.1 所示。

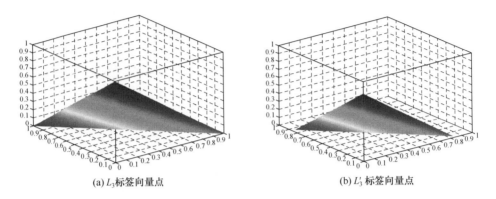

(a) L_3 标签向量点　　　　　　　　　　(b) L_3' 标签向量点

图 3.1　L_3 标签向量点与 L_3' 标签向量点确定的三角形平面

由图 3.1 显然可见,三个标签向量点分别对应三角形平面的三个顶点,而顶点与顶点之间显然是关于两点之间的中垂线最大间隔可分的。换句话说,对于三分类问题,采用线性无关的标签向量表征类别之后,任意两类之间都是可分的,因而可以看出每个标签向量具有类别标签指示值独一无二表征的性质,可以与一个对应类别实现一一关联。从而,可以将一个一维标签集合表征成为一组线性无关的向量集合。而且,向量包含的信息要比一个单纯的指示值要多得多。

实际上,可以证明上述关系对于标签向量空间 $L \subset \mathbf{R}^T$ 具有一般性,为此,本书提出一个 L 空间的线性无关向量可分定理,并从理论上给出严格证明。

定理 3.3(线性无关向量可分定理)　给定 L 空间中一组线性无关的标签向量集合 $\Xi = \{I_1, I_2, \cdots, I_T\}$,则任意两个标签向量 $I_i, I_j \in \Xi$ 之间严格可分。

证明　只要证明任意两个标签向量 $I_i, I_j \in \Xi$ 之间的距离大于 0,即可说明这两个标签向量之间是严格可分的。

按照距离的定义可知,任意两个标签向量之间的距离可以写为

$$\begin{aligned}
d_{ij} &= \| I_i - I_j \| = \sqrt{(I_i - I_j, I_i - I_j)} \\
&= \sqrt{(I_i - I_j)^{\mathrm{T}}(I_i - I_j)} \\
&= \sqrt{I_i^{\mathrm{T}}I_i + I_j^{\mathrm{T}}I_j - I_j^{\mathrm{T}}I_i - I_i^{\mathrm{T}}I_j} \\
&= \sqrt{\| I_i \|^2 + \| I_j \|^2 - 2(I_i, I_j)}
\end{aligned} \tag{3.59}$$

因此,只需要证明对于任意的线性无关标签向量之间都有严格不等式 $\| I_i \|^2 + \| I_j \|^2 - 2(I_i, I_j) > 0$ 成立即可。

由于给定的向量组线性无关,因此对于任意的标签向量 $I_i, I_j \neq 0$,则根据 Cauchy-Schwarz 不等式可得

$$(I_i, I_j) \leqslant \| I_i \| \| I_j \| \tag{3.60}$$

其中,等号当且仅当 $I_i = r I_j (r \neq 0)$ 时成立,而根据题设可知给定的向量组线性无关,故 $I_{i \neq r} I_j$,因而可知 $(I_i, I_j) < \| I_i \| \| I_j \|$ 成立,则由不等式的传递性质可得

$$\parallel I_i \parallel^2 + \parallel I_j \parallel^2 - 2(I_i, I_j) > \parallel I_i \parallel^2 + \parallel I_j \parallel^2 - 2 \parallel I_i \parallel \parallel I_j \parallel = (\parallel I_i \parallel - \parallel I_j \parallel)^2 > 0$$

$$(3.61)$$

任意两个标签向量之间的距离均大于零,这也就说明任意两个标签向量点之间是严格可分的。

证毕。

线性无关向量可分定理的主要作用在于说明线性无关的标签向量之间是严格可分的。这当中的一条重要启示是,如果能够找到一个函数,且函数输出为各个标签向量点,则这个函数一定可以同时区分各个类别。这就为本书提出的向量值核学习机找到了思路。

前面分析过程都是假设从原始标签到标签向量空间的线性变换是直接显式给定的,因而其内积可以直接计算。实际上,当处理的问题属于大类别时,标签向量空间也可以是某一个高维特征空间,而再生核通过引入满足 Mercer 条件的核来等价计算在特征空间当中的内积,而不需要关心嵌入映射的具体表达形式。由于再生核具有这个特性,因而使得核的选择具有很好的灵活性,同时也使得问题的处理得以更加灵活。在实际应用当中,一方面,我们希望能够获得与嵌入映射的显式形式无关且更加灵活的标签表达方法;另一方面,相似度的表征都可以通过内积形式表达出来,且在再生核空间内积与具体的映射形式之间没有直接关联,仅与选用的核函数相关。这两方面的需求引出了研究再造核标签 Hilbert 空间以及如何构造标签再生核的必要性,稍后将给出具体的分析。

3.3.2　向量值分类 SVM 模型

本节首先提出在常规 SVM 二分类的基础上推广至多类分类的基本思路,并提出适用于多类分类的一般形式,包括其原始形式、对偶形式及 KKT 最优条件(松弛变量)、偏置求解。

1. 多分类概念和思路

标准二分类 SVM 可以写成如下最优化形式[2]:

$$\min_{w, b, \xi} \frac{1}{2} w^{\mathrm{T}} w + C \left(\sum_{i=1}^{l} \xi_i \right)$$

$$\text{w. r. t.} \begin{cases} w : H_\varphi \to \mathbf{R} \\ b \in \mathbf{R} \\ \xi_i \in \mathbf{R} \end{cases} \qquad (3.62)$$

$$\text{s. t.} \begin{cases} y_i (w^{\mathrm{T}} \varphi(x_i) + b) \geqslant 1 - \xi_i \\ \xi_i \geqslant 0, \quad i = 1, \cdots, l \end{cases}$$

从上式可以看出,超平面法向量 w 实际上可以看成是作用于特征空间向量的

一个线性变换,这使得可对法向量重新解析并将其应用于向量值分类学习机。为此,对法向量进行重新解析如下:

标准二分类 SVM:

(1) $y_i \in \{-1, +1\}$ 为二值输出;

(2) w 是分离超平面的法向量。

向量值 SVM:

(1) $y_i \in \mathbf{R}^T$ 为向量值任意实数输出,其中 T 为类别数,并且 $\psi(y_i) \in H_\psi$ 为对应于某一线性空间的标签;

(2) W 是线性算子,将输入空间投影到输出空间,并且通过学习算法建立输出和投影输入之间的最大相似度关系。

为使研究思路更加清晰,进一步说明 W 算子的作用和意义,实际上,W 可以看成是对某一个欧几里得空间的基础变换,按照奇异值分解可得出,W 实际上可以写成 $W = UDV^{\mathrm{T}}$,其中 UDV 的作用可以用图 3.2 进行说明。

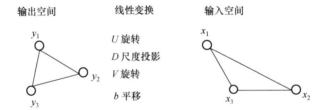

图 3.2　线性算子 W 的意义

因此,引入线性算子后的新算法实际上是寻找一个从输入到输出空间的线性变换,以获得输入与输出之间的最大相似度关系。而且,由点与超平面的关系可知,点 $(\varphi(x_i), \psi(y_i))$ 到决策超平面 (W, b) 的距离可由下式计算:

$$d = \langle \psi(y_i), W\varphi(x_i) + b \rangle_{H_\psi} \tag{3.63}$$

则按照分类要求(如 $d_i \geqslant 1$),并且考虑允许错分的情形出现(如 $d_i \geqslant 1 - \xi_i$),则可以引出如下向量值分类学习机算法:

$$\min_{\langle W, b, \xi \rangle} \frac{1}{2} \| W \|_{\mathrm{F}}^2 + C \sum_{i=1}^{l} \xi_i$$

$$\text{w. r. t.} \begin{cases} W : H_\varphi \to H_\psi \\ b \in H_\psi \\ \xi_i \in \mathbf{R} \end{cases} \tag{3.64}$$

$$\text{s. t.} \begin{cases} \langle \psi(y_i), W\varphi(x_i) + b \rangle_{H_\psi} \geqslant 1 - \xi_i \\ \xi_i \geqslant 0, \quad i = 1, \cdots, l \end{cases}$$

2. 原始形式

为能够消除决策函数当中的偏置项 b，并且在对偶函数中消除等式约束，本书在目标函数中引入额外的惩罚项 $\frac{1}{2}\|b\|^2$（稍后，可以看出这样做的好处是可以不用求解偏置 b），整理可得向量值分类学习机的原始形式为

$$\min_{(W,b,\xi)} \frac{1}{2}\text{tr}(W^{\text{T}}W) + \frac{1}{2}\|b\|^2 + C\sum_{i=1}^{l}\xi_i$$

$$\text{s. t.} \begin{cases} \langle\psi(y_i), W\varphi(x_i)+b\rangle_{H_\psi} \geqslant 1-\xi_i \\ \xi_i \geqslant 0, \quad i=1,\cdots,l \end{cases} \tag{3.65}$$

3. 对偶形式

构造 Lagrange 函数为

$$L = \frac{1}{2}\text{tr}(W^{\text{T}}W) + \frac{1}{2}\|b\|^2 + C\sum_{i=1}^{l}\xi_i$$

$$+ \sum_{i=1}^{l}\alpha_i(1-\xi_i-\langle\psi(y_i), W\varphi(x_i)+b\rangle_{H_\psi}) - \sum_{i=1}^{l}\beta_i\xi_i \tag{3.66}$$

根据内积定义和内积与迹的关系可知

$$\langle\psi(y_i), W\varphi(x_i)\rangle = \text{tr}(\psi(y_i)^{\text{T}}W\varphi(x_i))$$

$$= \text{tr}(W\varphi(x_i)\psi(y_i)^{\text{T}})$$

$$= \langle W, [\psi(y_i)\otimes\varphi(x_i)]\rangle \tag{3.67}$$

根据最优化条件对原始变量取偏微分可得

$$\frac{\partial L}{\partial W} = W - \sum_{i=1}^{l}\alpha_i[\psi(y_i)\otimes\varphi(x_i)] = 0 \tag{3.68}$$

$$\frac{\partial L}{\partial b} = b - \sum_{i=1}^{l}\alpha_i\psi(y_i) = 0 \tag{3.69}$$

$$\frac{\partial L}{\partial\xi_i} = C - \alpha_i - \beta_i = 0 \tag{3.70}$$

整理上述关系式，可得如下条件：

$$\begin{cases} W = \sum_{i=1}^{l}\alpha_i[\varphi(x_i)\otimes\psi(y_i)] \\ b = \sum_{i=1}^{l}\alpha_i\psi(y_i) \\ \beta_i = C-\alpha_i \geqslant 0 \end{cases} \tag{3.71}$$

将上述关系式带入 Lagrange 函数可得

$$L = \frac{1}{2} \mathrm{tr}(\mathbf{W}^\mathrm{T}\mathbf{W}) + \frac{1}{2} b^\mathrm{T} b + C \sum_{i=1}^{l} \xi_i$$

$$+ \sum_{i=1}^{l} \alpha_i (1 - \xi_i - \langle \psi(y_i), \mathbf{W}\varphi(x_i) + b \rangle_{H_\psi}) - \sum_{i=1}^{l} \beta_i \xi_i$$

$$= \frac{1}{2} \sum_{i=1}^{l} \sum_{j=1}^{l} \alpha_i \alpha_j [\varphi(x_i) \otimes \psi(y_i)]^\mathrm{T} [\varphi(x_j) \otimes \psi(y_j)] + \sum_{i=1}^{l} \alpha_i$$

$$- \sum_{i=1}^{l} \sum_{j=1}^{l} \alpha_i \alpha_j [\varphi(x_i) \otimes \psi(y_i)]^\mathrm{T} [\varphi(x_j) \otimes \psi(y_j)]$$

$$+ \frac{1}{2} \sum_{i=1}^{l} \sum_{j=1}^{l} \alpha_i \alpha_j \psi(y_i)^\mathrm{T} \psi(y_j) - \sum_{i=1}^{l} \sum_{j=1}^{l} \alpha_i \alpha_j \psi(y_i)^\mathrm{T} \psi(y_j)$$

$$= -\frac{1}{2} \sum_{i=1}^{l} \sum_{j=1}^{l} \alpha_i \alpha_j \{[\varphi(x_i) \otimes \psi(y_i)]^\mathrm{T} [\varphi(x_j) \otimes \psi(y_j)] + \psi(y_i)^\mathrm{T} \psi(y_j)\} + \sum_{i=1}^{l} \alpha_i$$

$$= -\frac{1}{2} \sum_{i=1}^{l} \sum_{j=1}^{l} \alpha_i \alpha_j (\varphi(x_i)^\mathrm{T} \varphi(x_j) + 1)(\psi(y_i)^\mathrm{T} \psi(y_j)) + \sum_{i=1}^{l} \alpha_i \tag{3.72}$$

整理后,可得对偶形式为

$$\min_\alpha \quad -\frac{1}{2} \sum_{i=1}^{l} \sum_{j=1}^{l} \alpha_i \alpha_j (\varphi(x_i)^\mathrm{T} \varphi(x_j) + 1)(\psi(y_i)^\mathrm{T} \psi(y_j)) + \sum_{i=1}^{l} \alpha_i \tag{3.73}$$

$$\mathrm{s.\,t.} \quad \begin{cases} 0 \leqslant \alpha_i \leqslant C \\ i = 1, \cdots, l \end{cases}$$

由此可见,上式目标函数为二次形,且约束条件为盒不等式约束,则可推知上式为典型的凸二次规划形式,因此,可以采用有效的 QP 软件进行求解。

4. KKT 最优化条件

KKT 最优化条件包含四方面的内容:一是原始变量的可行性,即满足原有不等式或等式约束;二是对偶可行性,即要满足所有对偶变量为非负数;三是互补松弛性条件,即所有对偶变量与对应原始等式或者不等式之间的点积为 0;四是当目标函数和约束函数在最优点可微时,构造的 Lagrange 函数在最优点满足一阶微分为 0。则根据 KKT 条件的互补松弛条件,松弛变量 ξ_i 可由如下 KKT 条件组确定:

$$\alpha_i (1 - \xi_i - \langle \psi(y_i), \mathbf{W}\varphi(x_i) + b \rangle)_{H_\psi} = 0 \tag{3.74}$$

$$(C - \alpha_i)\xi_i = 0 \tag{3.75}$$

而由上式同样可以引入支持向量的概念:

(1) 当 $\alpha_i = 0$ 时,由式(3.75)可知,$\xi_i = 0$。

(2) 当 $0 < \alpha_i < C$ 时,由式(3.75)可知,$\xi_i = 0$,称为支持向量。

(3) 当 $\alpha_i = C$ 时,$\xi_i \neq 0$,松弛变量大小可由式(3.74)确定,成为边界支持向量。

5. 偏置

根据最优化条件,可以很容易的得到如下关系式:

$$b = \sum_{i=1}^{l} \alpha_i \psi(y_i) \tag{3.76}$$

可见,当标签向量显化的时候,可以采用该式显化求出偏置的具体值,实际上偏置并不需要求解。

6. 决策函数

由决策函数定义并结合式(3.67)和式(3.76),可将决策函数表示为

$$\arg \max_{t=1,\cdots,T} \langle \psi(y_t), (W\varphi(x_j)+b) \rangle$$

$$= \arg \max_{t=1,\cdots,T} \sum_{i=1}^{l} \alpha_i \langle \psi(y_t), \psi(y_i) \rangle (\langle \varphi(x_i), \varphi(x_j) \rangle + 1)$$

$$= \arg \max_{t=1,\cdots,T} \sum_{i=1}^{l} \alpha_i \langle \psi(y_t), \psi(y_i) \rangle (\langle \varphi(x_i), \varphi(x_j) \rangle + 1)$$

$$\tag{3.77}$$

从上式可以看出,最终决策函数与嵌入标签向量的具体表达形式无关,仅与标签向量之间的内积有关,使得分类模型与分类的类别数无关。且上述对偶形式仅为一个与二分类 SVM 相当的模型复杂度,故得出:该模型具有理想的模型复杂度,可以适用于高维大类别分类问题的求解。

7. 标签核函数

从决策函数的表达形式可知,标签向量不需要有具体的表达形式,仅需要知道其内积的表达形式就可以了。为分析问题起见,本书采用如下可以显化表达的标签向量。

设 $\psi(y_i)_t^j$ 表示与样本 x_i 对应的嵌入标签向量,其中,t 表示样本 x_i 的类别,M 表示总类别数,j 表示嵌入标签向量的第 j 项。则由标签向量的定义可知,每一个嵌入后的标签向量都有 M 项。一种对应样本 x_i 的简便嵌入标签可以设定为

$$\psi(y_i)_t^j = \begin{cases} \sqrt{\dfrac{M-1}{M}}, & j=t; j=1,\cdots,M \\ \sqrt{\dfrac{1}{M(M-1)}}, & \text{其他} \end{cases} \tag{3.78}$$

可以证明,嵌入后标签向量之间的内积满足

$$\langle \psi(y_i), \psi(y_j) \rangle = \begin{cases} 1, & t_i = t_j \\ \dfrac{3M-4}{M(M-1)}, & \text{其他} \end{cases} \tag{3.79}$$

另外,一种对应样本 x_i 的简便嵌入标签可以设定为

$$\psi(y_i)_t^j = \begin{cases} 1, & j=t; j=1,\cdots,M \\ 0, & 其他 \end{cases} \tag{3.80}$$

同样可以证明,嵌入后标签向量之间的内积满足

$$\langle \psi(y_i), \psi(y_j) \rangle_{i,j} = \begin{cases} 1, & t_i = t_j \\ 0, & 其他 \end{cases} \tag{3.81}$$

容易验证,上式表示的矩阵是半正定矩阵。且由标签向量的性质可知,上述设置适用于任何 $M>3$ 的分类问题。因此,可以定义核函数为

$$k_{ij}^{H_\psi} = \langle \psi(y_i), \psi(y_j) \rangle_{i,j} \tag{3.82}$$

8. 向量值分类学习机核化形式

若引入核函数,记 $\varphi(x_i)^{\mathrm{T}} \varphi(x_j) = k_{ij}^{H_\varphi}$,$\psi(y_i)^{\mathrm{T}} \psi(y_j) = k_{ij}^{H_\psi}$,则上式可以完全核化为如下形式:

$$\min_{\alpha} -\frac{1}{2} \sum_{i=1}^{l} \sum_{j=1}^{l} \alpha_i \alpha_j (k_{ij}^{H_\varphi} + 1) k_{ij}^{H_\psi} + \sum_{i=1}^{l} \alpha_i$$

$$\text{s. t.} \quad \begin{cases} 0 \leqslant \alpha_i \leqslant C \\ i = 1,\cdots,l \end{cases} \tag{3.83}$$

说明:一般情况下,对于嵌入的输出 Hilbert 空间,其变换 $\psi(\cdot)$ 的具体形式在本书的研究中是需要明确给出的,因此,$\psi(y_i)^{\mathrm{T}} \psi(y_j) = k_{ij}^{H_\psi}$ 大小很容易确定下来。而对于 $\varphi(x_i)^{\mathrm{T}} \varphi(x_j) = k_{ij}^{H_\varphi}$ 而言,由于输入空间被嵌入到某一高维特征空间,且非线性变换一般是无法明确给出显化的,因此,需要按照再造核 Hilbert 空间的理论,选用一个满足 Mercer 条件的核替代计算其内积。

3.3.3　结构覆盖分类算法

为了能够使用 MEB 核心集快速学习算法解决多分类问题,需要首先研究向量值 SVM 模型是否能够表征为一个 MEB 问题。然后,如果能够表征再结合 MEB 核心集算法发展对应的核心集结构覆盖分类算法。

1. 原始形式

结合 Nu-SVM 算法采用的方法,提出如下向量值分类学习机模型的原始形式:

$$\min_{(W,b,\xi)} \frac{1}{2} \mathrm{tr}(W^{\mathrm{T}}W) + \frac{1}{2} \| b \|^2 - \rho + \frac{C}{2} \sum_{i=1}^{l} \xi_i^2$$

$$\text{s. t.} \quad \langle \psi(y_i), W\varphi(x_i) + b \rangle_{H_\psi} \geqslant \rho - \xi_i \tag{3.84}$$

2. 对偶形式

构造 Lagrange 函数为

$$L = \frac{1}{2}\mathrm{tr}(W^{\mathrm{T}}W) + \frac{1}{2}\|b\|^2 - \rho + \frac{C}{2}\sum_{i=1}^{l}\xi_i^2$$

$$+ \sum_{i=1}^{l}\alpha_i(\rho - \xi_i - \langle\psi(y_i), W\varphi(x_i) + b\rangle_{H_\psi}) \tag{3.85}$$

再根据内积定义和内积与迹的关系可知

$$\langle\psi(y_i), W\varphi(x_i)\rangle = \langle W, [\psi(y_i)\otimes\varphi(x_i)]\rangle \tag{3.86}$$

则根据最优化条件,对原始变量取偏微分可得

$$\frac{\partial L}{\partial W} = W - \sum_{i=1}^{l}\alpha_i[\psi(y_i)\otimes\varphi(x_i)] = 0 \tag{3.87}$$

$$\frac{\partial L}{\partial b} = b - \sum_{i=1}^{l}\alpha_i\psi(y_i) = 0 \tag{3.88}$$

$$\frac{\partial L}{\partial \xi_i} = C\xi_i - \alpha_i = 0 \tag{3.89}$$

$$\frac{\partial L}{\partial \rho} = 1 - \sum_{i=1}^{l}\alpha_i = 0 \tag{3.90}$$

整理上述关系式,可得如下条件:

$$\begin{cases} W = \sum_{i=1}^{l}\alpha_i[\varphi(x_i)\otimes\psi(y_i)] \\ b = \sum_{i=1}^{l}\alpha_i\psi(y_i) \\ \xi_i = \dfrac{\alpha_i}{C} \\ \sum_{i=1}^{l}\alpha_i = 1 \end{cases} \tag{3.91}$$

将上述关系式带入 Lagrange 函数可得

$$L = \frac{1}{2}\mathrm{tr}(W^{\mathrm{T}}W) + \frac{1}{2}b^{\mathrm{T}}b + \frac{C}{2}\sum_{i=1}^{l}\xi_i^2 - \rho$$

$$+ \sum_{i=1}^{l}\alpha_i(\rho - \xi_i - \langle\psi(y_i), W\varphi(x_i) + b\rangle_{H_\psi})$$

$$= -\frac{1}{2C}\sum_{i=1}^{l}\alpha_i^2 - \frac{1}{2}\sum_{i=1}^{l}\sum_{j=1}^{l}\alpha_i\alpha_j\langle\psi(y_i), \psi(y_j)\rangle$$

$$- \frac{1}{2}\sum_{i=1}^{l}\sum_{j=1}^{l}\alpha_i\alpha_j(\langle\psi(y_i), \psi(y_j)\rangle\langle\psi(y_i), \psi(y_j)\rangle)$$

$$= -\frac{1}{2}\sum_{i=1}^{l}\sum_{j=1}^{l}\alpha_i\alpha_j\left(\langle\psi(y_i), \psi(y_j)\rangle\langle\psi(y_i), \psi(y_j)\rangle + \langle\psi(y_i), \psi(y_j)\rangle + \frac{1}{C}\delta_{ij}\right)$$

$$\tag{3.92}$$

整理后可得对偶形式为

$$\min_{\alpha} -\frac{1}{2} \sum_{i=1}^{l} \sum_{j=1}^{l} \alpha_i \alpha_j \left(\langle \psi(y_i), \psi(y_j) \rangle \langle \psi(y_i), \psi(y_j) \rangle + \langle \psi(y_i), \psi(y_j) \rangle + \frac{1}{C} \delta_{ij} \right)$$

$$\text{s. t.} \quad \begin{cases} \sum_{i=1}^{l} \alpha_i = 1 \\ \alpha_i \geqslant 0 \end{cases}$$

$$(3.93)$$

实际上对于上述优化问题，每个训练点 $z_i = (x_i, y_i)$ 都可以看成是经过非线性变换 $\tilde{\varphi}(z_i)$ 得到：

$$\tilde{\varphi}(z_i) = \begin{bmatrix} \varphi(x_i) \otimes \psi(y_i) \\ \psi(y_i) \\ \frac{1}{\sqrt{C}} e_i \end{bmatrix} \tag{3.94}$$

其中，e_i 是一个 l 维向量，当中除了第 i 项为 1 之外，其余各项均为 0。

令

$$\tilde{k}_{ij}(z_i, z_j) = \tilde{\varphi}(z_i)^{\mathrm{T}} \tilde{\varphi}(z_j)$$
$$= \langle \psi(y_i), \psi(y_j) \rangle \langle \varphi(x_i), \varphi(x_j) \rangle + \langle \psi(y_i), \psi(y_j) \rangle + \frac{1}{C} \delta_{ij} \tag{3.95}$$

则可以得到如下简化形式：

$$\min_{\alpha} -\frac{1}{2} \sum_{i=1}^{l} \sum_{j=1}^{l} \alpha_i \alpha_j \tilde{k}_{ij}$$

$$\text{s. t.} \quad \begin{cases} \sum_{i=1}^{l} \alpha_i = 1 \\ \alpha_i \geqslant 0 \end{cases} \tag{3.96}$$

写成矩阵形式即为

$$\min_{\alpha} -\frac{1}{2} \alpha^{\mathrm{T}} \tilde{K} \alpha$$

$$\text{s. t.} \quad \begin{cases} \alpha^{\mathrm{T}} \cdot 1 = 1 \\ \alpha \geqslant 0 \end{cases} \tag{3.97}$$

其中，α 为 Lagrange 乘数；$\tilde{K} = \{\tilde{k}_{ij}, i, j = 1, \cdots, l\}$。

显然，这是一个典型的 MEB 表征形式。因此，这个向量值分类学习机可以采用 MEB 核心集算法进行求解。为区别于二分类覆盖机器学习算法，将其命名为结构覆盖分类学习机。

3. 决策函数

由最优化条件可以得到

$$W = \sum_{i=1}^{l} \alpha_i \big[\varphi(x_i) \otimes \psi(y_i) \big]$$
$$b = \sum_{i=1}^{l} \alpha_i \psi(y_i) \tag{3.98}$$

引入核函数后,则决策函数变为

$$\arg \max_{t=1,\cdots,M} \langle \psi(y_t), (W\varphi(x_j)+b) \rangle$$

$$= \arg \max_{t=1,\cdots,M} \sum_{i=1}^{l} \alpha_i \langle \psi(y_t), \psi(y_i) \rangle (\langle \varphi(x_i), \varphi(x_j) \rangle + 1)$$

$$= \arg \max_{t=1,\cdots,M} \sum_{i=1}^{l} \alpha_i k_u^{H_\psi} (k_u^{H_\psi} + 1) \tag{3.99}$$

从决策规则上看,结构覆盖分类学习机需要计算 M 个独立的分类器,与一对多分类方法具有同样的分类器数目,但是结构覆盖分类学习机在同时获得 M 个分类器参数的同时,保证了模型只具有单个二分类 SVM 的计算复杂度。

3.3.4　结构覆盖分类 MEB 核心集算法

前面分析了向量值分类学习机的 MEB 表征形式,这样就可以得到一个 MEB 学习问题,由于引入了新的非线性变换 $\widetilde{\varphi}(\cdot)$,为能够改善分类学习机的收敛速度,需要对任意点到球心距离点计算、核心集初始化和最远距离点计算等步骤进行适当的改进,以提高算法对每类数据处理的均衡性。

1. 任意点距球心距离计算

任意一点 z 到球心的距离可用下式进行计算:

$$d_{z_i}^2 = \| \widetilde{\varphi}(z_i) - c \|^2 = \widetilde{k}(z_i, z_i) - 2\sum_{j=1}^{l} \alpha_j \widetilde{k}(z_j, z_i) + \sum_{j,k=1}^{l} \alpha_j \alpha_k \widetilde{k}(z_j, z_k) \tag{3.100}$$

结合式(3.95),就可以由上式方便地计算出任意一点 z 到球心的核距离值。

2. 核心集初始化

由 MEB 算法可知,在初始化过程当中,首先从样本当中随机选中一个点,并且找出距离其最远的点作为核心集初始元素集合,并且据此初始化 MEB 的半径和球心,显然,样本初始点好坏对于 MEB 算法至关重要。前面在将其应用于二分类问题时,在初始化过程中,为了样本均衡起见,一般需要从每一类中随机选取一部分点作为初始核心集。这样初始生成的 MEB 对于每个类别才会均衡。由于这里研究的是多分类问题。因此,也需要采用适当的初始化方法确保初始的核心集当中对于每个类别是均衡的。本书提出采用如下所示算法作为核心集算法的初始化方法:

设定采样点数为 n_S：

（1）对每个训练样本，初始化核心集标志 chklist←0，初始化核心集索引 coreIdx←—1，初始化核心集元素计数器 coreNum←0，初始化采样点计数器 sampleNum←0。

（2）whilf(sampleNum<n_S)do。

（3）从每类中随机选择不在核心集当中的一个点，添加至核心集中，设定核心集标志为 1，保存该点的核心集索引 coreIdx。计数器加 1，若采样点超过 n_S，则转到（4），否则转到（3）。

（4）返回当前的核心集及其索引，初始化完毕。

为了保证 MEB 在每一步中都能够按照最优化条件进行 MEB 更新，针对 MEB 算法进行更新。算法在每一步的更新过程中，都要增加一个最远距离点，按照距离的定义可得：

$$\arg \max_{z_t \notin \mathrm{MEB}(c_i, (1+\varepsilon)r_i)} \| c_i - \widetilde{\varphi}(z_t) \|^2 = \arg \max_{z_t \notin \mathrm{MEB}(c_t, (1+\varepsilon)r_t)} \| c_t - \widetilde{\varphi}(z_t) \|^2$$

(3.101)

3.3.5　实验分析

评价一个算法的优劣，最直接的方法就是采用国际通用标准机器学习数据库进行验证，为了说明新算法性能的优势，我们与标准 SVM 进行了比较。值得指出的是：Tsang 公布的 CVM 程序是采用 C++编写，采用 SMO 内核求解 QP 子问题，是经过精心优化的可执行代码，因此算法的执行效率高，可以直接用于大规模数据集。而本书现阶段的验证算法是采用 MATLAB 与部分 C++混合编写的。因为二者的编译与执行环境不同，且为使得比较的结果有意义，本节实验没有与 CVM 进行比较，而是在同一工作环境下编写了结构覆盖分类学习机和标准 SVM 的 MATLAB 程序。

1. 实验设置

本节的实验采用 UCI 机器学习数据库，分别选取 Iris 多类数据集（小数据集）、Diabetes 二值数据集（中等规模）、Image Segmentation 多类数据集（较大规模数据集）三个量级，从二值与多值角度进行比较，各个数据集的说明如表 3.1 所示。

所有实验是在 Windows XP 操作系统、MATLAB7.5、Intel 酷睿 2 的 1.2GHz 双核处理器、内存 512MB 的主机上完成的。为方便起见，记严格 MEB 核心集新算法为 CoresetMEB。采用 L2SVM 核学习机，核学习机采用高斯核函数 $k(x, y) = \exp(\| x - y \|^2 / 2\sigma^2)$，QP 求解器使用 CPLEX 的 MATLAB 接口程序实现，对于多类问题采用一对一实现方法，并且采用投票的方法实现多分类。训练集和测试集采用随机方法确定，具体数目分布如表 3.1 所示。

表 3.1　分类数据集说明

数据集名	类别数	样本数		特征数
		训练集	测试集	
Iris	3	75	75	4
Diabetes	2	576	192	8
Image Segmentation	7	1500	810	19

CoresetMEB 权衡因子 C 以及核函数参数 σ 采用 5 层交叉验证获得。其中，CoresetMEB 默认精度 ε 为 0.001。针对这 4 个数据集分别设计 4 个实验，每个实验均给出 CoresetMEB 参数的交叉验证，以研究两个参数 C 以及 σ 对于学习机的影响。另外，采用分类正确率和混淆矩阵表征最佳分类器的性能。为了反映分类器的学习速度，取交叉验证平均误差最小的模型为最优模型，并且用最优模型的训练时间作为比较的指标。标准 SVM 权衡因子 C 以及核函数参数 σ 也采用 5 层交叉验证获得。

2. Iris 数据集实验

可选参数集设置为：参数 $C=\{10,100,1000\}$，核参数 $\sigma=\{0.5,1,2,3\}$。一共有 12 种组合，每种组合需要求解 3 个二值子分类问题，则标准 SVM 一共需要求解 36 个子二值分类问题。对于给定的数据分布和前面的可选参数集，出现了一个值得研究的现象，即新算法的最佳测试分类准确率可以达到 100%，而 SVM 的最佳值为 97.3%，主要原因在于第二类与第三类样本重合严重，而新算法得到的支持向量分布要比 SVM 均匀，新算法得到 30 个支持向量，而 SVM 只有 22 个。实验结果如表 3.2 所示，误差曲线、混淆矩阵如图 3.3 和图 3.4 所示。

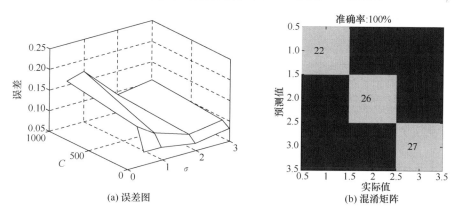

(a) 误差图　　　　　　　　　(b) 混淆矩阵

图 3.3　Iris 数据集 CoresetMEB 结果

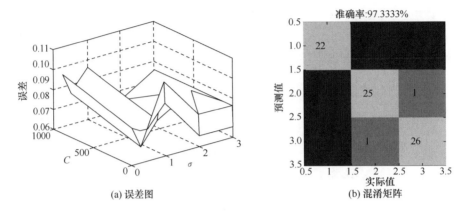

(a) 误差图　　　　　　　　(b) 混淆矩阵

图 3.4　Iris 数据集 SVM 结果

表 3.2　Iris 数据集实验结果

分类器	最优参数		误差/%	准确率/%	时间/s
	C	σ			
CoresetMEB	10	2	8	100	0.129
SVM	10	0.5	5.33	97.3	0.354

　　在实验中,还观察到新算法对于参数 C 比较敏感,当 C 较小时,新算法收敛速度较慢,且间隔变小,而 C 较大时算法收敛速度增快,间隔也变大。如果将最优模型 C 设为 1000,则算法训练只需要 0.035s 的时间。这主要是由于 C 变小时,核矩阵中单位阵起主导作用,从而使算法性能下降。特别注意到,当 $C<5$ 时,算法收敛速度已经大大降低。

3. Diabetes 数据集实验

　　可选参数集为:参数 $C=\{10,50,100,1000\}$,核参数 $\sigma=\{0.5,1,2,3,5\}$,一共有 20 种组合。实验得到的结果如表 3.3 所示,误差曲线和混淆矩阵如图 3.5 和图 3.6 所示。

表 3.3　Diabetes 数据集实验结果

分类器	最优参数		误差/%	准确率/%	时间/s
	C	σ			
CoresetMEB	10	1	28.98	73.96	9.00
SVM	10	0.1	33.88	75.00	28.60

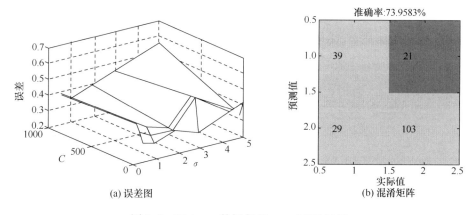

(a) 误差图　　　　　　　　(b) 混淆矩阵

图 3.5　Diabetes 数据集 CoresetMEB 结果

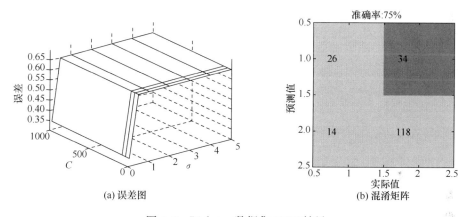

(a) 误差图　　　　　　　　(b) 混淆矩阵

图 3.6　Diabetes 数据集 SVM 结果

4. Image Segmentation 数据集实验

可选参数集为：参数 $C=\{10,50,100,1000\}$，核参数 $\sigma=\{0.5,1,2,5\}$，一共有 16 种组合。实验得到的结果如表 3.4 所示，误差曲线和混淆矩阵如图 3.7 和图 3.8 所示。

表 3.4　Image Segmentation 数据集实验结果

分类器	最优参数		误差/%	准确率/%	时间/s
	C	σ			
CoresetMEB	10	0.5	3.53	96.05	78.2
SVM	100	1	3.33	96.67	358.9

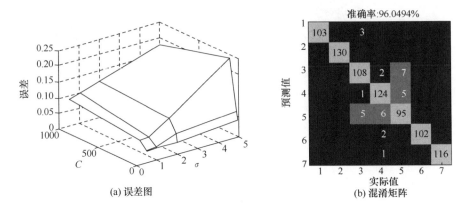

(a) 误差图　　　　　　　　　(b) 混淆矩阵

图 3.7　Image Segmentation 数据集 CoresetMEB 结果

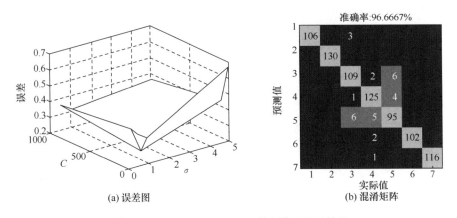

(a) 误差图　　　　　　　　　(b) 混淆矩阵

图 3.8　Image Segmentation 数据集 SVM 结果

从这个实验可以看出,随着样本数量和维数的增加,两个分类器的收敛速度都开始变慢。相比较而言,CoresetMEB 具有更好的响应速度,而 SVM 由于核矩阵急剧增大,算法的收敛速度显著变慢。

5. 综合分析

将前面三个实验综合起来,大致可以粗略地得到两个分类器训练时间与样本数目、样本维数之间的近似曲线关系,如图 3.9 所示。从中可以看出,随着样本数目和样本维数的增加,算法的收敛时间呈上升趋势。比较而言,SVM 上升得更快,而新算法收敛时间增加缓慢,由此可见,本书提出的新算法具有很好的尺度增强能力,非常适合大数据集处理。

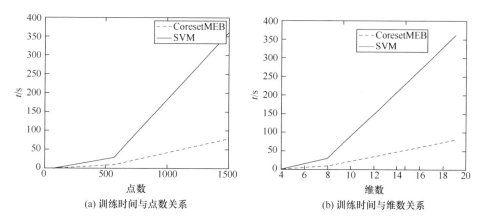

(a) 训练时间与点数关系　　　　　　　(b) 训练时间与维数关系

图 3.9　综合性能比较图

本节针对 SVM 多分类难题,提出了向量值 SVM 的解决办法,通过引入一个标签空间,该算法可以建立输入到输出空间之间的相似关系。所提出的算法只具有一类支持向量模型计算的复杂度,而且对于多个分类器的结构参数可以同时确定,从而大大降低了模型的计算复杂度。从实验分析结果看,核心集算法具有很明显的优势,因此是一种非常理想的机器学习方法。当前存在的问题是,新建立的算法虽然有严格的理论保证,但是相对而言迭代次数较多,因此,算法收敛速度仍有提高的可能,下一步的研究当中将会考虑多尺度 MEB 学习算法,以期望能够获取更高的代码执行效率。

3.4　结构覆盖回归学习机

常规的 SVM 回归模型只能直接应用于多个输入对单个输出的情形,对于多元回归问题,只能采用与输出个数相同的多个 SVM 进行组合学习。这样的学习有几个问题,一是由于输入样本复杂度对于每个 SVM 都相等,因此,多元输出整体模型复杂度与输出个数成正比关系,再加上单个回归 SVM 都是基于二次规划,因此,相对于大数据回归学习问题而言,算法的收敛速度会受到 QP 算法的极大限制,这也限制了 SVM 对于多元回归大数据的处理能力。为此,借鉴 3.3 节的研究思路,本节引入广义损失函数的概念,研究了多元回归量值学习问题,提出了结构覆盖回归学习机模型,用于解决大数据多元回归问题。

3.4.1　向量值回归 SVM

从回归模型角度看,分类算法实际是回归算法的一种特殊情形。不同的是分类算法之所以能够用于多分类,关键在于标签向量的引入,即采用了一种特殊设计的损失函数。因此,本节也从损失函数入手,将损失函数进行了推广,使其能够处理向量值问题,在研究过程中参考了文献[41]的结论。

1. 概念和定义

设给定有限观测数据对$\{x_i, y_i\}_1^l$,其中输入$x \in \mathbf{R}^n$,输出$y \in \mathbf{R}^m$,l是观测样本数,n是观测样本空间维数,m是输出空间维数。定义待估计向量值回归函数为$f: x \in \mathbf{R}^n \mapsto y \in \mathbf{R}^m$,则低复杂度向量值回归SVM问题的目的就是通过有限的观测序列找到逼近函数$\hat{y}(x, \pi)$,其中π是待定结构参数。为确保学习机具有良好的推广性和稀疏性,SVM在最小化经验风险的同时,最小化推广误差上界,则向量值回归SVM问题可以描述为如下最优化形式:

$$\min_{\pi} R_{\text{reg}} = P(\pi) + C\sum_{i=1}^{l} L(y_i, \hat{y}(x_i, \pi)) \tag{3.102}$$

其中,$P(\cdot)$是规则化项;$\hat{y}(\cdot, \pi)$是逼近函数;$L(\cdot, \cdot)$是损失函数。

为能够采用一般SVM的思想解决上述问题,需要对相关函数进行推广和重新定义。

定义3.8　向量值逼近函数是指具有如下线性表达形式的函数族:

$$\hat{y}(x; \{W, b\}) \stackrel{\text{def}}{=\!=} W\varphi(x) + b \tag{3.103}$$

其中,结构参数$\pi = \{W, b\}$,且权值$W \in \mathbf{R}^{m \times \nu}$,偏置$b \in \mathbf{R}^{m \times 1}$,$\nu$为某一高维空间的维数。

定义3.9　对于向量值SVM,定义二次规则化函数$E(\pi)$为

$$E(\pi) \stackrel{\text{def}}{=\!=} \frac{1}{2} \parallel W \parallel_{\text{F}}^2 = \frac{1}{2}\text{tr}(WW^{\text{T}}) \tag{3.104}$$

定义3.10　定义向量值ε_p不敏感损失函数为

$$L(e) = | \parallel e \parallel_p |_{\varepsilon} = | \parallel y - \hat{y} \parallel_p |_{\varepsilon} \tag{3.105}$$

其中,$e = [e_1, \cdots, e_m]^{\text{T}}$,且$e_p \stackrel{\text{def}}{=\!=} (\sum_{i=1}^{m} |e_i|^p)^{\frac{1}{p}}$,$0 \leqslant p < \infty$,$\parallel e \parallel_p \stackrel{\text{def}}{=\!=} \max_i |e_i|$,$p \sim \infty$。

则采用上述推广后的定义,向量值回归SVM式(3.102)可以表示为如下形式:

$$\min_{\{W, b\}} R_{\text{reg}} = \frac{1}{2}\text{tr}(WW^{\text{T}}) + C\sum_{i=1}^{l} | \parallel y_i - W\varphi(x_i) - b \parallel_p |_{\varepsilon} \tag{3.106}$$

2. 原始形式

可以看出式(3.106)非平滑并且可能是无穷维,实际上目标函数可以通过引入

松弛变量 ξ_i、δ_i、δ_i^* 平滑后得到如下原始表示形式:

$$\min_{W,b,\{\xi_i,\delta_i,\delta_i^*\}_1^l} \frac{1}{2}\mathrm{tr}(WW^T) + C\sum_{i=1}^{l}\xi_i$$

$$\text{s. t.}\begin{cases} \|\delta_i+\delta_i^*\|_p - \xi_i - \varepsilon \leqslant 0, \quad \xi_i \geqslant 0 \\ y_i - W\varphi(x_i) - b - \delta_i \leqslant 0 \\ -y_i + W\varphi(x_i) + b - \delta_i^* \leqslant 0 \\ \delta_i \geqslant 0, \quad \delta_i^* \geqslant 0, \quad \forall i = 1,\cdots,l \end{cases} \tag{3.107}$$

3. 对偶形式

当原始形式问题维数很高时,一般可采用对偶形式降低问题维数,对式(3.107)可以构造如下 Lagrange 函数:

$$L = \frac{1}{2}\mathrm{tr}(WW^T) + C\sum_{i=1}^{l}\xi_i + \sum_{i=1}^{l}\alpha_i(\|\delta_i+\delta_i^*\|_p - \xi_i - \varepsilon) - \sum_{i=1}^{l}\eta_i\xi_i$$

$$+ \sum_{i=1}^{l}\beta_i^T(y_i - W\varphi(x_i) - b - \delta_i) + \sum_{i=1}^{l}\beta_i^{T*}(-y_i + W\varphi(x_i) + b - \delta_i^*)$$

$$- \sum_{i=1}^{l}\theta_i^T\delta_i - \sum_{i=1}^{l}\theta_i^{T*}\delta_i^* \tag{3.108}$$

根据 KKT 最优化条件,并对原始变量取偏微分,得到如下关系:

$$\frac{\partial L}{\partial W} = W - \sum_{i=1}^{l}(\beta_i - \beta_i^*)\varphi(x_i)^T = 0 \tag{3.109}$$

$$\frac{\partial L}{\partial b} = \sum_{i=1}^{l}(\beta_i - \beta_i^*) = 0 \tag{3.110}$$

$$\frac{\partial L}{\partial \xi_i} = C - \alpha_i - \eta_i = 0 \tag{3.111}$$

$$\frac{\partial L}{\partial \delta_i^*} = \alpha_i\frac{\partial}{\partial \delta_i^*}(\|\delta_i^*+\delta_i\|_p) - \beta_i - \theta_i = 0 \tag{3.112}$$

$$\frac{\partial L}{\partial \delta_i} = \alpha_i\frac{\partial}{\partial \delta_i}(\|\delta_i^*+\delta_i\|_p) - \beta_i^* - \theta_i^* = 0 \tag{3.113}$$

定义 $\Gamma_i = \beta_i - \beta_i^*$,整理上述关系可以得到

$$W = \sum_{i=1}^{l}\Gamma_i\varphi(x_i)^T \tag{3.114}$$

$$\sum_{i=1}^{l}\Gamma_i = 0 \tag{3.115}$$

$$\eta_i = C - \alpha_i \geqslant 0 \tag{3.116}$$

$$\theta_i = \alpha_i\left(\frac{\partial}{\partial \delta_i}\|\delta_i^*+\delta_i\|_p\right) - \beta_i \geqslant 0 \tag{3.117}$$

$$\theta_i^* = \alpha_i \left(\frac{\partial}{\partial \delta_i^*} \| \delta_i^* + \delta_i \|_p \right) - \beta_i^* \geqslant 0 \tag{3.118}$$

对式(3.116)~式(3.118)进一步整理可得

$$\begin{cases} \eta_i = C - \alpha_i \geqslant 0 \\ \theta_i = \alpha_i \left(\dfrac{\partial}{\partial \delta_i} \| \delta_i^* + \delta_i \|_p \right) - \beta_i \geqslant 0 \\ \theta_i^* = \alpha_i \left(\dfrac{\partial}{\partial \delta_i^*} \| \delta_i^* + \delta_i \|_p \right) - \beta_i^* \geqslant 0 \end{cases} \Leftrightarrow \begin{cases} 0 \leqslant \alpha_i \leqslant C \\ 0 \leqslant \beta_i \leqslant \alpha_i \left(\dfrac{\partial}{\partial \delta_i} \| \delta_i^* + \delta_i \|_p \right) \\ 0 \leqslant \beta_i^* \leqslant \alpha_i \left(\dfrac{\partial}{\partial \delta_i^*} \| \delta_i^* + \delta_i \|_p \right) \end{cases} \tag{3.119}$$

整理式(3.119)可得

$$-\alpha_i \left(\frac{\partial}{\partial \delta_i} \| \delta_i^* + \delta_i \|_p \right) \leqslant \beta_i - \beta_i^* \leqslant \alpha_i \left(\frac{\partial}{\partial \delta_i^*} \| \delta_i^* + \delta_i \|_p \right) \tag{3.120}$$

两边同取对偶范数,可得

$$0 \leqslant \| \beta_i - \beta_i^* \|_q = \| \Gamma_i \|_q \leqslant \alpha_i \leqslant C \tag{3.121}$$

将式(3.110)和式(3.111)代入式(3.108),可得

$$
\begin{aligned}
L &= \frac{1}{2} \mathrm{tr}(\boldsymbol{W}\boldsymbol{W}^{\mathrm{T}}) + C \sum_{i=1}^{l} \xi_i + \sum_{i=1}^{l} \alpha_i (\| \delta_i + \delta_i^* \|_p - \xi_i - \varepsilon) - \sum_{i=1}^{l} (C - \alpha_i) \xi_i \\
&\quad + \sum_{i=1}^{l} \beta_i^{\mathrm{T}} (y_i - \boldsymbol{W}\varphi(x_i) - b - \delta_i) + \sum_{i=1}^{l} \beta_i^{\mathrm{T}*} (-y_i + \boldsymbol{W}\varphi(x_i) + b - \delta_i^*) \\
&\quad - \sum_{i=1}^{l} \left(\left(\frac{\partial}{\partial \delta_i} \| \delta_i^* + \delta_i \|_p \right)^{\mathrm{T}} \alpha_i - \beta_i^{\mathrm{T}} \right) \delta_i - \sum_{i=1}^{l} \left(\left(\frac{\partial}{\partial \delta_i^*} \| \delta_i^* + \delta_i \|_p \right)^{\mathrm{T}} - \beta_i^{*\mathrm{T}} \right) \alpha_i \delta_i^* \\
&= \frac{1}{2} \mathrm{tr}(\boldsymbol{W}\boldsymbol{W}^{\mathrm{T}}) + \sum_{i=1}^{l} \alpha_i (\| \delta_i + \delta_i^* \|_p - \varepsilon) + \sum_{i=1}^{l} (\beta_i^{\mathrm{T}} - \beta_i^{\mathrm{T}*}) y_i \\
&\quad - \sum_{i=1}^{l} (\beta_i^{\mathrm{T}} - \beta_i^{\mathrm{T}*}) \boldsymbol{W}\varphi(x_i) - \sum_{i=1}^{l} \left(\frac{\partial}{\partial \delta_i} \| \delta_i^* + \delta_i \|_p \right)^{\mathrm{T}} \alpha_i \delta_i \\
&\quad - \sum_{i=1}^{l} \left(\frac{\partial}{\partial \delta_i^*} \| \delta_i^* + \delta_i \|_p \right)^{\mathrm{T}} \alpha^i \delta_i^* \\
&= -\frac{1}{2} \sum_{i=1}^{l} \sum_{j=1}^{l} (\beta_i^{\mathrm{T}} - \beta_i^{\mathrm{T}*})^{\mathrm{T}} (\beta_j^{\mathrm{T}} - \beta_j^{\mathrm{T}*}) \varphi(x_j)^{\mathrm{T}} \varphi(x_i) + \sum_{i=1}^{l} \alpha_i (\| \delta_i + \delta_i^* \|_p - \varepsilon) \\
&\quad + \sum_{i=1}^{l} (\beta_i^{\mathrm{T}} - \beta_i^{\mathrm{T}*}) y_i - \sum_{i=1}^{l} \left(\frac{\partial}{\partial \delta_i} \| \delta_i^* + \delta_i \|_p \right)^{\mathrm{T}} \alpha_i \delta_i \\
&\quad - \sum_{i=1}^{l} \left(\frac{\partial}{\partial \delta_i^*} \| \delta_i^* + \delta_i \|_p \right)^{\mathrm{T}} \alpha^i \delta_i^* \tag{3.122}
\end{aligned}
$$

按照 Lagrange 对偶函数定义,对上式取转置后,取关于原始变量 $\| \cdot \|_p$ 范数的对偶范数,可得如下对偶函数为

$$D = -\frac{1}{2} \sum_{i=1}^{l} \sum_{j=1}^{l} (\beta_i - \beta_i^*)^{\mathrm{T}} (\beta_j - \beta_j^*) \varphi(x_i)^{\mathrm{T}} \varphi(x_j) + \sum_{i=1}^{l} y_i^{\mathrm{T}} (\beta_i - \beta_i^*) - \sum_{i=1}^{l} \alpha_i \varepsilon$$

$$+ \inf_{\delta_i, \delta_i^*} \{ \sum_{i=1}^{l} \alpha_i \parallel \delta_i + \delta_i^* \parallel_q - \sum_{i=1}^{l} \alpha_i \parallel \delta_i \parallel_q + \alpha_i \parallel \delta_i^* \parallel_q \}$$

$$= -\frac{1}{2} \sum_{i=1}^{l} \sum_{j=1}^{l} (\beta_i - \beta_i^*)^{\mathrm{T}} (\beta_j - \beta_j^*) \varphi(x_i)^{\mathrm{T}} \varphi(x_j) + \sum_{i=1}^{l} y_i^{\mathrm{T}} (\beta_i - \beta_i^*) - \sum_{i=1}^{l} \alpha_i \varepsilon$$

$$+ \inf_{\delta_i, \delta_i^*} \{ \sum_{i=1}^{l} \alpha_i \parallel \delta_i + \delta_i^* \parallel_q - \sum_{i=1}^{l} \alpha_i \parallel \delta_i + \delta_i^* \parallel_q \}$$

$$= -\frac{1}{2} \sum_{i=1}^{l} \sum_{j=1}^{l} (\beta_i - \beta_i^*)^{\mathrm{T}} (\beta_j - \beta_j^*) \varphi(x_i)^{\mathrm{T}} \varphi(x_j) - \sum_{i=1}^{l} \alpha_i \varepsilon + \sum_{i=1}^{l} y_i^{\mathrm{T}} (\beta_i - \beta_i^*)$$

$$(3.123)$$

注意到 $\Gamma_i = \beta_i - \beta_i^*$，且 $0 \leqslant \parallel \beta_i - \beta_i^* \parallel_q = \parallel \Gamma_i \parallel_q \leqslant \alpha_i \leqslant C$，为简化上述问题，令 $\parallel \Gamma_i \parallel_q = \alpha_i$，则其对偶形式可以简化为

$$\max_{\Gamma} -\frac{1}{2} \sum_{i=1}^{l} \sum_{j=1}^{l} \Gamma_i^{\mathrm{T}} \Gamma_j k(x_i, x_j) - \sum_{i=1}^{l} \parallel \Gamma_i \parallel_q \varepsilon + \sum_{i=1}^{l} y_i^{\mathrm{T}} \Gamma_i$$

$$(3.124)$$

$$\text{s. t.} \begin{cases} \sum_{i=1}^{l} \Gamma_i = 0 \\ \parallel \Gamma_i \parallel_q \leqslant C \end{cases}$$

4. KKT 最优化条件

KKT 最优化条件包含四方面的内容，一是原始变量的可行性，即满足原有不等式或等式约束；二是对偶可行性，即要满足所有对偶变量为非负数；三是互补松弛性条件，即所有对偶变量与对应原始等式或者不等式之间的点积为 0；四是当目标函数和约束函数在最优点可微时，构造的 Lagrange 函数在最优点满足一阶微分为 0。则根据 KKT 条件的互补松弛条件，可得如下条件组：

$$\alpha_i (\parallel \delta_i + \delta_i^* \parallel_p - \xi_i - \varepsilon) = 0 \qquad (3.125)$$

$$\eta_i \xi_i = (C - \alpha_i) \xi_i = 0 \qquad (3.126)$$

$$\beta_i (y_i - W\varphi(x_i) - b - \delta_i) = 0 \qquad (3.127)$$

$$\beta_i^* (-y_i + W\varphi(x_i) - b - \delta_i^*) = 0 \qquad (3.128)$$

$$\theta_i \delta_i = \left(\alpha_i \left(\frac{\partial}{\partial \delta_i} \parallel \delta_i^* + \delta_i \parallel_p \right) - \beta_i \right) \delta_i = 0 \qquad (3.129)$$

$$\theta_i^* \delta_i^* = \left(\alpha_i \left(\frac{\partial}{\partial \delta_i^*} \parallel \delta_i^* + \delta_i \parallel_p \right) - \beta_i^* \right) \delta_i^* = 0 \qquad (3.130)$$

与原始形式式(3.107)比较可知，误差 $e_i = y_i - W\varphi(x_i) - b \equiv \delta_i + \delta_i^*$，则上述 KKT 关系式简化为

$$\alpha_i (\parallel e_i \parallel_p - \xi_i - \varepsilon) = 0 \qquad (3.131)$$

$$(C - \alpha_i) \xi_i = 0 \qquad (3.132)$$

$$\beta_i e_i = \beta_i \delta_i \tag{3.133}$$

$$-\beta_i^* e_i = \beta_i^* \delta_i^* \tag{3.134}$$

$$\left(\alpha_i \left(\frac{\partial}{\partial e_i} \parallel e_i \parallel_p \right) - \beta_i \right) \delta_i = 0 \tag{3.135}$$

$$\left(\alpha_i \left(\frac{\partial}{\partial e_i} \parallel e_i \parallel_p \right) - \beta_i^* \right) \delta_i^* = 0 \tag{3.136}$$

将式(3.135)和式(3.136)相加,且结合式(3.133)和式(3.134),整理可得

$$\left(\alpha_i \left(\frac{\partial}{\partial e_i} \parallel e_i \parallel_p \right) - \beta_i \right) \delta_i + \left(\alpha_i \left(\frac{\partial}{\partial e_i} \parallel e_i \parallel_p \right) - \beta_i^* \right) \delta_i^*$$

$$= \alpha_i \left(\frac{\partial}{\partial e_i} \parallel e_i \parallel_p \right) (\delta_i + \delta_i^*) - (\beta_i - \beta_i^*) e_i$$

$$= \alpha_i \left(\frac{\partial}{\partial e_i} \parallel e_i \parallel_p \right) e_i - \Gamma_i e_i$$

$$= \left(\alpha_i \left(\frac{\partial}{\partial e_i} \parallel e_i \parallel_p \right) - \Gamma_i \right) e_i = 0 \tag{3.137}$$

为使式(3.137)成立,则必然有如下关系式成立:

$$\alpha_i \left(\frac{\partial}{\partial e_i} \parallel e_i \parallel_p \right) - \Gamma_i = 0 \tag{3.138}$$

结合 $\parallel \Gamma_i \parallel_q = \alpha_i$,则得到如下关系式:

$$\Gamma_i = \parallel \Gamma_i \parallel_q \frac{\partial}{\partial e_i} \parallel e_i \parallel_p \tag{3.139}$$

从式(3.139)可知,误差 e_i 与对偶变量 Γ_i 之间有直接关联。为推出具体的关联关系,分如下三种情况分别加以说明:

(1) 当 $\parallel \Gamma_i \parallel_q = \alpha_i = 0$ 时,由式(3.132)可知 $\xi_i = 0$,由于 $\parallel e_i \parallel_p - \xi_i - \varepsilon \neq 0$,且根据式(3.107)可知, $\parallel e_i \parallel_p - \varepsilon < 0$,即 $\parallel e_i \parallel_p < \varepsilon$。

(2) 当 $0 < \parallel \Gamma_i \parallel_q = \alpha_i < C$ 时,同样由式(3.132)可知 $\xi_i = 0$,则由式(3.131)可知 $\parallel e_i \parallel_p = \varepsilon$。

(3) 当 $\parallel \Gamma_i \parallel_q = \alpha_i = C$ 时,由式(3.107)可以推得: $\xi_i > 0$,进一步由式(3.131)可以推得: $\parallel e_i \parallel_p = \xi_i + \varepsilon > \varepsilon$ 成立。

根据上述分析,引入支持向量的定义:

支持向量定义为满足 $0 < \parallel \Gamma_i \parallel_q = \alpha_i < C$ 的点;边界支持向量定义为满足 $\parallel \Gamma_i \parallel_q = \alpha_i = C$ 的点。

5. 偏置

由支持向量的定义可知,对于满足 $0 < \parallel \Gamma_i \parallel_q = \alpha_i < C$ 的任意点,有 $\parallel e_i \parallel_p = \varepsilon$ 成立,由误差的定义可知

$$e_i = y_i - \sum_{i=1}^{l} \Gamma_i k(x_i, x_j) - b = \delta_i + \delta_i^* \tag{3.140}$$

则可得到

$$b = y_i - \sum_{i=1}^{l} \Gamma_i k(x_i, x_j) - e_i \tag{3.141}$$

不妨记 $F_i = y_i - \sum_{i=1}^{l} \Gamma_i k(x_i, x_j)$,则式(3.141)简化为

$$b = F_i - e_i \tag{3.142}$$

由于误差 e_i 此时为向量,按照支持向量的定义可知其大小可由 $\| e_i \|_p = \varepsilon$ 确定,此时需要进一步确定其方向。当 $1 < p < \infty$ 时,由于 $0 < \| \Gamma_i \|_q = \alpha_i < C$,因此式(3.139)可进一步简化为

$$\frac{\Gamma_i}{\| \Gamma_i \|_q} = \frac{\partial}{\partial e_i} \| e_i \|_p = \mathrm{sgn}(e_i) \left(\frac{| e_i |}{\| e_i \|_p} \right)^{p-1} \tag{3.143}$$

其中,$\mathrm{sgn}(\cdot)$ 表示该向量的方向。

由式(3.143)可知,等式两边 Γ_i 与 e_i 具有相同的方向,因此式(3.141)可进一步简化为

$$b = F_i - \varepsilon \mathrm{sgn}(\Gamma_i) \cdot \left(\frac{| \Gamma_i |}{\| \Gamma_i \|_q} \right)^{q-1} \tag{3.144}$$

注意到式(3.144)仅适用于 $1 < p < \infty$ 时的情形,当 $p = 1$ 或者 $p \sim \infty$ 时,由于存在非平滑区域,因此式(3.144)表示的方向并不完备。此时,需要至多 m 个线性不相关的支持向量点共同确定偏置项。

应当指出,对偶形式(3.124)是关于对偶变量的凸优化问题,但是由于目标函数和约束均包含非线性项,因此属于非线性凸优化问题。对于这类问题,目前学术界发展了多种有效的方法,例如,当目标函数和约束函数可微时的梯度下降法等,但是实际上,由于计算复杂度的原因,$p = \{1, 2, \infty\}$ 的三种情形是最常用和应用最为广泛的,为获得三种范数下的具体表达式,接下来将深入研究这个问题。

3.4.2　L_1 向量值回归 SVM

1. 对偶形式

当 $p = 1$ 时,$q = \infty$,为得到更加清晰地表示形式,重新引入变量 α_i,且注意到

$$0 \leqslant \| \Gamma_i \|_\infty = \max(| \Gamma_i |) = \alpha_i \leqslant C \Rightarrow \begin{cases} -\alpha_i \cdot 1 \leqslant \Gamma_i \leqslant \alpha_i \cdot 1 \\ 0 \leqslant \alpha_i \leqslant C \end{cases}, 则对偶形式可以写为$$

$$\max_{\{\Gamma_i, \alpha_i\}} -\frac{1}{2} \sum_{i=1}^{l} \sum_{j=1}^{l} \Gamma_i^{\mathrm{T}} \Gamma_j k(x_i, x_j) - \sum_{i=1}^{l} \alpha_i \varepsilon + \sum_{i=1}^{l} y_i^{\mathrm{T}} \Gamma_i$$

$$\text{s. t.} \begin{cases} \sum_{i=1}^{l} \Gamma_i = 0 \\ -\alpha_i \cdot 1 \leqslant \Gamma_i \leqslant \alpha_i \cdot 1 \\ 0 \leqslant \alpha_i \leqslant C \\ i = 1, \cdots, l \end{cases} \quad (3.145)$$

由此可见,上式目标函数为一个凸二次函数,约束均为线性等式或者不等式,则可知上式为一凸二次规划 QP 表示形式,则可以采用任何 QP 求解器方便得求解其解。

2. 偏置

为得到式(3.145)的偏置 b,需要找到至多 m 个线性不相关的支持向量点共同确定偏置项。按照支持向量的定义,对于任意支持向量点其误差满足 $\| e_i \|_1 = \varepsilon$,则按照范数和内积的关系可以得到

$$\| e_i \|_1 = \varepsilon \Leftrightarrow (\mathrm{sgn}(\Gamma_i))^{\mathrm{T}} e_i = \varepsilon \quad (3.146)$$

又根据式(3.142)可知,式(3.146)可以写成如下形式:

$$s_i^{\mathrm{T}} b = F_i^s - \varepsilon \quad (3.147)$$

其中,记 $s_i = \mathrm{sgn}(\Gamma_i)$,$F_i^s = s_i^{\mathrm{T}} F_i$。

则对于所有的支持向量点(设共 n_{sv} 个),可以得到如下的一般线性方程组:

$$\begin{bmatrix} s_1^{\mathrm{T}} \\ \vdots \\ s_{n_{\mathrm{sv}}}^{\mathrm{T}} \end{bmatrix} b = \begin{bmatrix} F_1^s \\ \vdots \\ F_{n_{\mathrm{sv}}}^s \end{bmatrix} - \varepsilon \cdot 1 \quad (3.148)$$

$$Sb = F^s - \varepsilon \cdot 1$$

其中,$S = [s_1, \cdots, s_{n_{\mathrm{sv}}}]^{\mathrm{T}}$;$F^s = [F_1^s, \cdots, F_{n_{\mathrm{sv}}}^s]^{\mathrm{T}}$;$1 = [1, \cdots, 1_{n_{\mathrm{sv}}}]^{\mathrm{T}}$。

应当指出,对矛盾方程组,其相容解是不存在的,一般可采用最小二乘方法进行近似求解。一方面,在众多的最小二乘解当中,极小范数最小二乘解唯一且确保得到的解满足误差最小的同时具有最小的范数,且可以证明极小范数最小二乘解可由 Moore-Penrose 广义逆方便的求解出来;另一方面,当上述线性方程组为相容方程组时,可以证明极小范数最小二乘解仍为其相容解。不失一般性,这里采用式(3.148)的极小范数最小二乘解作为近似最优解,即

$$b = S^+ (F^s - \varepsilon \cdot 1) \quad (3.149)$$

其中,$S^+ = (S^{\mathrm{T}} S)^{-1} S^{\mathrm{T}}$。

3.4.3　L_2 向量值回归 SVM

1. 对偶形式

当 $p=2, q=2$ 时, 对偶形式可以写为

$$\max_{\Gamma} \ -\frac{1}{2}\sum_{i=1}^{l}\sum_{j=1}^{l}\Gamma_i^{\mathrm{T}}\Gamma_j k\left(x_i,x_j\right)-\sum_{i=1}^{l}\parallel\Gamma_i\parallel_2\varepsilon+\sum_{i=1}^{l}y_i^{\mathrm{T}}\Gamma_i$$

$$\text{s. t. } \begin{cases} \sum_{i=1}^{l}\Gamma_i=0 \\ \parallel\Gamma_i\parallel_2\leqslant C \end{cases} \tag{3.150}$$

注意到 $0\leqslant\parallel\Gamma_i\parallel_2=\alpha_i\leqslant C\Rightarrow\begin{cases}\Gamma_i^{\mathrm{T}}\Gamma_i\leqslant\alpha_i^2\\0\leqslant\alpha_i\leqslant C\end{cases}$, 重新引入变量 α_i, 则对偶形式可以写为

$$\max_{\{\Gamma_i,\alpha_i\}} \ -\frac{1}{2}\sum_{i=1}^{l}\sum_{j=1}^{l}\Gamma_i^{\mathrm{T}}\Gamma_j k\left(x_i,x_j\right)-\sum_{i=1}^{l}\alpha_i\varepsilon+\sum_{i=1}^{l}y_i^{\mathrm{T}}\Gamma_i$$

$$\text{s. t. } \begin{cases} \sum_{i=1}^{l}\Gamma_i=0 \\ \Gamma_i^{\mathrm{T}}\Gamma_i\leqslant\alpha_i^2 \\ 0\leqslant\alpha_i\leqslant C \\ i=1,\cdots,l \end{cases} \tag{3.151}$$

对于上述表示形式, 可以采用有效的非线性规划方法进行求解。

2. 偏置

由于此时 $1<p<\infty$, 则对于任意支持向量点都可以采用式(3.144)计算得到偏置, 即 $b=y_i-\sum_{i=1}^{l}\Gamma_i k\left(x_i,x_j\right)-\varepsilon\,\mathrm{sgn}(\Gamma_i)\left(\dfrac{|\Gamma_i|}{\parallel\Gamma_i\parallel_q}\right)^{q-1}$ 直接获得, 或者为了稳定起见, 可以对所有的支持向量对上式取平均。

3.4.4　L_∞ 向量值回归 SVM

1. 对偶形式

当 $p=\infty, q=1$ 时, 对偶形式具体可以表达为

$$\max_{\Gamma} \ -\frac{1}{2}\sum_{i=1}^{l}\sum_{j=1}^{l}\Gamma_i^{\mathrm{T}}\Gamma_j k(x_i,x_j) - \sum_{i=1}^{l}\parallel \Gamma_i \parallel_1 \varepsilon + \sum_{i=1}^{l} y_i^{\mathrm{T}}\Gamma_i$$

$$\text{s. t.} \begin{cases} \sum\limits_{i=1}^{l}\Gamma_i = 0 \\ \parallel \Gamma_i \parallel_1 \leqslant C \end{cases} \tag{3.152}$$

观察上式可知,由于目标函数和约束条件均包含非线性项 $\parallel \Gamma_i \parallel_1$,式(3.152)不能采用常规的凸优化方法求解。为进一步简化算法,注意到 $\Gamma_i = \beta_i - \beta_i^*$,则有 $\parallel \Gamma_i \parallel_1 = \parallel \beta_i - \beta_i^* \parallel_1$,按照三角不等式可知:

$$\parallel \Gamma_i \parallel_1 = \parallel \beta_i - \beta_i^* \parallel_1 \leqslant \parallel \beta_i + \beta_i^* \parallel_1 \tag{3.153}$$

则有下式成立:

$$\max_{\Gamma} - \parallel \Gamma_i \parallel_1 = \max_{\beta_i,\beta_i^*} - \parallel \beta_i - \beta_i^* \parallel_1 \geqslant \max_{\beta_i,\beta_i^*} - \parallel \beta_i + \beta_i^* \parallel_1 \tag{3.154}$$

因此,若求上式左侧关于 β_i、β_i^* 的最大值,等价于求不等式右侧的最大值。对式(3.152)重新引入变量 β_i、β_i^*,则按照同侧不等式可累加的原理可知,此时最大化式(3.152)的目标函数可以等价为如下形式:

$$\max_{\{\beta_i,\beta_i^*\}} \ -\frac{1}{2}\sum_{i=1}^{l}\sum_{j=1}^{l}(\beta_i - \beta_i^*)^{\mathrm{T}}(\beta_j - \beta_j^*)k(x_i,x_j)$$
$$-\sum_{i=1}^{l} 1^{\mathrm{T}}(\beta_i + \beta_i^*)\varepsilon + \sum_{i=1}^{l} y_i^{\mathrm{T}}(\beta_i - \beta_i^*) \tag{3.155}$$

同时又根据式(3.153)有 $\parallel \Gamma_i \parallel_1 = \parallel \beta_i - \beta_i^* \parallel_1 \leqslant \parallel \beta_i + \beta_i^* \parallel_1$,为满足约束条件 $\parallel \Gamma_i \parallel_1 \leqslant C$,则可令

$$\parallel \beta_i + \beta_i^* \parallel_1 = 1^{\mathrm{T}}(\beta_i + \beta_i^*) \leqslant C \tag{3.156}$$

即满足约束条件要求。

此时,结合式(3.155)和式(3.156),重新引入变量 β_i、β_i^* 后,对偶形式式(3.152)可改写为如下优化形式:

$$\max_{\{\beta_i,\beta_i^*\}} \ -\frac{1}{2}\sum_{i=1}^{l}\sum_{j=1}^{l}(\beta_i - \beta_i^*)^{\mathrm{T}}(\beta_j - \beta_j^*)k(x_i,x_j)$$
$$-\sum_{i=1}^{l} 1^{\mathrm{T}}(\beta_i + \beta_i^*)\varepsilon + \sum_{i=1}^{l} y_i^{\mathrm{T}}(\beta_i - \beta_i^*)$$

$$\text{s. t.} \begin{cases} \sum\limits_{i=1}^{l}(\beta_i - \beta_i^*) = 0 \\ 1^{\mathrm{T}}(\beta_i + \beta_i^*) \leqslant C \end{cases} \tag{3.157}$$

此时,注意到式(3.157)现在是关于变量 β_i、β_i^* 的凸二次规划形式,约束条件均为线性条件,显然式(3.157)是一个凸二次规划(QP)形式,可以采用标准的 QP

软件进行求解。

2. 偏置

同样为得到式(3.157)的偏置 b，需要找到至多 m 个线性不相关的支持向量点共同确定偏置项。显然，按照支持向量的定义，所有边界上的支持向量点误差满足条件：$\| e_i \|_\infty = \varepsilon$，并且注意到由于存在不平滑区域，因此并不能直接应用式(3.144)求解偏置项 b。

由式(3.143)可知，当 $q=1$，$p \to \infty$ 时，按照极限的定义可知

$$\frac{|\Gamma_i|}{\|\Gamma_i\|_1} = \lim_{p \to \infty} \left(\frac{|e_i|}{\|e_i\|_\infty} \right)^{p-1} \tag{3.158}$$

而按照向量无穷范数的定义可知：$\| e_i \|_\infty = \max(|e_{i,1}|, |e_{i,2}|, \cdots, |e_{i,m}|) = |e_{i,k}|$，因此，对于任意 $e_{i,j,j \neq k}$，可知有 $e_{i,j,j \neq k} < |e_{i,k}|$ 成立，按照向量极限性质可推知：

$$\frac{|\Gamma_{i,j,j \neq k}|}{\|\Gamma_i\|_1} = \lim_{p \to \infty} \left(\frac{|e_{i,j,j \neq k}|}{\|e_i\|_\infty} \right)^{p-1} = 0, \quad \text{即 } \Gamma_{i,j,j \neq k} = 0 \tag{3.159}$$

从式(3.159)可知，只有当 $|e_{i,j=k}| = \varepsilon$ 时对偶变量 $\Gamma_{i,k} \neq 0$ 才不为 0，即对模型参数有贡献。

设共计有 n_{sv} 个支持向量点满足 $\| e_i \|_\infty = \varepsilon$ 条件，重新定义方向向量 $s_i = \mathrm{sgn}(\Gamma_i)$，则按照式(3.159)分析可知，仅有 $s_{i,k} \neq 0$，即 $s_i = [0_1, \cdots, s_{i,k}, \cdots, 0_m]^\mathrm{T}$，而 $e_i = [e_{i,1}, \cdots, e_{i,k}, \cdots, e_{i,m}]^\mathrm{T}$，且 $e_{i,k} = s_{i,k}\varepsilon$，则可得

$$s_i e_i = [0, \cdots, |s_{i,k}|\varepsilon, 0]^\mathrm{T} = \varepsilon [0, \cdots, |s_{i,k}|, 0]^\mathrm{T} = \varepsilon |s_i| \tag{3.160}$$

又根据式(3.142)，则可推得如下等式：

$$s_i(F_i - b) = \varepsilon |s_i| \Rightarrow s_i b = s_i F_i - \varepsilon |s_i| \tag{3.161}$$

即

$$\mathrm{diag}(s_i)b = F_i^s - \varepsilon |s_i| \tag{3.162}$$

其中，$F_i^s = s_i F_i$。

则对于所有 n_{sv} 个支持向量点(至多需要 m 个)，可以得到如下线性方程组：

$$\begin{bmatrix} \mathrm{diag}(s_1) \\ \vdots \\ \mathrm{diag}(s_{n_{sv}}) \end{bmatrix} b = \begin{bmatrix} F_1^s - \varepsilon |s_1| \\ \vdots \\ F_{n_{sv}}^s - \varepsilon |s_{n_{sv}}| \end{bmatrix}, \quad \text{即 } Sb = F^s - \varepsilon |s| \tag{3.163}$$

其中，$S = [\mathrm{diag}(s_1), \cdots, \mathrm{diag}(s_{n_{sv}})]^\mathrm{T}$；$F^s = [(F_1^s)^\mathrm{T}, \cdots, (F_{n_{sv}}^s)^\mathrm{T}]^\mathrm{T}$；$s = [s_1, \cdots, s_{n_{sv}}]^\mathrm{T}$。

同样采用 Moore-Penrose 广义逆可以求得上式的极小范数最小二乘解为

$$b = S^+(F^s - \varepsilon |s|) \tag{3.164}$$

3.4.5 结构覆盖回归算法

为了研究问题的方便，由于当 $p = \infty$，$q = 1$ 时，向量值 SVM 为一个标准的 QP

问题,而当 $p=2$ 时,向量值 SVM 为一个非线性规划问题。参考 MEB 算法的表征形式,本节仅研究当 $p=\infty,q=1$ 或者 $p=1,q=\infty$ 时的 MEB 向量值表征模型。为能够将向量值回归学习算法表征为一个 MEB 问题需要对向量值回归模型原始形式做如下变动。

1. 原始形式

将原始形式重写为如下形式:

$$
\min_{W,b,(\xi_i,\delta_i,\delta_i^*,\varepsilon)_1^l} \frac{1}{2}\mathrm{tr}(WW^\mathrm{T})+\frac{1}{2}\parallel b\parallel^2+\frac{C}{2}\sum_{i=1}^l\xi_i^2+C\varepsilon
$$

$$
\mathrm{s.\,t.}\begin{cases}\parallel\delta_i+\delta_i^*\parallel_p-\varepsilon-\xi_i\leqslant 0\\ y_i-W\varphi(x_i)-b-\delta_i\leqslant 0\\ -y_i+W\varphi(x_i)+b-\delta_i^*\leqslant 0\\ \delta_i\geqslant 0,\delta_i^*\geqslant 0,\quad\forall i=1,\cdots,l\end{cases}\tag{3.165}
$$

2. 对偶形式

构造 Lagrange 函数为

$$
L=\frac{1}{2C}\mathrm{tr}(WW^\mathrm{T})+\frac{1}{2}\sum_{i=1}^l\xi_i^2+\frac{1}{2C}\parallel b\parallel^2+\varepsilon+\sum_{i=1}^l\alpha_i(\parallel\delta_i+\delta_i^*\parallel_p-\varepsilon-\xi_i)
$$

$$
+\sum_{i=1}^l\beta_i^\mathrm{T}(y_i-W\varphi(x_i)-b-\delta_i)+\sum_{i=1}^l\beta_i^{\mathrm{T}*}(-y_i+W\varphi(x_i)+b-\delta_i^*)
$$

$$
-\sum_{i=1}^l\theta_i^\mathrm{T}\delta_i-\sum_{i=1}^l\theta_i^{\mathrm{T}*}\delta_i^*\tag{3.166}
$$

则根据最优化条件可得

$$
\frac{\partial L}{\partial W}=\frac{W}{C}-\sum_{i=1}^l(\beta_i-\beta_i^*)\varphi(x_i)^\mathrm{T}=0\tag{3.167}
$$

$$
\frac{\partial L}{\partial b}=\frac{b}{C}-\sum_{i=1}^l(\beta_i-\beta_i^*)=0\tag{3.168}
$$

$$
\frac{\partial L}{\partial\xi_i}=\xi_i-\alpha_i=0\tag{3.169}
$$

$$
\frac{\partial L}{\partial\varepsilon}=\sum_{i=1}^l\alpha_i-1=0\tag{3.170}
$$

$$
\frac{\partial L}{\partial\delta_i^*}=\alpha_i\frac{\partial}{\partial\delta_i^*}(\parallel\delta_i^*+\delta_i\parallel_p)-\beta_i-\theta_i=0\tag{3.171}
$$

$$
\frac{\partial L}{\partial\delta_i}=\alpha_i\frac{\partial}{\partial\delta_i}(\parallel\delta_i^*+\delta_i\parallel_p)-\beta_i^*-\theta_i^*=0\tag{3.172}
$$

整理上述关系可以得到

$$W = C \sum_{i=1}^{l} (\beta_i - \beta_i^*) \varphi(x_i)^{\mathrm{T}} \tag{3.173}$$

$$b = C \sum_{i=1}^{l} (\beta_i - \beta_i^*) \tag{3.174}$$

$$\theta_i = \alpha_i \left(\frac{\partial}{\partial \delta_i} \parallel \delta_i^* + \delta_i \parallel_p \right) - \beta_i \geqslant 0 \tag{3.175}$$

$$\theta_i^* = \alpha_i \left(\frac{\partial}{\partial \delta_i^*} \parallel \delta_i^* + \delta_i \parallel_p \right) - \beta_i^* \geqslant 0 \tag{3.176}$$

$$\sum_{i=1}^{l} \alpha_i = 1 \tag{3.177}$$

根据式(3.175)和式(3.176)同样可得

$$0 \leqslant \parallel \beta_i - \beta_i^* \parallel_q = \parallel \Gamma_i \parallel_q \leqslant \alpha_i \tag{3.178}$$

将以上关系式代入式(3.166)且结合式(3.123)采用的方法,得到

$$\max_{\beta_i, \beta_j, \alpha}(L) = -\frac{C}{2} \sum_{i=1}^{l} \sum_{j=1}^{l} (\beta_i - \beta_i^*)^{\mathrm{T}} (\beta_j - \beta_j^*)(k(x_i, x_j) + 1)$$
$$- \frac{1}{2} \sum_{i=1}^{l} \alpha_i^2 + \sum_{i=1}^{l} y_i^{\mathrm{T}} (\beta_i - \beta_i^*) \tag{3.179}$$

令 $\Gamma_i = (\beta_i - \beta_i^*)$,则得到对偶形式为

$$\max_{\Gamma} -\frac{1}{2} \sum_{i=1}^{l} \sum_{j=1}^{l} \Gamma_i^{\mathrm{T}} \Gamma_j (k(x_i, x_j) + 1) - \frac{1}{2C} \sum_{i=1}^{l} \alpha_i^2 + \frac{1}{C} \sum_{i=1}^{l} y_i^{\mathrm{T}} \Gamma_i$$

$$\text{s. t.} \begin{cases} \sum_{i=1}^{l} \alpha_i = 1 \\ \alpha_i \geqslant 0 \end{cases} \tag{3.180}$$

当 $p = \infty$, $q = 1$ 时,由于 $0 \leqslant \parallel \beta_i - \beta_i^* \parallel_1 = \parallel \Gamma_i \parallel_1 \leqslant \alpha_i$,且 $\parallel \beta_i + \beta_i^* \parallel_1 = 1^{\mathrm{T}}(\beta_i + \beta_i^*)$。

令 $\alpha_i = 1^{\mathrm{T}}(\beta_i + \beta_i^*)$,由于 $\parallel \beta_i - \beta_i^* \parallel_1^2 \leqslant (\beta_i - \beta_i^*)^{\mathrm{T}}(\beta_i - \beta_i^*)$,则式(3.180)可改写为

$$\max_{\Gamma} -\frac{1}{2} \sum_{i=1}^{l} \sum_{j=1}^{l} (\beta_i - \beta_i^*)^{\mathrm{T}} (\beta_j - \beta_j^*) \left(k(x_i, x_j) + 1 + \frac{\delta_{ij}}{C} \right)$$
$$+ \sum_{i=1}^{l} \frac{2}{C} y_i^{\mathrm{T}} (\beta_i - \beta_i^*)$$

$$\text{s. t.} \begin{cases} \sum_{i=1}^{l} 1^{\mathrm{T}}(\beta_i + \beta_i^*) = 1 \\ \beta_i, \beta_i^* \geqslant 0 \end{cases} \tag{3.181}$$

由上式可见,这是一个关于变量 β_i、β_i^* 的凸二次规划形式,从而上式可以看成

一个广义 MEB 问题,因此可以采用 MEB 核心集算法进行求解。

　　本节研究了向量值回归型 SVM 模型,借助于广义损失函数,将传统的 SVM 模型推广至向量输出空间,研究了不同损失函数下的向量值回归 SVM 模型,得到了 $p=\infty,q=1$ 时向量值 SVM 的 MEB 表征形式。本节得到的向量值回归学习机对于解决多元回归问题具有良好的应用前景,实际应用将在 3.5 节进行详细分析。

3.5　应用案例

　　本节针对航空发动机故障诊断和某型发动机起动过程建模问题开展研究,验证结构覆盖机器学习算法解决实际问题的有效性和正确性。为了保持问题描述的完整性,特别添加了工程背景的描述。书中所用方法为结构覆盖机器学习算法,MEB 采用严格最小球核心集算法。为说明算法的有效性,算法均与标准 SVM 进行了比较。

3.5.1　航空发动机故障诊断应用

1. 工程背景介绍

　　航空发动机是非常昂贵且复杂的设备,因其复杂的结构及高温、高速的恶劣工作环境,可靠性很难保证,发生故障后可能引发飞行事故,后果严重。因此对其进行及时的状态监测和故障诊断具有非常重大的实际意义。航空发动机的故障诊断需要在发动机运行过程中连续监测 20~40 个参数,参数本身的值及相对之间的变化关系,分别对应着发动机的诸多状态。其对应关系是非常复杂的,很难用函数关系描述,可以用机器学习的办法来解决。航空发动机故障的发生具有一定的突发性,且不可重复;航空发动机对工作条件要求严格,不允许带故障运转;多数情况下故障与信号之间的关系是模糊的,有可能一种信号对应几种故障类型。因此,对于航空发动机的多数故障而言,故障样本的数目极其有限,属于小样本集机器学习问题。

2. 气路故障诊断应用案例

　　气路诊断是航空发动机性能故障诊断的有效方法。选取表征测量参数不同变化趋势的发动机稳态测量参数值与基值的偏差作为故障智能诊断模型的输入样本数据,取相对应的发动机故障模式为诊断模型的输出。本节仍采用 2.5.2 节的两个发动机故障诊断案例分别加以说明。为测试算法的有效性,同样以该样本为基础扩展样本进行测试,样本扩展公式为

$$X_{扩}=X+K_\sigma\times\text{randn}(1,n) \tag{3.182}$$

其中,K 表示噪声的大小;randn 产生 $(-1,+1)$ 之间的随机数;σ 为样本的标准差。

1) 方法一

采用一对多分类算法建立多元分类器,用故障仿真器随机产生 1100 个故障训练样本进行训练,得到结果如表 3.5 所示。可见,故障 1、3、8 无法被正确识别,其原因在于 SVM 是高维特征空间的线性分类问题,在一对多类的模式中,特征空间的样本分存在多类均包含和多类均拒绝的情形,这种方法的分类精确度较差,在本例中仅为 74.8%,在本次实验当中,一对多耗用的时间为 68s。

表 3.5　一对多类支持向量机诊断结果

	SM1	SM2	SM3	SM4	SM5	SM6	SM7	SM8	SM9	SM10	SM11
A	−1	−1	−1	−1	−1	−1	−1	−1	−1	−1	−1
B	−1	1	−1	−1	−1	−1	−1	−1	−1	−1	−1
C	−1	−1	1	−1	1	−1	−1	−1	−1	−1	−1
D	−1	−1	−1	1	−1	−1	−1	−1	−1	−1	−1
E	−1	−1	−1	−1	−1	−1	−1	−1	−1	−1	−1
F	−1	−1	−1	−1	−1	1	−1	−1	−1	−1	−1
G	−1	−1	−1	−1	−1	−1	1	−1	−1	−1	−1
H	−1	−1	−1	1	−1	−1	−1	1	−1	−1	−1
I	−1	−1	−1	−1	−1	−1	−1	−1	1	−1	−1
J	−1	−1	−1	−1	−1	−1	−1	−1	−1	1	−1
K	−1	−1	−1	−1	−1	−1	−1	−1	−1	−1	1

2) 方法二

一对一多类支持向量机。即对于 k 类问题,对其中任意两个不同的类别都构造一个 SVM,总共构造 $k(k-1)/2$ 个两类 SVM,其中,由第 i 和第 j 类样本训练得到的 SVM 所作的判别用 w_i(属于第 i 类)和 w_j(属于第 j 类)表示。对未知样本输入到这 $k(k-1)/2$ 个分类器中,把每一个分类器看做是一个投票者,哪一个类别的票数高就认为未知样本属于哪一类。与一对多相比,一对一方法显著提高了算法的收敛速度和准确率,这是由于每个二分类算法参与样本的个数相比一对多方法降低很多,另外,多个分类器进行决策也相当于是进行了一次信息融合,因此算法执行速度速度和诊断准确率都有所提高。本案例测试准确率为 94.9%,执行时间为 39.2s。

3) 方法三

结构覆盖分类学习机。初始采样样本数总数设为 20 个,采用概率加速方法计算最远距离点,其中,设定采样点总数设为 40 个,SVM 的结构参数采用交叉验证算法获得。嵌入向量选择式(3.78)所用的方法,因为这种方法得到的学习机拓扑结构对称。对 1100 个样本进行学习后,得到的准确率为 94.8%,但是算法的执行时间仅为 3.78s。

可见,与一对一相比,结构覆盖分类算法准确率相当,但是从算法执行速度上看,结构覆盖分类算法具有优越性。因此,综合来看,结构覆盖分类学习机算法是一种非常适合多类大数据对算法执行速度要求严格的工作环境。一对一准确率较高,但是需要构造的分类器总数为 55 个。一对多准确率最低,算法执行速度最慢。分析原因,主要是因为结构覆盖分类学习机的模型结构复杂度低最低。

3. 自动停车故障应用案例

气路诊断方法可以根据各个部件间的气动热力关系进行分析,但是在实际中,由于飞机监测参数的个数远远小于发动机气路部件和指示系统故障的数目,因此气路方法的使用受到一定的限制。SVM 等智能方法则避开了解析方法的建模缺陷,特别是当发动机的有些故障模式和故障征兆之间为定性关系而无法量化时,则可以采用模糊方法估计二者的定量关系获得有益的特征信息,然后利用 SVM 直接对特征信息与故障模式之间进行关联,并利用 SVM 的强大推广能力实现对未知故障模式的诊断。本书同样采用模糊方法建立故障征兆与模式之间的隶属度矩阵,即提取到的特征信息,然后利用 SVM 进行诊断[42]。

某发动机常见的自动停车故障征兆有 6 个,即排气温度超温(F_1)、振动大(F_2)、转速急降(F_3)、滑油警告灯亮(F_4)、滑油消耗量大(F_5)和转速上不去(F_6)。故障成因有 5 个,即离心活门抱轴(S_1)、涡轮叶片折断(S_2)、滑油导管振裂(S_3)、油泵随动活塞卡死(S_4)和传动轴折断(S_5)。经过模糊处理和有经验的专家确定之后,故障征兆与故障成因之间的隶属度关系如表 3.6 所示。获得特征信息之后,就可以对学习算法进行训练。

表 3.6　停车训练样本

样本	F_1	F_2	F_3	F_4	F_5	F_6
S_1	0.60	0.80	0.95	0.00	0.00	0.30
S_2	0.40	0.98	0.00	0.00	0.00	0.60
S_3	0.00	0.30	0.80	0.98	0.90	0.90
S_4	0.98	0.00	0.30	0.00	0.00	0.98
S_5	0	0.00	0.98	0.00	0.00	0.95

分别用一对一方法、一对多方法以及结构覆盖分类学习机多类分类方法进行分类,为了对其结果进行比较,用在原训练样本基础上加入不同水平随机噪声的方法检验学习机的推广性能和容错能力。在同一噪声水平下对每种分类方法进行了 400 次随机样本输入,发现当噪声水平为 0.15 以下时,三种方法的分类结果均为 100% 正确。但当噪声水平为 0.15 时,三种方法均出现了错分现象。随着噪声水平的增加,分类器的错误率都呈上升趋势,不过比较而言,结构覆盖分类学习机(MCELM)具有更低的错误率水平,所具有的抗噪能力最强。当噪声达到一定程度时,出现错分的最主要原因在于所加噪声已经将原始数据埋没了。因此,对于此

时故障样本的分布情况由于被噪声掩盖,因此故障样本特征出现了随机性,从而使得故障诊断水平整体呈下降趋势。为了验证方法的有效性,对该型发动机在几次试车试验中采集到的 3 次不同状态自动停车参数,经过滤波和处理提取出 6 个征兆参数,把这些参数经过此前选定的隶属度函数模糊处理后得到模糊特征向量,将其带入 SVM 分类器中进行测试,三种分类器的识别结果如表 3.7 所示。

表 3.7　测试故障模式与分类结果

测试模式	F_1	F_2	F_3	F_4	F_5	F_6	分类结果		
							一对多方法	一对一方法	结构覆盖分类学习机方法
T_1	0.58	0.80	0.94	0.10	0.00	0.30	S_1	S_1	S_1
T_2	0.00	0.38	0.80	0.90	0.90	0.90	S_3	S_3	S_3
T_3	0.10	0.00	0.97	0.00	0.10	0.95	S_5	S_5	S_5

本节通过两个气路诊断的案例,对一对一方法一对多方法以及结构覆盖分类学习机方法进行了比较研究,计算仿真结果表明,三种方法当中结构覆盖分类学习机算法具有最好的性能,同时兼顾模型推广性和模型复杂度,是一种非常有应用前景的分类器学习算法。

3.5.2　航空发动机起动过程多元回归建模与仿真

在研究某型航空喷气发动机起动过程的特性时,遇到了起动过程的数学模型无法建立的问题,为了解决这一难题,前期的研究中提出了利用 RBF 神经网络对起动过程进行建模的方法。RBF 神经网络模型由于存在中心节点选择的难点问题,利用其建立起动模型时发现推广应用效果不是很好。课题组相继提出了约减遗传规划 PGP[42]等方法对起动模型参数进行辨识,约减遗传规划虽然具有很好的非线性适应能力,但是算法自身有很多参数需要人为设定,而且输出结果对于算法初始值比较敏感。为此,课题组又提出了基于回归型 SVM[43,44]起动过程建模方法,但是由于常规 SVM 回归算法只能应用于多输入单输出问题。因此,对于多个参数同时需要构造多个多输入单输出 SVM 学习机进行学习。因而,起动模型复杂度较大。本节将结构覆盖回归算法应用于起动过程的建模,结果显示,结构覆盖回归学习机在航空发动机动力学过程建模中具有较大的优势,相比较而言,该算法收敛速度快,比较适合解决大数据多元回归的模型辨识问题。

为了便于在训练过程中对设计参数进行调整,进行模型辨识之前首先将所有样本数据进行了归一化处理。选取核函数为径向基核函数,并采用 MEB 快速实现算法进行训练。为了使起动性能估算的结果尽可能地准确、可靠,需要提高辨识模型的准确度,通常情况下,如果学习机学习精度过高,则会导致起动模型的准确度大大降低,推广性能往往不令人满意。因此,在辨识时必须合理地选取模型设计参数,即平衡因子 C、不敏感度 ε 和核函数参数 σ,使其既能保证较高的学习精度,又能得出较为准确的性能估算结果。通过合理调整平衡因子 C、不敏感度 ε 和径向基核函数参数 σ,可得知当取 $C=100$、$\varepsilon=0.005$、$\sigma=3.5$ 时,能够得到满足工程误差要求且推广能力强的起动辨识模型。

为了检验模型的学习精度,需要将学习(训练)样本重新输入到计算模型中,计算对应的输出,各温度下模型输出结果与试验数据之间的最大相对误差列于表3.8中。利用 T_{-26} 对所建立的起动模型的泛化性能进行检验,模型泛化结果与实际试验数据相差很小,与训练误差基本一致,可以看出结构覆盖回归模型具有较好的泛化能力(n_1、n_2 和 T_6^* 的泛化能力检验结果与试验数据之间的最大相对误差分别为 3.13%、4.64%、1.58%)。

表3.8 训练误差

大气温度/℃	n_1 的误差/%	n_2 的误差/%	T_6^* 的误差/%
-40	2.24	1.47	2.42
$+4$	1.62	1.03	1.84
$+15$	2.33	1.25	1.46

另外,为了更加全面地检验辨识起动模型的可行性,再任意取其他三个温度下的起动试验数据作为训练样本,取另外一个温度下的试验数据作为测试样本,对模型的推广能力进行检验,同样也能取得较好的效果。

若已知大气条件下发动机起动过程中的起动机扭矩、负载阻力矩特性和主燃烧室供油量特性,那么只需给定高、低压转子转速和涡轮后排气温度的初始值,通过模型递推的方式即可估算出这些大气条件下发动机起动过程参数随时间的变化曲线,估算方法如图3.10所示。

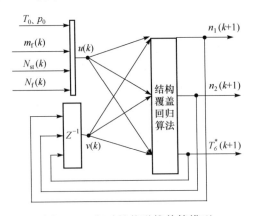

图3.10 起动性能递推估算模型

图3.10的基本思想可描述为:输入大气条件 T_0、p_0,根据当前时刻的 $m_f(k)$、$N_{st}(k)$、$N_f(k)$ 以及 $n_1(k)$、$n_2(k)$ 和 $T_6^*(k)$($k=1,2,3,\cdots$),由模型计算得到下一时

刻的输出量 $n_1(k+1)$、$n_2(k+1)$ 和 $T_6^*(k+1)$，将这些输出与 $m_f(k+1)$、$N_{st}(k+1)$ 和 $N_f(k+1)$ 一起再次作为模型的输入，不断迭代求解后一时刻的输出，依此递推，就得到了发动机起动性能的估算结果。该方法仅需利用少量试验数据，就可以给出各种不同大气条件下起动性能的估算结果。根据前面所建立的起动模型，运用上述性能估算方法对 -26℃大气温度的起动性能进行估算，n_1、n_2、T_6 的最大误差分别为 2.14%、2.8% 和 4.04%，可以满足起动性能估算的工程要求。同样，上述方法也可应用于训练样本，得到大气温度为 -40℃、$+4$℃和 $+15$℃时的性能估算模型最大相对误差如表 3.9 所示。

表 3.9　结构覆盖性能估算方法对训练样本的误差情况

大气温度/℃	n_1 的误差/%	n_2 的误差/%	T_6^* 的误差/%
-40	4.20	3.85	4.93
$+4$	5.14	4.74	3.51
$+15$	2.95	3.42	2.28

从上述结果可以看出，结构覆盖回归算法用于航空燃气涡轮发动机起动过程的建模，能够在一定程度上解决使用传统建模方法及神经网络方法等无法解决的推广性难题，并取得了良好的应用效果。

本节针对航空发动机气路故障诊断模拟故障和某型航空发动机起动的非线性过程模型，分别建立了基于结构覆盖学习机的多类故障分类算法和起动过程多元回归状态空间辨识模型。仿真结果表明，在发动机故障诊断案例应用中，结构覆盖分类学习机具有最佳的性能，推广误差与一对一 SVM 相当，但算法收敛速度显著提高；在起动过程多变量状态空间模型的辨识上，结构覆盖回归学习机模型推广误差要优于以往采用的 SVM 模型，这说明结构覆盖回归算法不但有很好的非线性辨识能力，而且能够捕获变量之间的非线性耦合关系。因此，相对于多个互不相关回归 SVM 生成的组合 SVM 模型，结构覆盖回归学习机对于具有耦合关系的多变量模型有更好的适用性。

参 考 文 献

[1] Wang S J. A new development on ANN in China：Biomimetic pattern recognition and multi weight vector Neurons. LNAI, 2003, 2639：35-43.

[2] 李应红，尉询楷，刘建勋. 支持向量机的工程应用. 北京：兵器工业出版社，2004.

[3] Löfberg J. YALMIP：A toolbox for modeling and optimization in MATLAB. http://control. ee. ethz. ch/~joloef，2006.

[4] Vanderbei R J. Linear Programming：Foundations and Extensions. Princeton：Princeton University Press，2002.

[5] Nocedal J，Wright S J. Numerical Optimization. New York：Springer-Verlag，1999.

[6] Boyd S, Vandenberghe L. Convex Optimization. Camb ridge: Cambridge University Press, 2004.

[7] Borwein J M. Convex Analysis and Nonlinear Optimization. New York: Springer-Verlag, 2006.

[8] Chu C S, Tsang I W, Kwok J T. Scaling up support vector data description by using core-sets. Proceedings of the International Joint Conference on Neural Networks (IJCNN 2004), Budapest, 2004: 425-430.

[9] Tsang I W, Kwok J T, Cheung P M. Core vector machines: Fast SVM training on very large data sets. Journal of Machine Learning research, 2005, 6: 363-392.

[10] Tsang I W, Kwok J T, Zurada J M. Generalized core vectormachines. IEEE Transactions on Neural Networks, 2006, 15(5): 1126-1140.

[11] Wei X K, Li Y H. Enclosing machine learning: concepts and algorithms. Neural Computing and Applications, 2008, 17(3): 237-243.

[12] Wei X K, Li Y H. A fast coreset minimum enclosing ball kernel machines. Proceedings of the 2008 International Joint Conference on Neural Networks, Hongkong, 2008: 3366-3373.

[13] Wei X K, Li Y H. Theoretical analysis of a rigid coreset minimum enclosing ball algorithm for kernel regression estimation. LNCS, 2008, 5263: 741-752.

[14] Vapnik V N. The Nature of Statistical Learning Theory. New York: Springer-Verlag, 1995.

[15] Cristianini N, Shawe-Taylor J. An Introduction to Support Vector Machines and other Kernel Based Learning Methods. CA: Cambridge University Press, 2000.

[16] Schölkopf B, Smola A J. Learning with Kernels: Support Vector Machines, Regularization, Optimization and Beyond. CA: MIT Press, 2002.

[17] Herbrich R. Learning Kernel Classifiers: Theory and Algorithms. Camb ridge: MIT Press, 2002.

[18] Shawe-Taylor J, Cristianini N. Kernel Methods for Pattern Analysis. Camb ridge: Cambridge University Press, 2004.

[19] Christopher J C, Burges A. Tutorial on support vector machines for pattern recognition. Data Mining and Knowledge Discovery, 1998, 2: 121-167.

[20] Smola A, Schölkopf B. A tutorial on support vector regression. Statistics and Computing, 2004, 14(3): 199-222.

[21] Welzl E. Smallest enclosing disks (balls and ellipsoids). LNCS, 1991, 555: 359-370.

[22] Bădoiu M, Har-Peled S, Indyk P. Approximate clustering via coresets. Proceedings of the 34th Annual ACM Symposium on Theory of Computing, Montreal, 2002: 250-257.

[23] Bădoiu M, Clarkson K L. Smaller core-sets for balls. Proceedings of the 14th ACM-SIAM Symposium on Discrete Algorithms, Baltimore, 2003: 801-802.

[24] Kumar P, Mitchell J S B, Yidirim E A. Computing core-sets and approximate smallest enclosing hyperspheres in high dimensions. Proceedings of the 5th Workshop on Algorithm Engineering and Experiments (ALENEX), Baltimore, 2003: 45-55.

[25] Yildirim E A. Two algorithms forthe minimum enclosing ball problem. SIAM Journal on Optimization, 2008, 19(3): 1368-1391.

[26] Clarkson K L. Coresets, sparse greedy approximation, and the Frank-Wolfe algorithm.

ACM Transtactions on Algorithms,2010,6(4):1-34.

[27] Bulatov Y, Jambawalikar S, Kumar P et al. Hand recognition using geometric classifiers. http://citeseer. ifi. unizh. ch/685949, 2006.

[28] Bǎdoiu M, Clarkson K L. Optimal core-sets for balls. Computational Geometry, 2008, 40: 14-22.

[29] Panigrahy R. Minimum enclosing polytope in high dimensions. http://arxiv. org/PS_ cache/cs/pdf/0407/0407020, 2006.

[30] Pelegrin B, Canovas L. Theminimum covering lpb-hypersphere problem. Computational Optimization and Applications, 1998, 9: 85-97.

[31] Gartner B. Fast and robust smallest enclosing balls. LNCS,1999, 1643: 325-338.

[32] Fischer K, Gartner B. The smallest enclosing ball of balls: Combinatorial structure and algorithms. Proceedings of the 19th Annual ACM Symposium on Computational Geometry, San Diego,2003: 292-301.

[33] Fischer K, Garter B, Kutz M. Fast smallest-enclosing-ball-computation in high dimensions. LNCS, 2003, 2832: 630-641.

[34] Zhou G L, Tohemail K C, Sun J. Efficient algorithms for the smallest enclosing ball problem. Computational Optimization and Applications, 2005, 30(2): 147-160.

[35] Richard N, Frank N. Fitting the smallest enclosing bregman ball. LNAI, 2005,3720: 649-656.

[36] Pan S H, Li X S. An efficient algorithm for the smallest enclosing ball problem in high dimensions. Applied Mathematics and Computation, 2006, 172: 49-61.

[37] Frank N, Richard N. A fast deterministic smallest enclosing disk approximation algorithm. Information Processing Letters, 2005, 93: 263-268.

[38] Tsochantaridis I, Joachims T, Hofmann T,et al. Large margin methods for structured and interdependent output variables. Journal of Machine Learning research, 2005, 6: 1453-1484.

[39] Micchelli C A, Pontil M. On learning vector-valued functions. Neural Computation, 2005, 17: 177-204.

[40] Szedmak S, Shawe-Taylor J. Multiclass learning at one-class complexity. 2005, http:// eprints. ecs. soton. ac. uk /11157/1/vosvm_2. pdf,2005.

[41] Brudnak M. Vector-valued support vector regression. Proceedings of IJCNN, Vancōu Ver,2006: 1562-1569.

[42] Li Y H, Wei X K. Linear-in-parameter models based on parsimonious genetic programming algorithm and its applications to aero-engine start modeling. Chinese Journal of Aeronautics, 2006, 19(4): 295-303.

[43] 尉询楷,李应红,王剑影,等. 基于 SVM 的航空发动机辨识模型. 航空动力学报,2004, 19(5): 684-688.

[44] 刘建勋, 李应红. 基于支持向量机的涡扇发动机起动性能估算研究. 航空学报, 2005, 26(1): 32-35.

第4章 核多元统计方法及应用

航空发动机监控和故障诊断中,在没有精确数学模型时实现故障检测、故障识别并通过特征提取构造出优质的故障特征是提高诊断效率及其准确性的关键。本章针对航空发动机非线性特性,采用了非线性特征核主元分析(KPCA)法,提出了基于滑动窗口机制的自适应 KPCA 方法及基于启发式知识粗糙集属性的核 Fisher 鉴别分析方法,提高故障检测快速性和准确率,有效地降低问题描述所需的特征数目,提高分类效率。

4.1 核主元分析故障检测

发动机性能综合指数能够有效表征发动机的性能状况[1,2]。通过对性能综合指数的监控可掌握发动机性能变化的趋势,以期望达到对潜在故障的早期发现,实现"预知维修"。但利用性能综合指数监控发动机性能还存在以下不足[3,4]:

(1) 不论粗糙集理论还是遗传算法确定权值均需要足够多的发动机异常和故障数据作为训练样本,但实际发动机异常和故障样本较少且不容易获得。

(2) 综合参数法没有给出性能综合指数的警戒值,因此也就无法准确判断到底综合指数下降到什么程度才表示发动机性能严重恶化、存在故障,所以该指数只能定性表征发动机性能的变化趋势。要通过性能综合指数来准确判断发动机性能正常还是异常(故障),还必须更多依赖使用人员的专业知识和维护经验来辅助判断,这种状况势必会给使用维护人员对发动机性能状况的判断带来一定的困难,并增加了决策的风险性;并且如果存在早期故障,由于没有警戒值,该性能综合指数也并不能完全起到故障检测的作用。

(3) 在性能出现异常或故障时,该综合指数也不能完成故障变量的识别任务。多元统计分析理论中的 KPCA 方法一方面可克服性能综合指数监控发动机性能时存在的以上三点不足;另一方面又克服了线性 PCA 方法及其他非线性 PCA 方法在具有一定非线性特征的航空发动机的故障检测中存在的不足。因而,本节把 KPCA 方法引入到航空发动机故障检测与诊断中来,并且考虑到航空发动机的性能特点,提出自适应 KPCA 方法。

本节重点研究 KPCA 方法在航空发动机故障检测中的应用,关于该方法在故障识别及诊断中的应用将在下一节进行研究。首先系统分析研究了 KPCA 的基本原理,给出了基于 KPCA 故障检测的一般步骤和方法;进一步,针对传统静态

KPCA 方法在航空发动机故障检测中仍存在不足,提出了基于滑动窗口机制的自适应 KPCA 方法,并给出了该方法用于故障检测的具体实施步骤;最后通过对某型涡扇发动机进行实例分析,验证了方法的有效性。

4.1.1　核主元分析法

基于核函数的 PCA 方法是近年来新兴的一种非线性多元统计分析方法,是 Scholkopf 等在研究支持向量分类算法提出的[5]。KPCA 的基本思想是:首先将原始样本输入空间通过适当的非线性映射变换到高维(可能是无限维)特征空间 F,然后在此高维特征空间 F 中完成线性主元分析,得到高维特征空间 F 的线性主元,该线性主元实质是原始样本输入空间的非线性主元。由于在此高维特征空间 F 中样本的相互作用仅限于内积,故无须知道非线性映射中的具体形式,只要用满足 Mercer 条件的核函数 Φ 替代高维特征空间 F 中样本的内积运算,即 $k(x,y) = \langle \Phi(x), \Phi(y) \rangle = \Phi(x)^{\mathrm{T}} \Phi(y)$,从而避免了所谓的"维数灾难"问题,并且也避免了复杂的非线性变换。

1. KPCA 法基本原理

KPCA 法首先通过非线性映射函数 $\Phi: \mathbf{R}^m \to F$,将输入空间 $x_k(k=1,2,\cdots,n)$ 映射到特征空间 $F: \Phi(x_k)(k=1,2,\cdots,n)$ 中。

为了在高维特征空间 F 中进行主元分析,需构造映射后训练样本的协方差矩阵 C^F。设 $\Phi(x_k)(k=1,2,\cdots,n)$ 已经去均值,即 $\sum\limits_{k=1}^{n} \Phi(x_k) = 0$,则在 F 空间上的协方差矩阵为

$$C^F = \frac{1}{n} \sum_{i=1}^{n} \Phi(x_i) \Phi(x_i)^{\mathrm{T}} \tag{4.1}$$

由此可通过求解以下特征值问题来计算 F 空间的主元:

$$\lambda V = C^F V \tag{4.2}$$

要求解式(4.2)中特征值 $\lambda > 0$ 和对应特征向量 $V \in \mathbf{R}^m (V \neq 0)$,可把式(4.2)中 $C^F V$ 表示成如下形式:

$$C^F V = \frac{1}{n} \sum_{i=1}^{n} \langle \Phi(x_i), V \rangle \Phi(x_i) \tag{4.3}$$

其中,$\langle x, y \rangle$ 表示 x 与 y 的点积运算。式(4.3)就意味着所有的特征值不等于 0 的解向量 V 都必定存在于由高维特征空间 H 中的所有样本 $\Phi(x_1), \cdots, \Phi(x_n)$ 张成的空间内。因此式(4.3)就等价于

$$\lambda \langle \Phi(x_k), V \rangle = \langle \Phi(x_k), C^F V \rangle, \quad k=1,2,\cdots,n \tag{4.4}$$

则特征向量 V 可以表示为

$$V = \sum_{i=1}^{n} \alpha_i \Phi(x_i) \tag{4.5}$$

其中，α_i 为相关系数，$i=1,2,\cdots,n$。

联立式(4.3)、式(4.4)和式(4.5)可得

$$\lambda \sum_{j=1}^{n} \alpha_j \langle \Phi(x_k), \Phi(x_j) \rangle = \frac{1}{n} \sum_{j=1}^{n} \alpha_j \left\langle \Phi(x_k), \sum_{i=1}^{n} \Phi(x_i) \right\rangle \langle \Phi(x_i), \Phi(x_j) \rangle \tag{4.6}$$

其中，$k = 1,2,\cdots,n$。

为了求解式(4.6)，需定义一个 $n \times n$ 的方阵 K

$$K_{ij} = \langle \Phi(x_i), \Phi(x_j) \rangle \tag{4.7}$$

把式(4.7)代入式(4.6)，则式(4.6)可简化为

$$n\lambda K\alpha = K^2 \alpha \tag{4.8}$$

其中，$\alpha = [\alpha^1, \cdots, \alpha^n]^{\mathrm{T}}$。为了求解式(4.8)，现只需求解下式的非零特征值即可：

$$n\lambda\alpha = K\alpha \tag{4.9}$$

由此可看出，在特征空间 F 中作线性主元分析就等同于求解式(4.9)的特征值和特征向量问题。由式(4.9)可求得矩阵 K 的特征值 $\lambda_1 \geqslant \lambda_2 \geqslant \cdots \geqslant \lambda_n$，及其对应的特征向量 $\alpha^1, \alpha^2, \cdots, \alpha^n$。为了达到降维的目的，可以选择保留前 p 个特征值对应的特征向量 $\alpha^1, \alpha^2, \cdots, \alpha^p$（$p \ll n$，确定方法可参考下文）。

再由式(4.5)可知，求得矩阵 K 的特征向量 α 即可求出 C^F 的特征向量 V，从而得到特征空间 F 的主元方向。而矩阵 K 可以通过选择核函数来确定，关于核函数的选取可参考下文。

以下对特征向量 V 作标准化处理：

$$\langle V^k, V^k \rangle = 1, \quad k = 1, \cdots, p \tag{4.10}$$

将式(4.5)代入式(4.10)可得

$$\sum_{i,j=1}^{n} \alpha_i^k \alpha_j^k \langle \Phi(x_i), \Phi(x_j) \rangle = \sum_{i,j=1}^{n} \alpha_i^k \alpha_j^k K_{ij} = \alpha^k K \alpha^k = \lambda_k \langle \alpha^k, \alpha^k \rangle = 1 \tag{4.11}$$

由式(4.11)可知，对特征向量 V 作标准化处理其实只需对向量 $\alpha^1, \cdots, \alpha^p$ 进行标准化处理。

任一向量 x 在特征空间 F 中的第 k 主元（得分向量）为

$$t_k = \langle V^k, \Phi(x) \rangle = \sum_{j=1}^{n} a_j^k \langle \Phi(x_j), \Phi(x) \rangle \tag{4.12}$$

其中，x 为原始空间的输入向量；$\Phi(x)$ 为特征空间 F 的映射向量；$k=1,\cdots,p$。

但需要注意的是，上述算法是在假设映射数据为零均值的情况下推导的，而实际上由于没有显式的映射函数 Φ，所以不能直接去均值。可以先不去均值求得矩阵 K，再根据以下公式可求得去均值后的矩阵 $\bar{K}$：

$$\bar{K}_{ij} = (K - l_n K - K l_n + l_n K l_n)_{ij} \tag{4.13}$$

其中, l_n 是元素为 $1/n$ 的 $n \times n$ 常数方阵。用 $\bar{K}$ 代替式(4.9)中 K 即可满足去均值的要求。

2. 核函数的选择

通过引入形式为 $k(x,y) = \langle \Phi(x), \Phi(y) \rangle$ 的核函数,可避免执行非线性映射而且很容易通过计算特征空间中两者的点积得到式(4.9)中的矩阵 K。一个特定的核函数可间接确定映射 Φ 和特征空间 F 的形式,因此核函数形式的选取对于非线性系统的分析具有重要影响,目前常用的核函数主要有三类[6]:

(1) 高斯径向基函数

$$k(x,y) = \exp\left(-\frac{\|x-y\|^2}{2\sigma^2}\right) \tag{4.14}$$

(2) 多项式核函数

$$k(x,y) = \langle x, y \rangle^d \tag{4.15}$$

(3) 神经网络核函数

$$k(x,y) = \tanh(\beta_0 \langle x, y \rangle + \beta_1) \tag{4.16}$$

其他还有 Fourier 级数、样条函数、B 样条函数等,都可以作核函数,具体选取哪种核函数可根据实际问题确定。

3. 主元数目的确定

构造主元模型时必须确定主元的个数,而主元个数的确定应考虑两个方面的因素:原始测量数据维数的降低和原始测量数据信息的丢失。主元个数的选取直接影响到故障检测与诊断的效果。如果主元数目选得过小,则残差子空间所包含的方差太多,使得残差子空间统计量阈值偏大,从而导致小故障难于被检测出。而若主元数目取得太大,又会使残差子空间包含的信息太少,使得故障对残差影响不大,故障难于被检测出。可见,主元数目的选取是很重要的。

关于主元数目的确定的方法有多种,包括交叉检验法、主元贡献率法、平均特征值法、嵌入误差函数、平行分析法、Scree 检验重构误差方差、最小描述长度准则、Akaike 信息准则等[7]。主元贡献率法因其简单、直观、方便,选定主元的效果也较好等特点,成为目前使用最广泛的一种方法。以下介绍如何采用主元贡献率法来确定主元数。主元贡献率的定义如下:

$$\text{Contr}(\lambda_k) = \frac{\lambda_k}{\sum_{j=1}^{n} \lambda_j} \times 100\% \tag{4.17}$$

其中, $\text{Contr}(\lambda_k)$ 为第 k 个主元的贡献率,它表明第 k 个主元所包含的系统信息占全部信息的百分比。在应用主元分析法进行数据压缩和特征提取时,为了使舍弃

的原有数据信息量不至于影响对系统的分析,要求 p 个主元的累积贡献率 CPV 必须大于某一界限值,即

$$CPV = \frac{\sum_{j=1}^{p} \lambda_j}{\sum_{j=1}^{n} \lambda_j} \geqslant CL \tag{4.18}$$

其中,CL 为所设定的界限值,通常取为 85%。当选定界限值 CL 后,便可确定最终需保留的主元。

4. 基于 KPCA 模型的统计量指标及其控制限

KPCA 变换完成后,其故障的检测与 PCA 故障检测相类似,也需要用到两个统计量 T^2 和 SPE。

(1) T^2 及其控制限 T_a^2。T^2 统计量通过监控向量 x 在 KPCA 模型空间中的波动来反映设备状态或过程运行工况的变化,它的大小反映了向量 x 偏离正常状态的程度。其定义为

$$T^2 = [t_1, \cdots, t_k, \cdots, t_p] \Lambda^{-1} [t_1, \cdots, t_k, \cdots, t_p]^{\mathrm{T}} \tag{4.19}$$

其中,t_k 为向量 x 在特征空间中第 k 主元;Λ 为与保留的前 p 个主元的所对应特征值组成的对角阵。

通常认为实际工业过程(系统)服从正态分布,在这个前提下可以证明 T^2 统计量服从自由度为 $(p, n-p)$ 的 F 分布。当检验水平为 α 时,T^2 统计量的控制限可以利用 F 分布按下式进行计算[7]:

$$T_a^2 = \frac{p(n-1)}{n-p} F_{p,n-1,\alpha} \tag{4.20}$$

其中,n 是样本个数;p 是所保留的主元个数;$F_{p,n-1,\alpha}$ 是对应于检验水平为 α、自由度为 $(p, n-p)$ 个样本点条件下的 F 分布的临界值。若 $T^2 < T_a^2$,则表明向量 x 的 T^2 统计正常。

(2) SPE 及其控制限 SPE_a。SPE 监控数据在 KPCA 残差空间中的变化,但是在上节介绍的 KPCA 基本原理中只是提供了如何求取非线性主元的方法,而并没有提供重构特征空间 F 中数据的方法。因此需要找到一种方法来计算特征空间 F 中的 SPE。

通过分析 PCA 模型求解 SPE 的思路及过程,可得出一种在特征空间 F 中计算 SPE 统计量的方法。该方法求解 SPE 过程的示意图如图 4.1 所示,具体步骤如下:

① 首先通过非线性映射 $\Phi(\cdot)$ 把输入向量 x 映射到高维特征 F 中;

② 然后在特征空间 F 中进行线性主元分析,进而得到在 p 维 KPCA 空间中

的主元得分 t_k；

③ 为了通过 t_k 能重构出特征向量 $\Phi(x)$，需把 t_k 通过向量 V^k 投影到特征空间 F 中，经重构得到的特征向量为：$\hat{\Phi}_p(x) = \sum_{k=1}^{p} t_k V^k$；

④ 特征空间 F 中的 SPE 可定义为：$\mathrm{SPE} = \| \Phi(x) - \hat{\Phi}_p(x) \|^2$，式中，如果 $p = s$（s 为 n 个特征值中所有非零特征值的个数），则 $\Phi(x) = \hat{\Phi}_s(x)$。

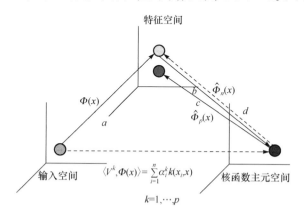

图 4.1　KPCA 中 SPE 求解过程示意图

由此，SPE 可通过下式计算得到：

$$\begin{aligned}
\mathrm{SPE} &= \| \Phi(x) - \hat{\Phi}_p(x) \|^2 = \| \hat{\Phi}_s(x) - \hat{\Phi}_p(x) \|^2 \\
&= \hat{\Phi}_s(x)^{\mathrm{T}} \hat{\Phi}_s(x) - 2\hat{\Phi}_s(x)\hat{\Phi}_p(x) + \hat{\Phi}_p(x)^{\mathrm{T}} \hat{\Phi}_p(x) \\
&= \sum_{i=1}^{s} t_i (V^i)^{\mathrm{T}} \sum_{k=1}^{s} t_k V^k - 2 \sum_{i=1}^{s} t_i (V^i)^{\mathrm{T}} \sum_{k=1}^{p} t_k V^k + \sum_{i=1}^{p} t_i (V^i)^{\mathrm{T}} \sum_{k=1}^{p} t_k V^k \\
&= \sum_{i=1}^{s} t_i^2 - 2 \sum_{i=1}^{p} t_i^2 + \sum_{i=1}^{p} t_i^2 = \sum_{i=1}^{s} t_i^2 - \sum_{i=1}^{p} t_i^2
\end{aligned} \tag{4.21}$$

其中，当 $i = k$ 时，$V^i V^k = 1$；$i \neq k$，$V^i V^k = 0$。

当检验水平为 α 时，SPE 控制限可按下式计算[7]：

$$\mathrm{SPE}_\alpha = \theta_1 \left[\frac{c_\alpha h_0 \sqrt{2\theta_2}}{\theta_1} + 1 + \frac{\theta_2 h_0 (h_0 - 1)}{\theta_2} \right]^{\frac{1}{h_0}} \tag{4.22}$$

其中，$\theta_i = \sum_{j=k+1}^{m} \lambda_j^i$；$h_0 = 1 - \frac{2\theta_1 \theta_3}{\theta_2}$；$c_\alpha$ 正态分布置信度为 α 的统计；λ_j 为协方差矩阵 C^F 的特征值。若 $\mathrm{SPE} < \mathrm{SPE}_\alpha$，说明向量 x 的 SPE 统计正常。

4.1.2　基于 KPCA 模型的故障检测

基于 KPCA 模型的故障检测过程也包括离线正常状态 KPCA 模型确定和在

线故障检测两部分,如图 4.2 所示。

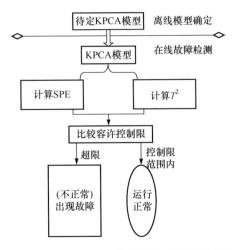

图 4.2　基于 KPCA 模型的故障检测原理图

1. 建立正常工作状态的 KPCA 检测模型

步骤如下:

(1) 将正常状态的数据集进行标准化,变换为均值为 0,方差为 1 的标准数据集;

(2) 根据式(4.7)计算标准数据集 $x_k \in \mathbf{R}^m (k=1,\cdots,n)$ 的核矩阵 $K \in \mathbf{R}^{n \times n}$;

(3) 在特征空间 F 中,为了使均值为 0,需根据式(4.13)对核矩阵 K 作均值化处理,得到 $\bar{K}$;

(4) 把 $\bar{K}$ 代入式(4.9)求解特征值与特征向量,并标准化 α^k,使 $\langle \alpha^k, \alpha^k \rangle = 1$;

(5) 针对正常状态数据向量 x,通过式(4.12)提取非线性主元;

(6) 根据式(4.19)和式(4.21)计算正常状态数据集的统计量 T^2 和 SPE;

(7) 确定正常状态统计量 T^2 和 SPE 的控制限 T_α^2 和 SPE_α。

2. 在线故障检测

(1) 从采样中获得新的数据 x_{new},并按照正常状态下模型的均值和方差进行标准化;

(2) 对标准化后的新数据 $x_{\text{new}} \in \mathbf{R}^m$,计算其内核向量 $k_{\text{new}} \in \mathbf{R}^n$;

(3) 对新数据的内核向量进行均值中心化处理 $\bar{k}_{\text{new}}$;

(4) 提取新数据 x_{new} 的非线性主元;

(5) 计算新数据 x_{new} 的统计量 T^2 和 SPE;

（6）监控统计量 T^2 和 SPE 是否超过正常状态的控制限。

4.1.3　基于滑动窗口机制的自适应 KPCA

在理想情况下，一台发动机正常状态的工作参数应该是平稳的，即其均值和方差是不变的（即视为与时间无关的时不变系统）。但随着设备使用时间的增长，由于设备的磨损和老化、原材料的变化和传感器的偏移等，发动机的工作参数是缓慢时变的，其均值和方差在正常的运行情况下会随时间漂移。同发生故障情况相比，这种漂移是缓慢的，并属于发动机正常运行情况，但这种漂移会随时间累积逐步影响模型的精度，从而可能引起故障检测、诊断的偏差等。

传统的静态 PCA、KPCA 一个主要不足之处就是一旦根据训练样本建好模型后，模型就是固定不变的。因此，当用一个时不变的固定 KPCA 模型来监控时变系统的性能，势必可能会引起故障检测的偏差。为了使 KPCA 监控模型能适应这种正常的参数漂移，提高故障检测准确度，需要根据实时采集的正常数据，采用自适应建模的方法自动更新监控模型。

受 Yang 的递归 PCA 思想[8]的启发，提出一种自适应非线性多元统计分析方法——基于滑动窗口机制的自适应核主元分析方法（adaptive KPCA，AKPCA），根据实测数据，自动更新 KPCA 检测模型，期望达到一方面可提高故障检测的快速性，能更早、更迅速地检测到潜在故障；另一方面可适应正常过程的变化，有助于减少误报警，提高故障检测的准确率。

基于滑动窗口机制的自适应 KPCA 方法建模的基本思想是：通过不断加入最近采集每台发动机的实际正常样本数据，同时舍弃相应数量的旧的原始建模所采用的通用正常样本数据，重新形成正常样本集（新样本集的样本个数始终保持不变），利用新的样本集重新建模、重新确定主元数、重新计算统计量及其控制限，并以更新后的 KPCA 模型进行检测，最终达到进一步提高故障检测效果的目的。令滑动窗口长度为 w，移动步长为 h，则滑动窗口（图 4.3）为

$$X_{w+h} = [x_{w+1}, \cdots, x_m, \cdots, x_{w+h}]$$

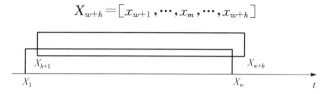

图 4.3　滑动窗口示意图

滑动窗口以步长 h 向前推进，在不同数据窗口分别建立 KPCA 模型，而不是在整个时间跨度内建立单一 KPCA 模型。

4.1.4　基于滑动窗口机制的自适应 KPCA 故障检测

1. 故障检测的具体步骤

（1）首先收集正常状态样本数据，用于初始化滑动数据窗口。并选定滑动窗口长度为 w，移动步长为 h，置累积数 $i=0$。

（2）计算窗口数据的均值和方差，同时采用该均值和方差对滑动窗的数据进行标准化处理。然后采用 3.2 节的方法建立 KPCA 模型；确定需保留的主元数；计算统计量 T^2 和 SPE；确定在置信限为 99% 的情况下，统计量 T^2 和 SPE 控制限。

（3）采集一个新的数据 x_{new}，用在第（2）步中确定的均值和方差对新采集的数据进行标准化处理，然后根据当前的 KPCA 模型计算其统计量指标 T^2 和 SPE，并与当前的 T^2 和 SPE 的控制限进行比较。如果 T^2 和 SPE 没有超标，则认为新采集的样本 x_{new} 为正常状态的样本，并执行累加操作 $i=i+1$；否则认为 x_{new} 属于故障样本，不执行累加操作。

（4）如果连续 h 次新采集的数据均为正常状态的样本数据（此时 $i=h$），则更新数据窗口，窗口向前移动 h 个步长，把 h 次新采集的样本实测数据加入到正常样本集中，同时为保持窗口长度不变，需从原窗口的 w 个正常样本中去掉 h 个旧样本，至此正常样本集得到更新，然后置 $i=0$，重复第（2）步；如果累积数 $i<h$，则窗口不移动，正常样本集不改变，模型不更新，重复第（3）步，用原模型继续进行检测。

2. 需解决的几个问题

1）正常样本集均值和方差的自适应更新

由于过程（系统）在正常工作情况下，其参数也会随着时间而发生漂移，因此为了使监控模型能适应这种正常的参数漂移，需根据实时采集的正常数据对建模样本集进行更新。

本书没有选择递归 PCA 方法[8]在原始样本数据基础上不断增加采集数据作为样本数据；而是选择通过增加新的样本数据，淘汰旧的数据，总的样本个数（数据窗口大小）保持不变。其原因是由于 KPCA 建模时用到的核矩阵 $K \in \mathbf{R}^{n \times n}$，其维数等于样本个数，如果采用递归 PCA 方法，则会随着采集数据的不断增加，导致训练样本集个数不断增加，核矩阵 K 的维数不断增加，计算量也随之大大增加。

由于没有采用类似递归 PCA 的方法，所以对于正常样本集的均值和方差的更新，AKPCA 没有相应的递归计算公式，并且对于核矩阵 K 的均值化计算也没有递归计算公式。因此每一次更新数据和模型时，都需针对整个更新后的样本集计算均值和方差，对更新后的核矩阵 K 进行均值化处理。

2）滑动窗口长度及移动步长的选择

滑动窗口长度不能太小，否则不能从统计上组成协方差矩阵，从而大大影响统计量的有效性及监控检测结果的准确性。但窗口长度也不能太大，否则核矩阵 K 维数很大，计算量也随之大大增加。因此窗口长度要合理选择。

移动步长的选择也需要视研究对象的情况而定。如果系统（过程）的参数漂移较快，则相应的移动步长可取较小值，特殊情况可取步长为 1，即只要采集到一个正常数据，就对 KPCA 监控模型进行更新。显然，这样的更新频率势必会导致计算量增加，不利于在线监控。因此对于参数漂移较慢的系统（过程），没有必要每次都进行模型更新，步长可适当取大些。

3）主元数的更新

由于样本数据和模型的更新，必然使得需保留的主元数也随之更新。本书仍采用主元贡献率法选定需保留的主元数。

4）统计量 T^2 和 SPE 控制限的更新

当模型更新时，特征值及需保留的主元数 p 均发生变化，而由计算公式可知，T^2 控制限和 SPE 控制限必然也要更新。因此对于缓慢时变的系统（过程）来说，其统计量的置信限也必然随着时间而变化。

4.2　基于核主元分析的故障识别方法研究

在 4.1 节探讨了利用 KPCA 方法进行航空发动机故障检测的问题，有效地实现了发动机的故障检测。然而，一旦检测到故障的发生，就需要迅速分析故障原因，找出导致故障的故障变量，这就是故障识别的任务。通过故障识别，可以让使用和维护人员把注意力放在最有可能发生故障的一个子系统上，从而大为缩短故障定位及排故的时间[7]。因此故障检测之后，非常有必要进行故障识别。

4.1 节利用 KPCA 方法有效地实现了故障检测，但并未给出相应的基于 KPCA 的故障识别方法。传统基于 PCA 的故障识别方法有贡献率图法、故障重构法、子 PCA 模型法、平均贡献率图法、负荷向量图与聚类分析法、相关系数判断标准法等[9,10]。但以上方法除基于子 PCA 模型的故障识别方法外都不能直接应用于基于 KPCA 的故障识别中。这主要是由于 KPCA 本身存在的缺陷——很难识别非线性情形下潜在的故障变量，因为很难找到由特征空间到原始空间的逆映射函数，且核函数方法无法提供原测量变量和监控统计量之间的对应关系[11]。因此现有的相关文献多认为，类似 PCA 中的贡献率图等传统方法无法直接应用于基于 KPCA 的故障变量辨识。而基于子 PCA 模型的故障识别方法又涉及故障变量较多时，计算量太大的问题，故一般也不应用于基于 KPCA 的故障识别中。

综上分析，有必要研究基于 KPCA 的故障识别方法。本节对此问题展开了相应的研究。首先,系统介绍了 Choi 等于 2005 年提出的基于 KPCA 数据重构的故障识别方法,分析并指出了该方法存在的不足;针对该方法的不足,并在微分贡献率图和核函数导数的基础上,提出一种新的基于 KPCA 的故障识别方法——贡献率图法。最后应用实例对两种方法的故障识别效果进行了验证比较。

Choi 等受 PCA 数据重构可用于故障变量识别方法的启示,提出一种基于 KPCA 的数据重构方法,并将该方法应用于基于 KPCA 的故障识别[12]。下面就对该方法做详细介绍。为了便于理解,首先介绍 Takahashi 等用于数据除噪时提出的基于 KPCA 模型的数据重构方法[13]。

4.2.1　基于 KPCA 模型的数据重构方法

已得到任一向量 x 在特征空间 F 中的第 k 主元计算公式为

$$t_k = \langle V^k, \Phi(x) \rangle = \sum_{j=1}^{n} a_j^k \langle \Phi(x_j), \Phi(x) \rangle, \quad k = 1, 2, \cdots, g \qquad (4.23)$$

为了能够通过特征空间中的 g 个主元 t_k 重构特征向量 $\Phi(x)(k=1,2,\cdots,g)$,需定义一个投影算子 P_g:

$$P_g \Phi(x) = \sum_{k=1}^{g} t_k V^k \qquad (4.24)$$

其中,如果 g 足够大,等于所有非零特征值的个数,则式(4.24)可写为 $P_g \Phi(x_i) = \Phi(x_i)$。但是通常为了消除噪声、降低维数,选取的维数 g 一般都要小于非零特征值的总个数。在这种情况下,数据重构的要求是:使重构误差平方最小(即使 $\sum_{i=1}^{n} \parallel P_g \Phi(x_i) - \Phi(x_i) \parallel^2$ 达到最小);在特征空间 F 中,要在所有正交投影方向保留尽可能大的方差。

然而在通常的应用中,一般是在原始输入空间中进行数据重构。为了能得到在原始输入空间的重构值,通常的方法是计算一个向量 z,使之满足 $\Phi(z) = P_g \Phi(x)$。由于使用了核函数,因此向量 z 是 x 在原始输入空间中的一个较好的近似值。但是仍存在两个问题:①满足上述条件的 z 有时候并不存在;②即使满足条件的 z 存在,也并不能保证就是唯一值。考虑到上述两个问题,一般通过最小化下式:

$$\rho(z) = \parallel \Phi(z) - P_g \Phi(x) \parallel^2 \qquad (4.25)$$

通过最小化式(4.25)可求得 z,该向量 z 就是满足 $\Phi(z) = P_g \Phi(x)$ 的近似解。

进一步地,可以把式(4.25)写成下式:

$$\rho(z) = \parallel \Phi(z) \parallel^2 - 2(\Phi(z) \cdot P_g \Phi(x)) + \Omega \qquad (4.26)$$

其中,Ω 是与 z 无关的常数。

把式(4.5)与式(4.24)代入式(4.26)中,可以得到一个只是用内积形式表达的公式,再通过引入一个核函数而得到一个不用考虑具体映射形式 Φ 的 ρ 的表达式,

ρ 表达式如下：

$$\rho(z) = k(z,z) - 2\sum_{j=1}^{g} t_j \sum_{i=1}^{n} \alpha_i^j k(z,x_i) + \Omega \tag{4.27}$$

为了最优化式(4.25)，可采用标准的梯度下降法进行求解。假定采用的核函数形式为 $k(x,y)=k(\|x-y\|^2)$（高斯核函数 $k(x,y)=\exp(-\|x-y\|^2/2\sigma^2)$ 即为这种形式），此时对于所有的 x 来说，$k(x,x)\equiv\mathrm{const}$，由此可将最小化式(4.27)转化为求解最大化下式：

$$\rho(z) = (\Phi(z) \cdot P_g\Phi(x)) + \Omega' = \sum_{i=1}^{n} \beta_i k(z,x_i) + \Omega' \tag{4.28}$$

其中，$\beta_i = \sum_{k=1}^{p} t_k \alpha_i^k$ 和 Ω' 为与 z 无关的量。这样 z 的求解就转变成一个求极值问题，令式(4.28)对 z 的梯度为零可得

$$\nabla_z\rho(z) = \sum_{i=1}^{n} \beta_i k(z,x_i)(z-x_i) = 0 \tag{4.29}$$

通过求解式(4.29)，即可得 z 的表达式：

$$z = \frac{\sum_{i=1}^{n} \beta_i k(z,x_i) x_i}{\sum_{i=1}^{n} \beta_i k(z,x_i)} \tag{4.30}$$

进一步地，由式(4.30)可得 z 的迭代式：

$$z(t) = \frac{\sum_{i=1}^{n} \beta_i k(z(t-1),x_i) x_i}{\sum_{i=1}^{n} \beta_i k(z(t-1),x_i)} \tag{4.31}$$

需要注意的是，以上迭代所求得的 z 没有考虑到野值和与正常样本不一致的故障样本的情况，因而根据式(4.31)进行的数据重构只适合用于数据除噪，并不适合用于故障样本或野值的数据重构。如果将式(4.31)用于故障样本的数据重构，则迭代重构产生的误差较大。为此，Choi 等在此基础上提出一种改进的基于 KPCA 模型数据重构方法。

4.2.2　改进的基于 KPCA 模型的数据重构方法

改进的数据重构方法不仅对 z 进行更新迭代，而且还更新主元。该方法把迭代式(4.31)分解转换成以下五个公式：

$$t_k(t) = \sum_{i=1}^{n} \alpha_i^k k(x_i, \dot{x}(t)) \tag{4.32}$$

$$\beta_i(t) = \sum_{k=1}^{p} t_k(t) \alpha_i^k \tag{4.33}$$

其中,$\dot{x}(t)$是新样本 x_{new} 和迭代式 $z(t-1)$ 两部分的加权和,可由下式计算得到:

$$\dot{x}(t) = W(t)x_{\text{new}} + (I - W(t))z(t-1) \tag{4.34}$$

其中,$W(t) = \text{diag}(w_1(t), w_2(t), \cdots, w_m(t)) \in \mathbf{R}^{m \times m}$,这里的 $w_j(t)$ 表示 $x_{\text{new},j}(j = 1, 2, \cdots, m)$ 的可信度,其计算公式如下:

$$w_j(t) = \exp\left[-\frac{(x_{\text{new},j} - z_j(t-1))^2}{1.4826(1 + 5/(n-1)D_j^2)}\right] \tag{4.35}$$

其中,$D_j = E\langle|x_{\text{new},j} - x_{i,j}|\rangle_d$,表示 x_{new} 与 d 个最相近的训练样本距离的期望值。由此可看出,当 x_{new} 与训练正常样本越相似时,D 越小,$W(t)$ 越大;反之则 $W(t)$ 越小。此外,从式(4.35)可看出,如果 $x_{\text{new},j}$ 的可信度越高(即 $w_j(t)$ 越大),则在进行下一步迭代重构 $z(t)$ 时,$x_{\text{new},j}$ 占的比例越大;反之,如果 $x_{\text{new},j}$ 的可信度低(即 $W(t)$ 越小),则在进行下一步迭代重构 $z(t)$ 时,$z(t-1)$ 占的比例越大。因此,第 t 步迭代时 $z(t)$ 值为

$$z(t) = \frac{\sum_{i=1}^{n} \beta_i k(\dot{x}(t), x_i) x_i}{\sum_{i=1}^{n} \beta_i k(\dot{x}(t), x_i)} \tag{4.36}$$

整个迭代计算的流程如图 4.4 所示。

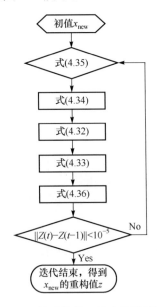

图 4.4　x_{new} 的重构值 z 的迭代计算流程图

通过以上迭代计算过程可知,由式(4.36)得到的 x_{new} 的估计值 z 具有一定的鲁棒性,可用于在故障样本数据和野值的条件下进行数据重构。

4.2.3　基于 KPCA 模型数据重构方法的故障识别

基于 KPCA 模型数据重构方法的故障识别与基于 PCA 模型数据重构的故障识别是一致的,仍是通过故障识别指数实现:

$$\eta_j = \frac{\parallel \tilde{x}^j - \hat{x}^j \parallel^2}{\parallel x - \hat{x} \parallel^2} \tag{4.37}$$

其中,$\tilde{x}^j$ 除了第 j 个变量外,其余的都等于 x,第 j 个变量由其重构值替代;$\hat{x}^j$ 是 $\tilde{x}^j$ 的估计值。式(4.37)的分母代表 x 在原始变量空间的 SPE 值(由 SPE_1 表示),分子就代表 $\tilde{x}^j$ 在原始变量空间的 SPE 值(由 $\text{SPE}_{2,j}$ 表示)。当故障发生,一方面 SPE_1 肯定要大幅增加;另一方面,假定变量 i 的值偏离正常值,那么 $\text{SPE}_{2,j}$($j=1$,$2,\cdots,i-1,i+1,\cdots,m$)肯定会偏离正常变化范围,原因是由于第 i 个变量没有被重构,但是 $\text{SPE}_{2,i}$ 却不会显著增加,因为它是在故障变量 i 的重构值的基础上进行计算的。

所以基于数据重构法的故障变量判别标准是:当 η_j 显著减小就可认为第 j 个变量是引起故障或异常的主要根源,即第 j 个变量为故障变量。

虽然 Choi 等对原有的 KPCA 数据重构方法进行了改进,但数据重构法应用于基于 KPCA 的故障识别仍存在以下不足:

(1) 需要进行迭代计算,计算量较大;

(2) 数据重构过程中的近似计算不可避免地会产生一定重构误差,对故障判别会带来一定影响;

(3) 由于该方法本身的理论原因,当多个变量同时故障时,重构误差相对更大,故障判别准确性也会有所降低,判别效果变差。关于后两点不足在本章的实例分析中会有进一步说明。

针对基于数据重构的故障识别方法存在的不足,提出一种新的基于 KPCA 的故障识别方法——贡献率图法,该方法不需要任何近似计算和数据的重构,有望提高故障识别准确率。

4.2.4　基于贡献率图法的故障识别方法

在 4.2 节引言部分讨论过了线性 PCA 中的贡献率图方法并不能直接应用于基于 KPCA 的故障变量识别中。Jia 等于 2000 年得出一种微分贡献率图[14],该图可用于识别非线性情形下的故障变量,他们提出函数对某特定变量的偏导数可表明相应变量对于该函数的重要性。基于 Jia 等的观点,同时结合 Rakotomamonjy 提出的核函数导数[15],本节给出一种基于 KPCA 的故障变量识别的方法。该方法和线性 PCA 中采用的贡献率图法非常相似,也是通过定义每个变量对监控统计量

T^2 和 SPE 的贡献率，但是它是采用统计量 T^2 和 SPE 对每个变量的偏导数来度量每个变量对统计量 T^2 和 SPE 的贡献率[16]。鉴于该方法和线性 PCA 中采用的贡献率图法非常相似，故把这种方法也称之为贡献率图法。

贡献率图法需采用核函数的导数来度量每个变量对统计量 T^2 和 SPE 的贡献率。为此，需要首先介绍 Rakotomamonjy 提出的核函数导数，然后基于核函数导数推导出贡献率的解析式[17]。

1. 核函数导数

假定采用高斯径向基函数作为核函数，令 v 为单位化因子，则有

$$k(x_j,x_k)=k(v \cdot x_j,v \cdot x_k)=\exp\left(-\frac{\|v \cdot x_j-v \cdot x_k\|^2}{2\sigma^2}\right) \qquad (4.38)$$

其中，$v=[v_1,v_2,\cdots,v_m]^T$，表示单位化因子，$v_i=1,i=1,2,\cdots,m$。

那么核函数对单位化因子中第 i 个变量 v_i 的偏导数可以由下式求出：

$$\frac{\partial k(x_j,x_k)}{\partial v_i}=\frac{\partial k(vx_j,vx_k)}{\partial v_i}=-\frac{1}{\sigma^2}(v_ix_{j,i}-v_ix_{k,i})^2 k(vx_j,vx_k) \qquad (4.39)$$

$$=-\frac{1}{\sigma^2}(x_{j,i}-x_{k,i})^2 k(x_j,x_k)\big|_{v_i=1}$$

其中，$x_{j,i}$ 表示第 j 样本中的第 i 个变量，该偏导数的绝对值就表示第 i 个变量对核函数的影响作用的大小。同理，两个核函数的内积的偏导数也可以由下式求出：

$$\frac{\partial k(x_j,x_{new})k(x_k,x_{new})}{\partial v_i}=-\frac{1}{\sigma^2}\big[(x_{j,i}-x_{new,i})^2+(x_{k,i}-x_{new,i})^2\big]k(x_j,x_{new})k(x_k,x_{new})$$

$$(4.40)$$

其中，x_{new} 表示新采集的样本。

2. 变量对统计量 T^2 和 SPE 的贡献率

在核函数导数的基础上，定义能够表示每个变量的贡献率大小的两个新统计量：

$$C_{T^2,new,i}=\left|\frac{\partial T_{new}^2}{\partial v_i}\right|, \quad C_{SPE,new,i}=\left|\frac{\partial SPE_{new}}{\partial v_i}\right| \qquad (4.41)$$

其中，$C_{T^2,new,i}$ 表示当前采集的新样本 x_{new} 中第 i 变量对 T^2 统计量贡献率的大小；同样 $C_{SPE,new,i}$ 代表第 i 变量对 SPE 统计量的贡献率的大小。

1）变量对统计量 T^2 的贡献率

由 4.1 节知识可知，KPCA 模型的 T^2 统计量可写成下式：

$$T_{new}^2=t_{new}^T \Lambda^{-1} t_{new}=\bar{K}_{new}^T \alpha \Lambda^{-1} \alpha^T \bar{K}_{new}=\text{tr}(\alpha^T \bar{K}_{new}\bar{K}_{new}^T \alpha \Lambda^{-1}) \qquad (4.42)$$

式(4.42)中每个量的含义可参考 4.1 节。考虑到采用的是均值中心化处理后的核矩阵，因此 $\bar{K}_{new}$ 可写成下式：

$$\bar{K}_{\text{new}} = \begin{bmatrix} k(x_1, x_{\text{new}}) - \dfrac{1}{n}\sum_{j=1}^{n} k(x_1, x_j) - \dfrac{1}{n}\sum_{j=1}^{n} k(x_{\text{new}}, x_j) + \dfrac{1}{n^2}\sum_{j=1}^{n}\sum_{j'=1}^{n} k(x_j, x_{j'}) \\ k(x_2, x_{\text{new}}) - \dfrac{1}{n}\sum_{j=1}^{n} k(x_2, x_j) - \dfrac{1}{n}\sum_{j=1}^{n} k(x_{\text{new}}, x_j) + \dfrac{1}{n^2}\sum_{j=1}^{n}\sum_{j'=1}^{n} k(x_j, x_{j'}) \\ \vdots \\ k(x_n, x_{\text{new}}) - \dfrac{1}{n}\sum_{j=1}^{n} k(x_n, x_j) - \dfrac{1}{n}\sum_{j=1}^{n} k(x_{\text{new}}, x_j) + \dfrac{1}{n^2}\sum_{j=1}^{n}\sum_{j'=1}^{n} k(x_j, x_{j'}) \end{bmatrix} \in \mathbf{R}^{n\times 1}$$

$$\tag{4.43}$$

第 i 个变量对统计量 T^2 贡献率大小则可由下式得到:

$$C_{T^2,\text{new},i} = \left| \frac{\partial T_{\text{new}}^2}{\partial v_i} \right| = \left| \frac{\partial}{\partial v_i}(\text{tr}(\alpha^{\mathrm{T}} \bar{K}_{\text{new}} \bar{K}_{\text{new}}^{\mathrm{T}} \alpha \Lambda^{-1})) \right| = \left| \text{tr}\left[\alpha^{\mathrm{T}} \left(\frac{\partial}{\partial v_i} \bar{K}_{\text{new}} \bar{K}_{\text{new}}^{\mathrm{T}} \right) \alpha \Lambda^{-1} \right] \right|$$

$$\tag{4.44}$$

其中,tr(·)表示矩阵的迹,即对矩阵对角元素求和。

由式(4.44)可知,为了计算 $C_{T^2,\text{new},i}$,必须先求出 $\bar{K}_{\text{new}} \bar{K}_{\text{new}}^{\mathrm{T}}$ 的公式及其偏导数。注意到式(4.43)中每一行的第二部分和第四部分均是由训练样本核函数的累加构成。因此相对于每一个新的样本来说,可把这两部分当作常数项,$\bar{K}_{\text{new}}$ 的第 p 行可写成下式:

$$\bar{K}_{\text{new}|p} = k(x_p, x_{\text{new}}) - \alpha_p - \frac{1}{n}\sum_{j=1}^{n} k(x_{\text{new}}, x_j) + A \tag{4.45}$$

其中, $\alpha_p = \dfrac{1}{n}\sum_{j=1}^{n} k(x_p, x_j)$; $A = \dfrac{1}{n^2}\sum_{j=1}^{n}\sum_{j'=1}^{n} k(x_j, x_{j'})$ 。

进一步地,矩阵 $\bar{K}_{\text{new}} \bar{K}_{\text{new}}^{\mathrm{T}}$ 的每一个元素可用下式表达:

$$(\bar{K}_{\text{new}} \bar{K}_{\text{new}}^{\mathrm{T}})_{pq} = k(x_p, x_{\text{new}})k(x_q, x_{\text{new}}) + (A - \alpha_q)k(x_p, x_{\text{new}})$$
$$+ (A - \alpha_p)k(x_q, x_{\text{new}}) - \frac{1}{n}\sum_{j=1}^{n} k(x_j, x_{\text{new}})\{k(x_p, x_{\text{new}}) + k(x_q, x_{\text{new}})\}$$
$$+ \frac{1}{n}(\alpha_p + \alpha_q - 2A)\sum_{j=1}^{n} k(x_j, x_{\text{new}}) + \frac{1}{n^2}\sum_{j=1}^{n}\sum_{j'=1}^{n} k(x_j, x_{\text{new}})k(x_{j'}, x_{\text{new}})$$

$$\tag{4.46}$$

其中,$(\bar{K}_{\text{new}} \bar{K}_{\text{new}}^{\mathrm{T}})_{pq}$ 是矩阵 $\bar{K}_{\text{new}} \bar{K}_{\text{new}}^{\mathrm{T}} \in \mathbf{R}^{n\times n}$ 第 p 行 q 列的元素。

$(\bar{K}_{\text{new}} \bar{K}_{\text{new}}^{\mathrm{T}})_{pq}$ 对归一化因子 v 中第 i 个变量 v_i 的偏导数可由下式得到:

$$\frac{\partial (\bar{K}_{\text{new}} \bar{K}_{\text{new}}^{\mathrm{T}})_{pq}}{\partial v_i} = -\frac{1}{\sigma^2}\Big\{ \big[(x_{p,j} - x_{\text{new},j})^2 + (x_{q,j} - x_{\text{new},j})^2 \big] k(x_p, x_{\text{new}})k(x_q, x_{\text{new}})$$
$$+ (A - \alpha_q)(x_{p,j} - x_{\text{new},j})^2 k(x_p, x_{\text{new}}) + (A - \alpha_p)(x_{q,j} - x_{\text{new},j})^2 k(x_q, x_{\text{new}})$$
$$- \frac{1}{n}\sum_{j=1}^{n} \big[(x_{j,i} - x_{\text{new},i})^2 + (x_{p,i} - x_{\text{new},i})^2 \big] k(x_j, x_{\text{new}})k(x_p, x_{\text{new}})$$

$$- \frac{1}{n} \sum_{j=1}^{n} \big[(x_{j,i} - x_{\text{new},i})^2 + (x_{q,i} - x_{\text{new},i})^2 \big] k(x_j, x_{\text{new}}) k(x_q, x_{\text{new}})$$

$$+ \frac{1}{n} (\alpha_p + \alpha_q - 2A) \sum_{j=1}^{n} (x_{j,i} - x_{\text{new},i})^2 k(x_j, x_{\text{new}})$$

$$+ \frac{1}{n^2} \sum_{j=1}^{n} \sum_{j'=1}^{n} \big[(x_{j,i} - x_{\text{new},i})^2 + (x_{j',i} - x_{\text{new},i})^2 \big] + k(x_j, x_{\text{new}}) k(x_{j'}, x_{\text{new}}) \big\}$$

$$\tag{4.47}$$

把式(4.47)代入式(4.44)中就可以得到每个变量对统计量 T^2 的贡献率 $C_{T^2,\text{new},i}$。

2) 变量对统计量 SPE 的贡献率

考虑到核矩阵均值中心化，可以把 SPE 写成下式：

$$\text{SPE}_{\text{new}} = k(x_{\text{new}}, x_{\text{new}}) - \frac{2}{n} \sum_{j=1}^{n} k(x_j, x_{\text{new}}) + \frac{1}{n^2} \sum_{j=1}^{n} \sum_{j'=1}^{n} k(x_j, x_{j'}) - t_{\text{new}}^{\text{T}} t_{\text{new}}$$

$$= 1 - \frac{2}{n} \sum_{j=1}^{n} k(x_j, x_{\text{new}}) + \frac{1}{n^2} \sum_{j=1}^{n} \sum_{j=1}^{n} k(x_j, x_j) - t_{\text{new}}^{\text{T}} t_{\text{new}} \tag{4.48}$$

由于式(4.48)右边第三部分只是训练样本核函数的累加和，对衡量新数据的影响没有任何作用，因此这部分在求解贡献率时可以忽略。第 i 个变量对 SPE 的贡献率 $C_{\text{SPE},\text{new},i}$ 可由下式得到：

$$C_{\text{SPE},\text{new},i} = \left| \frac{\partial \text{SPE}_{\text{new}}}{\partial v_i} \right| = \left| -\frac{1}{\sigma^2} \left(-\frac{2}{n} \frac{\partial}{\partial v_i} \sum_{j=1}^{n} k(x_j, x_{\text{new}}) - \frac{\partial}{\partial v_i} t_{\text{new}}^{\text{T}} t_{\text{new}} \right) \right|$$

$$= \left| \frac{1}{\sigma^2} \left(\frac{2}{n} \frac{\partial}{\partial v_i} \sum_{j=1}^{n} k(x_j, x_{\text{new}}) + \frac{\partial}{\partial v_i} t_{\text{new}}^{\text{T}} t_{\text{new}} \right) \right|$$

$$= \left| \frac{1}{\sigma^2} \left(\frac{2}{n} \frac{\partial}{\partial v_i} \sum_{j=1}^{n} k(x_j, x_{\text{new}}) + \frac{\partial}{\partial v_i} \bar{K}_{\text{new}}^{\text{T}} \alpha\alpha^{\text{T}} \bar{K}_{\text{new}} \right) \right|$$

$$= \left| \frac{1}{\sigma^2} \left(\frac{2}{n} \sum_{j=1}^{n} k(x_j, x_{\text{new}}) + \text{tr} \left(\alpha^{\text{T}} \left(\frac{\partial}{\partial v_i} \bar{K}_{\text{new}} \bar{K}_{\text{new}}^{\text{T}} \right) \alpha \right) \right) \right| \tag{4.49}$$

把式(4.47)代入式(4.49)便可得到每个变量对统计量 SPE 的贡献率 $C_{\text{SPE},\text{new},i}$。

3. 基于贡献率图法的故障识别

由于这两个统计量没有理论上界，因此需要进行标准化处理，即对于每一个样本，要满足 $\sum_{i=1}^{m} C_{T^2,i} = 1$ 和 $\sum_{i=1}^{m} C_{\text{SPE},i} = 1$。

与 PCA 采用贡献率图进行故障识别相类似，当发生故障或监控统计量超限时，可认为对统计量 T^2 和 SPE 影响较大的变量就是故障变量，即具有较大 C_{T^2} 或 C_{SPE} 值的变量就是故障变量。

4.3　基于粗糙核 Fisher 鉴别分析的故障特征提取

特征提取是模式识别中最基本的问题之一,提取有效的特征是解决模式识别问题的关键。而航空发动机故障诊断过程本质上也是一个模式识别的过程,构造出优质的诊断特征也是提高其诊断效率及其准确性的关键。因此在进行发动机故障诊断之前,必须通过一定的方法进行特征提取,从不同角度获取最敏感、最有用的特征信息。为此,研究人员给出了多种特征提取方法,如 PCA、Fisher 线性鉴别分析(FDA)及其有关推广。然而,PCA、FDA 都是基于线性投影(变换)的特征提取方法,提取得到的都是线性特征。这对于复杂的非线性分布结构的分类问题时,其结果通常不能令人满意。对于航空发动机的故障特征提取,就存在此类问题。因此,有必要研究非线性特征提取方法。基于核的非线性特征提取方法,例如 KP-CA、核 Fisher 鉴别分析(KFDA),不仅特别适合于处理非线性问题,且能提供更多的特征信息,提取的特征的识别效果更优[18,19]。但是由于 KPCA 提取特征时没有充分考虑到类别信息,故其提取的特征分类效果要差于 KFDA 所提取的特征。因此,本节只采用 KFDA 方法进行特征提取。另外,为了在特征提取前,删除与分类无关的输入特征,从而排除干扰特征的影响,使最终提取的特征效果更佳,还研究了运用粗糙集理论(RS)的属性约简方法进行属性约简(特征选择)。把粗糙集理论与核 Fisher 鉴别分析相结合进行特征提取方法称为粗糙核 Fisher 鉴别分析(rough kernel Fisher discriminant analysis,RKFDA)。

本节首先介绍 RS 理论的属性约简原理;然后提出采用一种基于启发式知识的属性约简算法,对原始输入特征进行特征选择,有效降低了描述系统工作状态所需的特征数目;进一步地,通过 KFDA 方法对经约简后的输入特征进行特征提取,获取最佳鉴别特征,提高了不同模式的可分性及分类器对不同模式的识别能力;最后把基于粗糙核 Fisher 鉴别分析的特征提取方法应用于轴承的故障特征提取中。

4.3.1　粗糙集理论的属性约简

属性(特征)约简是 RS 理论的核心内容之一。人类在对某个事物作出判断和决策时,所依据的往往不是被判断事物的全部属性,而是最主要的一个或几个重要属性。属性约简就是根据这一原理,在保持知识库分类能力不变的条件下,剔除其中不相关或不重要的信息,以使知识简化[20-22]。

1. 约简和核

在工程应用中,经常要在保持知识库中初等范畴的情况下,消去冗余基本范畴,进行属性的约简,完成属性约简的基本工作是利用约简和核来进行的。

令 R 为一等价关系族,且 $r \in R$,当 $IND(R) = IND(R - \{r\})$ 称 r 为 R 中可省略的,否则 r 为 R 中不可省略的。当对于任一 $r \in R$,若 R 不可省略,则族 R 为独立的。当 R 是独立的,且属性子集 $P \subseteq R$,则 P 也是独立的。当 Q 独立,且 $IND(Q) = IND(P)$,$Q \subseteq P$ 为 P 的约简,记为 $RED(P)$。显然 P 可以有许多种约简。P 中所有不可省略关系的集合,称为 P 的核,记为 $CORE(P)$。

$$CORE(P) = \bigcap RED(P) \tag{4.50}$$

从式(4.50)可以看到,核是属性约简时不能消去的知识特征部分的集合,值得注意的是核可能为空。根据核的定义,核保留了在进行属性约简时不能消去的知识特征,所以核可以作为所有简化的计算基础。

对于实际的属性约简问题,属性集往往是比较庞大的,且其核可能为空集,如何求出属性集的最小子集是模式识别问题研究的难点,因为该问题实际上是一个 NP 难题,即求解问题所需的时间与问题的规模成指数关系。受人工智能的理论知识与实践经验启示,解决 NP 问题的最有效途径是采用某一种形式的启发式搜索策略,本节采用基于启发式知识的属性约简算法。

2. 基于启发式知识的属性约简

首先,需要定义适合解决分类问题的启发式函数。

设讨论的对象可分为 N 类,共包含 L 个样本。每个样本可用一 M 维向量来描述,即 $(X_1, y_1), (X_2, y_2), \cdots, (X_L, y_L)$。对各样本 $X_i \in \mathbf{R}^M$,$y_i \in \{1, 2, \cdots, N\}$,$i = 1, 2, \cdots, L$。用 $Y_i(i = 1, 2, \cdots, N)$ 表示第 i 类样本的集合,样本个数为 L_i,$L = \sum_{i=1}^{N} L_i$。用 m_{ij} 表示第 i 类样本第 j 分量的均值,有

$$m_{ij} = \frac{1}{L_i} \sum_{X_k \in Y_i, k=1}^{L_i} X_{kj}, \quad i = 1, 2, \cdots, N; j = 1, 2, \cdots, M \tag{4.51}$$

用 S_{ij} 表示第 i 类样本第 j 分量的类内散度,有

$$S_{ij} = \frac{1}{L_i} \sum_{X_k \in Y_i, k=1}^{L_i} (X_{kj} - m_{ij})^2, \quad i = 1, 2, \cdots, N; j = 1, 2, \cdots, M \tag{4.52}$$

为了使各类别能有效地分开,应使类间距离大,类内分布散度小。可设启发式函数为

$$J(k) = \sum_{i=1}^{N} \sum_{j=1}^{N} \left(\frac{(m_{ik} - m_{jk})^2}{S_{ik} + S_{jk}} \right), \quad k = 1, 2, \cdots, M \tag{4.53}$$

基于启发式知识的属性约简算法的总体指导思想是:对于所讨论对象中可能

被约简的条件属性(下面算法中将其称为核以外的属性),计算该启发式函数的值,用于衡量各条件属性的重要性,以此作为启发性知识,决定条件属性的约简次序,实现对条件属性的快速、有效约简。

由于采用了启发式知识,就能保证每次约简的条件属性相对于决策属性而言都是不重要的。如同包括遗传算法在内的其他启发式搜索算法一样,最后获得的属性约简结果是一个满意解而不能保证是最优解。

整个算法可描述如下:

(1) 对数据进行预处理(包括两步:数据的离散化以及消除不相容样本),使其符合以下各步的处理要求;

(2) 计算讨论对象的核,即不可约简条件属性的集合;

(3) 计算核以外各条件属性的 $J(k)$ 值,并由大到小进行排列;

(4) 按照 $J(k)$ 值的大小,由小到大对核以外各条件属性进行约简操作;

(5) 结束。

其中第(4)步可详述为:

对于 $i=1\sim n(n$ 为核以外属性的个数):

① 将样本数据备份;

② 约简第 i 个属性;

③ 判断约简操作是否成立,若成立,删除因条件属性约简而引入的冗余样本和不相容样本,$i=i+1$,转①,否则恢复约简该属性前的样本数据,$i=i+1$,转①。

第③步中的判断约简操作是否成立的条件为

$$\begin{cases} N_1/N_2 \leqslant \alpha \\ N_3/N_4 \leqslant \beta \end{cases} \tag{4.54}$$

其中,N_1 为由于执行本次约简操作而引入的不相容样本数;N_2 为执行本次约简操作前知识表中样本的数量;N_3 为若执行本次约简操作,整个约简过程引入的不相容样本数;N_4 为执行任何操作前知识表中的总样本数量;α、β 为两个阈值,$\alpha < \beta$,如分别取 3% 和 10%。

设立 α、β 两个参数的目的是:在一定程度上克服测量过程中可能引入的误差;实现在可接受的分类损失下,换取理想的属性约简效果,即折中考虑分类精度和约简比例。如令 $\alpha = \beta = 0$,则意味着要确保分类的完全正确。

4.3.2　基于核 Fisher 鉴别分析的特征提取

有关线性鉴别分析的研究应追溯到 Fisher 在 1936 年发表的经典论文,其基本思想是选择使得 Fisher 准则函数达到极值的向量作为最佳投影方向,从而使得样本在该方向上投影后,达到最大的类间离散度和最小的类内离散度。在 Fisher 思想的基础上,Wilks 和 Duda 分别提出了鉴别向量集的概念,即寻找一组鉴别向量构成子空间,以原始样本在该子空间内的投影向量作为鉴别特征用于识别[23,24]。该方法被称为经典的 Fisher 线性鉴别分析方法。目前该方法仍然广泛应用于人脸识别等领域。但由于它的线性局限性,在处理高度复杂的非线性分布结构的问题时不能取得令人满意的结果。

受 SVM 和 KPCA 研究的启发,Mika 等、Baudat 和 Anouar 等将 Fisher 鉴别分析推广到非线性领域,通过核函数将样本数据映射到特征空间,再用 Fisher 鉴别分析对映射样本进行分类,并证明了核的 Fisher 鉴别分析方法是一种很有效的非线性特征提取方法,现已广泛地应用于人脸识别、字符识别、文本分类等领域[25-27]。

核的 Fisher 鉴别分析方法的基本思想为:首先通过适当的非线性映射 Φ 把非线性可分的原始样本输入空间变换到一个线性可分的高维(可能为无限维)特征空间 H,然后在此高维特征空间 H 中完成经典的 Fisher 线性鉴别分析。由于特征空间 H 的维数非常高甚至是无穷维,为了避免直接显式地处理变换后的样本,引入 SVM 中的核方法,即用满足 Mercer 条件的一些核函数来替代高维特征空间 H 中样本的内积运算。由此,在高维特征空间 H 中得到的线性最佳鉴别特征,实质为原始输入空间中非线性最佳鉴别特征。

首先在 Fisher 鉴别函数的基础上,给出核 Fisher 鉴别准则函数的一般形式;然后介绍基于该准则的核 Fisher 鉴别分析方法;最后通过该方法提取非线性特征。

1. 核 Fisher 鉴别准则函数

假设 $\omega_1,\omega_2,\cdots,\omega_p$ 为 p 个样本类,样本数目为 $n_i(i=1,\cdots,p)$,训练样本的总数为 n,原始样本 X 为 N 维实向量即 $X\in\mathbf{R}^N$,经过非线性映射 Φ 后对应的样本向量为 $\Phi(X)\in H$,则高维特征空间 H 中训练样本的类内散布矩阵为

$$S_w^\Phi = \frac{1}{n}\sum_{i=1}^{p}\sum_{j=1}^{n_j}(\Phi(X_j^i)-m_i^\Phi)(\Phi(X_j^i)-m_i^\Phi)^{\mathrm{T}} \tag{4.55}$$

类间散布矩阵为

$$S_b^\Phi = \sum_{i=1}^{p}\frac{n_j}{n}(m_i^\Phi-m_0^\Phi)(m_i^\Phi-m_0^\Phi)^{\mathrm{T}} \tag{4.56}$$

总体散布矩阵为

$$S_t^\Phi = S_w^\Phi + S_b^\Phi = \frac{1}{n} \sum_{j=1}^{n} (\Phi(X_j) - m_0^\Phi)(\Phi(X_j) - m_0^\Phi)^T \tag{4.57}$$

其中,$\Phi(X_j^i)(i=1,\cdots,p;j=1,\cdots,n_j)$ 表示高维特征空间 H 中第 i 类第 j 个训练样本;$\Phi(X_j)(j=1,\cdots,n)$ 表示高维特征空间 H 中第 j 个训练样本;$m_i^\Phi = E\{\Phi(X)|\omega_i\}$ 为特征空间 H 中第 i 类训练样本的均值;$m_0^\Phi = \sum_{i=1}^{p} P(\omega_i) m_i^\Phi$ 为特征空间 H 中所有训练样本的均值。

由式(4.55)~式(4.57)可知,S_w^Φ、S_b^Φ、S_t^Φ 均为非负定对称矩阵。

特征空间 H 中 Fisher 鉴别准则函数定义为

$$J(v) = \frac{v^T S_b^\Phi v}{v^T S_w^\Phi v} \tag{4.58}$$

其中,v 为任一非零向量。

由于特征空间 H 的维数非常高甚至是无穷维的,直接显式地计算求解是不可能的,必须对式(4.58)进行变换,使它只包含映射后样本的内积运算 $\langle \Phi(X), \Phi(Y) \rangle$,这样就可以利用 SVM 中的核方法进行有效的计算。

根据再生核理论[25],任何一个最优化准则函数式(4.58)的解向量 v 一定由高维特征空间 H 中的所有训练样本 $\Phi(X_1),\cdots,\Phi(X_n)$ 张成的空间内:

$$v = \sum_{i=1}^{n} \alpha^i \Phi(X_i) = \Phi\alpha \tag{4.59}$$

其中,$\Phi = (\Phi(X_1),\cdots,\Phi(X_n))$;$\alpha = (\alpha^1,\cdots,\alpha^N)^T \in \mathbf{R}^N$。

为方便起见,也称式(4.59)中 α 为对应于特征空间 H 中最佳鉴别向量 v 的最佳核鉴别向量。

将式(4.59)和 S_w^Φ、S_b^Φ 代入式(4.58),经过一系列的矩阵变换,则有

$$v^T S_b^\Phi v = \alpha^T K_b \alpha \tag{4.60}$$

$$v^T S_w^\Phi v = \alpha^T K_w \alpha \tag{4.61}$$

其中

$$K_b = \sum_{i=1}^{p} \frac{n_j}{n} (\mu_i - \mu_0)(\mu_i - \mu_0)^T \tag{4.62}$$

$$K_w = \frac{1}{n} \sum_{i=1}^{p} \sum_{j=1}^{n_j} (\xi_{X_j^i} - \mu_i)(\xi_{X_j^i} - \mu_i)^T \tag{4.63}$$

在此

$$\xi_{X_j^i} = (k(X_1, X_j^i), \cdots, k(X_n, X_j^i))^T$$

$$\mu_i = \left(\frac{1}{n_i} \sum_{k=1}^{n_i} \Phi(X_1)^T \Phi(X_k^i), \cdots, \frac{1}{n_i} \sum_{k=1}^{n_i} \Phi(X_n)^T \Phi(X_k^i) \right)^T$$

$$\mu_0 = \left(\frac{1}{n} \sum_{k=1}^{n} \varPhi(X_1)^{\mathrm{T}} \varPhi(X_k), \cdots, \frac{1}{n} \sum_{k=1}^{n} \varPhi(X_n)^{\mathrm{T}} \varPhi(X_k) \right)^{\mathrm{T}}$$

对应于原始样本 $X \in \mathbf{R}^N$ 的核样本向量为 $\xi_X = (k(X_1, X), \cdots, k(X_n, X))^{\mathrm{T}}$，并把 K_b、K_w 分别称为核类间散布矩阵、核类内散布矩阵。

由此定义，易证明 K_b、K_w 均为 $n \times n$ 的非负定对称矩阵，在定义形式上非常类似于 $S_b^{\varPhi}$ 和 $S_w^{\varPhi}$。

由式(4.60)和(4.61)可知，高维特征空间 H 中 Fisher 鉴别函数式(4.58)等价于

$$J(v) = \frac{v^{\mathrm{T}} S_b^{\varPhi} v}{v^{\mathrm{T}} S_w^{\varPhi} v} = \frac{\alpha^{\mathrm{T}} K_b^{\varPhi} \alpha}{\alpha^{\mathrm{T}} K_w^{\varPhi} \alpha} = J(\alpha) \tag{4.64}$$

即

$$J(\alpha) = \frac{\alpha^{\mathrm{T}} K_b^{\varPhi} \alpha}{\alpha^{\mathrm{T}} K_w^{\varPhi} \alpha} \tag{4.65}$$

其中，α 为任一 n 维非零列向量。式(4.65)即为核 Fisher 鉴别准则函数。

这样，求解最大化 Fisher 鉴别准则函数式(4.58)向量 v 的问题，就转化为最大化关于 α 的核 Fisher 鉴别准则函数式(4.65)。

2. 核 Fisher 鉴别分析

由上面的推导过程可知，若 $\alpha_1, \alpha_2, \cdots, \alpha_d$ 是最优化式(4.65)得到的最佳核鉴别向量，则特征空间 H 最佳鉴别向量集构成的投影矩阵：

$$W = (v_1, \cdots, v_d) \tag{4.66}$$

其中，$v_i = \sum_{k=1}^{n} \alpha_i^k \varPhi(X_k) = \varPhi \alpha_i, i = 1, 2, \cdots, d$。

现在问题的关键是如何确定最优化式(4.65)的一组最佳核鉴别向量。由于式(4.65)即核 Fisher 鉴别准则函数是关于矩阵 K_b、K_w 的广义 Rayleigh 商，根据广义 Rayleigh 商的极值性质，则一组最佳核鉴别向量 $\alpha_1, \alpha_2, \cdots, \alpha_d$ 可取为广义特征方程 $K_b \alpha = \lambda K_w \alpha$ 的 d 个最大的特征值所对应的特征向量，再由式(4.66)就得到特征空间 H 最佳鉴别向量集构成的投影矩阵 W，从而完成了核 Fisher 鉴别分析。

3. 基于核 Fisher 鉴别分析的特征提取

在求得特征空间 H 中的一组最优鉴别向量为 $v_1, v_2, \cdots, v_d$ 后，对于任意一个原始样本 X，它的非线性最优鉴别特征为

$$T = (v_1, v_2, \cdots, v_d)^{\mathrm{T}} \varPhi(X) = W^{\mathrm{T}} \varPhi(X) = (t_1, t_2, \cdots, t_d)^{\mathrm{T}} \tag{4.67}$$

其中，$t_i = \alpha_i^T \xi_X (i=1,2,\cdots,d)$，$\xi_X$ 为原始样本的核样本向量。

4.3.3　基于粗糙核 Fisher 鉴别分析的特征提取

1. 基于粗糙核 Fisher 鉴别分析的特征提取步骤

具体步骤如下：

（1）从收集的原始数据中产生训练样本集，建立初始的知识表达系统。

（2）连续属性离散化并消除冗余样本，得到 RS 理论的离散信息表。

（3）运用基于启发式知识属性约简方法进行条件属性约简。

（4）采用条件属性约简后得到的最小条件属性集及相应的原始数据重新形成新的训练样本集。该样本集去除了所有不必要的条件属性，仅保留了影响分类的重要属性。

（5）运用核 Fisher 鉴别分析方法对属性约简后形成的训练样本进行特征提取。

2. 基于粗糙核 Fisher 鉴别分析特征提取的特点

与一般的核 Fisher 鉴别分析相比，基于粗糙核 Fisher 鉴别分析的优点体现为以下方面：

（1）克服了干扰输入的影响。因为在约简过程中，建立了基于分类的启发式函数。与诊断无关或关系不大的属性将被约简，从而有效地克服了输入向量中干扰成分的影响。

（2）减小了特征提取的计算量。进行特征约简后，特征维数一般大大减小，此时再进行特征提取，可大大减小计算量，尤其在维数非常高的情况中体现得更显著。

（3）在一定程度上削弱了野值的影响。野值表现为在某些维上与类内其他点在相同维上的取值存在较大的差别，即会造成在该维上类内散度较大，因而该维被约简的可能性极大，最终可削弱野点的影响。

4.4　应　用　案　例

本节从发动机故障检测、故障识别以及故障特征提取三个方面入手，采用前述介绍的核 KPCA 故障检测、自适应 KPCA 故障检测、贡献率图故障识别以及基于粗糙核 Fisher 鉴别分析方法，并结合航空发动机典型飞参记录数据以及轴承故障数据集开展了应用研究，取得了较为理想的应用效果。

4.4.1　基于 KPCA 的航空发动机故障检测应用案例

对某型涡扇发动机的飞参记录数据进行了分析，数据的选取每次起飞前稳态飞参记录的 9 个参数作为一组表征该次发动机工作状况的参数,9 个参数分别为高压转子换算转速 n_{2R}、低压转子换算转速 n_{1R}、低压导流叶片角度 alpha₁、高压导流叶片角度 alpha₂、振动值 B、滑油压力 pl、涡轮后排气温度 T_6、转差率 S、尾喷口指示值 le。

共取 200 组正常工作的飞参记录参数作为发动机正常状态的样本集。根据这 200 组数据建立发动机正常工作状态下的 KPCA 主元模型。由于在分类和回归方面,高斯径向基函数具有出色的性能,所以选取高斯径向基函数作为核函数,参数 σ^2 采用 5 层 Cross-Validation 方法进行优化选取。需保留主元数的确定采用主元贡献率法,当累积主元贡献率 CPV 超过 85％时的主元个数为需要保留的主元数。各主元贡献率如表 4.1 所示,可见前 8 个主元的贡献率累积和百分比为 92.62％,因而可选取前 8 个主元构成主元模型,分别计算该模型的统计量,并得出置信度为 99％的控制限为 $SPE_\alpha = 0.92$,$T_\alpha^2 = 20.81$。采用建立好的 KPCA 主元检测模型,便可实现对该型发动机的故障检测。

表 4.1　KPCA 的主元贡献率及累积贡献率

主元	特征值	贡献率/％	累积贡献率/％
1	0.0060	17.19	17.19
2	0.0054	15.47	32.67
⋮	⋮	⋮	⋮
8	0.0028	8.01	92.62
⋮	⋮	⋮	⋮
200	0.0000	0.00	100

为了便于比较,还建立发动机正常状态的 PCA 主元模型。主元个数选取方法采用方差累积贡献率法。各主元贡献率如表 4.2 所示,可见前 3 个主元的贡献率累积和百分比为 95.15％,因而可选取前 3 个主元构成主元模型,此时得出置信度为 99％的控制限为 $SPE_\alpha = 17.24$,$T_\alpha^2 = 11.51$。

表 4.2　PCA 的主元贡献率及累积贡献率

主元	特征值	贡献率/％	累积贡献率/％
1	2.9304	40.95	40.95
2	2.3226	32.46	73.41
3	1.5561	21.74	95.15
⋮	⋮	⋮	⋮
9	0.0023	0.03	100

为了验证方法的有效性,在此采用两个实例进行分析。

1. 实例一

某台发动机使用状况是工作了 109 次,工作时间为 122h,在装机工作第 36h,加力喷口调节器故障;而在其故障前的一段时间内,由于调节器的有关工作参数已出现漂移,导致发动机的有关参数也偏离正常值,故该段时间内发动机实际上已处于异常工作状态；在第 36h 之后由于更换了调节器，发动机性能恢复正常。为了便于下文的分析，把异常工作状态也统称为故障。

应当指出，常规的性能综合指数方法虽然可有效反映发动机性能的恶化及故障，但由于综合参数法并没有给出确定的性能综合指数警戒值，因此性能综合指数无法有效地检测发动机性能的异常及故障，无法准确地判断性能异常及故障的时刻。

图 4.5 和图 4.6 分别是采用统计量 T^2 和 SPE 监控的结果，(a)为 PCA 模型的检测结果；(b)为 KPCA 模型的检测结果。

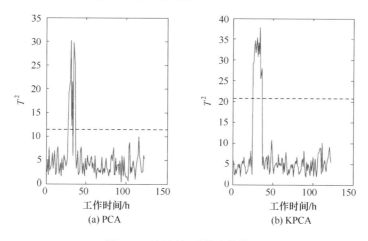

图 4.5　统计量 T^2 的监控结果

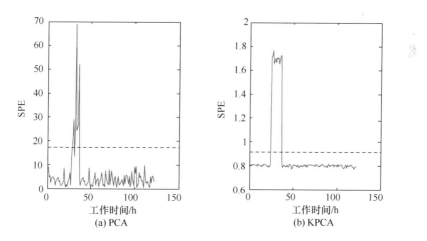

图 4.6　统计量 SPE 的监控结果

表 4.3 为两种模型的监控统计量在开始检测到故障前后时刻的比较，表 4.3 中的统计量控制限置信度为 99%。

表 4.3　PCA 与 KPCA 的监控统计量指标比较

发动机工作时间/h	PCA				KPCA			
	T^2	T_a^2	SPE	SPE_α	T^2	T_a^2	SPE	SPE_α
24.1	9.12	11.51	12.12	17.24	12.73	20.81	0.89	0.92
25.0	9.65	11.51	14.65	17.24	21.05	20.81	0.92	0.92
26.9	10.23	11.51	15.20	17.24	25.21	20.81	1.13	0.92
28.0	11.93	11.51	17.93	17.24	22.93	20.81	1.50	0.92

由图 4.5、图 4.6 及表 4.3 可知,统计量 T^2 和 SPE 有明确的控制限,因此可很容易地通过判断统计量是否超限来检测故障。显然,两种模型在发动机故障阶段均检测到故障的发生。但由表 4.3 的比较可知,KPCA 模型比 PCA 模型能更早地检测到故障;KPCA 模型的统计量在第 25.0h 就已超限,即在该时刻就开始检测到故障的发生;而 PCA 模型的统计量在此时并没有超限,而是到第 28.0h 才超限,即到第 28.0h 才开始检测到故障。另外对于给定的 99% 的检验水平,PCA 模型出现两次错判情况(分别出现在 31.6h 和 34.1h),而 KPCA 模型则没有出现错判的情况。可见,KPCA 模型的故障检测效果明显优于 PCA 模型。

2. 实例二

对另一台同型号的发动机进行持续监测,获取一组新的发动机工作 102 次,工作时间为 114h 的参数值。该发动机在装机工作第 69h,出现了低压导流叶片(alpha₁)故障。同样在其故障前的一段时间内,由于 alpha₁ 调节器的工作参数已出现漂移,故导致该段时间内发动机处于异常工作状态;在第 69h 之后更换了调节器,发动机性能恢复正常。

图 4.7 和图 4.8 分别是采用统计量 T^2 和 SPE 监控的结果。图 4.7 和图 4.8 的(a)为 PCA 模型的检测结果;(b)为 KPCA 模型的检测结果。

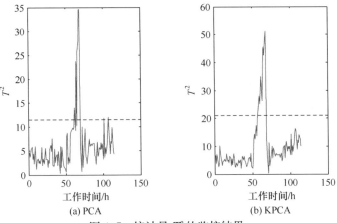

(a) PCA　　　　　　(b) KPCA

图 4.7　统计量 T^2 的监控结果

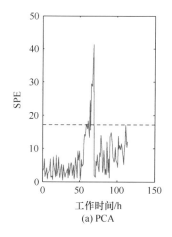
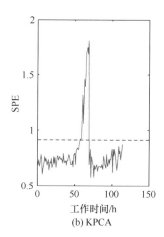

图 4.8　统计量 SPE 的监控结果

表 4.4 为两种模型的监控统计量在开始检测到故障前后时刻的比较,表 4.4 中的统计量控制限的置信度为 99%。

表 4.4　PCA 与 KPCA 的监控统计量指标比较

发动机工作 时间/h	PCA				KPCA			
	T^2	T_α^2	SPE	SPE_α	T^2	T_α^2	SPE	SPE_α
57.0	8.99	11.51	14.25	17.24	19.95	20.81	0.90	0.92
58.1	9.23	11.51	13.69	17.24	21.67	20.81	0.94	0.92
59.6	10.00	11.51	15.95	17.24	29.98	20.81	1.32	0.92
61.2	13.98	11.51	18.26	17.24	34.93	20.81	1.06	0.92

由图 4.7、图 4.8 可看出,两种模型在发动机故障阶段均检测到故障的发生。但由表 4.4 的进一步比较可知,KPCA 模型比 PCA 模型能更早地检测到故障:KPCA 模型的统计量在第 58.1h 就已超限,即在该时刻就开始检测到故障的发生;而 PCA 模型的统计量在此时并没有超限,而是到第 61.2h 才超限,即到第 61.2h 才开始检测到故障。另外对于给定的 99% 的检验水平,PCA 模型出现四次错判情况(分别出现在 64.2h、67.5h、100.1h 和 109.7h),而 KPCA 模型则没有出现错判的情况。由该例也可见,KPCA 模型的故障检测效果优于 PCA 模型。

由表 4.1、表 4.2 可知,KPCA 主元数远多于 PCA 的主元数,KPCA 有 200 个主元,而 PCA 只有 9 个主元,因此 KPCA 主元携带的信息更为全面、丰富;KPCA 是从 200 个主元中选取需保留的主元,而 PCA 模型只是从 9 个主元中选取需保留的主元,并且最终 KPCA 选取保留的主元数要多于 PCA 的主元数,这样可避免丢失较小的主元中可能包含的重要非线性特征信息,同时还不会带来更多的噪声信息。这一点已得到证明,Schölkopf 等在 1999 年证明 KPCA 可通过合适的主元选取方法来选取主元,达到既可保留更多的主元,同时还不会带来更多的噪声信息。因此 KP-

CA 模型选取的主元数较多,一方面可以使选取的主元携带的信息更为充分、全面,另一方面还不会引入更多的噪声信息,从而使得其非线性故障检测的效果更好。

PCA 模型虽然前三个主元的方差累积贡献率就已超过 95%,但可能存在重叠信息,夸大了前三个主元对工作状态的反映能力,并且舍弃的较小主元中可能包含一些重要的信息。因此 PCA 模型虽然保留的主元数要少,但其故障检测效果并不佳。

4.4.2　基于自适应 KPCA 模型的故障检测案例

正常状态样本集仍与 4.4.1 节一样,选取每次起飞前稳态飞参记录的 9 个参数作为一组表征该次发动机工作状况的参数,共取 200 组正常工作的飞参记录参数作为发动机正常状态的初始样本集。根据这 200 组数据建立发动机正常工作状态下的初始 KPCA 主元模型。采用高斯径向基函数作为核函数,参数取值采用 5 层 Cross-Validation 方法进行优选。主元个数选取方法采用 CPV 法,CPV 超过 85% 的主元个数为需保留的主元数。统计量控制限的置信度取为 99%。

针对具体的研究对象——航空发动机,选取滑动窗口长度 $w=200$,移动步长为 $h=5$,即采集到 5 个正常数据,才对 KPCA 监控模型进行更新。在此处还需注意,为了避免更新正常样本数据时加入故障潜伏期的数据,当前采样点与加入的更新数据的采样点的采样时刻相差为 10。

1. 实例一

采用 4.4.1 节实例二,发动机工作 102 次,工作时间为 114h。在装机工作第 69h,出现了低压导流叶片故障(alpha₁ 故障)。在其故障前的一段时间内,由于 alpha₁ 调节器的工作参数已出现漂移,故这段时间内发动机处于异常工作状态;在第 69h 之后更换了调节器,发动机性能恢复正常。

图 4.9 和图 4.10 分别是采用统计量 T^2 和 SPE 监控的结果。图 4.9 和图 4.10 的(a)为静态 KPCA 模型的检测结果;(b)为自适应 KPCA 模型的检测结果。

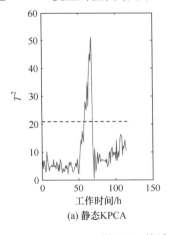
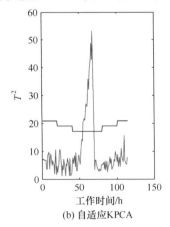

(a) 静态KPCA　　　　　　　　(b) 自适应KPCA

图 4.9　统计量 T^2 的监控结果

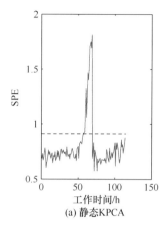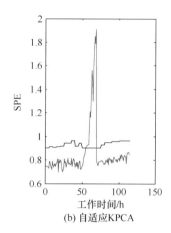

(a) 静态KPCA　　　　　　　　　　(b) 自适应KPCA

图 4.10　统计量 SPE 的监控结果

表 4.5 为两种模型的监控统计量在开始检测到故障前后时刻的比较,表 4.5
中的统计量控制限的置信度为 99%。

表 4.5　自适应 KPCA 与静态 KPCA 的监控统计量指标比较

发动机工作 时间/h	静态 KPCA				自适应 KPCA			
	T^2	T_a^2	SPE	SPE_α	T^2	T_a^2	SPE	SPE_α
54.6	17.34	20.81	0.82	0.92	13.98	17.23	0.84	0.90
55.8	15.36	20.81	0.87	0.92	19.25	17.23	0.91	0.90
57.0	19.95	20.81	0.90	0.92	20.93	17.23	0.93	0.90
58.1	21.67	20.81	0.94	0.92	23.36	17.23	0.94	0.90

从图 4.9 和图 4.10 以及表 4.5 的比较可知,自适应 KPCA 模型比静态 KP-
CA 模型能更早地检测到故障:自适应 KPCA 模型在第 55.8h 就开始检测到故障
的发生;而静态 KPCA 模型的统计量在此时并没有超限,而是到第 58.1h 才超限,
即到第 58.1h 才开始检测到故障。由此可见,自适应 KPCA 模型的故障检测效果
又要优于静态 KPCA 模型。

2. 实例二

监控另外一台数据完整、持续工作 297h 的发动机。该发动机在使用期内没有
出现故障情况,但随着使用时间的增加,工作参数出现一定漂移,其性能有所下降。

图 4.11 和图 4.12 分别是采用统计量 T^2 和 SPE 监控的结果。图 4.11 和
图 4.12的(a)为静态 KPCA 模型的检测结果;(b)为自适应 KPCA 模型的检测
结果。

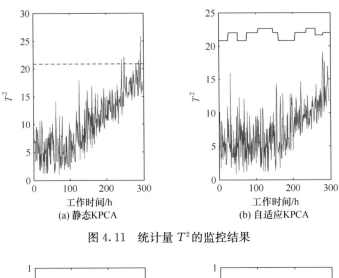

图 4.11　统计量 T^2 的监控结果

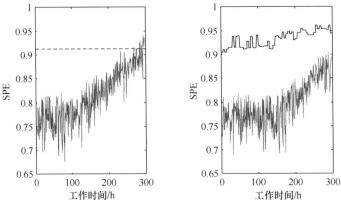

图 4.12　统计量 SPE 的监控结果

　　表 4.6 为静态 KPCA 模型两个统计量分别第一次出现错判时刻前后的统计量,同时列出了对应时刻的自适应 KPCA 模型的统计量结果,表 4.6 中的统计量控制限的置信度为 99%。

表 4.6　自适应 KPCA 与静态 KPCA 的监控统计量指标比较

| 发动机工作 | 静态 KPCA | | | | 自适应 KPCA | | | |
时间/h	T^2	T_α^2	SPE	SPE_α	T^2	T_α^2	SPE	SPE_α
239.2	16.64	20.81	0.82	0.92	12.69	17.23	0.81	0.95
240.3	21.68	20.81	0.87	0.92	11.83	17.23	0.83	0.95
267.8	15.63	20.81	0.85	0.92	10.86	17.23	0.86	0.96
269.1	19.37	20.81	0.93	0.92	13.65	17.23	0.86	0.96

从图 4.11 和图 4.12 以及表 4.6 的比较可知,自适应 KPCA 模型在整个发动机使用期内,都没有出现错判的情况;而静态 KPCA 模型则出现多次错判情况,表 4.6 中列出的 240.3h 和 269.1h 分别为统计量 T^2 和 SPE 第一次出现错判的时刻。由比较结果可见,自适应 KPCA 模型的故障检测效果要优于静态 KPCA 模型。

自适应 KPCA 模型不断加入实测数据,从而使得建模样本数据库不断得到更新,使 KPCA 模型不断更新。每次更新时,不仅统计量与静态 KPCA 模型的不一样,而且其统计量的控制限也发生了变化,两者结合最终使得自适应 KPCA 检测模型可以适应发动机性能的变化,一方面提高了故障检测的快速性,能更早、更迅速地检测到潜在故障;另一方面提高了故障检测准确率,有助于减少误报警。而静态 KPCA 模型则由于不能实时更新检测模型,故其检测效果要逊于自适应 KPCA 模型。

4.4.1 节与 4.4.2 节的案例是将 KPCA 方法与自适应 KPCA 方法应用于航空发动机故障检测中,所取得的结果或结论总结如下:

(1) 与 PCA 方法相比,KPCA 方法在非线性故障检测过程中能够提取重要的非线性特征信息,因而该方法可提高故障检测的快速性,能更早、更迅速地检测到潜在故障;另一方面可提高故障检测准确率,有助于减少误报警,具有更好的故障检测能力。

(2) 与静态 KPCA 模型相比,自适应 KPCA 模型通过不断实时更新建模样本与 KPCA 检测模型,从而使得检测模型能够适应发动机性能的变化,进一步提高了故障检测的快速性和准确率。

(3) 对于自适应 KPCA 模型的有关参数,如滑动窗口长度、移动步长的大小,可根据实际情况再调整,以便达到更好的检测效果;由于需要不断更新 KPCA 监控模型,势必会增加一定的计算量,在一定程度上可能会影响到检测的实时性,这是其存在的不足之处,也是自适应 KPCA 方法用于故障检测方面需进一步研究的方向。

4.4.3　基于贡献率图的故障识别应用案例

在故障检测的基础上,分别采用两种方法——基于数据重构的方法和基于贡献率图的方法进行故障识别。实例中的 9 个监控参数分别是高压转子换算转速 n_{2R}、低压转子换算转速 n_{1R}、低压导流叶片角度 $alpha_1$、高压导流叶片角度 $alpha_2$、振动值 B、滑油压力 pl、涡轮后排气温度 T_6、转差率 S、尾喷口指示值 le。

在此只详细给出 4.4.1 节实例一的故障识别情况。实例一描述:某台发动机使用状况工作了 109 次,工作时间为 122h,在装机工作第 36h,加力喷口调节器故障;而在其故障前的一段时间内,由于调节器的有关工作参数已出现漂移,导致发动机的有关参数也偏离正常值,故该段时间内发动机实际上已处于异常工作状态;在第36h之后由于更换了调节器,发动机性能恢复正常。为了便于分析,把异常工作状态也统称为故障。采用自适应KPCA模型在24.2h检测到故障,然后分别采用贡献率图法和数据重构法进行故障识别。

根据各变量对KPCA统计量 T^2 和SPE的贡献率计算式(4.44)和式(4.49)可分别得到 C_{T^2} 和 C_{SPE},结果如图4.13和图4.14所示。图4.13为整个工作期间内,各变量的 C_{T^2} 和 C_{SPE} 值。图4.14为第33.9h的各变量的 C_{T^2} 和 C_{SPE} 值。

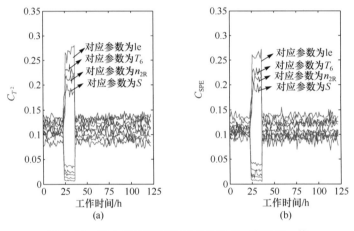

图 4.13　整个工作期间内各变量的 C_{T^2} 值和 C_{SPE} 值

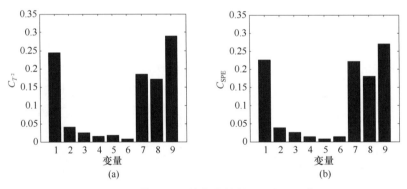

图 4.14　第 33.9h 的各变量的 C_{T^2} 和 C_{SPE} 值

由图4.13可知,在开始检测到故障(异常)的第24.2h至完全故障的第36h的这段时间内,变量 n_{2R}、T_6、S、le 的 C_{T^2} 值(变化范围为 0.173~0.276,平均值为0.227)、C_{SPE} 值(变化范围为 0.175~0.283,平均值为0.235)远大于其他变量的 C_{T^2} 值(变化范围为 0.014~0.042,平均值为0.032)、C_{SPE} 值(变化范围为0.012~0.041,平均值为0.029);同样,由图4.14也可很显然地看出变量 n_{2R}、T_6、S、le 的

C_{T^2} 和 C_{SPE} 值远大于其他变量的 C_{T^2} 和 C_{SPE} 值。

根据基于贡献率图法的故障变量识别原理可知,第 24.2～36h 内,n_{2R}、T_6、S、le 为故障变量。

根据数据重构流程对各变量进行重构,然后采用式(4.37)可计算得到各变量的故障识别指数 η,结果如图 4.15 所示。

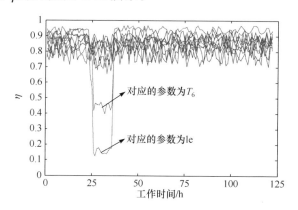

图 4.15　整个工作期间内各变量的故障识别指数 η

从图 4.15 可看出,在第 24.2～36h,变量 le、T_6 的 η 值显著大幅度减小(性能正常时变量 le、T_6 的 η 值变化范围为 0.763～0.925,平均值为 0.854;而第 24.2～36h 故障期内两变量的 η 值变化范围为 0.131～0.477,平均值为 0.297),依据该方法的故障变量判别标准便可判定变量 le、T_6 为故障变量;而相对来说,其他变量的 η 值在故障前后变化不大(变化量最大的约为 0.15),故可判定为正常变量。

经该次故障的事后分析得知该发动机的实际状况是:在第 36h 完全故障前的一段时间内,加力喷口调节器处于异常工作状态,其工作参数出现漂移,导致 le 逐渐偏离正常状态的值,而根据发动机调节原理可知,le 偏离正常值必然引起 n_{2R}、T_6 和 S 随之偏离正常值。因此,该发动机实际状况是第 24.2～36h 内,le、n_{2R}、T_6 和 S 偏离正常值,属于故障变量。

由上述两种方法的识别结果可知,提出的基于贡献率图法故障变量识别结果完全正确;而基于数据重构法的故障识别方法则只对 le、T_6 识别正确,但 n_{2R}、S 没有正确识别。

同理,分别采用以上两种故障识别方法对 4.4.1 节的实例二进行故障变量识别。基于贡献率图法的识别结果是第 55.8～69h 内,T_6、alpha$_1$、n_{2R}、S 为故障变量,其识别结果完全正确;基于数据重构法的故障识别方法则只对 alpha$_1$、n_{2R}、S 识别正确,但 T_6 没有正确识别。

因而,由上述两例可看出,基于贡献率图法的故障变量识别效果要优于基于数据重构法的故障变量识别效果。

基于数据重构法的故障变量识别效果不佳的原因在于该方法的本身的理论基础。虽然 Choi 等对用于数据除噪的数据重构方法进行了改进,使该方法可用于故障变量的重构及识别。但该方法的理论基础决定了其仍不可避免地存在以下不足:首先,该方法要利用迭代、近似计算进行数据重构,在重构过程中必然会产生误差,这个误差会影响故障识别效果;其次,当多个变量存在故障时,由于用于重构的变量本身也是故障数据,因此基于故障数据重构出来所谓正常值的估计值,其实与真实的正常值还是有一定偏差的。这个偏差越大,导致故障识别指数也就越大,识别指数的故障识别能力也随之减弱,识别效果变差。综上分析,数据重构法故障变量识别更适合单变量故障情况(在传感器故障诊断中,用得较多)。对于多变量故障,该法识别结果并不可靠。

而基于贡献率图法的故障识别采用的两个统计量 C_{T^2} 和 C_{SPE} 都是基于核函数导数从 KPCA 统计量公式中逐步推导出来的,因此它们首先有理论基础作为保证;而且它们在用于故障识别时还不需要任何近似计算或数据的重构,可以减少计算误差及各种信息的损失[17]。所以基于贡献率图法的故障识别结果是令人满意的。

进一步对图 4.13 和图 4.14 进行分析可知,四个故障变量中,le 对应的 C_{T^2} 和 C_{SPE} 值最大,由此还可初步判定变量 le 是此次故障的主导因素,故障源极有可能是与 le 有关的部件。

通过故障源的初步判定和故障变量的正确识别,再加以专业知识的分析判断便可确诊出引起此次发动机性能异常及故障的真正原因是加力喷口调节器故障。专业知识的分析判断的过程如下:当加力喷口调节器处于故障(异常)工作状态时,首先是导致加力喷口调节产生偏差,该偏差会导致落压比变化,落压比变化又会导致低压转子转速 n_1 变化,但此时的发动机进口条件一般是使其保持 n_1 不变的控制规律,因此为了保持其控制规律,供油量必然要发生改变,最终要使 n_1 基本保持不变,但却不可避免地使得 n_2、T_6 要发生变化,偏离正常值,n_2 变化又会导致 n_{2R}、S 偏离正常值。因此,当参数 le、n_{2R}、T_6 和 S 同时出现偏差,而其他参数变化不大时,可诊断为加力喷口调节器故障或异常。

通过以上故障分析与诊断过程可知,故障变量识别虽然不能彻底辨识故障源,但有助于维护人员初步确定可能的故障源,为进一步确诊故障指明了方向;在此基础上再结合专业知识进一步分析故障原因,便可准确地诊断故障,从而大为缩短故障定位及排故的时间。

本节案例将所提出的基于贡献率图法的 KPCA 故障识别方法应用于航空发动机故障变量识别中。所取得的结果或结论如下:

(1) 和基于数据重构法的故障识别相比,提出的贡献率图法不需要任何迭代近似计算和数据的重构,可有效提高故障识别准确率;并且计算量小,识别速度快,从而较好地解决了目前基于 KPCA 模型故障变量识别困难的问题。

（2）通过实例分析表明,故障变量的识别是故障分析诊断的基础,只有首先对故障变量进行正确地识别,才可初步确定可能的故障部位,然后再结合发动机故障机理分析,便可进一步诊断故障,从而大为缩短故障定位及排故的时间。

4.4.4　基于粗糙核 Fisher 鉴别分析的故障特征提取应用案例

在航空发动机中,滚动轴承是最普通,也是最容易损坏的机械零件之一,其运行状态是否正常往往直接影响到整台发动机的安全,因此在航空发动机的故障中由于滚动轴承受损所导致的故障占有较大的比例,主要表现为滚动体或滚动表面受交变力作用,长时间旋转引起表面材料疲劳而出现点蚀、剥落或裂纹等部件表面损伤类故障,但由于滚动轴承工作环境的特殊性,在故障早期难以发现,因此滚动轴承的工况监视与故障诊断越来越引起国内外工程技术人员的重视。滚动轴承在线监测一般通过对能够反映其工作状态的特征信号进行观测、分析与处理来识别轴承的状态,从一定程度上说,轴承故障诊断就是轴承状态识别,其中最关键的是观测信号的特征提取方法及状态识别方法。

在滚动轴承的监测及故障诊断中,最常用的方法是振动信号分析法,但在滚动轴承故障初期,由于缺陷比较微弱(如点蚀初期、剥落点、微小裂纹等),所导致的微弱振动冲击信号常常淹没在强背景噪声中,故障信息非常微弱;并且随着故障的发展常常导致轴承振动信号发生非线性行为,其故障特征具有较强的非线性。而振动信号的原始特征(共有 12 个,如陡度、峭度等)形式较简单,但并不能有效反映微弱的、非线性的故障信息。通过特征提取则可以较好地解决这个难题。

鉴于 KFDA 方法在特征提取方面所具有的优势,采用该方法对轴承的故障特征进行提取。另外在原始特征集中,也并不是所有的特征都能有效地表征故障信息,反映轴承的工作状态,并且这些无关特征有时还可能成为干扰特征,影响对轴承工作状态的判断[28]。因此在利用核 Fisher 鉴别分析方法进行特征提取之前,首先采用 RS 理论的属性约简方法对原始特征集进行特征约简。通过上述分析可知,利用 4.2 节的基于粗糙核 Fisher 鉴别分析方法进行特征选择与特征提取有望提高轴承故障诊断分类的准确度。

1. 数据采集及其原始特征

采用钢圈 6204 型滚珠轴承实测数据,分别采集到整体无故障、外圈彻底损坏、支架破坏且 1 个滚动体松动、支架严重破坏且 4 个滚动体松动、严重磨损但无明显损坏五种状态下运行时的振动加速度信号,每种状态有 12 组数据。数据采集采用 B&K 分析仪,测量频率 24.5624Hz,采样频率 16384Hz,每组采样 2048 个点。

描述轴承工作状态的指标众多,选择了 12 个常用的统计指标构成轴承状态原始特征集。它们分别是振动信号的最大峰值 X_{max}、最小值 X_{min}、绝对均值 X、有效

值 X_r、均方值 X_{rms}、方差 D_x、斜度 α、峭度 β 及指标峰值因子 C_f、波形因子 S_f、脉冲因子 I_f 和裕度因子 CL_f，计算以上特征参数时应做零均值处理，具体计算方法可参阅文献[19]。这些参数主要由时域特征和幅域特征构成，没有考虑频域特征，是因为本书主要目的在于分析轴承振动状态与工作模式的对应关系，而不是分析其状态发生变化的原因。

下面就以上述 12 个指标作为原始特征，利用基于粗糙核 Fisher 鉴别分析方法进行特征提取。

2. 基于粗糙核 Fisher 鉴别分析方法的轴承故障特征提取

根据 4.3 节介绍的特征提取步骤，首先从收集的原始数据中产生训练样本集，以每种状态的 12 组数据共 60 组作为训练数据。

1) 建立决策表

以 12 个原始特征作为条件属性，以轴承的五种工作状态作为决策属性，建立决策表，如表 4.7～表 4.9 所示。

表 4.7　条件属性含义表

条件属性	含义
C1	最大值 X_{max}
C2	最小值 X_{min}
C3	绝对均值 $\overline{X}$
C4	有效值 X_r
C5	均方值 X_{rms}
C6	方差 D_x
C7	斜度 α
C8	峭度 β
C9	峰值因子 C_f
C10	波形因子 S_f
C11	脉冲因子 I_f
C12	裕度因子 CL_f

表 4.8　决策属性含义表

决策属性	含义
D1	整体无故障
D2	外圈彻底损坏
D3	支架破坏且 1 个滚动体松动
D4	支架严重破坏且 4 个滚动体松动
D5	没有明显征兆或者严重磨损

表 4.9　轴承工作模式决策表(部分)

C1	C2	C3	C4	C5	C6	C7	C8	C9	C10	C11	C12	
61.4	−45	6.94	5.64	9.55	90.8	0.74	6.74	1.37	6.42	8.84	10.8	D1
58.6	−52	7.70	6.20	10.6	113.0	0.40	5.77	1.38	5.49	7.60	9.45	D1
150	−109	23.9	19.7	31.1	972.0	0.53	3.92	1.30	4.80	6.27	7.57	D2
213	−113	24.6	20.2	33.3	1111	0.88	5.90	1.35	6.38	8.63	10.5	D2
51.3	−54	10.9	9.26	14.1	200.0	0.62	3.78	1.28	3.62	4.66	5.53	D3
60.7	−59	10.9	9.17	14.2	203	0.54	3.97	1.29	4.25	5.51	6.61	D3
56.2	−47	10.0	8.50	12.7	161.0	0.67	3.93	1.27	4.41	5.61	6.60	D4
55.9	−58	10.6	8.96	13.9	193.0	0.94	4.20	1.30	4.01	5.22	6.23	D4
57.9	−72	10.8	9.10	14.1	200	0.53	4.27	1.30	4.09	5.32	6.35	D5
42.6	−45	10.2	8.69	12.8	164	0.39	3.24	1.25	3.32	4.17	4.89	D5
⋮	⋮	⋮	⋮	⋮	⋮	⋮	⋮	⋮	⋮	⋮	⋮	⋮

2）基于 Kohonen 自组织网络的数据离散化

数据离散化方法较多,综合分析各种方法的特点后,采用 Kohonen 自组织神经网络对数据进行离散化。

Kohonen 自组织神经网络离散化算法是一种非监督方法,它根据类内方差为最小,类间方差为最大的原则,选择最佳分界点,其离散化结果从整体上看来更为合理。因此选取 Kohonen 自组织神经网络对连续数据进行离散化处理。Kohonen 自组织神经网络是一种无导师的竞争学习型前馈网络,网络通过自组织方式利用大量的训练样本数据来调整网络权值,最后由网络的输出层反映样本数据的分布情况。因此,根据自组织网络的输出情况,就能得到整个数据区域的大体分布情况,即可从样本数据中得到数据分布的大体特征。

采用 2×2 的自组织网络对连续属性进行离散化处理。离散化后的各条件属性离散值表示在二维平面上如图 4.16～图 4.18 所示(只列出了前 3 个条件属性)。图 4.19 为自组织映射网络结构图,离散后的结果如果落在神经元 n 中,则离散结果为 n。离散结果如表 4.10 所示。

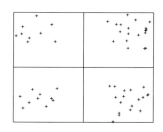

图 4.16　条件属性 C1

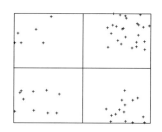

图 4.17　条件属性 C2

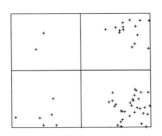

图 4.18 条件属性 C3

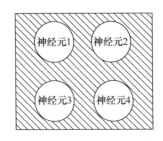

图 4.19 自组织映射网络结构图

表 4.10 离散化后的决策表(部分)

C1	C2	C3	C4	C5	C6	C7	C8	C9	C10	C11	C12	
4	4	4	4	4	4	3	1	4	4	4	4	D1
2	4	4	2	1	1	2	1	4	4	4	4	D1
1	2	4	3	3	3	4	4	2	2	2	2	D2
2	4	4	3	4	4	4	4	2	2	2	2	D2
3	1	4	2	2	2	2	3	3	3	3	3	D3
3	1	2	2	2	1	1	3	3	3	3	3	D3
2	1	2	2	2	2	2	3	3	3	3	1	D4
4	2	4	1	1	3	1	2	1	1	1	1	D4
2	3	3	2	2	2	2	3	1	3	1	1	D5
3	4	2	4	4	4	3	3	1	1	1	1	D5
⋮	⋮	⋮	⋮	⋮	⋮	⋮	⋮	⋮	⋮	⋮	⋮	⋮

3) 条件属性约简

在此运用基于启发式知识属性约简方法进行条件属性约简。

(1) 计算本决策表的核属性。核属性为{C9,C10,C11}。

(2) 计算核属性以外各条件属性的 $J(k)$ 值,并由大到小进行排列,如表 4.11 所示。

表 4.11 核属性以外各条件属性的 $J(k)$ 值

核属性以外的 条件属性	C12	C8	C7	C3	C6	C5	C1	C2	C4
$J(k)$	509.5	465.2	437.8	280.1	50.3	27.6	17.9	11.0	3.7

(3) 按照 $J(k)$ 值的大小,由小到大对核以外各条件属性进行约简操作。在约简过程中,为了保证分类完全准确,取 $\alpha=\beta=0$。在保证分类完全准确和保留下来

属性的 $J(k)$ 值都比约简属性的 $J(k)$ 大的前提下，可约简条件属性 C4、C2、C1、C5。

由此可见，原来需要用 12 个特征来对故障进行诊断，而进行属性约简后，可以只需其中 8 个特征，分别为峰值因子、波形因子、脉冲因子、裕度因子、峭度、斜度、方差和绝对均值指标。

4）运用粗糙核 Fisher 鉴别分析方法进行特征提取的结果

采用属性约简后得到的 8 个特征及相应的原始数据重新形成新的训练样本集，运用 KFDA 方法进行特征提取，最终得到 4 个特征 RK_1、RK_2、RK_3、RK_4。KFDA 中的核函数采用具有较强非线性的径向基函数，参数取值采用 5 层 Cross-Validation 方法进行优选。

3. 特征提取结果分析

这一节从样本集的可分性和分类器的分类性能两方面来考察 RKFDA 在特征提取中的有效性。

另外，为了说明对原始特征进行属性约简的效果，采用 KFDA 对未经属性约简的 12 个原始特征进行了特征提取；为说明非线性特征提取的效果，采用 FDA 对经属性约简后的 8 个原始特征进行了特征提取。共定义下列四种不同的特征集[29]：

（1）特征集 I：利用 RKFDA 方法进行特征提取所得到的 4 个新特征 RK_1、RK_2、RK_3、RK_4。

（2）特征集 II：利用 KFDA 方法对未经约简的 12 个原始特征集中进行提取所得的 4 个新特征 KF_1、KF_2、KF_3、KF_4。

（3）特征集 III：利用 FDA 方法对约简后的 8 个特征进行提取所得的 4 个新特征 FD_1、FD_2、FD_3、FD_4。

（4）特征集 IV：选取由属性约简后保留的 8 个特征组成原始特征集 IV。

1）特征的可分性分析

为了证明所提出的 RKFDA 特征提取方法的有效性，对以上四组特征样本集的可分性进行对比分析。首先定义平均类间可分性参数[30]：

$$\rho = \frac{1}{s(s+1)} \sum_{i=1}^{s-1} \sum_{j=i+1}^{s} \left[1 - \exp\left(-\frac{d_{ij}}{r_i + r_j}\right) \right] \tag{4.68}$$

可分性参数用来度量给定特征样本集的可分性大小。其中，s 为模式类别数；d_{ij} 为第 i 类模式与第 j 类模式间的类内距离；r_i、r_j 分别为第 i、j 类模式中样本距模式中心的最大距离，即为容纳本类样本的最小球体的半径。

图 4.20 为四种特征集的可分性参数对应不同特征维数的可分性变化曲线。

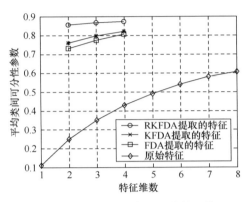

图 4.20　四种特征集的可分性比较

从图 4.20 中可以看出，RKFDA 提取的特征集的可分性要高于 KFDA 和 FDA 提取的特征集的可分性，而原始特征集的可分性最差。进一步观察可以发现，基于 RKFDA 的特征样本集的可分性随着特征维数的增加而基本保持不变，KFDA 和 FDA 提取的特征样本集的可分性受特征维数的影响较大，原始特征集的可分性受特征维数的影响最大，从而证明 RKFDA 很好地提取了类别可分信息，最大限度地提高了样本的可分性。由此可说明，对原始特征集进行特征约简和采用非线性特征提取方法均是有效的，均可提高样本的可分性。

为了更直观地看到不同特征样本集的可分性大小，把特征样本进行归一化处理，然后投影到 2 维平面显示。图 4.21～图 4.24 依次是原始特征集、FDA 提取的特征集 III、KFDA 提取的特征集 II 和 RKFDA 提取的特征集 I 的在 2 维平面的投影效果。由这几幅图比较可知，图 4.24 中的五种工作状态基本上没有重叠，可分性较好，因此相应的 RKFDA 提取的特征的可分性参数值就较高；而图 4.22、图 4.23 与图 4.24 相比，五种工作状态重叠较严重，可分性变差，相应的 FDA 和 KFDA 提取特征的可分性参数值就降低；图 4.21 的五种工作状态重叠最严重，表明原始特征的可分性最差，相应的原始特征集的可分性参数值最小。

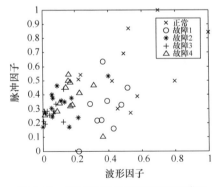

图 4.21　原始特征 2 维平面投影效果

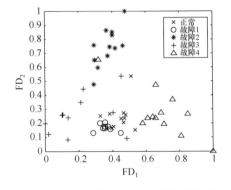

图 4.22　FDA 特征 2 维平面投影效果

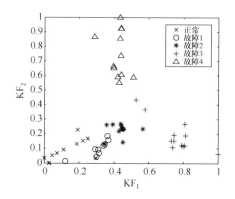

图 4.23　KFDA 特征 2 维平面投影效果

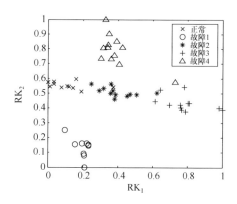

图 4.24　RKFDA 特征 2 维平面投影效果

2）特征的分类性能分析

这一节根据分类器的分类性能来验证 RKFDA 特征提取方法的有效性。为了体现出特征对分类器的鲁棒性，采用 SVM 和 ANN 两种分类器进行分类实验。

由于训练和测试样本数较少，为了更准确地估计分类器的分类性能，这里采用交叉检验的方法对分类正确率进行估计。首先 60 个样本分成若干组，每组 n 个样本，每次只取其中的一组样本作测试，其余各组均作训练用，当这次训练和测试完后用另一组样本作测试，而其余组样本用于训练。反复进行直到每一组都用作测试过。如果每次测试中有 m_i 个样本被判正确，则正确率估计为

$$\hat{P} = \frac{n}{60} \sum_{i=1}^{60/n} \frac{m_i}{n} \tag{4.69}$$

下面通过一系列分类实验来分析不同特征集对分类器性能的影响，这里 $n=15$。

首先，采用 SVM 对其分类。SVM 采用径向基核函数，多类别分类器采用一对多方法[31]。为了考察采用不同方法提取的特征集对 SVM 核函数参数的敏感性，SVM 取两组参数设置：

$$SVM_1 : \sigma = 0.25, C = 100$$
$$SVM_2 : \sigma = 1, C = 100$$

由表 4.12 的对比可以看出，采用 RKFDA 提取的特征的分类效果远远优于原始特征的分类效果，也要好于 KFDA 和 FDA 提取的特征的分类效果。进一步分析可以发现，使用 RKFDA 提取的 2 维特征就可以超过使用 4 个 KFDA 或 FDA 提取的特征的分类正确率，有效地实现了特征维数的压缩。

表 4.12　三种方法提取的特征分类正确率比较

分类器	特征维数	分类正确率/%			
		原始特征	FDA	KFDA	RKFDA
SVM$_1$	2	83.3	90.1	91.5	97.6
	3	87.4	92.3	94.2	97.5
	4	90.2	94.0	95.3	97.7
SVM$_2$	2	75.6	89.2	90.6	97.0
	3	84.3	91.7	92.5	97.2
	4	87.3	92.9	94.1	97.1

当 SVM 核函数参数改变时,直接使用原始特征的分类效果明显下降,采用 FDA 和 KFDA 提取的特征的分类效果也有所下降;而采用 RKFDA 提取的特征的分类效果无明显变化。说明采用 RKFDA 所提取的特征对 SVM 核函数参数不敏感,因此提高了对分类器的适应性。

其次,为考察四种特征提取方法提取的特征对不同种类的分类器的鲁棒性,分别采用 SVM 和 ANN 两种分类器进行分类实验。SVM 分类器仍采用一对多 SVM,核函数采用径向基核函数。参数 $\sigma = 0.25, C = 100$。ANN 分类器为多层感知器(MLP)神经网络,包含一个隐含层和一个输出层,隐层神经元取 9 个。

从表 4.13 可以看出,对于 ANN 和 SVM 分类器,RKFDA 提取的特征都具有最好的分类能力,说明 RKFDA 提取的特征对不同种类的分类器具有较好的鲁棒性。

表 4.13　ANN 和 SVM 对不同特征集的分类正确率比较

特征集	分类正确率/%	
	ANN	SVM
原始特征空间的前 4 个特征	85.7	90.2
FDA 提取的 4 个特征	90.6	94.0
KFDA 提取的 4 个特征	93.1	95.3
RKFDA 提取的 4 个特征	97.2	97.7

本节案例将所提出的 RKFDA 方法的故障特征提取模型应用于滚动轴承的故障特征提取及故障诊断中,所取得的结果或结论总结如下:

(1)粗糙集理论的属性约简不需要事先预知额外信息,约简与分类无关或关系不大的特征(针对实际属性约简问题其实是一个 NP 难题,这里采用了基于启发式的属性约简方法),降低了输入特征维数,排除干扰特征的影响;而 KFDA 方法则不但可以消除背景噪声,提取微弱故障信息,还可以提取具有较强非线性的故障特征。

（2）通过对 RKFDA、KFDA 和 FDA 三种方法分别提取的特征进行样本集的可分性和分类器的分类性能的比较，结果表明进行特征约简和采用非线性特征提取方法均是有效的，均使整个样本集的可分性变大，从而提高了分类器的分类正确率；而且在提高分类正确率的同时，还有效地降低了描述问题所需的特征数目，提高了分类效率。

（3）通过取不同 SVM 核函数参数的分类效果比较，表明 RKFDA 获取的特征对分类器的适应性更强；通过 ANN 和 SVM 分类器的对比实验表明，RKFDA 获取的特征对不同分类器具有较强的鲁棒性。

参 考 文 献

[1] 胡金海，谢寿生. 基于遗传算法的航空发动机性能监控与故障诊断. 推进技术，2003，24(3):198-200.

[2] 胡金海，谢寿生，胡剑锋，等. 基于粗糙集理论的发动机性能综合评判. 系统工程与电子技术，2006，28(5):704-707.

[3] 胡金海，谢寿生，陈卫，等. 基于核函数主元分析的航空发动机故障检测方法. 推进技术，2008，29(1):79-83.

[4] 杨帆，胡金海，陈卫，等. 主元分析方法在航空发动机故障检测与诊断中的应用. 机械科学与技术，2008，27(3):330-333.

[5] Scholkopf B, Smola A, Muller K R. Kernel Principal Component Analysis. Advances in Kernel Methods-support Vector Learning. Cambridge: MIT Press, 1999: 327-352.

[6] Baudat G, Anouar F. Kernel-based methods and function approximation. International Joint Conference on Neural Networks (IJCNN'01), New York, 2001: 1244-1249.

[7] 蒋浩天，等. 工业系统的故障检测与诊断. 段建民译. 北京:机械工业出版社，2003.

[8] Yang Q S. Model-based and Data Driven Fault Diagnosis Methods with Applications to Process Monitoring Ph. D. Thesis. Philadelphia: Case Western Reserve University, 2004.

[9] 潘玉松，牛玉广，牛征，等. 基于子 PCA 模型的故障分离方法及其应用. 华北电力大学学报，2005，32(3): 32-35.

[10] 吴希军. 基于主元分析方法的空调系统传感器故障诊断研究[博士学位论文]. 杭州:浙江大学，2005.

[11] 邓晓刚，田学民. 一种基于 KPCA 的非线性故障诊断方法. 信息与控制，2004，33(2): 103-106.

[12] Choi S W, Lee C, Lee J M, et al. Fault detection and idenfication of nonlinear processes based on kernel PCA. Chemometrics and Intelligent Laboratory Systems, 2005, 75:55-67.

[13] Takahashi T, Kurita T. Robust de-noising by kernel PCA. Lecture Notes in Computer Science, 2002, 24(15): 739-744.

[14] Jia F, Martin E B, Morris A J. Nonlinear principal components analysis with application to process fault detection. International Journal of Systems Science, 2001, 31:1473-1487.

[15] Rakotomamonjy A. Variable selection using SVM-based criteria. Journal of Machine Learning Research, 2003, 3:1357-1370.

[16] Cho J H, Lee J M, Choi S W, et al. Sensor fault identification based on kernel principal component analysis. Proceedings of the 2004 IEEE International Conference on Control Applications, London, 2004:1223-1228.

[17] 胡金海, 谢寿生, 骆广琦, 等. 一种基于贡献率图的 KPCA 故障识别方法. 系统工程与电子技术, 2008, 30(3):572-576.

[18] 胡金海, 谢寿生, 侯胜利, 等. 核函数主元分析及其在故障特征提取中的应用. 振动、测试与诊断, 2007, 119(1):48-52.

[19] 李巍华, 史铁林, 杨叔子. 基于非线性判别分析的故障分类方法研究. 建筑热能通风空调, 2005, 18(2): 133-138.

[20] 李雄飞, 谢忠时, 等. 基于粗集理论的约简算法. 吉林大学学报, 2003, 33(1):82-87.

[21] 肖健华, 吴今培, 樊可清, 杨叔子. 粗糙主成分分析在齿轮故障特征提取中的应用. 振动工程学报, 2003, 16(2):166-170.

[22] 杨俊. 基于飞参数据的飞行轨迹识别[硕士学位论文]. 西安:空军工程大学, 2005.

[23] Duda R, Hart P. Pattern Classification and Scene Analysis. New York: Wiley, 1973.

[24] 甘俊英, 张有为. 模式识别中广义核函数 Fisher 最佳鉴别. 模式识别与人工智能, 2002, 15(4): 429-433.

[25] Mika S, Ratsch G, Weston I, et al. Fisher discriminant analysis with Kernels. IEEE Neural Networks for Signal Processing Workshop, New York, 1999: 41-48.

[26] Baudat G, Anouar F. Generalized discriminant analysis using a kernel approach. Neural Computation, 2000, 12: 2385-2404.

[27] Guo Y F, Shu T T, Yang L Y, et al. Feature extraction method based on the generalized Fisher discriminant criterion and face recognition. Pattern Analysis & Application, 2001, 4(1):61-66.

[28] 李应红, 尉询楷, 刘建勋. 支持向量机的工程应用. 北京:兵器工业出版社, 2004.

[29] 潘励, 张祖勋, 张剑清. 粗集理论在图像特征选择中的应用. 数据采集与处理, 2002, 17(1): 42-45.

[30] Bezdek J C, Pal N R. Some new index of cluster validity. IEEE Transactions on System Man and Cybernetics, 1998, 28(3):301-315.

[31] Hsu C W, Lin C J. A comparison of methods for multiclass support vector machines. IEEE Transactions on Neural Networks, 2002, 13(2):415-425.

第5章　进化计算和人工免疫方法及应用

本章着重介绍了进化计算、人工免疫系统两种智能方法与其他方法融合诊断的研究成果。通过分析各种算法的特点,针对特定的问题,抽取不同的方法,有目的地融合遗传规划与线性鉴别分析技术,融合人工免疫系统与神经网络、模糊集合和学习向量量化技术,各取所长,进行求解。如通过一种方法对问题进行预处理,进而应用另一种方法求解获得满意的结果;或者利用一种方法加强另外一种方法,开发更为高效的智能诊断方法。

5.1　基于进化计算的特征提取和动态过程建模

航空发动机故障诊断需要从原始监测数据中获取合理的特征参数,如果依靠专家经验手工从众多的监测参数中选取特征参数,将是十分烦琐和低效的。因此,构造优质的特征参数是提高故障诊断效率及其准确性的关键。许多机器学习方法被应用到特征参数的自动选取中,如神经网络[1]、模糊系统理论[2]和进化算法[3]。

近些年,进化学习算法在模式识别中的应用日趋广泛。进化策略[4]、进化规划[5]、遗传算法[6]和遗传规划[7]已经用于解决复杂问题。遗传规划通过结构进化这一过程来提高个体的适应度,从而获得最优的特征个体[8]。遗传规划在特征提取中的主要优点是:在进化过程中自动从原始数据中选择或生成特征,避免了人为因素的干扰;可以生成新的特征,而不像遗传算法仅能从原始特征中选择特征。遗传规划的主要问题在于它的计算复杂性,随着待求解问题的维数增高,搜索空间就变得越大,需要消耗的时间也就越多。遗传规划用于特征提取的另一个问题是,由于在进化过程中没有考虑特征变量的相关性问题,使得生成的新特征之间可能存在很强的线性相关性。对于前一个问题,采用快速算法来减少遗传规划的计算量,提高遗传规划的求解效率。对于后一个问题,采用线性鉴别分析[9](linear discriminant analysis,LDA)的方法对遗传规划生成的特征进行正交变换,获取最佳鉴别特征。

本节首先分析和介绍遗传规划的实现原理,在此基础上提出了一种基于遗传规划和线性鉴别分析的故障特征提取模型,通过遗传规划提取复合特征,并由线性鉴别分析进行二次特征变换,不仅提高了分类器对系统不同工作状态的识别能力,而且能够有效地降低了描述系统工作状态的特征数目。

5.1.1 遗传规划的基本原理

目前遗传算法在复杂数值优化领域中的应用已逐渐走向成熟,然而遗传算法的优势不仅仅在于数值优化,更重要的应发挥它在决策分析中的优势,如模式识别、机器学习和人工智能等。在基于遗传算法的数值优化中,并没有区分构成染色体的每一个基因位的作用,它们在遗传算法中受到同等对待,染色体是作为一个总体实现基因型与表现型之间的相互转化。但是,分子生物学的研究成果告诉我们,在生物进化过程中,不同基因位的作用是不相同的,由于某些基因位的变异而导致许多疾病。用遗传算法进行决策分析时,应该区别对待每个基因位的作用。如在特征选择中,一般用 n 位长的 0、1 二进制串(染色体)表示由 n 维特征组成的特征向量,1 表示该特征被选中,0 表示该特征被删除,不同位对应于不同特征。因此将遗传算法应用到决策分析,特别是特征提取时,要求对传统的遗传算法进行改进。

在遗传算法的发展中,将线性编码改进为非线性编码,是近年来提出的一种新的思路。遗传规划(GP)是由遗传算法发展延伸而来的,传统的遗传算法是用定长的线性字符串表达问题,而工程中许多复杂问题往往不能用简单的字符串表达所有的性质,因此有必要对传统的遗传算法进行改进。遗传规划就是在此背景下产生的,它与遗传算法最大的不同是以层次结构(树型)表达问题,而且其结构与大小都是动态自适应调整,因此遗传规划更适于表达复杂的结构问题。遗传规划的任务就是从由许多树型可行解组成的搜索空间中寻找出一个具有最佳适应度的"树"。遗传规划提供了一套寻找具有最好适应度的"树"的方法。目前,遗传规划的研究已经渗透到工程技术科学、生命科学及社会科学的各个领域中。

图 5.1 是遗传规划的计算流程,图中 Gen 表示遗传代数,i 表示个体计数器。从该图中可以看出,遗传规划与遗传算法的原理基本相同,但在以下三个方面的操作与遗传算法有所不同。

1. 编码

前文已经提到遗传规划采用层式的编码形式,如遗传规划用于特征构造时,代表由简单特征组合而成的复合特征如图 5.2 所示,(a)是遗传算法的个体,是遗传规划的个体,从(a)、(b)两图可看出二者编码的不同。

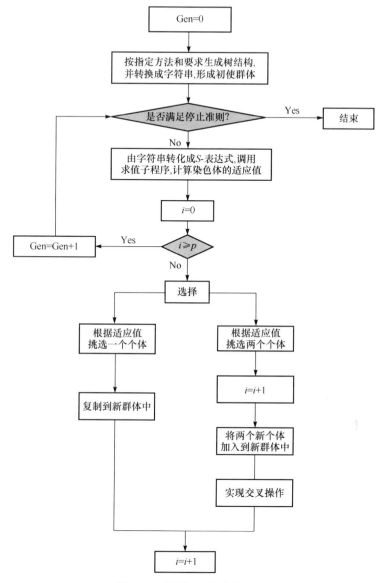

图 5.1　遗传规划的计算流程

图 5.2 中,$OP_i(i=1,2,\cdots,S)$ 表示 S 个运算符(单目或双目);$F_j(j=1,2,\cdots,T)$ 表示 T 个初始特征。遗传规划的个体就是通过运算符和初始特征的不同树形组合来表达。

2. 构造初始群体

遗传规划初始群体的构造比遗传算法要复杂得多,主要是由于层式树形个体的

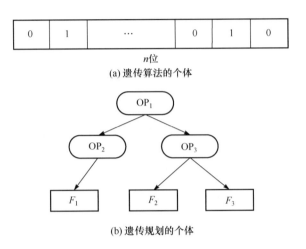

(a) 遗传算法的个体

(b) 遗传规划的个体

图 5.2　遗传算法与遗传规划的编码结构

构造比线性基因串的构造复杂。在构造初始群体以前,要做好以下两方面的工作:

1) 终止符集的构造

终止符是指如图 5.2(b)中所示的树形结构末端的叶子节点 $F_j(j=1,2,\cdots,T)$。终止符集根据求解对象的不同而不同,通常由常量、变量、符号等组成。在特征构造与特征选择中终止符集由简单的统计特征构成。

2) 运算符集的构造

运算符 $OP_i(i=1,2,\cdots,S)$ 代表了一个或多个终止符之间执行的操作。运算符集的构造也因具体问题而异,常见的运算符主要有:

(1) 算术运算符,如+、-、×、÷等;

(2) 标准数学函数,如 sin、cos、exp、log 等;

(3) 布尔运算符,如 and、or、not 等;

(4) 条件运算符,如 if-then-else、case 等。

以上列举的都是计算机程序中经常使用的运算符,另外也可以根据适用的问题自行设计面向对象的运算符终止符与运算符,皆称为遗传规划的元素。

有了以上两步准备就可以进行初始群体的构造了。首先,从运算符集中随机选择一个运算符,没有从终止符集选择是为了避免产生空的个体。然后根据运算符的目数,确定从该运算符引出的线数。其次,依次在每条线的终端,加入随机选出的元素。最后,重复上述过程,直至生长为满足要求的个体。实际上,终止符可看做是零目运算符。初始群体由 N 个以同样方式产生的个体组成(N 为预先确定的群体规模)。

3. 遗传算子

编码方式决定了相应的遗传算子操作方式,因此遗传规划的遗传算子比遗传算法也要复杂得多,下面就最常用的杂交和变异算子作一对照。

1) 杂交

遗传算法的杂交算子如图 5.3 所示,遗传规划的杂交算子如图 5.4 所示。对比二者,可以发现遗传算法的杂交仅需要线性串的复制操作,而遗传规划的杂交操作则涉及子树结构的拆合。对遗传算法,如果参与杂交操作的两个个体完全相同则不会产生新个体,而对遗传规划,所产生的子代个体与父代一般是不相同的,除非两个个体的杂交点恰好也相同,但出现这种情况的概率极小,所以遗传规划的杂交施加了一个偏离同一化的反平衡作用,有利于维持群体的多样性。

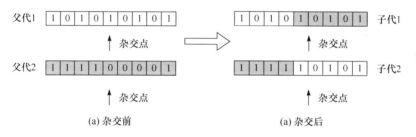

图 5.3　遗传算法的杂交算子

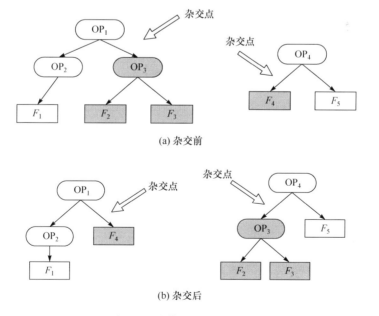

图 5.4　遗传规划的杂交算子

2）变异

图 5.5 是遗传算法的变异算子,图 5.6 是遗传规划的变异算子。遗传算法的变异采用位的置反操作,而遗传规划的变异方式有两种:运算符变异和终止符变异。为了保证变异后产生的新个体在语法上的合法性,必须首先判断变异点是运算符还是终止符,然后根据判断结果,从相应的集合中随机选取一个元素代替原来的元素,如果是运算符还要注意变异前后的运算目数相同。

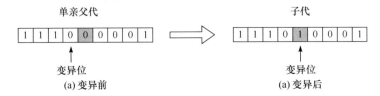

图 5.5　遗传算法的变异算子

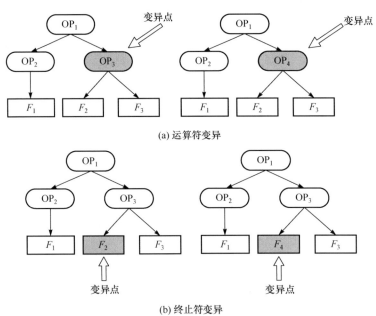

图 5.6　遗传规划的变异算子

遗传规划的理论和应用虽然还只是刚刚起步,在如何优化数值方面仍然需要继续的研究工作。但这并不能限制住遗传规划的广泛应用,特别是在模式识别中的特征构造和特征选择中,将大有用武之地。

5.1.2　基于遗传规划和线性鉴别分析的特征提取模型

图 5.7 为特征提取模型的结构功能图。上方的粗线方框表示特征提取器,采用遗传规划从原始数据中提取和选择特征。中间的粗线方框表示特征变换器,在特征提取器中进化而存活下来的特征,通过线性鉴别分析消除其间的相关性,达到特征压缩的目的。下方的方框表示分类器,这里采用神经网络和支持向量机分类器,当然,也可以采用其他分类器。特征变换器的输出特征作为分类器的输入特征,以实现对系统不同故障状态的识别。

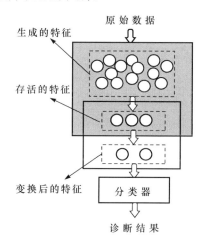

图 5.7　特征提取模型的结构功能图

1. 遗传规划的特征提取与选择

这里采用遗传规划进行特征的提取与选择。遗传规划与遗传算法的主要区别在于解决问题的方式上。遗传算法在解决问题时,首先定义好解的结构形式,然后优化结构参数,而遗传规划能够同时优化结构和参数。因此遗传规划可通过对原始特征的组合优化,形成新的复合特征,实现对故障特征的选择与提取。

1) 遗传规划的步骤

为了正确识别系统各种不同的工作状态,遗传规划的作用就是从原始数据中提取有用的鉴别信息,使各种不同的工作状态进行最大的分离。遗传规划基本步骤大致可分为三步:

(1) 从原始数据中随机选择一定数量的原始特征作为个体,形成初始群体。

(2) 对群体重复执行下列子步骤,直至满足终止准则:连续几代解的适应度没有明显的改进,或进化到预先设定的最大进化代数。

① 用适应度的衡量标准为群体中的每个个体赋一个适应度;

② 应用三种遗传操作(复制、交叉、变异)产生一个新群体,选择被处理的个体时,是以基于适应度的概率值为标准的。

(3) 返回适应度最大的个体作为遗传规划的运行结果。

在以上过程中,每一代的个体表示了进化中的一个特征,采用适应度来衡量它的分类能力。每一代中适应度较大的个体存活下来,并作为下一代的个体,这种机制使特征个体向分类能力最大的方向进化,自动产生对分类最有利的特征。

2) 适合度函数的设计

在遗传规划中,适应度函数的设计是其中最关键的一个因素,它直接影响到遗传规划的性能。一个好的适应度函数可以增大个体差异,使强壮个体存活下来,加快进化速度,减少求解时间。原始算法使用分类结果来计算个体的适应度,这将增加计算的复杂度,降低求解效率。这里采用一种快速算法[10]来提高遗传规划的求解效率,主要是采用 Fisher 准则进行适应度的定义,以衡量特征的分类能力。在特征提取中,Fisher 准则以类间离散度与类内离散度之比作为标准来衡量类别的可分性。在遗传规划的进化过程中,采用 Fisher 准则,最大化两类之间的差异。对于两类模式的特征提取问题,适应度函数可由 Fisher 准则得到,如下所示:

$$f_{ij} = \frac{\left| \frac{1}{n}\sum_{i=1}^{n} S_i - \frac{1}{m}\sum_{j=1}^{m} S_j \right|}{\sqrt{\frac{\sum_{i=1}^{n}\left(S_i - \frac{1}{n}\sum_{i=1}^{n}S_i\right)^2}{n-1} + \frac{\sum_{j=1}^{m}\left(S_j - \frac{1}{m}\sum_{j=1}^{m}S_j\right)^2}{m-1}}} \tag{5.1}$$

其中,S 表示样本数据;分子表示类 i 和类 j 之间的距离;分母表示总的类内离散度。

对于 n 类模式的特征提取问题($n>2$),Fisher 准则可以分解为 k 个($k=C_n^2$)两类问题的 Fisher 准则。为了能反映出 n 类模式中可分性最差的两类,适应度函数应由 k 个两类 Fisher 判别值中最小的值决定。另外,为了获得 n 类模式的最佳鉴别特征,需要从整体上考虑 n 类模式的可分情况,为此,把 k 个两类 Fisher 判别值的均值经过加权处理后,作为适应度函数的一项。综合考虑以上因素,有如下的适应度函数定义:

$$F = \min(f) + \lambda \cdot \frac{1}{k}\sum_{i=1}^{k}(f) \tag{5.2}$$

其中,f 为矢量,由 k 个式(5.1)所示的两类 Fisher 判别值构成;λ 是加权因子,反映了 k 个两类 Fisher 判别值的均值对适应度的贡献,同时可以减弱太大的均值对适应度的影响。在适应度函数中增加均值的目的是综合考虑所有类别的可分情况,而不是单单考虑可分性最差的两类。

3) 遗传操作

遗传规划在具体操作上和遗传算法基本类似,也有三种主要的操作:复制、杂交和变异,但它的树形编码方式决定了它的操作方式要比遗传算法复杂得多[11]。

2. 线性鉴别分析的特征变换

由于遗传规划在进化过程中没有考虑特征变量之间的相关性,使得提取的特征可能存在很强的线性相关性。为了解决这一问题,这里采用线性鉴别分析的方法来消除特征之间的相关性。由于线性鉴别分析是一种基于目标统计特性的正交变换,在消除特征相关性的同时,最大化类别可分性判据。采用线性鉴别分析进行特征变换的机理如下。

首先由遗传规划提取的 n 个特征构成特征空间 X,每一个样本在空间 X 中形成一个 n 维特征向量 $x = (x_1, x_2, \cdots, x_n)^T$。对特征向量 x 做线性变换,形成变换特征空间 Y。对于基于离散矩阵构造的类别可分性判据:

$$J = \mathrm{tr}(S_W^{-1} S_B) \tag{5.3}$$

其中,S_W 和 S_B 分别为样本集在特征空间 X 中相应的类内和类间离散矩阵。J 值越大,表示同类模式分布越密集,不同类模式相距越远,分类识别就越容易。

设 S_W^* 和 S_B^* 分别为变换特征空间中类内和类间离散矩阵,可知

$$S_W^* = W^T S_W W, \quad S_B^* = W^T S_B W$$

因此,$J^* = \mathrm{tr}((S_W^*)^{-1} S_B^*) = \mathrm{tr}((W^T S_W W)^{-1}(W^T S_B W))$,若 W 为非奇异矩阵,则 $\mathrm{tr}((S_W^*)^{-1} S_B^*) = \mathrm{tr}(S_W^{-1} S_B)$,表明作非奇异变换,$J$ 是不变的。

设 W_e 是标准正交阵,用 W_e 对 $S_W^{-1} S_B$ 作相似变换使其为对角阵:

$$W_e^{-1} S_W^{-1} S_B W_e = \mathrm{diag}(\lambda_1, \lambda_2, \cdots, \lambda_n)$$

其中,$\lambda_i (i=1,2,\cdots,n)$ 为 $S_W^{-1} S_B$ 的特征值;W_e 的列向量为 $S_W^{-1} S_B$ 相应于 λ_i 的特征向量。

于是有

$$J = \mathrm{tr}(S_W^{-1} S_B) = \mathrm{tr}(W_e^{-1} S_W^{-1} S_B W_e) = \sum_{i=1}^{n} \lambda_i$$

设 $\lambda_1 \geqslant \lambda_2 \geqslant \cdots \geqslant \lambda_n$,对于给定的 d,取前 d 个较大的特征值对应的特征向量 w_i $(i=1,2,\cdots,d)$ 构造特征变换矩阵 W,即 $W = (w_1, w_2, \cdots, w_d)$,对 x 作以下变换,使可分性判据 J 取最大值:

$$y = W^T x \tag{5.4}$$

其中,特征向量 y 就是经过线性鉴别分析后得到的变换特征。

把遗传规划和线性鉴别分析相结合进行特征提取,称其为"GP＋LDA"方法。首先通过遗传规划提取若干复合特征,然后采用线性鉴别分析进行二次特征变换。由于线性鉴别分析所具有的正交性,使变换后的特征的相关性大大减弱,可以弥补

遗传规划提取的特征可能存在线性相关性的不足,并且使各特征的方差更趋于不均,达到明显的降维效果。

5.1.3 基于遗传规划的动态过程自动建模方法

线性模型在应用过程中模型结构可由先验确定的或者由一些信息准则如 AIC 准则(Akaike information criterion,AIC)、最终预报误差(final prediction error, FPE)、最小描述长度(minimum description length,MDL)确定,基本能够获得满意的工程应用结果。而对于非线性模型结构选择的研究工作很少[11,12]。传统的模型结构选择方法对于问题的适用性较窄,且对使用人员的经验要求较高,在进行了结构选择之后往往还要再对模型结构参数进行估计。因此,方法的自动化程度和适用性都受到很大限制。

为了克服一般方法结构选择和参数估计的困难,本节利用遗传规划[13]的符号回归优化功能,结合正交最小二乘技术(orthogonal least squares algorithm, OLS)[14],提出了一种约简 GP 算法(parsimonious genetic programming,PGP)和一种新的模型结构选择方法,并建立了动态过程自动建模的方法。

1. 线参数模型一般表示形式及参数估计

对于离散输入输出非线性动态模型,输入观测集$\{u(k)\}_k=[u(1),u(2),\cdots,u(k)]$,输出观测集$\{y(k)\}_k=[y(1),y(2),\cdots,y(k)]$。一般线参数模型可以表示为

$$\hat{y}(k) = \sum_{i=1}^{M} p_i F_i(x(k))$$

$$\begin{aligned}x(k)=(&u(k-n_d-1),\cdots,u(k-n_d-n_b),\\ &y(k-n_d-1),\cdots,y(k-n_d-n_a),\\ &e(k-n_d-1),\cdots,e(k-n_d-n_e))\end{aligned} \tag{5.5}$$

其中,$F_1,\cdots,F_M$ 为非线性函数;$p_1,\cdots,p_M$ 表示模型参数;M 是非线性基本函数的个数;e 是误差;n_d 为延迟时间;$x(k)$ 表示模型的输入量;n_b、n_a、n_e 分别表示输入、输出和误差的阶数。

线参数模型一个十分重要的优点是可以将参数估计转化成为如下极值问题:

$$\min_{p} \chi^2 = \sum_{k=1}^{N}\left(y(k) - \sum_{i=1}^{M} p_i F_i(x(k))\right)^2 \tag{5.6}$$

其中,χ^2 表示需要最小化的方差;N 表示数据点数;$p=[p_1,p_2,\cdots,p_M]$ 表示待估计的参数,利用最小二乘方法可以方便的得到最优参数:

$$p=(F^{-1}F)F^T F \tag{5.7}$$

其中,$y=[y(1),y(2),\cdots,y(N)]$ 表示观测输出向量;F 表示回归矩阵:

$$F = \begin{bmatrix} F_1(x(1)) & \cdots & F_M(x(1)) \\ \vdots & & \vdots \\ F_1(x(N)) & \cdots & F_M(x(N)) \end{bmatrix} \tag{5.8}$$

2. 正交最小二乘简化及模型结构选择

在实际中,由于输入输出变量之间的相互作用系统通常有冗余,从而使得模型复杂度随着变量数目的增多而急剧上升,但由于模型中函数项对于模型精度贡献的不同,上述模型可通过适当的手段进行简化。正交最小二乘算法是一种确定线参数模型各组成函数项重要度的有效方法。正交最小二乘算法引入误差减少率(error reduction ratio)表征各项对于降低模型输出误差的贡献。这样在获得了各函数项的贡献之后就可以去除一些不必要的项,从而可对模型做进一步简化。式(5.5)可以写成如下矩阵形式:

$$y = Fp + e \tag{5.9}$$

正交最小二乘算法将回归矩阵的列向量变换到正交基空间,获得函数项的贡献。设回归矩阵 F 可以正交分解为:$F = WA$,其中 W 是一个 $N \times M$ 矩阵,且满足 $W^T W = D$ 为对角阵,A 是一个 $M \times M$ 单位三角阵,N 是输出向量 y 的个数,M 是回归量的个数。则正交最小二乘辅助参数向量为

$$g = D^{-1} W^T y \tag{5.10}$$

g_i 为正交最小二乘解向量的对应元素。$(y^T y)/N$ 输出方差可以解析为

$$y^T y = \sum_{i=1}^{M} g_i^2 w_i^T w_i + e^T e \tag{5.11}$$

则对应 F_i 项的误差减少率可以表示为

$$[\text{err}]_i = \frac{g_i^2 w_i^T w_i}{y^T y} \tag{5.12}$$

对于线参数模型而言,结构选择就是要寻找合适的非线性函数集 F_i,结构选择是当前学术界尚未解决的重要热点研究问题。对应的主要有两种思路:一种是产生所有的可能模型结构然后选择误差最小的模型集;另一种是将结构选择问题转化成为最优化问题,通过启发式搜索算法获得最优模型集;相比较,第一种方法计算量大,以多项式模型为例,若回归量为 m 个,多项式阶数为 d,则多项式的项数为 $n_p = \dfrac{(d+m)!}{d! \, m!}$,假设 $m = 5$,$d = 3$,则多项式项数为 56,通常这种方法只适用于简单系统的建模;第二种方法将结构选择问题转换成为一个优化问题,通过启发式算法搜索可行解,有效降低了算法的复杂度。因此,本书着重考虑采用遗传规划解决模型结构选择的难题。

3. 线参数模型的 PGP 算法

遗传规划是由 Koza 教授提出的符号优化技术,这种技术采用树结构表征可能解,在遗传规划中的每一个个体都由运算符和终止符组成,最常用的树结构表征表示方法是采用二叉树分解方法。运算符和终止符分别从运算符集 F 和终止符集 T 中选取。运算符集 F 可能为 $\{+,-,*,\sqrt{\ \ },\log,\cdots\}$,而终止符集通常由变量和常量组成,为了保证产生的模型具有线参数,必须将终止符集中的常量去掉,而只包含变量,如 $T=\{x_1(k),\cdots,x_m(k)\}$,其中 $x_i(k)$ 表示第 i 个回归变量。在进行运算之前,需要将模型进行恰当分解,从而构造合理的二叉树,本书采用一种简单有效的构造方法,即从根节点开始,遇到非线性节点(运算符不是"$+$"或者"$-$")终止。

以线参数模型 $y=p_0+p_1(x_3+x_2)/x_1+p_2x_1+p_3x_3$ 为例简要说明构造过程。根节点为"$+$",这样就可以将模型分成两棵子树 A 和 B,子树 A 的根节点为"$+$",还可以将其分解成子树 C 和 D,而对于子树 B 由于根节点为"$/$",按照规则不能继续分解,最终将模型分解为子树 B、C 和 D 三项,这三项就构成了该模型的三个基本函数项,如图 5.8 所示。后续仿真实验证明这样产生的二叉树结构均衡、合理,非常适合采用 OLS 评价基本函数项的精度贡献。

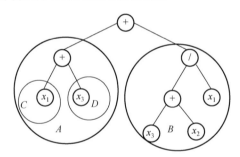

图 5.8　模型的二叉树结构表征和基本函数项分解

1) 遗传操作

遗传规划是进化算法的一种,首先算法会产生一组个体形成初始种群,然后在每个迭代过程中,计算个体的适应度,根据适应度选择个体配对进行重组,实施直接复制、交叉、变异等遗传操作产生新个体,实施精英策略进行替换,最终产生新一代种群。GP 的一般步骤是:首先,设置 GP 算法参数,随机产生初始种群。其次,计算适应度,采用轮盘赌选择重组配对个体,选择概率为 $P_i=\dfrac{f_i}{\sum\limits_i f_i}$。接着,对选定的配对个体实施直接复制、交叉、变异三种操作。设定变异概率为 P_m,交叉概率

为 P_c，则直接复制的概率为 $1-P_m-P_c$。直接复制将选定个体直接保留到下一代。变异则在选定的树结构随机选定部位产生支树随机替换。交叉在选定两个父个体间进行，先随机确定交叉点并将各自的树结构分隔开，然后进行交换，从而产生两个新个体。常用的交叉方式一般有两种，一种是采用单点交叉，另外一种是采用两点交叉。之后，设定一定的代沟(generation gap)，实施精英替换策略，最终生成新种群。例如，设定代沟 $P_{gap}=0.9$，则表示有 90% 的老个体将被新产生的优良个体替换，只有 10% 的优良老个体被保留到新种群，这样有利于保持种群的多样性。

2) 适应度函数

适应度函数直接反映了模型的好坏。通常在模型辨识中，适应度函数可以根据模型输出和观测输出之间的均方差确定，另外根据计算输出和观测输出的关联系数 r 确定的适应度也是常用的方法。一个好的模型不但要准确，也要简单，明晰，解析性好，具有推广性，由于经典 GP 经常产生十分复杂的模型，因此需要在模型的精度和复杂度上权衡。这里采用一种具有惩罚项的适应度函数：

$$f_i = \frac{r_i}{1+\exp(a_1(L_i-a_2))} \qquad (5.13)$$

其中，f_i 是适应度值；r_i 是关联系数；L_i 是树的节点数；a_1、a_2 是惩罚函数的参数。实际应用中，获得的模型经常会过参数化，包含不必要的复杂项。采用式(5.13)可以获得较为理想的模型，当模型有复杂项的时候，适应度会减少。但是，对惩罚函数参数的选择通常难以确定。有效的解决办法就是直接去除复杂和不必要的函数项，对于线参数模型可以利用前面介绍的正交最小二乘方法实现。

3) PGP 算法描述

为改善 GP 算法，去除 GP 可能产生的结构复杂又对误差减少率影响不大的项，提高 GP 的收敛速度，得到简化、准确的线参数模型，结合正交最小二乘便于评价函数项贡献的特点，本书给出了将正交最小二乘算法与 GP 相结合的 PGP 约简遗传规划算法。PGP 算法描述如下：

(1) 设置 GP 参数，产生初始种群。

(2) 对当前种群实施 OLS 简化策略，包括：①将种群个体分解成为子树，得到基本函数项；②根据 OLS 计算函数项错误下降率；③根据 OLS 阈值，去除冗余函数项。

(3) 执行 GP 操作。

(4) 判断是否满足停机准则，若满足转到第(5)步，否则转到第(2)步。

(5) 输出最优模型集，结束。

5.2　基于克隆选择原理的智能融合故障诊断

目前，国内外已发展了多种应用于航空发动机的智能故障诊断方法，如专家系统方法、神经网络方法,以及新近提出的基于支持向量机的诊断方法。这些方法为建立航空发动机的智能诊断,提高系统运行、维护人员的决策效率做出了贡献。但是,以上诊断方法需要有足够的已知故障模式的训练样本才能发挥出优异的性能,否则结果往往不能令人满意,而且算法实时性较差,难以满足快速在线诊断的要求[15]。

传统的基于距离判别函数的故障诊断方法物理意义明确、算法简单、速度快,可以实现快速的在线诊断。但是,这种方法对于聚类性好的故障样本,其诊断的准确性较高,当故障样本分散程度较大、聚类性较差时,将会产生错误的诊断结果,这就限制了它在航空发动机故障诊断中的应用。

传统的聚类分析方法在每一次划分类别时,都要对样本中的每一个个体进行试探性的选择、计算和对比,根据成本函数判断其是否能够作为新的代表对象来替换原来的代表对象,这种方法增加了计算的复杂性,而且寻找出的新的代表对象不一定是此聚类的最佳中心代表,这样聚类的收敛速度也变得缓慢。如果在寻找新的代表对象时,可以引入启发式的搜索方法,这样就可以比较快地寻找到最佳聚类中心,完成聚类分析工作。

随着对生物免疫系统认识的深入,近几年在国际上引发了人工免疫系统(AIS)的研究热潮,提出了各种基于免疫系统机制的免疫算法[16,17],并用其解决工程实际问题[18]。免疫学说中的克隆选择原理描述了获得性免疫的基本特性,以克隆选择原理中亲和力概念为核心,提出了免疫识别机制,反映了免疫系统中抗体对抗原的识别过程。基于克隆选择原理,de Castro 提出了一种克隆选择算法。

本节基于人工免疫理论中的克隆选择原理,对传统的故障诊断方法进行改进。首先,受免疫识别机制的启发,通过主元核相似度的亲和力定义,对距离判别函数方法进行改进,提出了基于主元核相似度免疫机制的故障诊断方法,并以发动机转子部件的故障诊断为实例对该方法进行了应用研究。其次,在聚类分析中,通过克隆选择算法的目标函数优化,能够较快地寻找到最佳聚类中心,提高了聚类分析的收敛速度和聚类准确性;提出了基于免疫聚类分析的特征提取方法,给出了免疫聚类分析在故障特征提取中的具体应用,并以发动机气路部件故障诊断为实例对该方法进行了应用研究。

5.2.1 人工免疫系统原理

生物免疫系统是一个极其复杂的自适应系统,是人工免疫系统的生物学基础。免疫系统的主要功能是识别身体内的细胞(或分子),把这些细胞分为自体(self)和非自体细胞(non-self),非自体细胞也叫抗原(Ag),非自体细胞又被进一步地识别和分类,以便免疫系统以适当的方式刺激身体的防御机制,杀死有害的非自体细胞。免疫系统的学习是不断地识别外部抗原(如细菌、病毒等)和自己身体内部的自有细胞而演化地进行的。免疫系统主要由 B 细胞组成,B 细胞可以分泌抗体(Ab),其中有识别能力的抗体可以锁定和捕获它所识别的抗原,然后杀死抗原,保护人体不受病毒或细菌的伤害,而没有识别能力或识别能力较差的抗体则被抑制或清除。因此,以下将简单介绍一下生物免疫系统的基本原理,以便更好地理解人工免疫算法的原理和机制。

1. 免疫学的一些基本概念

免疫学作为一门反映人体及其他动物免疫系统运动规律的学科,为人类作出了巨大贡献。免疫系统是一种高度并行的分布式、自适应信息处理学习系统,其结构及行为特性极为复杂,对其内在运行规律的认识,免疫学家们仍正在作不懈努力。这种系统的作用在于识别自我及非自我物质,清除和防御外来入侵的病毒物质或分子。抗体与抗原的作用机制反映了免疫系统属于一种进化的防御系统,这种进化方式启发人们开发新的计算智能工具解决不断涌现的复杂非线性问题。为了便于从免疫系统的概念、机理、特征、原理出发,开发智能方法处理工程问题,在此对在人工免疫系统理论及应用领域中所用到的主要免疫学基本概念及基本原理加以概述,并进行理论分析。

下面介绍几个常用的免疫学概念:

(1) 免疫(immune):是机体识别"自身"与"非己"抗原,对自身形成天然免疫耐受,对"非己"抗原产生排异作用的一种生理功能。

(2) 抗原(antigen):一种能够被抗体识别的分子,通常指外来或自身变异的物质。抗原表面所携带的能被抗体所识别的物质称为抗原的表位(epitope),其表位成分数目和空间构型决定抗原的特异性,抗原的表位与机体免疫细胞表面的受体(对位)相结合引起免疫应答。

(3) B 细胞(B-cell):产生于骨髓并在骨髓中发育成熟的淋巴细胞,它是一种主要的免疫细胞,在被抗原激活后产生抗体,可消灭抗原。

(4) 抗体(antibody):B 细胞被抗原激活后,由分化成熟的 B 细胞合成分泌的一类能与相应抗原特异性结合的具有免疫功能的球蛋白。抗体表面可与抗原的表位结合产生识别作用的物质称为抗体的受体(paratope)。

(5) 抗体的独特型(idiotope):在抗体的可变区的胺酸类物质,可与抗独特型结合。

(6) 亲和力(affinity):抗原的表位与抗体的受体之间的结合力。

(7) 匹配(match):抗原的表位与抗体的受体之间的结合,结合得越紧,亲和力就越大。

2. 克隆选择原理

自 20 世纪 50 年代末以来,在免疫学中有两个学说占主导地位:细胞克隆选择学说[19]和免疫网络学说(主要是独特型网络调节学说)。细胞克隆选择学说的要点是外来抗原选择出原先处于静止状态的互补细胞克隆,被选择细胞克隆的激活、增殖和效应功能是免疫应答的细胞学过程,而针对自身抗原的细胞克隆则被抑制或消除,因而对外来抗原的识别是关键的因素。

机体在胚胎期,由于遗传和免疫细胞在增殖中发生基因突变,形成了多样性的免疫细胞,这些细胞经分化后,部分细胞变为记忆细胞,另一部分细胞不断增殖形成无性繁殖系,这种无性繁殖系被称为克隆,每一种抗原侵入机体后,机体内都能选出识别相应抗原的免疫细胞(特异性),使之被激活、分化和繁殖,产生大量具有特异性的抗体,这些抗体中立、清除抗原,这叫细胞克隆选择学说。

克隆选择原理[20,21]包含着免疫细胞应答抗原的几种机理,即应答抗原能力强的免疫细胞被确定性地选择进行应答,在此称为克隆选择;被选择进行应答的免疫细胞依据其应答抗原能力强弱,繁殖一定数目的克隆细胞,免疫细胞繁殖克隆的数目与其亲和力成正比,这种机制称为细胞克隆;部分克隆细胞变为记忆细胞或长寿细胞,被保存于免疫系统中并更新已有的低亲和力记忆细胞,在此称为记忆细胞获取;记忆细胞产生免疫记忆,即能记忆已入侵的抗原的模式,其作用在于对同一抗原再次出现或相似抗原的出现作出快速反应;克隆细胞在其母体的亲和力影响下,按照与亲和力成反比的概率对抗体的基因多次重复随机突变及基因块重组,进而产生种类繁多的免疫细胞,并获得大量识别抗原能力比母体强的 B 细胞,这些识别抗原能力较强的细胞能有效缠住入侵的抗原,这种现象称为亲和成熟。此机理主要由抗体的突变完成,而突变受其母体的亲和力制约,这种突变称为亲和突变。突变方式有:单点突变、超突变及基因块重组或基因块反序等。

克隆选择原理解释了多样免疫细胞及高亲和力免疫细胞产生的过程,其相互作用机制如图 5.9 所示。

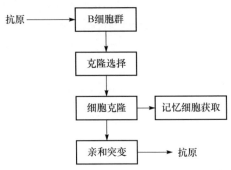

图 5.9　克隆选择过程中的相互作用机制

克隆选择过程所表现出的强化学习能力和基因突变,已经被人工智能领域的研究者所借鉴,并提出了各种智能计算方法。Jun[22]等利用克隆选择理论和免疫网络理论提出了一种动态环境下分布式自主机器人协同行为选择策略;Krishna[23]等利用克隆选择理论结合软计算方法提出了一种混合智能控制方法;Hunt[24]等提出了一种机器学习的方法并用于模式识别。de Castro[16]等提出了一种克隆选择算法,可以解决复杂问题学习和多目标优化。本节在 de Castro 等的克隆选择算法和 Hunt 等提出的机器学习算法的基础之上,从中抽取免疫机制,从工程应用的角度对现有的故障诊断方法进行了改进。

5.2.2　引入免疫识别机制的距离判别函数法

1. 免疫识别机制

为了阐述问题方便,现给出免疫系统理论中免疫算法的几个定义[25]:

定义 5.1　免疫形态空间 S 是一个 L 维的实数空间。在免疫系统理论中,Ag-Ab 表示抗原与抗体相互之间作用(互补)程度的距离测量。抗原或抗体可看做 L 维实数空间中的一个点。

定义 5.2　免疫分子之间的亲和力(affinity)为免疫分子之间的相似程度,距离越小,其亲和力值越大,反之亦然。亲和力可表示为

$$f_{i,j} = \frac{1}{d_{i,j}} \tag{5.14}$$

其中,$d_{i,j}$ 为 S 空间中两点之间的相似性距离,一般用欧氏距离表示。

定义 5.3　所有抗体与抗原的亲和力的平均值为平均亲和力,可表示为

$$\bar{f} = \sum_{i=1}^{n} \frac{f(\mathrm{Ab}_i, \mathrm{Ag})}{n} \tag{5.15}$$

其中,n 为抗体的数量。

定义 5.4　因数 q 和平均亲和力的乘积为亲和力阈值,可表示为

$$T = q \times \bar{f} \tag{5.16}$$

其中,q 大小的选取可根据具体情况确定,一般可取 $q=1$。

在免疫系统中,并不是所有的抗体都参与对抗原的识别,只有那些与抗原亲和力大于某一亲和力阈值的抗体才能参与对抗原的识别,那些与抗原亲和力小于亲和力阈值的抗体将不起作用,这基本上反映了生物免疫系统中的识别机理。

下面从工程应用的角度对距离判别函数法进行重要改进,并给出更具应用价值和适用性的亲和力定义方法——基于主元核相似度[26]的亲和力定义,并将该方法用于发动机转子部件的故障诊断。

2. 基于主元核的距离判别

由于发动机故障的严重程度不同和测量噪声的影响,实际获取的发动机故障样本总是分散的,其散布情况取决于样本的性质、预处理和特征的抽取情况。由于同类故障模式点具有聚类性,不同故障模式点有各自的聚类域和聚类中心。将各种故障模式的聚类中心作为参考模式,把待检样本与参考模式的距离作为判别函数,待检样本应隶属于与其距离最短的故障模式类,即常用的基于距离函数的故障诊断方法[27]。

为了使该方法适合各种样本模式分布结构,基于核函数技术,不是用一个点代替该类,而是用类核代表它。通常类核可由单位正交矢量 $s_1, s_2, \cdots, s_r (0 \leqslant r < n)$ 所张成的空间表示,即

$$V_r = \{ y \mid y \in \mathbf{R}^n, y = v + \sum_{j=1}^{r} t_j s_j, t_j \in \mathbf{R} \} \overset{\text{def}}{=} V_r(v, s_1, s_2, \cdots, s_r) \quad (5.17)$$

其中,v 是特征空间中的一点。于是每一类 ω_j 就用 $V_{rj} = V_{rj}(v, s_{i_1}, s_{i_2}, \cdots, s_{i_{rj}})$ 代表,一个待分类样本 x 与 ω_j 类的距离采用 x 到 V_{rj} 的正交距离,这种距离的一种定义是:

$$d(x, \omega_j) = \left[\| x - v_j \|^2 - \sum_{k=1}^{rj} ((x - v_j)^{\mathrm{T}} s_{i_k})^2 \right]^{\frac{1}{2}} \quad (5.18)$$

下面通过主元分析确定式(5.17)中的未知参数 t_j、s_j 和 v。对一类模式样本构成的数据矩阵 $X \in \mathbf{R}^{n \times m}$ 进行主元分析,其中 n 表示样本个数,m 表示特征变量个数。为了消除不同变量的量纲和量程的影响,在主元分析前对原始数据进行标准化处理,使所有的特征变量数据具有零均值和单位标准差。主元分析将数据矩阵分解为一系列主元矩阵的和,数学表达式如下:

$$X = t_1 p_1^{\mathrm{T}} + t_2 p_2^{\mathrm{T}} + \cdots + t_k p_k^{\mathrm{T}} + E \quad (5.19)$$

其中,k 为所保留的主元个数;t_i 是系统主元,也称得分向量,提取样本间关联信息;p_i 是主元特征向量,也称载荷向量,提取变量间关联信息;E 是残差矩阵,提取随机噪声和模型误差信息。载荷向量 p_i 为单位向量,且相互正交。

式(5.19)可写为更紧凑的形式:

$$X = \hat{X} + E = \sum_{i=1}^{k} t_i p_i^{\mathrm{T}} + E \quad (5.20)$$

由于 $\hat{X}$ 保留了原始数据中有意义的信息,而残差阵 E 的方差则代表了测量噪声等干扰信息,所以可以忽略残差阵,因而数据 X 可以近似表示为

$$X \approx t_1 p_1^{\mathrm{T}} + t_2 p_2^{\mathrm{T}} + \cdots + t_k p_k^{\mathrm{T}} \quad (5.21)$$

因此,根据式(5.17)和式(5.21)可以定义一个核 $K_j = K(x_j, P_j) = P_j^{\mathrm{T}} x_j$ 来表示一个类 ω_j,称为主元核。其中,$P_j = (p_1, p_2, \cdots, p_{k_j})$ 是和 X 矩阵的协方差矩阵的 k_j

个最大特征值相对应的规格化特征向量系统。

在模式识别问题中,相似性度量是在空间中定义的某种距离。因此可以规定一个样本 x_i 与主元核 K_j 之间的正交距离 $d(x_i, K_j)$ 来表示 x_i 与类 ω_j 之间的相似程度,即

$$d(x_i, K_j) = \left[\parallel x_i \parallel^2 - \sum_{j=1}^{k} (x_i^T p_j)^2 \right]^{\frac{1}{2}} \tag{5.22}$$

这里采用待分类样本 x 与 ω_j 类的相似性度量 $d(x, \omega_j)$ 作为距离判别函数,即

$$d(x, \omega_i) < d(x, \omega_j), \quad \forall i \neq j$$

则 $x \in \omega_i$。

3. 基于主元核相似度的亲和力定义

免疫算法的核心是采用一种合适的免疫形态空间中免疫分子亲和力的定义方法。原始算法直接采用欧氏距离的倒数作为亲和力,这是很局限的。只有当模式类的自然分布为球状或接近球状时,即每类的各个分量的方差接近相等时,才可能有较好的效果。如果各分量方差不等而呈其他形态,上述算法并不能得到好的分类效果。这里提出采用一种称为主元核相似度的亲和力定义方法,该方法定义为以各类主元子空间上的欧氏距离的倒数作为亲和力。

这里同样采用主元核函数来表示一个类 ω_j。在主元子空间上的样本之间的相似性程度可以直接用主元子空间上的欧氏距离来度量,即

$$d(x_i, x_j) = \sqrt{(P_i^T x_i - P_j^T x_j)^T (P_i^T x_i - P_j^T x_j)} \tag{5.23}$$

这样形态空间中的免疫分子之间的亲和力定义为

$$f_{i,j} = \frac{1}{\parallel Ab_i^c - Ag_j^c \parallel} \tag{5.24}$$

其中,Ab_i^c 和 Ag_j^c 为主元子空间上的数据。在我们的算法中全部采用主元核形式的亲和力定义方法。

4. 基于免疫识别机制的故障诊断

基于免疫系统机制,改进距离判别函数故障诊断方法的不足。将已知故障模式中的每个样本看做一个 B 细胞,将待分类样本看做抗原,这样就把故障诊断问题转化为 B 细胞对抗原的识别问题。所有的 B 细胞并不都参与对抗原的识别,只有那些与抗原亲和力大于某一亲和力阈值的 B 细胞才能参与对抗原的识别,那些与抗原亲和力小于亲和力阈值的 B 细胞将不起作用。求出亲和力阈值后,通过去除低于亲和力阈值的故障样本,确定出高亲和力故障样本各自模式类的主元核。最后根据待分类样本与各模式类的相似性度量,即可做出正确的诊断。

基于主元核相似度免疫机制的故障诊断具体步骤是:

(1) 根据每个模式样本的数据矩阵 X，求出 X 矩阵的协方差矩阵的规格化特征向量系统，得到每个模式类的主元核。

(2) 将待分类样本看做抗原，已知故障模式中的样本看做 B 细胞，根据式(5.24)计算抗原与每一个 B 细胞的主元核形式的亲和力。

(3) 根据亲和力求出亲和力阈值，通过去除低于亲和力阈值的故障样本，确定高亲和力故障样本各自模式类的主元核。

(4) 根据式(5.23)计算待分类样本与各故障模式的相似度，以此作为判别函数确定其故障类型。

5.2.3　引入克隆选择机理的模糊聚类分析

1. 传统模糊聚类方法存在的问题

聚类分析一直是模式识别研究的重要问题，许多相关结果都是基于监督学习（或称为有教师学习）构建聚类算法，但由于这些算法对问题的依赖程度较高，给数据分类产生极大困难。模糊 C-均值聚类算法能克服监督学习分类的许多不足，但需对已知样本事先确定分类数。

传统的聚类分析方法在每一次划分类别时，都要对样本中的每一个个体进行试探性的选择、计算和对比，根据成本函数判断其是否能够作为新的代表对象来替换原来的代表对象，这种方法增加了计算的复杂性，而且寻找出的新的代表对象不一定是此聚类的最佳中心代表，这样聚类的收敛速度也变得缓慢。如果在寻找新的代表对象时，可以引入启发式的搜索方法，这样就可以比较快地寻找到最佳聚类中心，完成聚类分析工作。遗传算法作为一种启发式的搜索算法具有较强的全局搜索能力，然而遗传算法的不足之处也是显而易见的，由于遗传算法在进化过程中可能会产生退化现象，引起进化后期的波动，导致迭代次数过长以及聚类准确率不太高，这些不足阻碍了遗传算法的应用和推广。

2. 克隆选择算法

克隆选择原理是用来描述免疫应答基本特征的理论，该理论认为只有那些可以识别抗原的细胞才会被选择，发生增殖，而那些不能识别抗原的则不会被选择。被选择的细胞受制于亲和成熟过程。巴西 Campinas 大学的 de Castro 博士基于克隆选择基本原理提出了克隆选择算法，通过验证该算法在解决复杂机器学习问题，如模式识别和多模式优化上有很好的效果。该算法具体步骤如下(图 5.10)：

(1) 产生初始群体 P，包括记忆群体 M。

(2) 根据亲和度大小从 P 中选择 n 个最好个体。

(3) 克隆这 n 个最好个体，克隆的规模随亲和度的大小而改变。

(4) 克隆后的个体产生突变，突变概率与抗体的亲和度成正比/反比。

（5）在新产生的群体中重新选择一些好的个体构成记忆群体。母体中的一些个体被新群体中的其他好于母体的个体取代。

（6）插入新个体替换 n 个低亲和度个体，以保持群体多样性。

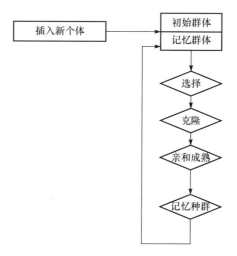

图 5.10　克隆选择算法流程图

对比遗传算法，克隆选择算法在编码机制和评价函数的构造上基本一致，但搜索的策略和步骤有所不同。克隆的实质是在一代进化中，在候选解的附近，根据亲和度的大小，产生一个变异解的群体，从而扩大了搜索范围，可以增加抗体群的多样性，有助于防止进化早熟和搜索陷于局部极小值；进一步可以认为，克隆是将一个低维空间的问题转化到更高维的空间中解决，然后将结果投影到低维空间中。

3. 基于克隆选择算法的聚类方法

在基于克隆选择算法的聚类方法中，把要分类的数据对象视为抗原，把聚类中心看做是免疫系统中的抗体，数据对象的聚类过程就是经过克隆选择不断地产生抗体，识别抗体，最后产生出可以捕获抗原的最佳抗体过程。其具体实现如下：

（1）输入 n 个抗原。在算法中假定把 n 个数据对象作为 n 个被捕获的抗原输入。随机地抽取 C 个数据作为初始抗体。

（2）抗原捕获。免疫系统识别抗原的侵入，按抗体与抗原的亲和力分组，当选择欧几里得距离为抗体与抗原的亲和力指标时，抗原的分组判断函数可定义为

$$J = \sum_{i=1}^{c} J_i = \sum_{i=1}^{c} \sum_{j=1}^{n} \parallel X_j - C_i \parallel^2 \tag{5.25}$$

根据上式抗体识别并捕获抗原，n 个抗原均被 C 个抗体所捕获。

（3）抗体优化。根据克隆选择算法，对每一个 C_i（$i=1,2,\cdots,c$），在本分组内利用所有的抗体，根据式 $C=C-\alpha(C-X)$ 进行有向搜索，产生（克隆并进化）C_i，然

后按照亲和力的大小,选择该组新的最佳抗体(聚类中心)。其中 C 代表抗体, X 代表抗原, α 是成活率,确定搜索抗原的方向。

(4) 抗体抑制。产生新的抗体时,根据抗体抑制原理,除保留每一组的最佳抗体之外,清除其余的所有抗体。

重复上面的抗原捕获、抗体优化和抗体抑制过程,直到 J 满足预先设定的条件 $\min J$ 或达到最大的进化代数,迭代过程结束,求出聚类分析结果。

4. 基于免疫聚类的故障特征提取

基于 K-L 变换的主成分分析(PCA)被广泛地应用在故障特征提取中[28]。使用 K-L 变换首先需要定义合适的散布矩阵,但在多类模式的特征提取时,类别数目越多,类别可分性就越差,要找出一个统一的散布矩阵作为提取类别可分性的依据也就变得十分困难。同时,采用 K-L 变换,还需要通过足够数量的模式样本来估计随机矢量的散布矩阵,如果所提供的样本数量不足,这些矩阵的估计值便变得十分粗略,K-L 变换的优越性也就不能充分显示出来。此外,计算矩阵的特征值和特征矢量也缺乏统一的快速算法,亦给计算带来困难。这里将用免疫聚类来实现特征提取问题,直接调用免疫聚类算法[29]。

提出的特征提取方法包括两个步骤:一是类内处理,用来删除对分类无关的特征;二是类间处理,采用免疫聚类算法压缩类间相关特征。

1) 类内处理

设有 s 个故障模式,每个模式有 n 个训练样本: $x_i^{(k)} \in \mathbf{R}^p$, $i=1,2,\cdots,n$; $k=1,2,\cdots,s$,其中, p 为特征维数。

对于每类故障的 n 个训练样本而言,只有类内相似的特征对分类才有利,越不相似的特征,对分类越不利。因此,在训练样本较好时, n 个样本在每一维上都应近似呈高斯分布,每个样本的同一维特征聚集在其均值附近的一定范围内,偏差越小,则说明该维特征越典型;反之偏差越大,其代表性也越差,该特征对分类就越不利,属于分类无关特征。因此,类内处理首先要计算每维特征上的方差 $\sigma_j^{(k)}$ ($j=1,2,\cdots,p$)。

对每类样本的 p 个特征,给定一个阈值 $T^{(k)}$,记录超过该阈值的特征序列号 $I^{(k)}$, $I^{(k)} = \{j \mid \sigma_j^{(k)} \geqslant T^{(k)}\}$ 。

一般情况下阈值 $T^{(k)}$ 可按下式选取[4]:

$$T^{(k)} = \min_{j=1}^{p} \{\sigma_j^{(k)}\} + \gamma(\max_{j=1}^{p} \{\sigma_j^{(k)}\} - \min_{j=1}^{p} \{\sigma_j^{(k)}\}) \tag{5.26}$$

其中, $\gamma \in [0,1]$,实际应用中一般取为 0.9 左右。

在保证各类模式的特征集中删除相同的特征项后,特征数目变成 t 维,则训练样本成为 t 维空间中的矢量集 $\{x_i^{(k)} \in \mathbf{R}^t \mid i=1,2,\cdots,n; k=1,2,\cdots,s\}$ 。

2）类间处理

经过类内处理后,每类故障的 n 个训练样本的每维特征都聚集在各自均值附近很小的区域,其均值矢量可很好地表征其类模式原型,因此,在以下的操作中,用均值矢量表征类模式,有

$$m^{(k)} = \frac{1}{n} \sum_{i=1}^{n} x_i^{(k)}, \quad m^{(k)} \in \mathbf{R}^t, \quad k = 1, 2, \cdots, s$$

为了进行类间操作,压缩类间的相关特征,首先需要用每类样本的均值矢量构造类间特征集 $\{y_j | j = 1, 2, \cdots, t\}$,其中

$$y_j = (m_j^{(1)}, m_j^{(2)}, \cdots, m_j^{(s)}) \in \mathbf{R}^s, \quad j = 1, 2, \cdots, t$$

为了便于下一步的操作,还需要对类间特征矢量 y_j 作归一化处理,于是,类间相关性强的矢量变为相似的矢量,则可以借助聚类技术来压缩类间相似矢量,把 t 个样本划分到 q 个子集中,相似的矢量被划分到同一子集中,并得到样本的隶属函数

$$U = [\mu_i(y_j^{\mathrm{T}})]_{q \times t} : \mu_i(y_j^{\mathrm{T}}) = \mathrm{ICM}(\{y_j^{\mathrm{T}} | j = 1, 2, \cdots, t\}), \quad i = 1, 2, \cdots, q$$

其中,ICM 即为免疫聚类算法,这里 $c = q$。免疫聚类压缩了类间的相似特征,从而把原先的 p 维特征缩减为 q 维。通过下式即可获得最终的特征样本集:

$$\{z_i^{(k)} \in \mathbf{R}^q | i = 1, 2, \cdots, n; k = 1, 2, \cdots, s\}$$

$$z_{ij}^{(k)} = \frac{\sum_{l=1}^{t} \mu_j^m(y_l^{\mathrm{T}}) \cdot x_{il}^{(k)}}{\sum_{l=1}^{t} \mu_j^m(y_l^{\mathrm{T}})}, \quad j = 1, 2, \cdots, q \tag{5.27}$$

这样原先 $s \times n$ 个 p 维的原始训练样本集通过类内和类间处理后,完成特征维数的压缩操作,得到 $s \times n$ 个 q 维的特征样本集。

3）自动确定特征数目

在实际应用中,事先并不清楚最优特征的准确数目,因此必须构造一种特征数目自动确定方法,以便实现降维操作的自动化。

首先用类间特征之间的距离定义其相似性:

$$S(y_i^{\mathrm{T}}, y_j^{\mathrm{T}}) = \frac{1}{D^2(y_i^{\mathrm{T}}, y_j^{\mathrm{T}}) + 1}, \quad S(y_i^{\mathrm{T}}, y_j^{\mathrm{T}}) \in (0, 1] \tag{5.28}$$

其中,$D(\cdot)$ 可以是欧氏距离,也可以是其他距离。可见两个矢量间距离越小,其相似性越大。假如取一门限 S_T,当相似性大于 S_T,则需要压缩,否则保留,那么就可以自动确定特征数目。

具体步骤是:

（1）首先取 $q = t/2$,计算每个聚类的类内均方误差:

$$\varepsilon(y^{\mathrm{T}}, \beta_i) = \sum_{j=1}^{n} \mu_{ij}^m \cdot D^2(y_j^{\mathrm{T}}, \beta_i), \quad i = 1, 2, \cdots, q \tag{5.29}$$

其中，β_i 为每个聚类的原型模式。

（2）得到每个聚类的类内均方误差后，判断 $\max\{\varepsilon(y^{\mathrm{T}},\beta_i)\}$ 是否小于 $1/S_T-1$，不满足则增大 q 再用聚类分析，满足则减少 q 再作聚类分析，直到达临界点为止，即

$$\max_{i=1}^{q}\{\varepsilon(y^{\mathrm{T}},\beta_i)\}\leqslant\frac{1-S_T}{S_T}\leqslant\max_{i=1}^{q-1}\{\varepsilon(y^{\mathrm{T}},\beta_i)\} \tag{5.30}$$

此时得到的 q 即为符合条件的特征数目。

本节研究了基于克隆选择原理的故障诊断方法。基于人工免疫理论中的克隆选择原理，对传统的故障诊断方法进行改进，以期提高现有故障诊断方法的性能。所取得的结果或结论总结如下：

（1）受免疫识别机制的启发，通过主元核相似度的亲和力定义，对距离判别函数方法进行改进，提出了基于主元核相似度免疫机制的故障诊断方法，并以发动机转子部件的故障诊断为实例对该方法进行了应用研究，结果表明改进方法受故障模式分布结构的影响较小，当故障样本分散程度较大，聚类性较差时，仍能得到较好的诊断结果，进而有效地提高了故障诊断的准确率。

（2）在聚类分析中，通过克隆选择算法的目标函数优化，能够较快地寻找到最佳聚类中心，提高了聚类分析的收敛速度和聚类准确性；提出了基于免疫聚类分析的特征提取方法，给出了免疫聚类分析在故障特征提取中的具体应用，并以发动机气路部件故障诊断为实例对该方法进行了应用研究，结果表明克隆选择算法能够有效减轻遗传算法在进化后期的波动现象，提高了聚类的收敛速度；基于免疫聚类的特征提取方法在保证分类正确率的前提下，有效地降低了描述问题所需的特征数目。

5.3 基于反面选择机理的智能融合故障诊断

在航空发动机高速旋转的压气机、涡轮系统中，滚动轴承是一个容易出故障的部件，其运行状态是否正常往往直接影响到整台发动机的正常工作，因此在发动机转子系统故障中由于滚动轴承受损所导致的故障占有较大比例[30]，但由于滚动轴承工作环境的特殊性，在故障早期难以发现。因此，及时准确判断滚动轴承是否出现故障，对于避免重大事故的发生具有很大的实际意义。

通常系统潜在的故障将会导致特征信号出现某种程度的异常，因此，故障诊断问题可以转化为一种异常检测问题[31]，也就是说，在特征时间序列上检测系统工作模式的变化，进行正常与异常模式的判别。在滚动轴承的监测及故障诊断中，最常用的方法是振动信号检测法[32]，但由于轴承的使用条件、安装情况及载荷等因素的影响，测得的信号往往含有许多成分，也包含有多种干扰信号，这对诊断，特别

是早期诊断带来一定困难。目前滚动轴承振动信号检测法主要有三种方式:一种是分析滚动轴承的特征频率成分,如包络分析和倒谱分析[33]等。这些方法的最大缺点是对早期故障诊断效果不明显,对于频率成分丰富且特征频率幅值小的情况,更难检测出特征频率的变化,且需要轴承振动的先验知识,应用受到限制。一种是人工神经网络法[34],但需要足够的故障样本进行训练,且没有外推能力。另一种是小波分析方法[35],对振动信号进行分解和重构,由于需要选择合适的小波函数,有时并不能达到理想的检测效果。

研究人员从免疫系统中抽取有用的隐喻机制,开发相应的 AIS 模型和算法用于解决工程实际问题。其中,反面选择算法就是受免疫系统的反面选择机理启发而提出的,它的一个重要应用是检测模式的变化,这已经成功应用于设备的故障检测[36,37],并取得了较好的效果。但是将其较好的应用于发动机的故障检测中,还存在许多问题。首先,二进制编码检测器结构简单,知识表达能力差,缺乏实际物理意义,并且连续 R 位的匹配规则不能体现出发动机工作模式的变化。其次,检测器产生的过程仅需要依靠正常模式样本数据,不需要已有的故障模式数据,因此没有充分利用研究对象的先验知识。

本节对反面选择机理在故障诊断中的应用进行了研究。首先研究了反面选择算法用于系统异常检测的一般过程和方法,针对反面选择算法本身所存在的局限性,将智能融合的思想引入到反面选择算法中,通过与神经网络的融合,提出了一种具有神经网络结构的检测器,并给出了相应的训练算法。然后通过混沌时间序列的异常检测实验证实该方法比常规的二进制编码检测器有效,并研究了算法参数对故障检测性能的影响。最后滚动轴承损伤检测的仿真实验表明,在某些小波包检测方法效果不好的时候,神经网络检测器能够检测出故障。

5.3.1 人工免疫系统的反面选择机理

1. 反面选择机理

免疫识别是免疫系统的主要功能,同时也是 AIS 的核心之一,而识别的本质是区分"自己"和"非己"。免疫系统的自己——非己识别机理可简单描述为:在免疫系统中有一种免疫淋巴细胞称为 T 细胞,在其产生过程中,通过伪随机基因重组过程在 T 细胞表面产生检测器(抗体)。然后 T 细胞进入胸腺进行选择,那些和机体自身蛋白质反应的 T 细胞被毁灭,只有那些不破坏自身组织的 T 细胞成活,这一过程称为反面选择。这些成熟的 T 细胞在体内循环,它们通过与非己物质(抗原)的匹配来完成对非己物质(抗原)的识别,执行免疫功能,保护机体不受抗原的侵害。经过反面选择后,T 细胞的检测器能够准确地识别非己,这被称为免疫系统的自己——非己识别,它是免疫识别的一种主要方式。免疫系统能够通过对自己的学习,对非己产生记忆,并通过有限数量的检测器,能够准确地识别和杀伤无限数量的非己。像神经系统一样,免疫系统学习新的信息,回忆以前学过的信息,它不是依靠一个中心控制器,而是利用分散检测,实现对外来入侵的应答,体现了免疫系统独特的智能机理和极具鲁棒性的处理问题方式。

2. 反面选择算法

基于反面选择机理的系统异常检测算法称为反面选择算法。在反面选择算法中,首先根据识别对象的特征进行编码,定义一个自我集合,表示系统的正常模式。然后根据生物免疫系统的反面选择原理,产生有效检测器集合。有效检测器集合的产生过程为:设置一个随机字符串发生器,它产生的每一个定长字符串与自己空间中全部元素逐一进行比较,那些不发生匹配的字符串成为检测器集合中的元素,而发生了匹配的字符串将被清除掉。由此而产生的集合 R 中的元素不会与集合 S 中的元素发生匹配,即 R 与 S 互补,这一过程模拟了 T 细胞在胸腺的检查过程,如图 5.11 所示。

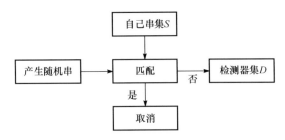

图 5.11　有效检测器集合的产生过程

检测器集合一旦产生,即可用来检测自己集合是否发生变化,如图 5.12 所示。将待检字符串与检测器集合元素逐个进行比较,如果出现匹配,则证明自己集合中的元素发生了变化。这个过程模拟了生物免疫系统 T 细胞的非己识别过程。

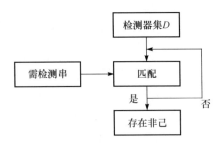

图 5.12　检测器的检测过程

下面谈谈反面选择算法的三个要素。

（1）编码方式。反面选择算法的编码方式主要包括二进制编码和实数编码。

（2）匹配规则。在产生检测器时，匹配规则用于判断检测器是否合格，在进行异常检测时，匹配规则用于识别是否有异常变化发生。由于在生物免疫系统中，抗体和抗原的结合，更多地表现出不完全匹配的特性，完全匹配只是部分匹配的一个特例，因此通常在反面选择算法中采用部分匹配规则。匹配规则的核心是定义一个匹配阈值，而对匹配的度量则采用多种方法，如 Hamming 距离、欧氏距离以及 Forrest 所提出的 R 连续位匹配规则等。例如，在 Hamming 规则中，通常设定阈值的大小，以确定两串是否匹配，当两个串之间的 Hamming 距离大于等于设定的阈值时，称这两个串是匹配的，反之则不匹配；在如图 5.13 所示的 R 连续位匹配规则中，当连续匹配的位数大于等于 R 时，两串匹配，否则不匹配。匹配规则中的阈值，类似于生物免疫系统中免疫细胞的激活门限，每一个淋巴细胞表面有许多相同的受体，当有足够多的受体与抗原结合，即细胞表面结合的抗原数量超过某个值时，该免疫细胞被激活，这个值就是免疫细胞的激活门限。

图 5.13　R 连续位匹配规则

（3）检测器的生成算法。通过随机方式生成检测器，与自己集合中的样本逐一进行比较，那些不匹配的检测器成为合格的检测器保留下来，而发生了匹配的检测器将被清除掉。

3. 反面选择算法存在的问题

将反面选择算法较好地应用于发动机的性能监控与故障诊断中，还存在很多问题，主要原因是反面选择算法本身的局限性，这主要包括：

（1）编码检测器缺乏实际意义。在反面选择算法中，产生合适的检测器是算法的关键，这取决于很多因素，如自己空间样本集的大小、匹配规则的选取、检测器的生成算法。然而，无论哪一种检测器生成算法仅是提高了检测器的生成效率和覆盖能力，检测器本身的结构还是由二进制或实际数值编码表示，结构功能简单，知识表达能力差，缺乏实际物理意义。编码检测器的连续 R 位的匹配规则不能体现出发动机工作模式的变化。

（2）编码检测器适应能力差。编码检测器可以通过匹配关系检测出系统任何微小的异常现象，因此采用这种检测器进行系统异常检测时，缺乏模糊性和鲁棒性，抵抗噪声的能力差，因此对环境的适应能力较差。

（3）信息的利用不充分。在检测器产生的过程中仅是利用了正常工作条件下的数据,而没有从故障数据中获取有用的信息,信息的利用不充分。

对于上述问题,仅仅通过深入认识相关免疫机理,进而对反面选择算法本身进行改进,是难以获得彻底解决的。智能融合思想为问题的解决提供了一种思路,可以有目的地融合 AIS 模型与神经网络等其他计算智能方法,研究新的检测器生成和优化方法。

5.3.2 基于反面选择机理的故障诊断方法

为了论述问题方便,首先给出以下定义。

定义 5.5　系统状态空间。系统的状态可由特征向量 X 表示,经过标准化处理后,$X=(x_1,x_2,\cdots,x_n)\in[0,1]^n$。系统状态空间由集合 $S\subseteq[0,1]^n$ 表示,包括了系统所有可能的状态。

定义 5.6　自己空间(正常空间)和非己空间(异常空间)。由系统正常状态时的特征向量组成的空间称为自己空间,用集合 Self$\subseteq S$ 表示。由系统异常或故障状态时的特征向量组成的空间称为非己空间,用集合 Non_Self 表示,且 Non_Self 为 Self 的补集,定义为 Non_Self$=S-$Self。

反面选择算法通过检测器与系统实测样本的匹配程度,来监测系统的异常,基本步骤为:

(1) 定义自己空间 S;

(2) 随机产生检测器集 R,R 中的每个检测器不能与 S 中的样本相匹配;

(3) 通过检测器与 S 中样本相匹配的程度来检测自己空间样本的变化,如果有一个检测器与自己空间样本相匹配,则认为自己空间样本已经发生变化。

1. 基于二进制编码检测器的故障诊断方法

1) 数据编码

为了对所有振动数据进行二进制编码,首先求出所收集自己空间和各种故障模式空间的振动数据中的最小值 min 和最大值 max,根据所要求的精度选择编码位数 b,然后把 min 和 max 区间等分成 $2b-1$ 个子区间,根据振动数据所落入的区间不同,分别取不同的整数值并用 b 位二进制编码表示,如图 5.14 所示。编码位数越大,捕获信号的特征越细,适于诊断微小变化。

图 5.14　二进制编码方法

2) 空间串的定义

自己空间串的定义可采用将所有二进制编码的振动数据按时间顺序连接在一起作为正常模式串,但这种定义方法使模式串太长,不仅使产生检测器的操作复杂,而且也无法实现实时在线诊断,所以,必须对模式分段进行操作。这里采用加窗方法将模式分成 m 个相等的子串,即

$$S=(S_1,S_2,\cdots,S_m)$$
$$MS_i=(MS_{i1},MS_{i2},\cdots,MS_{im})$$

然后按子串进行编码,该方法涉及如何选择窗口宽度 N。例如,当 $N=5$ 时,每个窗口的模式分别为 $(x_1,x_2,\cdots,x_5)$、$(x_6,x_7,\cdots,x_{10})$ 等,x_i 为振动数据。窗口宽度 N 的选择决定了正常模式向量的维数,对于实际问题,窗口宽度根据信号的特点及时间序列的个数,或通过实验来确定。

3) 检测器的产生及训练方法

在算法中,所有检测器都不能检测自己空间串 S_i,为了产生与所有自己空间串 S_i 不相匹配的检测器集 R,可选择完全匹配准则或部分匹配准则。完全匹配准则是指两串的每一位都相同时才称为匹配,这种匹配方法使得检测所有非己空间模式的检测器数量增大。部分匹配准则是指两串有至少连续的 q 位相同时才称为两串匹配,如有两串 00101101010 和 10111101101,当 $q\leqslant 4$ 时两串匹配,当 $q>4$ 时两串不匹配,这种匹配方法使得检测所有非己空间模式的检测器数量减少,但涉及如何优选匹配阈值 q 的问题。在实际使用时一般采用部分匹配准则。

检测器可由随机方式产生,如果检测器与自己空间任何子串相匹配,取消该串,重复执行这个过程直到所要求的检测器数量为止。该方法计算量大,计算量与自己子串长度的指数成正比。基于以上缺点,这里提出产生检测器的高效方法:产生与自己空间子串不相匹配的所有检测器集 R_0,从 R_0 中随机选择所需要的检测器集 R,算法的计算量只与自己空间子串长度成正比例关系。检测器数量可根据实际问题的需要确定,检测器数量越多,诊断效果越好。

2. 基于神经网络检测器的故障诊断方法

1) 结构

在基于神经网络的反面选择算法中,检测器采用了一种新的结构,由三层反馈神经网络表示,如图 5.15 所示。其中,$[x_1,x_2,\cdots,x_N]$ 为输入向量,$[w_1,w_2,\cdots,w_N]$ 和 $[v_1,v_2,\cdots,v_N]$ 为随机初始化的连接权值。为了使输入包含更多的信息,在第一层,输入向量 $[x_1,x_2,\cdots,x_N]$ 中的元素 x_i 和权值向量 $[w_1,w_2,\cdots,w_N]$ 中的元素 w_i 之间的匹配程度 d_i 在每一个输入节点处的计算公式为

$$d_i=(x_i-w_i)^2,\quad i=1,2,\cdots,N \tag{5.31}$$

d_i 作为第二层节点的输入,第二层的输出又作为第三层(输出层)的输入,最后

输出 y 的表达式为

$$y = \sum_{i=1}^{N} v_i f(d_i) = \sum_{i=1}^{N} v_i f\left[(x_i - w_i)^2\right] \qquad (5.32)$$

其中，$f(\cdot)$ 为第二层节点函数。与传统的反面选择算法一样，y 通过与给定的匹配阈值 λ 比较，这里的 λ 与二进制编码检测器中的匹配阈值 q 的含义不同，λ 表示输出值的大小，q 表示串的长短，但两者的作用是相同的，都是度量检测器与其他样本的匹配程度。得到检测器的匹配误差 E，如下所示：

$$E = y - \lambda \qquad (5.33)$$

如果对任意一个输入向量 $[x_1, x_2, \cdots, x_N]$，匹配误差 $E > 0$，则判定此检测器不能匹配自己空间中的样本，因此可以作为检测器来检测非己空间样本。

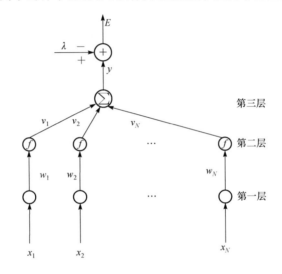

图 5.15　基于神经网络的检测器结构

2）训练

需要强调的是，在基于神经网络的反面选择算法中，权值向量 $[w_1, w_2, \cdots, w_N]$ 和 $[v_1, v_2, \cdots, v_N]$ 需要通过训练来确定。然而，一般 BP 网络的训练是通过负梯度下降算法最小化误差 E 来进行的，而神经网络检测器的训练目的则刚好相反，检测器的训练目的是为了提高检测器与自己空间样本的匹配误差，图 5.16 解释了这种神经网络检测器训练算法与一般 BP 网络训练方法的不同。具体分析如下：

令 w 和 v 分别表示权值向量 $[w_1, w_2, \cdots, w_N]$ 和 $[v_1, v_2, \cdots, v_N]$，对于给定的一点 (w^*, v^*)，在 BP 网络训练算法中，为了减少输出误差 $E(w^*, v^*)$，权值 w 和 v 应该分别向 $E(w^*, v^*)$ 的负梯度方向变化 Δw^* 和 Δv^*：

$$\Delta w^* = -\eta \nabla_{w^*} E(w^*, v^*) = -\mu \frac{\partial E(w^*, v^*)}{\partial w^*} \tag{5.34}$$

$$\Delta v^* = -\eta \nabla_{v^*} E(w^*, v^*) = -\mu \frac{\partial E(w^*, v^*)}{\partial v^*} \tag{5.35}$$

其中, μ 为学习率。

而在神经网络检测器的训练中, Δw^* 和 Δv^* 的调整则是为了增加输出误差 $E(w^*, v^*)$, 可通过在正梯度方向上实现, 如图 5.16 中的实线所示。

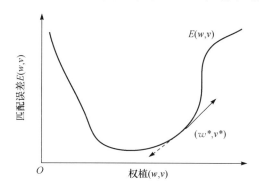

图 5.16　神经网络检测器的训练原理图
（实线表示正梯度；虚线表示负梯度）

$$\Delta w^* = \eta \nabla_{w^*} E(w^*, v^*) = \mu \frac{\partial E(w^*, v^*)}{\partial w^*} \tag{5.36}$$

$$\Delta v^* = \eta \nabla_{v^*} E(w^*, v^*) = \mu \frac{\partial E(w^*, v^*)}{\partial v^*} \tag{5.37}$$

令 $w_i^{(k)}$ 和 $v_i^{(k)}$ 分别表示在第 k 次迭代过程中 w_i 和 v_i 的值, 则

$$w_i^{k+1} = w_i^{(k)} + \mu \frac{\partial E}{\partial w_i^{(k)}} = w_i^{(k)} + \mu \frac{\partial y}{\partial w_i^{(k)}} = w_i^{(k)} - 2\mu v_i^{(k)} f'((x_i - w_i^{(k)})^2)(x_i - w_i^{(k)}) \tag{5.38}$$

$$v_i^{k+1} = v_i^{(k)} + \mu \frac{\partial E}{\partial v_i^{(k)}} = v_i^{(k)} + \mu \frac{\partial y}{\partial v_i^{(k)}} = v_i^{(k)} + \mu f((x_i - w_i^{(k)})^2) \tag{5.39}$$

这种检测器的训练方法有如下一些优点：克服了检测器产生的随机性；增强了检测器对外界环境的适应能力。

3）故障检测

通常系统潜在的故障将会导致特征信号出现某种程度的异常, 因此, 故障诊断问题可以转化为一种异常检测问题, 也就是在特征时间序列上的自我非我识别问题。

将上一节的基于神经网络检测器的反面选择算法用于故障诊断中, 实现过程包括四个部分：首先, 通过数据采集获取正常工作或故障条件下的特征信号, 并进行相应的预处理;利用反面选择原理,从正常工作条件下的特征信号中生成一定数量的合格的神经网络检测器,构成检测器集;利用正常工作和故障条件下的特征信号训练这些检测器。另外,在检测器的训练过程中,除了采用上一节所提到的学习算法外,还采用一种区域的训练策略,如图 5.17 所示。

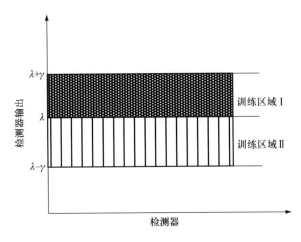

图 5.17　检测器的区域训练策略

第一种情况(仅对故障特征信号适用):当 $0 < E < \gamma$ 时,对应图 5.17 中的训练区域Ⅰ,检测器的训练采用常规的 BP 网络训练算法以减小误差 E;否则,不进行训练。

第二种情况(仅对正常状态下的特征信号适用):当 $-\gamma < E < 0$ 时,对应图 5.17 中的训练区域Ⅱ,检测器的训练采用上一节提出的训练算法以增大误差 E;否则,不进行训练。

其中,γ 为边界参数,通常取值为 λ 的较小的百分比,如 0.1λ。

通过检测器的生成和训练,就可以用来检测系统可能发生的异常,也就是对故障进行检测。

图 5.18 表示基于神经网络检测器的故障诊断过程,包括两个阶段:检测器的训练阶段和故障检测阶段。在检测器训练阶段,首先收集转子轴承正常工作和故障条件下的特征信号,再通过预处理,主要是加窗处理,通过相互不重叠的窗口,窗口的大小为 N,把时间序列信号分解为不同的时间序列段,如图 5.16 中的 $[x_1, x_2, \cdots, x_N]$,作为检测器的输入模式向量,包括正常模式向量和故障模式向量。通过反面选择过程,产生初始的 S 个检测器,再通过检测器的训练,最后得到 S 个合格的检测器。

在故障检测阶段,这些检测器用来检测轴承特征信号中的异常,根据激活的检测器的统计信息,可以得到故障诊断结果。如果 $E < 0$,则认为该检测器被激活。

对于需要检测的特征信号时间序列,如果正确激活的检测器个数 M,错误激活的检测器个数 L,则故障检测率 η 定义如下:

$$\eta = \frac{M}{M+L} \times 100\% \tag{5.40}$$

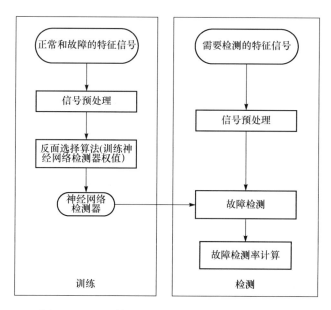

图 5.18　基于神经网络检测器的故障诊断流程图

3. 性能分析

作为检验智能数据分析方法有效性的标准数据,Mackey-Glass 混沌时间序列 $x(t)$ 可以由下面的非线性微分方程产生:

$$\dot{x}(t) = \frac{ax(t-\tau)}{1+x^c(t-\tau)} - bx(t)$$

其中,$a=0.1, b=0.2, c=10$。改变 τ 的值将得到不同的混沌时间序列,图 5.19(a) 和 5.19(b) 分别为 $\tau=30$ 和 $\tau=20$ 时,混沌时间序列所对应的曲线。以 $\tau=30$ 对应的时间序列为正常状态,以 $\tau=20$ 对应的时间序列为故障状态,这样故障诊断问题就是要检测出由 $\tau=20$ 引起的异常。因此,分别从 $\tau=30$ 和 $\tau=20$ 的混沌时间序列中采集 500 个样本点,作为正常样本集和故障样本集,构成 1000 个样本点的训练样本集,采用神经网络检测器训练算法进行训练,算法的参数取为:

检测器个数:$S=100$,　窗口宽度:$N=10$

匹配阈值:$\lambda=3$,　边界参数:$\gamma=0.1\lambda$

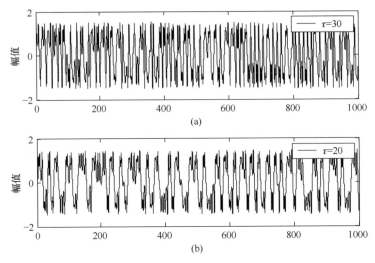

图 5.19　Mackey-Glass 混沌时间序列

　　为了进行比较,这里同时采用二进制编码检测器进行故障检测,由于在传统的反面选择算法中,二进制编码检测器只由正常样本生成,因此在图 5.19(a)中 $\tau=$ 30 的 Mackey-Glass 混沌时间序列中采集 500 个样本点,作为正常样本集,用来生成检测器。其中,二进制编码位数 $b=4$,窗口宽度 $N=10$,匹配阈值 $q=10$,检测器个数 $S=100$。

　　为了分析比较二进制编码检测器和神经网络检测器的故障检测性能,产生一组新的 Mackey-Glass 混沌时间序列作为待检的故障信号,其中前 500 个样本点对应 $\tau=30$,表示正常工作状态,后 500 个样本点对应 $\tau=20$,表示故障工作状态,如图 5.20 所示。

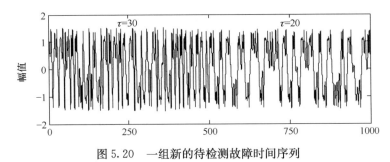

图 5.20　一组新的待检测故障时间序列

　　分别采用二进制编码检测器、未经过训练的神经网络检测器和训练过的神经网络检测器对图 5.20 所示的故障时间序列进行检测,得到的故障检测结果如图 5.21所示。显然,最终获得了不同的故障检测率。

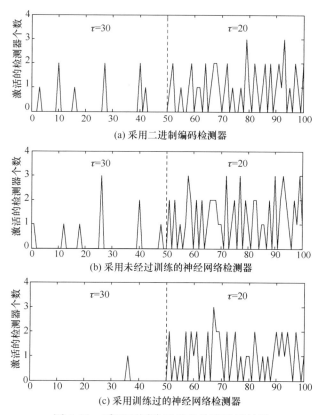

图 5.21 采用不同检测器的故障检测结果

采用二进制编码检测器时：
$$M=48, \quad L=9, \quad \eta=84\%$$
采用神经网络检测器时：
在训练之前
$$M=62, \quad L=9, \quad \eta=87\%$$
在训练之后
$$M=49, \quad L=1, \quad \eta=98\%$$

可以看出,未经过训练的神经网络检测器与二进制编码检测器比较,故障检测率没有多大的提高,这是因为两者在生成检测器时都只是利用了正常状态下的数据,而没有利用已有的故障数据,因此故障检测效果相差不大。神经网络检测器经过训练后,在故障检测过程中正确和错误激活的个数都减少了,但故障检测率 η 却由 87%增大到 98%,因此大大提高了故障检测的效果。

5.3.3　算法参数对故障检测效果的影响分析

上面提出的采用神经网络检测器的反面选择算法中,有几个参数比较重要,这些参数分别是:检测器个数 S、窗口宽度 N、匹配阈值 λ 和边界参数 γ。为了分析这些参数对故障检测效果的影响,下面通过仿真试验进行研究。

这里,同样利用上节中的 Mackey-Glass 混沌时间序列作为标准数据进行故障的检测。同样以 $\tau=30$ 对应的时间序列为正常状态,以 $\tau=20$ 对应的时间序列为异常状态,算法的参数取为:检测器个数 $S=100$,窗口宽度 $N=5$,匹配阈值 $\lambda=3$,边界参数 $\gamma=0.1\lambda$。通过改变某一个参数的大小,保持其余三个参数不变,来分析该参数对故障检测结果的影响。

1. 检测器个数

固定窗口宽度、匹配阈值、边界参数三个参数不变,改变检测器的个数,通过仿真试验来分析检测器个数 S 对故障检测能力的影响。图 5.22 为检测器个数 S 分别取 25、50、100 和 200 时的故障检测结果。

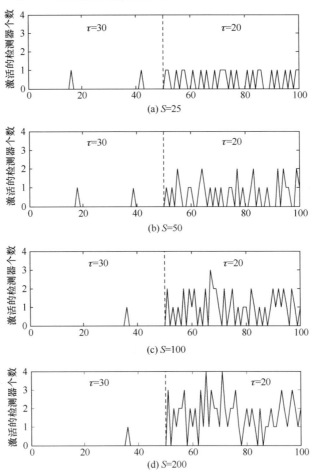

图 5.22　不同检测器个数 S 对故障检测结果的影响

故障检测率 η 分别为:

当 $S=25$ 时

$$M=24, \quad L=2, \quad \eta=92\%$$

当 $S=50$ 时

$$M=33, \quad L=2, \quad \eta=94\%$$

当 $S=100$ 时

$$M=49, \quad L=1, \quad \eta=98\%$$

当 $S=200$ 时

$$M=72, \quad L=1, \quad \eta=98.6\%$$

通过仿真发现,检测器个数越多,表示抗体的种类就越多,它捕获异体抗原的能力就越强,但检测器个数越多,计算量就会越大,当检测器数量大于 100 时,对于 Mackey-Glass 混沌时间序列的故障检测,都可得到较好的检测效果。

2. 窗口宽度

固定检测器个数、匹配阈值、边界参数三个参数不变,改变窗口宽度,通过仿真试验来分析 N 对故障检测能力的影响。图 5.23 为窗口宽度 N 分别取 5、10、20 和 25 时的故障检测结果。

故障检测率 η 分别为:

当 $N=5$ 时

$$M=138, \quad L=36, \quad \eta=79\%$$

当 $N=10$ 时

$$M=49, \quad L=1, \quad \eta=98\%$$

当 $N=20$ 时

$$M=20, \quad L=2, \quad \eta=91\%$$

当 $N=25$ 时

$$M=12, \quad L=2, \quad \eta=86\%$$

窗口宽度决定了神经网络检测器输入向量的维数大小,它反映了信号的细节部分,宽度越大,包括的特征模式种类就越多,同时也会淹没掉某些特征模式的变化,因此需要根据检测信号的特征选取合适的窗口宽度。从实验结果中可以看出,针对待检测信号,窗口宽度 N 取 10 比较合适。

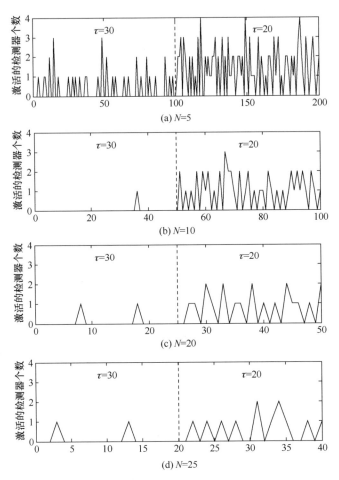

图 5.23　不同窗口宽度 N 对故障检测结果的影响

3. 匹配阈值

为了探索匹配阈值对故障诊断结果的影响,在其他参数不变的情况下,将 λ 由 1 连续变化到 5,图 5.24 为匹配阈值 λ 分别取 1、3 和 5 时的故障检测结果。

故障检测率 η 分别为:

当 $\lambda=1$ 时

$$M=69, \quad L=14, \quad \eta=83\%$$

当 $\lambda=3$ 时

$$M=49, \quad L=1, \quad \eta=98\%$$

当 $\lambda=5$ 时

$$M=16, \quad L=1, \quad \eta=94\%$$

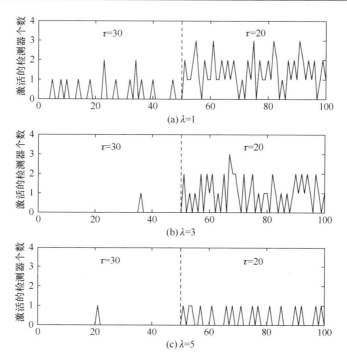

图 5.24　不同匹配阈值 λ 对故障检测结果的影响

可发现匹配阈值 λ 的选取对故障检测率影响较大。当匹配阈值较大时,由于训练检测器的故障模式与实际故障模式存在一定差别,很难在大的匹配阈值下进行匹配,几乎没有检测器被激活而造成漏检测现象;当匹配域较小时,由于不能有效捕捉故障模式的本质特征而产生误检测;只有选择适中的匹配阈值(λ＝3～3.5之间),才能有效捕捉训练故障模式的本质特征,取得较好的检测结果。

4. 边界参数

边界参数 γ 是在训练检测器时需要确定的一个参数,它的大小将直接影响检测器的训练效果。固定检测器个数、窗口宽度、匹配阈值三个参数不变,改变边界参数,图 5.25 为边界参数 γ 分别取 0.05λ、0.1λ 和 0.15λ 时的故障检测结果。

故障检测率 η 分别为:

当 γ＝0.05λ 时

$$M＝24,\quad L＝2,\quad η＝92\%$$

当 γ＝0.1λ 时

$$M＝49,\quad L＝1,\quad η＝98\%$$

当 γ＝0.15λ 时

$$M＝74,\quad L＝12,\quad η＝86\%$$

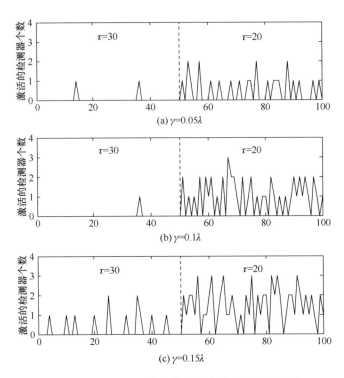

图 5.25　不同边界参数值对故障检测结果的影响

　　当边界参数较大时,单个检测器被激活的可能性就增大,其捕获异体抗原的能力就越强,因此检测器被激活的个数将会增多,但同时也会降低单个检测器的特异性,使检测器被错误激活的可能性增大,错误激活的检测器个数将会增多,从而导致故障检测率下降。因此只有选择适中的边界参数(在本例中 γ 取 0.1λ 左右时),才能取得较好的故障检测效果。

5.4　基于反面选择机理的性能监控

　　对航空发动机进行性能监控是保证航空发动机安全工作、实现发动机视情维修、延长发动机使用寿命的一种重要技术途径。目前,国内外已发展了多种应用于航空发动机的性能监控与故障诊断的方法[38-42],如统计分析法[43]和神经网络法[44]。Volponi 等提出了一种基于信息融合的发动机性能监控与评定方法[45],通过定义一个定量反映发动机整体性能的综合参数来跟踪发动机性能的变化。这些方法通常需要足够的故障样本才能取得满意的监控与诊断效果。例如,综合参数法[46]通过综合发动机多项性能指标,得到一个定量反映发动机整体性能的综合参数。该参数可对发动机整体性能进行监控,从而发现早期故障。但在采用加权法计算综合参数时,需要确定各参数对发动机整体性能的影响程度,即确定各参数的权值,如采用遗传算法[47]、混沌变量[48]等确定权值均取得较好效果,但都需要足够多的发动机异常和故障数据作为训练样本,否则,得到权值的推广性较差,使加权法确定的综合参数对其他类型的故障不敏感。

此外,从综合参数值的大幅度减小可以发现发动机的故障(异常),但具体故障原因从综合参数值的变化中反映不出来,需要单独对各项监测参数进行分析,综合各项监测参数的分析结果,最终确定是哪几个参数出现了异常而导致发动机性能出现恶化。这个过程不仅烦琐,而且在综合各项监测参数的分析结果时,可能带有分析人员的主观性,使得最后的分析结果不准确。因此,建立一种参数异常分析的数学模型[49,50],当发动机出现性能恶化时能够同时确定异常参数,这对于故障的快速定位与隔离非常有利。

本节首先基于人工免疫系统的反面选择机理,并结合人工神经网络,提出了一种适用于航空发动机的性能监控方法。在此基础上,根据发动机性能监控数据,利用多元统计分析的方法,研究了发动机状态变量异常对发动机整体性能的影响,提出了一种基于影响概率模型的参数异常分析方法。

5.4.1　反面选择算法在性能监控中的应用途径

发动机工作过程中,部件性能出现异常往往是发动机出现故障的前兆,这时发动机虽然还在继续工作,但有关参数已偏离正常值,因此,可以通过反面选择算法监测发动机性能异常,获得发动机性能偏离正常值的程度(异常度),以此作为定量反映发动机整体性能的一个参数,实现发动机整体性能趋势的监控,并根据发动机性能异常度的允许变化范围对发动机进行故障预示和报警,为维修人员提供辅助决策信息。反面选择算法应用于发动机性能异常监测的优点是:能用有限数量的检测器(抗体)监测无限种类的异常现象(抗原),并且检测器的训练主要依靠发动机正常工作数据,这对于故障数据获取困难的航空发动机来说,是非常适合的。

但是传统的反面选择算法用于性能监控,还存在许多问题。原始的反面选择算法采用二进制对自己空间中的数据进行编码,因此检测器以二进制串的形式存在,检测器的生成过程如下:随机产生检测器集,取消那些与自己空间匹配的检测器,所谓的匹配不是完全相等,而是部分一致,只要有连续 r 位相同即为匹配。不断循环这个过程,直到产生所需数目的检测器为止。该过程计算量很大,并且随着匹配域 r 的增加,计算量会进一步增加。另外,单纯利用反面选择算法只能检测模式有无变化,不能定量地反映出模式变化的程度,这对于发动机的性能监控与故障检测是不够的。

5.4.2 基于反面选择机理的发动机性能监控

为了实现对发动机的性能监控,首先定义发动机的状态空间,具体过程为:

(1) 对发动机各项工作参数进行记录。

(2) 根据这些单独的工作参数是否接近理想值完成发动机单项工作参数的标准化,也就是得到功效函数 $\hat{x}_i(t)$[51]。功效函数 $\hat{x}_i(t)$ 的值反映发动机工作性能的好坏,且 $0 \leqslant \hat{x}_i(t) \leqslant 1$,当发动机处于最佳工作状态时,$\hat{x}_i(t)=1$;当发动机处于故障状态时,$\hat{x}_i(t)=0$。

(3)功效函数构成反映发动机工作状态的特征向量 $X(t)=(\hat{x}_1(t),\hat{x}_2(t),\cdots,\hat{x}_n(t))$,它是时间的函数,由此组成发动机状态空间 S。

下面在反面选择算法的基础上,采用向量检测器,并将模糊数学和神经网络引入到发动机的性能异常监控中。

1. 向量检测器

原始的反面选择算法采用二进制对自己空间中的数据进行编码,因此检测器以二进制串的形式存在。为了提高检测器的生成速度,这里没有采用二进制的编码形式,而是采用反映发动机工作状态的特征向量 $X(t)=(\hat{x}_1(t),\hat{x}_2(t),\cdots,\hat{x}_n(t))$,以此来描述自己空间和非己空间。向量检测器具有与正常模式向量相同的维数,但其分布在非己空间内。对于向量检测器 d 需要满足以下不等式:

$$E(d,s)>r \tag{5.41}$$

其中,$E(\cdot)$ 表示欧氏距离;s 表示自己空间的任意正常模式向量;r 为阈值。按以上规则产生的向量检测器都分布在非己空间中,检测器的产生可采用图 5.26 所示的方法。

在检测器的产生过程中,对于随机产生的检测器,可通过以下学习过程将其调整到非己空间。

(1) 规定学习步数 p。

(2) 对每个检测器 d,找出与其最近邻的 k 个正常模式向量集 N_c。

(3) 计算学习步长 Δ,$\Delta = \dfrac{\sum\limits_{c \in N_c}(d-c)}{k}$。

(4) 按以下公式进行学习,其中 η 为学习率:

$$d=d+\eta \cdot \Delta$$

(5) 在每完成一次(2)~(4)的学习步骤后,检查 d 是否满足要求,如果满足匹配规则,则 d 为有效检测器,将其加入到有效检测器集 D 中;如果达到学习步数 p,检测器仍不能满足要求,则去除该检测器。

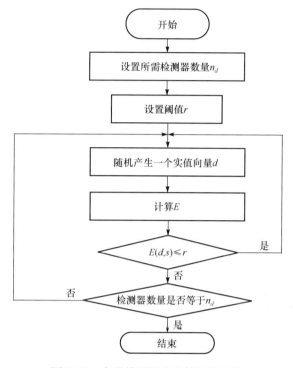

图 5.26　向量检测器产生算法流程图

在有限检测器数量的情况下,所产生的检测器在非己空间的分布越均匀,其代表性将越好,因此,在检测器的产生过程中引入进化策略[52],通过循环迭代过程不断进行学习和均布,使其有效地覆盖整个异常空间,如图 5.27 所示。

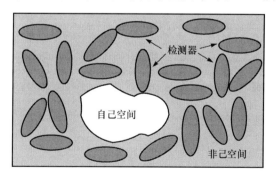

图 5.27　自己空间和非己空间的分布

首先定义任意两个检测器的匹配函数如下:

$$\mu_d(d') = \exp\left(\frac{|d-d'|^2}{2r^2}\right) \tag{5.42}$$

对于新产生的检测器,除了保证与自己空间不匹配的条件外,通过以下公式进行均布调节：

$$\Delta = \frac{\sum\limits_{d' \in D} \mu_d(d')(d - d')}{\sum\limits_{d' \in D} \mu_d(d')} \tag{5.43}$$

$$d = d + \eta \cdot \Delta \tag{5.44}$$

其中，d' 为已存在的有效检测器。

通过以上过程，产生能够覆盖非己空间的有效检测器集 D 后，就可以采用神经网络进行异常检测[53]了。检测器的数量可根据实际问题的需要确定，检测器数量越多，监测效果越好，但太多会增加后面神经网络的训练时间。

2. 异常度的模糊化

通常，发动机的正常和故障状态之间没有明显的分界线，"异常"本身就是一个模糊概念。为此，采用模糊空间的异常度对自己空间和非己空间的界限进行模糊化[54]，通过自己空间的隶属度函数 μ_{self} 将发动机的状态空间 S 映射到区间 $[0,1]$，即 $\mu_{\text{self}}:[0,1]^n \rightarrow [0,1]$，这种情况下，对应的数值表示发动机正常的程度：1 表示正常，0 表示异常，$0\sim1$ 之间的值表示异常度。μ_{self} 值越小，表示异常程度越大。

因此，异常检测问题可以定义为：已知正常样本集合 $\text{Self}' \subseteq \text{Self}$，求取自己空间（正常空间）的隶属度函数 μ_{self}，利用此函数可以对未知样本进行异常检测，并以异常度的形式给出定量分析结果。

性能异常监控过程中，不仅要知道系统的异常度，而且要求当系统的异常度超过某一阈值时发出报警，这时系统性能监控变成了二元决策问题，可通过 μ_{self} 的截集确定，即

$$\mu_{\text{self},t}(x) = \begin{cases} 0, & \mu_{\text{self}} < t \\ 1, & \mu_{\text{self}} \geq t \end{cases} \tag{5.45}$$

其中，t 为设定的报警阈值。

3. 异常监测函数

神经网络具有强大的非线性映射能力，可以作为异常监测函数，其具体实现步骤为：

（1）在发动机正常工作状态下，充分收集其正常的样本，并计算相应的功效函数，形成自己空间。

（2）根据反面选择方法生成检测器，即异常样本。这些检测器不与自己空间相匹配，只与非己空间相匹配，因此检测器实质上代表的是异常样本。

（3）利用发动机工作的正常样本和上一步得到的异常样本，对神经网络进行训练。

（4）利用训练好的神经网络进行异常监测。

图 5.28 为检测器的产生及神经网络的训练和监测过程示意图。在训练过程中,让正常样本的输出为 1,异常样本的输出为 0;在异常监测过程中,神经网络的输出反映了发动机整体性能的异常程度,其值越小,表示发动机的整体性能越偏离正常值。

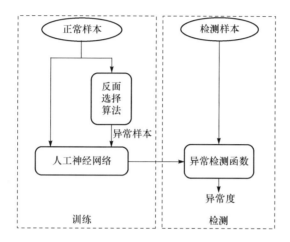

图 5.28　神经网络的训练和监测过程示意图

为使神经网络的输出可以曲线形式清晰地表示出来,采用下式进行平滑处理:

$$\widehat{O}_t = \frac{\sum_{i=1}^{s} O_{t-i}}{s} \tag{5.46}$$

其中,s 为平滑的窗口宽度;$\widehat{O}_t$ 为输出的平均值,即平滑结果。

虽然从神经网络输出的性能异常度的大幅度减小可以发现发动机的故障(异常),但具体故障原因从性能异常度的变化中反映不出来,需要单独对各项监测参数进行分析,综合各项监测参数的分析结果,最终确定是哪几个参数出现了异常而导致发动机性能出现恶化[55-58]。这个过程不仅烦琐,而且在综合各项监测参数的分析结果时,可能带有分析人员的主观性,使得最后的分析结果不准确。因此,建立一种参数异常分析的数学模型,当发动机出现性能恶化时能够同时确定异常参数,这对于故障的快速定位与隔离非常有利。

5.4.3　状态变量对样本点异常程度的影响分析

1. 发动机状态参数的统计分布特征

通过记录多台发动机每次工作时最大工作状态下的状态参数,可以发现在相同的工作条件下,发动机正常工作时的各状态参数的测量值基本上服从正态分布。以某台发动机工作 50 次的高压转子换算转速测量值为例,其图形化正态性检验的正态概率图如图 5.29 所示。

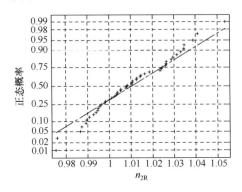

图 5.29　高压转子换算转速测量值的正态概率图

图 5.29 中,以符号"＋"标识样本数据。叠加在数据点上的实线是数据的第一和第三分位间的连线(为样本顺序统计量的鲁棒线性拟合)。此线延伸至样本的两端,有助于评价数据的线性程度。如果数据确实服从正态分布,则数据呈现为直线,而其他概率密度函数则表现出不同的弯曲。发动机其余状态参数的正态概率图也具有相似的特征[59]。因此,研究中忽略测量噪声的影响,认为发动机正常工作状态参数值服从正态分布。

2. 状态变量对样本点异常程度的影响分析

设所要研究的发动机各项监测参数构成的状态向量服从多维正态分布 $N_m(\mu, V)$,状态向量所在 m 维空间记为 G,取 n 个数据样本进行故障检测与诊断,每个数据样本的 m 个变量值构成 G 中样本点的坐标。

Hotelling T^2 统计量是表征主元模型内部变化的一种测度,通过主元模型内部的主元向量模的波动来反映多变量的变化情况。在空间 G 中其定义为

$$T^2(m, n) = t_i^{\mathrm{T}} \Lambda^{-1} t_i \tag{5.47}$$

其中,t_i 是样本点 i 在主元空间 $k(k \leqslant m)$ 个主元方向的投影向量;Λ 是由与 k 个主元对应的特征值所组成的对角矩阵,当 $k = m$ 时,Λ 即为数据样本的协方差矩阵 V。

由以上定义可知,$T^2(m, n)$ 统计量表示了样本点到 G 中心点的马氏距离。设故障检测的置信度为 $1 - \alpha$,此置信度下 T^2 统计量的上限可由 F 分布表示:

$$\mathrm{UCL}_{\alpha, m} = \frac{m(n-1)}{n-m} F_\alpha(m, n-m) \tag{5.48}$$

其中,$F_\alpha(m, n-m)$ 为自由度 $(m, n-m)$ 的 F 分布。

于是可得到一个界,置信度 $1 - \alpha$ 下无故障的样本点都落在界 ϕ 内,界 ϕ 由所有到 G 中心点马氏距离等于 $\mathrm{UCL}_{\alpha, m}$ 的点构成。

　　以三维为例分析样本点上某个变量对样本点异常情况的影响,设总体 G 服从零均值、等方差的三维正态分布,3 个变量分别为 x、y、z,所在三维空间中心点为 O 点,给定置信度 $1-\alpha$ 后,可得到界 ϕ,此处界 ϕ 为一球面,见图 5.30。

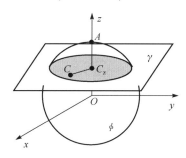

图 5.30　变量偏离中心的程度对样本点异常程度的影响

　　选变量 z 进行研究,设 C 点是任一 z 轴坐标为 h 的样本点,把平面 $z=h$ 记为 γ,γ 与 z 轴的交点记为 C_z。若 C 点落在界 ϕ 内,置信度 $1-\alpha$ 下 C 点无异常,若 C 点落在界 ϕ 外,则置信度 $1-\alpha$ 下 C 点异常。因此,满足 z 轴坐标为 h 的点落在界 ϕ 外的概率(此概率记为 β)就是样本点 z 变量等于 h 时导致样本点异常的概率。C_z 越偏离中心点 O,相应地样本点落在界 ϕ 内的概率也就越小,z 变量导致样本点异常的概率 β 就越大。图 5.30 中的 A 点是 z 变量 100% 导致样本点异常的临界位置,如果 C_z 超过了 A 点落在了界 ϕ 外,则在置信度 $1-\alpha$ 下必然导致样本点异常。因此可以根据样本点上各坐标偏离中心点的距离来计算此坐标代表的变量导致样本点异常的概率 β,以此建立不同状态变量对样本点异常的影响概率模型。

　　但直接求取概率 β 需要求解多维正态分布,由于涉及重积分,当维数增大时问题非常复杂,至今尚未有好的解决方法。通过分析后发现所要求的多维正态分布具有一定特殊性,它的积分区域边界(γ 和 ϕ 的交集)上所有点到 γ 上某一点的马氏距离恒定,即图 5.30 中相应为灰色部分的边界点到二维平面 γ 上的某一点马氏距离恒定。可以利用这个性质来简化 β 的计算。

5.4.4　基于系统异常概率模型的故障隔离

　　1. 多维正态分布问题的简化

　　由于直接求解多维正态分布难度非常大,这里提出一个简化的方法。设 G 中满足某一维变量值等于 h 的样本点构成 $m-1$ 维空间,记为 H,H 与界 ϕ 的交集构成界 θ,在图 5.30 所示的三维实例中,空间 H 就是平面 γ,界 θ 就是灰色部分的边界。将求 H 中样本点落在界 θ 内的概率 $1-\beta$ 作为待求的多维正态分布问题。

　　在空间 H 中,$T^2(m-1,n)$ 统计量表示样本点到 H 中心点的马氏距离。若待求多维正态分布是落在等马氏距离边界内,即界 θ 上的点到 H 中心点的马氏距离

恒为 d，则根据 T^2 统计量的马氏距离意义，可知 H 中样本点落在界 θ 内的概率

$$1-\beta=P\{T^2(m-1,n)<d\} \tag{5.49}$$

另一方面，T^2 分布可转化为 F 分布，关系式为

$$\frac{n-m+1}{(n-1)(m-1)}T^2(m-1,n)\sim F(m-1,n-m+1) \tag{5.50}$$

由式(5.37)、式(5.38)可得

$$1-\beta=P\left\{F(m-1,n-m+1)<\frac{(n-1)(m-1)}{n-m+1}d\right\} \tag{5.51}$$

于是，若能证明界 θ 上的点到 H 中心点的马氏距离恒为 d，那么式(5.49)成立，这样原多维正态分布问题便可以用一个 F 分布来简化求解。

2. 证明待求分布落在等马氏距离边界内

首先引入两个定理：多维正态分布的条件分布定理和分块矩阵的求逆定理，分别如下所示。

定理 5.1　设 $y\sim N_m(\mu,V)$，$V>0$，将其分解为两部分 $y=\begin{bmatrix}y^{(1)}\\y^{(2)}\end{bmatrix}\begin{matrix}p\\q\end{matrix}$，$\mu=\begin{bmatrix}\mu^{(1)}\\\mu^{(2)}\end{bmatrix}$，

$V=\begin{bmatrix}V_{11}&V_{12}\\V_{21}&V_{22}\end{bmatrix}$，$p+q=m$，则给定 $y^{(2)}$ 时 $y^{(1)}$ 的条件分布为 p 维正态，且条件均值和方差为

$$E[y^{(1)}\quad y^{(2)}]=\mu^{(1)}+V_{12}V_{22}^{-1}(y^{(2)}-\mu^{(2)})$$

$$V[y^{(1)}\quad y^{(2)}]=V_{11}-V_{12}V_{22}^{-1}V_{21}$$

定理 5.2　设 A 是 m 阶满秩矩阵，它的逆矩阵为 A^{-1}，它们可表示为下列分块矩阵：

$$A=\begin{bmatrix}A_{11}&A_{12}\\A_{21}&A_{22}\end{bmatrix},\quad A^{-1}=\begin{bmatrix}A'_{11}&A'_{12}\\A'_{21}&A'_{22}\end{bmatrix}$$

其中，A_{11}、A'_{11} 均为 p 阶方阵；A_{22}、A'_{22} 均为 q 阶方阵；$p+q=m$。若 A_{22} 满秩，记

$$A_{1.2}=A_{11}-A_{12}A_{22}^{-1}A_{21}$$

则有

$$\begin{bmatrix}A'_{11}&A'_{12}\\A'_{21}&A'_{22}\end{bmatrix}=\begin{bmatrix}A_{1.2}^{-1}&-A_{1.2}^{-1}A_{12}A_{22}^{-1}\\-A_{22}^{-1}A_{21}A_{1.2}^{-1}&A_{22}^{-1}+A_{22}^{-1}A_{21}A_{1.2}^{-1}A_{12}A_{22}^{-1}\end{bmatrix}$$

为了证明界 θ 上的点到 H 中心点的马氏距离恒等，只需证明如下命题成立即可。

命题 5.1　设母体 $G\sim N_m(\mu,V)$，$\mu=0$，$V>0$，y_1、y_2 均为 G 的样本，如果满足 $y_1^TV^{-1}y_1=y_2^TV^{-1}y_2$，将 y_1、y_2 分解为两部分，$y_1=\begin{bmatrix}y_1^{(1)}\\y_1^{(2)}\end{bmatrix}\begin{matrix}p\\q\end{matrix}$，$y_2=\begin{bmatrix}y_2^{(1)}\\y_2^{(2)}\end{bmatrix}\begin{matrix}p\\q\end{matrix}$，$p+q=m$，

$q=1, y_1^{(2)}=y_2^{(2)}=y^{(2)}, \mu=\begin{bmatrix} \mu^{(1)} \\ \mu^{(2)} \end{bmatrix}_q^p, V=\begin{bmatrix} V_{11} & V_{12} \\ V_{21} & V_{22} \end{bmatrix}, V=\begin{bmatrix} V_{11} & V_{12} \\ V_{21} & V_{22} \end{bmatrix}_q^p$,并设给定

$y^{(2)}$ 时 $y^{(1)}$ 的条件分布的条件均值和协方差分别为 E_Δ、V_Δ,那么 $y_1^{(1)}$、$y_2^{(1)}$ 到 E_Δ 的

马氏距离相等,即

$$(y_1^{(1)}-E_\Delta)^{\mathrm{T}} V_\Delta^{-1}(y_1^{(1)}-E_\Delta)=(y_2^{(1)}-E_\Delta)^{\mathrm{T}} V_\Delta^{-1}(y_2^{(1)}-E_\Delta) \tag{5.52}$$

证明 由定理 5.1 和定理 5.2 可知,

$$E_\Delta=V_{12} V_{22}^{-1} y^{(2)} \tag{5.53}$$

$$V_\Delta=V_{11}-V_{12} V_{22}^{-1} V_{21} \tag{5.54}$$

$$V^{-1}=\begin{bmatrix} V_\Delta^{-1} & -V_\Delta^{-1} V_{12} V_{22}^{-1} \\ -V_{22}^{-1} V_{21} V_\Delta^{-1} & V_{22}^{-1}+V_{22}^{-1} V_{21} V_\Delta^{-1} V_{12} V_{22}^{-1} \end{bmatrix} \tag{5.55}$$

因此可得

$$y_1^{\mathrm{T}} V^{-1} y_1 =\begin{bmatrix} y_1^{(1)^{\mathrm{T}}} & y^{(2)^{\mathrm{T}}} \end{bmatrix}\begin{bmatrix} V_\Delta^{-1} & -V_\Delta^{-1} V_{12} V_{22}^{-1} \\ -V_{22}^{-1} V_{21} V_\Delta^{-1} & V_{22}^{-1}+V_{22}^{-1} V_{21} V_\Delta^{-1} V_{12} V_{22}^{-1} \end{bmatrix}\begin{bmatrix} y_1^{(1)} \\ y^{(2)} \end{bmatrix}$$

$$=y_1^{(1)^{\mathrm{T}}} V_\Delta^{-1} y_1^{(1)}-y^{(2)^{\mathrm{T}}} V_{22}^{-1} V_{21} V_\Delta^{-1} y_1^{(1)}-y_1^{(1)^{\mathrm{T}}} V_\Delta^{-1} V_{12} V_{22}^{-1} y^{(2)}$$

$$+y^{(2)^{\mathrm{T}}} V_{22}^{-1} V_{21} V_\Delta^{-1} V_{12} V_{22}^{-1} y^{(2)}+y^{(2)^{\mathrm{T}}} V_{22}^{-1} y^{(2)} \tag{5.56}$$

将式(5.52)的左边展开

$$(y_1^{(1)}-E_\Delta)^{\mathrm{T}} V_\Delta^{-1}(y_1^{(1)}-E_\Delta)$$

$$=y_1^{(1)^{\mathrm{T}}} V_\Delta^{-1} y_1^{(1)}-y^{(2)^{\mathrm{T}}} V_{22}^{-1} V_{12}^{\mathrm{T}} V_\Delta^{-1} y_1^{(1)}-y_1^{(1)^{\mathrm{T}}} V_\Delta^{-1} V_{12} V_{22}^{-1} y^{(2)}$$

$$+y^{(2)^{\mathrm{T}}} V_{22}^{-1} V_{12}^{\mathrm{T}} V_\Delta^{-1} V_{12} V_{22}^{-1} y^{(2)} \tag{5.57}$$

显然 $(V_{22}^{-1})^{\mathrm{T}}=V_{22}^{-1}$,$V_{12}^{\mathrm{T}}=V_{21}$,再由式(5.56)、式(5.57)相减,可得

$$y_1^{\mathrm{T}} V^{-1} y_1-(y_1^{(1)}-E_\Delta)^{\mathrm{T}} V_\Delta^{-1}(y_1^{(1)}-E_\Delta)=y^{(2)^{\mathrm{T}}} V_{22}^{-1} y^{(2)} \tag{5.58}$$

同理可得

$$y_2^{\mathrm{T}} V^{-1} y_2-(y_2^{(1)}-E_\Delta)^{\mathrm{T}} V_\Delta^{-1}(y_2^{(1)}-E_\Delta)=y^{(2)^{\mathrm{T}}} V_{22}^{-1} y^{(2)} \tag{5.59}$$

再由 $y_1^{\mathrm{T}} V^{-1} y_1=y_2^{\mathrm{T}} V^{-1} y_2$ 结合式(5.58)、式(5.59)便得到式(5.52)。

证毕。

这样我们就可以利用 F 分布来简化上述多维正态分布,只要求出 d,就可以由

式(5.39)求得各变量导致样本点异常的概率 β。

3. 计算马氏距离

下面给出求解马氏距离 d 的算法。对于 n 组样本,当固定 $y^{(2)}$($y^{(2)}$ 为 1 维)

后,总体 H 由所有的 $y^{(1)}$ 构成。空间 H 和 ϕ 的交集 θ 上的任意一个点到 H 的中

心点也就是 E_Δ 的马氏距离,即为待求的 d。由命题 5-1 可知 E_Δ 在空间 H 中,θ 为

H 中满足 ϕ 的一个封闭且光滑的界,因此可以设定 $k(k\in \mathbf{R})$,使向量 kE_Δ 与界 θ 相

交,即 kE_Δ 在 θ 上,于是 k 满足下面方程:

$$\begin{bmatrix} kE_\Delta \\ y^{(2)} \end{bmatrix}^{\mathrm{T}} V^{-1} \begin{bmatrix} kE_\Delta \\ y^{(2)} \end{bmatrix} = \mathrm{UCL}_{a,m} \tag{5.60}$$

由式(5.55)可以得到

$$V^{-1} = \begin{bmatrix} V_\Delta^{-1} & -V_\Delta^{-1} V_{12} V_{22}^{-1} \\ -V_{22}^{-1} V_{21} V_\Delta^{-1} & V_{22}^{-1} + V_{22}^{-1} V_{21} V_\Delta^{-1} V_{12} V_{22}^{-1} \end{bmatrix}$$

将其代入式(5.60),并且通过展开,记 $C = y^{(2)\mathrm{T}} V_{22}^{-1} V_{21} V_\Delta^{-1} V_{12} V_{22}^{-1} y^{(2)}$,可得到关于 k 的一元二次方程:

$$C(k-1)^2 = \mathrm{UCL}_{a,m} - y^{(2)\mathrm{T}} V_{22}^{-1} y^{(2)} \tag{5.61}$$

只需要一个交点即可求出 d。因此若方程(5.61)有实解,可取

$$k = 1 + \sqrt{(\mathrm{UCL}_{a,m} - y^{(2)\mathrm{T}} V_{22}^{-1} y^{(2)})/C} \tag{5.62}$$

点 kE_Δ 在 θ 上,因此点 kE_Δ 与中心 E_Δ 的马氏距离就等于 d,故

$$d = (k-1)E_\Delta^{\mathrm{T}} V_\Delta^{-1} (k-1) E_\Delta = (k-1)^2 E_\Delta^{\mathrm{T}} V_\Delta^{-1} E_\Delta \tag{5.63}$$

将式(5.63)代入式(5.61)可得

$$\beta = 1 - P\left\{ F(m-1, n-m+1) < \frac{(n-1)(m-1)}{n-m+1} (k-1)^2 E_\Delta^{\mathrm{T}} V_\Delta^{-1} E_\Delta \right\} \tag{5.64}$$

若方程(5.61)无实解,则 $\begin{bmatrix} 0 \\ y^{(2)} \end{bmatrix}$ 与 G 中心点的马氏距离已经超出了 $\mathrm{UCL}_{a,m}$,因此可以认为 $y^{(2)}$ 对应的变量在置信度 $1-\alpha$ 下 100% 导致样本点异常,即 $\beta=1$。

因此,根据以上分析建立状态变量对样本点影响的概率模型,模型描述为:当 $\begin{bmatrix} 0 \\ y^{(2)} \end{bmatrix}$ 与 G 中心点的马氏距离未超出 $\mathrm{UCL}_{a,m}$,$y^{(2)}$ 对应的变量将有一个介于 0 到 1 之间的概率导致样本点异常,具体概率大小可以通过式(5.16)来求取;当 $\begin{bmatrix} 0 \\ y^{(2)} \end{bmatrix}$ 与 G 中心点的马氏距离超出了 $\mathrm{UCL}_{a,m}$,这时 $y^{(2)}$ 对应的变量必然 100% 导致样本点异常。因此,根据该模型能够求出在异常样本点时刻,各个变量导致此样本点发生异常的概率,然后依据这个概率来初步判断哪些变量导致样本点出现异常。

本章研究了反面选择机理在发动机性能监控中的应用问题。在此基础上,基于系统影响概率模型,研究了发动机出现性能异常时的故障定位问题。所取得的结果或结论总结如下:

(1)基于人工免疫系统的反面选择机理,并结合人工神经网络,提出了一种适用于航空发动机的性能监控方法。该方法通过发动机正常数据产生检测器(异常样本),对发动机异常或故障数据的依赖小。神经网络输出的异常度直接反映了发动机的性能状态,能够更准确、灵敏地反映发动机性能的变化趋势。

(2)系统影响概率模型在航空发动机性能监控中的应用表明,当发动机出现性能异常时,通过计算异常样本点上各个状态变量对样本点异常的影响概率,进而

确定异常参数。同时可以根据概率的大小对相应部件进行检查,并结合故障机理分析,能够有效地确定故障源。

5.5 基于人工免疫网络的传感器故障诊断

在状态监控与故障诊断系统中,所有关于系统状态的信息都是由传感器提供,因此传感器的正常工作是监控与诊断系统可靠工作的前提[60-63]。由于航空发动机工作环境恶劣,许多传感器工作在高温、高压、强振动的环境中,容易发生故障。

目前,应用于航空发动机传感器的故障诊断方法主要有三大类:物理冗余法、基于模型的方法[64-66]、基于神经网络的方法[67-70]。这些方法各有利弊,传统的物理冗余法虽然实现简单,但这需要设置多个冗余传感器,增加了系统的复杂性,并且传感器数量的增加会破坏发动机结构的完整性。基于模型的方法需要计算模型与实际输出之间的残差序列并选取合适的阈值,通过残差评估来确定传感器的工作状态,这会受到模型精度和未知输入噪声的影响[71,72]。而且在实际的诊断中,对象的模型很难精确获得,或者虽然得到了某一时刻的准确模型,但随着运行时间的推移,系统参数发生漂移,模型的准确性变差,尤其当系统部件发生故障时,此时基于模型的故障诊断方法的适用性就会变得很差,出现较高的误诊率和漏诊率[73]。因此,近年来基于模型的传感器故障诊断的研究多集中在如何提高诊断方法对模型失配的适应性和增强对未知输入干扰的鲁棒性等方面[74]。基于神经网络的方法,网络结构实现困难,模型结构物理意义不明确,并且神经网络需要足够多的训练数据用来对故障模式进行学习,由于已有的发动机实际工作数据有限,不可能涵盖所有的状态,需要利用发动机性能模型进行故障仿真[75],因此也摆脱不了发动机数学模型的限制。随着网络技术在传感器领域中的应用,网络传感器之间可以双向通信,使得基于网络的自诊断、自修复成为发展趋势[76]。

与人工神经网络类似,人工免疫网络(artificial immune network,AIN)是从生物免疫系统的抗体抗原识别机理中受到启发而发展的一种计算模型,它是一种并行的分布式信息处理系统,具有解决复杂问题的潜力[77]。目前人工免疫系统已成为人工智能领域的又一个研究热点,基于免疫机理的故障诊断研究也已经开始。因此,本章尝试使用一种基于免疫机理的计算模型来进行航空发动机传感器的故障诊断。

本节介绍了一种利用人工免疫网络来诊断航空发动机传感器故障的方法。首先根据独特型免疫网络原理建立一种用于传感器故障诊断的人工免疫网络,对其结构和特点进行了分析,给出了相应的诊断算法。利用免疫网络进行传感器故障检测时,首先要通过传感器之间的相互识别得到相关传感器之间的检测结果,这就需要获取传感器正常工作状态下传感器输出之间的相关关系,这里采用学习向量量化技术提取正常工作条件下不同传感器输出之间存在的相关关系，并以量化向量的形式确定下来。最后对传感器典型故障进行了故障诊断仿真，分析了免疫网络能检测出的最小故障偏差水平以及在不同噪声水平下的故障诊断效果。

5.5.1　人工免疫网络模型

1. 人工免疫网络的生物学基础

在免疫学中有两个学说占主导地位：细胞克隆选择学说和免疫网络学说。人工免疫网络的生物学基础就是免疫网络学说，主要是独特型网络调节学说。在免疫系统中，通过抗原的对位与抗体的表位以及抗体之间的表位与对位进行识别与被识别，抗体不仅识别抗原，同时又识别其他抗体和被其他抗体识别，因此抗体具有识别和被识别的特性（二重性）。抗体表面的表位又称为独特位或独特型（idiotype）抗原决定基，其作用在于被其他抗体识别。通过抗体表面的受体，即对位 paratope，抗体识别抗原，抗体与抗体之间相互识别和被识别，并形成了独特型免疫网络，如图 5.31 所示。

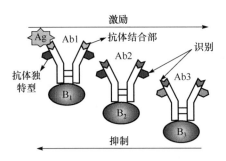

图 5.31　独特型免疫网络原理

在此网络中，被识别的抗体受到抑制，识别抗原及其他抗体的抗体得到促进和增殖，这种机制便构成了独特型免疫网络调节。这种调节主要反映了免疫系统中抗体分子之间相互协调、相互促进及相互抑制关系，这种网络即使在没有抗原的作用下也能进行，因此又将能被其他抗体识别的抗体称为抗原的内影像。同时网络调节能使网络中抗体的总数目获得控制，并调节各种类型的抗体在免疫系统中的数目，使所有抗体的数目达到总体上平衡。当抗原入侵免疫系统时，这种平衡遭到破坏，应答抗原能力强的 B 细胞进行增殖，并导致免疫应答，待抗原被清除后，依赖于免疫网络调节，抗体数目达到新的平衡。

2. 人工免疫网络的诊断原理及算法

免疫系统的基本功能是通过分布在生物体全身的免疫细胞来实现的，淋巴细胞是一种重要的免疫细胞，它能够产生抗体。免疫系统能够成功地鉴别自我与非我,是因为拥有多样的抗体集,每一个抗体可以识别特定的抗原,就像锁与钥匙的关系。免疫网络学说表明,免疫系统中的抗体之间不是孤立的,彼此之间进行通信,通过识别与被识别组成一个网络,对抗原的识别是网络中的抗体相互作用的结果,免疫网络与神经网络一样,是一个能够学习和记忆的自适应网络。基于生物免疫网络的机理,人们研究了多种人工免疫网络模型,用于故障诊断和模式识别。Jerne 首先提出了独特型免疫网络模型的概念,在这一模型中,淋巴细胞通过识别而相互刺激或抑制,因而形成一个相互作用的动态网络,免疫系统对抗原的识别不是局部行为,而是在系统水平上进行的,是整个网络的行为。

在本章所采用的人工免疫网络模型中,免疫网络由识别单元组成,识别单元相当于免疫淋巴细胞。某种类型的识别单元被抗原激活而产生对应于此识别单元的抗体,然后这个产生的抗体激活其他类型的识别单元。这样依靠抗体抗原之间的相互作用,免疫反应将在整个识别单元网络中传播,如图 5.32 所示。其中,最显著的一个特征是对抗原的识别不是单独依靠一个识别单元实现的,而是依靠抗体抗原之间的相互作用在系统水平上实现的。

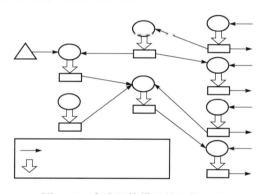

图 5.32 免疫网络模型的调节原理

这种免疫网络模型的结构可以用图形结构 $G(U, E)$ 来表示,其中 $U = \{U_i\}$,对应于单元集合;$E = \{E_{ij}\}$,对应于识别关系集合,如果单元 i 与单元 j 存在识别关系,则 $E_{ij} \in E$。识别关系所对应的二元检测结果 T_{ij} 见表 5.1。

表 5.1 二元检测结果 T_{ij}

$T_{ij} = -1$	当测试单元 i 无故障,且测试单元 j 有故障
$T_{ij} = 1$	两个都无故障
$T_{ij} = -1$ 或 1	测试单元 i 有故障(结果不可预测)

在上述网络结构的基础上,按以下方法建立免疫网络模型。首先为每一个网络单元 i 附加一个可靠度 R_i,每一个单元 U_i 可以从其他单元对自己的判断 T_{ji} 中

获取自己的状态信息,同时自己的状态也影响自己对其他单元的判断 T_{ij}。通过其他单元对自己单元 U_i 的判断,并以相应的单元可靠度对这些判断做加权处理,计算出单元 U_i 自身的可靠度 R_i。免疫系统与免疫网络模型的对应关系见表 5.2。

表 5.2　免疫系统与免疫网络模型的对应关系

	免疫系统	免疫网络模型
单元级	识别集合 i 的激活水平	可靠度 R_i
单元级交互	识别集合 i 由识别集合 j 激活; 识别集合 i 由识别集合 j 抑制	$T_{ji}=1$ $T_{ji}=-1$

每一个单元的可靠度 R_i 是通过综合相关单元的加权判断得到的,根据独特性人工免疫网络模型的动力学特性[78],计算过程如下:

for $i=1,\cdots,n$

if $\sum\limits_j T_{ij}R_j + \sum\limits_j T_{ji}R_j - 1/2\sum\limits_{T_{ij}\neq 0}(T_{ij}+1) > 0, R_i = 1$;

if $\sum\limits_j T_{ij}R_j + \sum\limits_j T_{ji}R_j - 1/2\sum\limits_{T_{ij}\neq 0}(T_{ij}+1) < 0, R_i = 0$;

if $\sum\limits_j T_{ij}R_j + \sum\limits_j T_{ji}R_j - 1/2\sum\limits_{T_{ij}\neq 0}(T_{ij}+1) = 0$,无法判断;

如果计算结果 $R_i=1$,表示该单元无故障;而 $R_i=0$,表示该单元有故障。为了直观地观察可靠度的变化情况,对上述算法进行改进[79],使 R_i 值连续:

for $i=1,\cdots,n$

$$\mathrm{d}ri(t)/\mathrm{d}t = \sum_j (T_{ij}+T_{ji})R_j - 1/2\sum_{T_{ij}\neq 0}(T_{ij}+1) - ri(t) \tag{5.65}$$

$$R_i(t)=1/(1+\exp(-ri(t)))$$

得到的 R_i 值在 0 到 1 之间,接近 0,表示传感器故障的可能性越大;接近 1,表示传感器正常的可能性越大。ri 为中间变量。在实际中,由于各个识别单元对故障的灵敏程度不同,不同识别单元对同一单元的检测结果可能不一致,这时候 R_i 值在 0 到 1 之间。

5.5.2　学习向量量化与免疫网络的融合诊断

利用免疫网络进行传感器故障诊断,首先要通过传感器之间的相互识别得到每对传感器之间的检测结果 T_{ij},再由免疫网络的诊断算法求取每个传感器的可靠度,以此来判断传感器的工作状态。为此,需要获取传感器正常工作状态下传感器输出之间的相关关系。在传感器正常工作情况下,传感器输出值之间存在一定的相关性,例如,高压压气机出口总压和总温是同一流通截面的不同种物理量,存在某种关系,可以用等式或不等式表示,如用 $A_2 < P_2 - T_2 < B_2$ 表示 T_2 和 P_2 之间的

关系,这里 T_2 为高压压气机出口总温;P_2 为高压压气机出口总压;A_2、B_2 为调整参数。但是这种具体关系的建立存在困难,下面利用机器学习方法,从传感器正常工作输出数据中获取传感器之间的相关性信息。

1. 学习向量量化

向量量化是用称为量化向量的 C 个标准向量的集合 $V=(v_1,v_2,\cdots,v_c)\subset\mathbf{R}^n$ 来量化一个特征向量集 $X\in\mathbf{R}^n$。量化向量 V 可用聚类算法产生,常用的聚类方法是基于模糊 C 均值的算法(FCM)等。近年来提出的学习向量量化[80](learning vector quantization,LVQ)算法,是基于梯度下降迭代的竞争神经网络学习算法,其网络连接权值为集合 V 的元素,训练过程是用梯度下降算法极小化一个不断变化的目标函数。它的基本思想源于自组织神经网络[81]算法,作为自组织神经网络(SOM)算法的一种重要扩展。所以,在介绍 LVQ 之前,先了解一下 SOM 算法。

1) SOM 算法

芬兰赫尔辛基大学学者 Kohonen 提出了一种 SOM 算法,它具有很好的向量量化(数据压缩)功能、快速聚类能力和信息融合能力,能够把高维数据拓扑有序映射到一维或二维网格平面[82],使相似的向量靠得比较近。

SOM 网络由输入层和输出层组成,如图 5.33 所示。输入层中的每个神经元,通过权与输出层的每个神经元相连,记所有输出神经元 C 组成的集合为 Φ,神经元 C 与输入层神经元之间的连接权向量为 W_c。输出层中的神经元一般是以一维或二维形式排列的,它们中的每个神经元是输入样本的代表。在输入层中竞争是这样进行的:对于赢的那个神经元 c,在其周围 N_c 的区域内的神经元在不同程度上得到兴奋,而在 N_c 以外的神经元都被抑制,这个 N_c 区域可以是正方形,也可以是六角形。区域 N_c 是时间 t 的函数,随着 t 的增加,N_c 的面积成比例地缩小,最后只剩下一个神经元,或者是一个类的神经元,它们反映了一类样本的属性和特征,如图 5.34 所示。

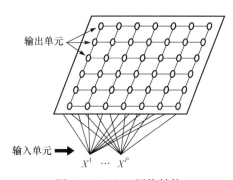

图 5.33　SOM 网络结构

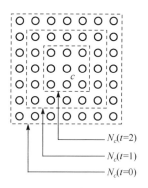

图 5.34　获胜神经元的 N_c 区域

该算法的聚类功能主要是通过以下两个简单的规则实现的：

（1）对于提供给网络的任一个输入向量 X，确定相应的输出层获胜神经元 c，其中，$c = \mathrm{argmin} \parallel X - W_c \parallel$，$\forall c \in \Phi$。

（2）确定获胜神经元 c 的一个邻域范围 N_c，按如下公式调整 N_c 范围内神经元的权向量：$W_c = W_c + \varepsilon(X - W_c)$，$\forall c \in \Phi$。该调整过程使得 N_c 内神经元的权向量朝着输入向量 X 的方向靠拢。

随着学习的不断进行，学习率 ε 将不断减小，邻域 N_c 也将不断缩小，所有权向量将在输入向量空间相互分离，各自代表输入空间的一类模式，这就是 Kohonen 网络特征自动识别的聚类功能[83]。

2）LVQ 算法

LVQ 算法的基本思想源于 SOM 算法，它对应的网络结构与 SOM 很相似，但并不像 SOM 网络那样存在某种特定的拓扑结构。它对应的网络结构为：

（1）包含 n 个输入神经元，其输入向量为 $X = (x_1, x_2, \cdots, x_n)$，$X$ 所对应的类别记为 T。

（2）输出神经元 j 与每一个输入神经元相连，对应一个权向量 $W_j = (w_{1j}, w_{2j}, \cdots, w_{nj})$，记所有输出神经元 j 构成的集合为 Φ。

（3）C_j 为输出神经元 j 所代表的类别。

LVQ 网络的训练过程如下：

（1）初始化权向量 W_j，设置初始学习率 $\alpha = a(0)$。

（2）从训练集合中选取一输入向量 X，找出与 X 具有最小欧氏距离的权向量 W_k，其中 $k = \arg \min_{j} \parallel X - W_j \parallel$，$\forall j \in \Phi$。

（3）按如下规则调整神经元 k 的权向量：

① 如果 $T = C_k$，即输出神经元 k 所代表的类别与输入模式一致，则

$$W_k = W_k + \alpha(X - W_k)$$

② 如果 $T \neq C_k$，即输出神经元 k 所代表的类别与输入模式不一致，则

$$W_k = W_k - \alpha(X - W_k)$$

（4）训练集中选取另外一个输入向量提供给 LVQ 网络，返回步骤（2），直到所有的向量都提供了一遍为止。

（5）减小学习率 α，并且测试停止条件是否满足，如果满足则停止训练，否则返回步骤（2），停止条件一般为训练达到了固定的迭代次数或者学习率降至预设的最小值。

3）量化向量和量化向量空间

设 LVQ 网络的结构为 $n \times m$，即有 n 个输入节点，m 个输出节点，输入向量

$X = (x_1, x_2, \cdots, x_n)$，$X$ 所对应的类别只有一类（正常）。由上一小节训练过程（3）中所采用的权向量调整策略可以看出，当被选中的输出神经元对应的类别和输入向量 X 所对应的类别一致时，将调整权向量使其向输入向量的方向靠拢。因此，通过不断的学习，权向量将在输入向量空间中相互分离，各自代表输入空间的一类模式，称为输入向量空间的量化向量。相应地，量化向量所对应的空间称为量化向量空间，它是输入向量空间的子空间。

训练结束后，得到权值矩阵

$$\begin{bmatrix} w_{11} & w_{12} & \cdots & w_{1m} \\ w_{21} & w_{22} & \cdots & w_{2m} \\ \vdots & \vdots & & \vdots \\ w_{n1} & w_{n2} & \cdots & w_{nm} \end{bmatrix}$$

其中，权值 w_{ij} 的行下标对应相应的输入节点，列下标对应相应的输出节点。每个输出节点对应的 n 维权向量 $W_j = (w_{1j}, w_{2j}, \cdots, w_{nj})$ 作为一个量化向量，代表了输入向量空间的一种模式特征，共有 m 个这样的量化向量，代表了输入向量空间的 m 种模式特征。

把这种概念向 s 维空间（$s < n$）进行推广，取 n 个输入节点中的 s 个节点，构成 s 维输入向量 $(x_i, x_k, \cdots, x_p)$，$i < k < p < n$，则输出节点 j 对应的 s 维权向量为

$$(w_{ij}, w_{kj}, \cdots, w_{pj})$$

对应一个 s 维量化向量，表示了 s 维输入向量空间的一种模式特征，同样有 m 个这样的量化向量。因此，通过 LVQ 得到表示输入向量模式特征的量化向量，相当于提取了相关输入变量之间的数值关系，并以坐标的形式存储在向量中。

2. 基于 LVQ 和 AIN 的诊断模型

在本节中，首先建立传感器免疫网络。在如图 5.35 所示的传感器免疫网络中，每个网络单元对应于一个传感器，每个网络单元检测其他单元的输出是否正常。例如，单元 u_1 检测单元 u_2 和单元 u_3，单元 u_2 检测单元 u_3 和单元 u_4。T_{ij} 为单元 u_i 与单元 u_j 之间的连接权值，表示了单元 u_i 对单元 u_j 的检测结果，具体取值参见表 5.1。

在上述网络结构的基础上，为每一个单元 u_i 附加一个可靠度 R_i，$R_i = 1$ 为最大值，$R_i = 0$ 为最小值。每个单元 u_i 通过其他单元对自己的检测结果 T_{ij}，计算出单元 u_i 自身的可靠度 R_i。

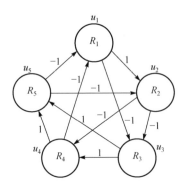

图 5.35 传感器免疫网络结构

建立了传感器免疫网络后,采用 LVQ 提取正常工作条件下不同传感器输出之间存在的相关关系,并以量化向量的形式反映出来。图 5.36 给出了这种基于 LVQ 和 AIN 的传感器故障诊断系统的结构,它包括两个执行模式,分别为训练模式和诊断模式。

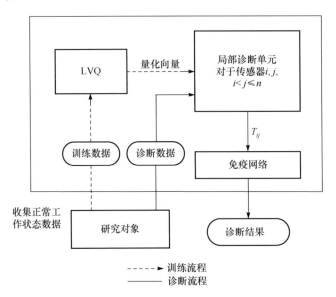

图 5.36 基于 LVQ 和 AIN 的传感器故障诊断系统的结构

在训练模式中,以传感器正常工作时的输出值构成训练样本,经过归一化处理后作为输入向量 X_l,通过 LVQ 的训练最终得到一组与输出节点对应的 m 个量化向量,并存储在诊断存储器中。这样,每对相关传感器的输出可映射为二维量化向量空间中的 m 个点,它们之间的数值关系可由对应的二维量化向量的坐标表示。例如,对 n 个传感器进行监控,传感器 i 和 j 的输出值构成输入向量 $X = (x_i, x_j)$,

与之相对应的 $s=2$ 维量化向量空间为

$$W^{(ij)}=\left\{\begin{bmatrix}w_{i1}\\w_{j1}\end{bmatrix},\begin{bmatrix}w_{i2}\\w_{j2}\end{bmatrix},\cdots,\begin{bmatrix}w_{im}\\w_{jm}\end{bmatrix}\right\}=\{w_1,w_2,\cdots,w_m\} \qquad (5.66)$$

因此,传感器 i 和传感器 j 之间的相关关系,可由二维量化向量空间 $W^{(ij)}$ 表示,对应关系如下所示:

$$\begin{bmatrix}x_i\\x_j\end{bmatrix}\Rightarrow\left\{\begin{bmatrix}w_{i1}\\w_{j1}\end{bmatrix},\begin{bmatrix}w_{i2}\\w_{j2}\end{bmatrix},\cdots,\begin{bmatrix}w_{im}\\w_{jm}\end{bmatrix}\right\} \qquad (5.67)$$

在诊断模式中,根据输入向量 X 与对应量化向量空间 $W^{(ij)}$ 中量化向量的相似程度,来检查传感器 i 和 j 的输出关系是否发生变化,并给出相应的检测结果 T_{ij}。

在模式识别问题中,相似性度量是在空间中定义的某种距离。因此可以采用向量之间的欧氏距离来表示输入向量与量化向量空间的相似程度。输入向量 X 与量化向量空间 $W^{(ij)}$ 的距离度量按下式定义:

$$d(X,W^{(ij)})=\min_k \| X-w_k \|,\quad k=1,2,\cdots,m \qquad (5.68)$$

因此,通过给定一个判别阈值 θ,如果 $d(X,W^{(ij)})\geqslant\theta$,则表示传感器 i 和 j 的输出值的对应关系发生改变,$T_{ij}=-1$;否则,$T_{ij}=1$。免疫网络根据传感器之间的检测结果 T_{ij},利用前述诊断算法求取每个传感器的可靠度,以此判断传感器是否发生故障。

3. 诊断模型的性能优化

在上一小节中,传感器输出值的对应关系是否发生改变是通过判别阈值 θ 来决定的,因此寻找一个最佳的判别阈值 θ 对于提高诊断系统的性能是非常重要的。通常,如果阈值 θ 设置得较小,诊断系统将对传感器输出异常十分敏感,容易产生虚警;如果阈值 θ 设置得较大,诊断系统将对传感器输出异常不敏感,则容易发生漏诊。

判别阈值 θ 的优化基本过程是:在量化向量空间中,计算每个量化向量与其最近的量化向量的距离,取其平均值作为每个量化向量的初始判别阈值,然后通过与其最近的量化向量距离的比较,取其中较小的值作为该量化向量的判别阈值。通过这个过程,保证了在量化向量分布密度较大的区域具有较小的判别阈值,同时避免了在量化向量分布密度较小的区域出现很大的判别阈值,这样从整体上提高了诊断性能。算法的具体实现过程如图 5.37 所示。

另外,可以通过诊断过程中判别阈值 θ 的自适应调整,来提高诊断结果的可靠性和合理性。这是因为,免疫网络诊断多传感器同时出现故障的能力有一个最大的限度,即最多能诊断出 m 个传感器同时发生故障,这由网络节点数和网络本身

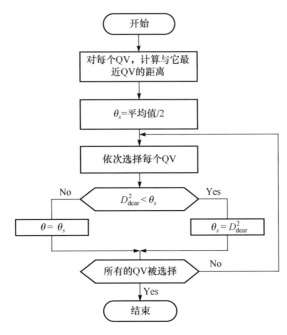

图 5.37　判别阈值 θ 的计算流程图

结构所决定。如果同时故障的传感器个数大于这个值，这时免疫网络的诊断结果将变得不可靠，诊断结果也将变得没有意义。而且在实际当中，两个以上传感器同时发生故障的可能性非常小，因此，当诊断系统给出两个以上传感器发生故障的诊断结果时，说明系统诊断判别阈值 θ 的设置偏小，对传感器的输出异常太过敏感。这种情况出现时，可以通过增大判别阈值 θ，减小系统对传感器输出异常的敏感性，提高诊断结果的可用度。因此，通过增加入网传感器的数量和建立更多的连接关系，将提高系统对多传感器同时出现故障时的适应能力，但同时也会增加系统的复杂性，使系统的实时性变差，这需要在性能与效率上进行权衡。图 5.38 给出了诊断过程中判别阈值 θ 的自适应调整算法。

　　本节对免疫计算模型的具体应用进行了探索，提出了一种基于人工免疫网络模型的航空发动机传感器故障诊断方法。所取得的结果或结论总结如下：

　　（1）故障传感器的识别是通过各个网络节点的相互识别在系统水平上进行，不依靠发动机的数学模型，同时克服了神经网络需要大量训练样本的不足。

　　（2）通过传感器的相互识别来识别传感器的工作状态，因此具有本质上的并行处理能力。同时通过免疫网络的自组织，可以在一定程度上实现传感器网络的自修复。

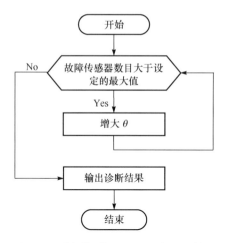

图 5.38　判别阈值 θ 的自适应调整算法

（3）仿真结果表明，所研究的方法能够有效检测出传感器的典型故障，对单故障和多故障都具有很好的识别能力，同时具有良好的灵敏性以及抗噪声干扰能力。

5.6　应用案例

5.6.1　基于遗传规划和线性鉴别分析的发动机滑油系统特征提取

1. 工程背景

滑油系统是保障发动机正常工作的一个重要系统，其主要功能是保障发动机摩擦件的润滑、散热。以滑油系统故障为例，在滑油泵实验台上模拟了五种发动机滑油系统的工作状态，即正常状态、管路阻塞（故障 1）、滑油泵滞（故障 2）、封严装置失效（故障 3）以及柱塞磨损（故障 4）。由安装在高压管路上的压力传感器获取压力信号，采样频率为 100Hz。实验共获得 100 组压力信号数据，每组数据有 1024 个采样点，每种工作状态各有 20 组数据，共 100 组样本。在具体分析前进行数据预处理，包括零均值处理和异常点剔除。分别对每一组实验数据计算下列 6 个基于统计特性的无量纲指标，以此构成原始特征集：

$$\{\alpha_v, \beta_v, C_f, I_f, C_{lf}, S_f\} \tag{5.69}$$

其中，α_v 为歪度指标；β_v 为峭度指标；C_f 为峰值指标；I_f 为脉冲指标；C_{lf} 为裕度指标；S_f 为波形指标。

由于以上几个无量纲指标形式简单，数量有限，无法实现对不同故障机理信号的准确描述，因而有必要针对不同的故障模式，选择和构造最能反映故障本质的特征参数。下面就以上述 6 个无量纲指标作为原始特征,进行遗传规划操作。

2. 特征提取结果

首先利用遗传规划进行特征提取与选择,操作数与控制参数如下:

(1) 终端符集由歪度指标、峭度指标、波形指标、峰值指标、脉冲指标和裕度指标组成;

(2) 运算符集由加、减、乘、除四种基本数学运算符构成;

(3) 其余控制参数分别是,群体规模为 500,最大进化代数为 100,复制概率为 0.1,杂交率为 0.7,变异率为 0.2。

经过一次遗传规划求解,可获得一个最佳特征个体,结构如图 5.39 所示:

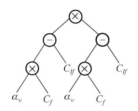

图 5.39　特征个体的树形结构

改变遗传规划的控制参数,重复进行实验,可以获得不同的结果,下面为遗传规划所获得的 4 个新特征:

$$特征 1:f_1=(\alpha_v C_f-C_{lf})^2$$
$$特征 2:f_2=(\alpha_v \beta_v-C_{lf}+I_f C_f)^2$$
$$特征 3:f_3=(\alpha_v+\beta_v S_f+2C_f)(C_{lf}+\beta_v)$$
$$特征 4:f_4=(\alpha_v+\alpha_v I_f-C_{lf}-C_f)(I_f C_f-C_{lf})$$

利用遗传规划所获得的上述几个特征的相关系数由表 5.3 给出。可以看出,特征 1 和其他几个特征的相关系数都小于 0.4,相关性较弱,而特征 2、特征 3、特征 4 之间的相关性就要强很多。这是由于遗传规划在进化过程中没有考虑特征变量之间的相关性,从而使提取的特征之间存在很强的相关性。

表 5.3　GP 提取的 4 个新特征的相关系数

系数	f_1	f_2	f_3	f_4
f_1	1.0000	0.2709	0.3485	0.3576
f_2	0.2709	1.0000	0.8754	0.7729
f_3	0.3485	0.8754	1.0000	0.4084
f_4	0.3576	0.7729	0.4084	1.0000

　　线性鉴别分析是解决遗传规划提取的特征之间存在严重相关性这一问题的有效方法。由遗传规划提取的 4 个新特征构成特征空间 X,把原始样本映射到特征空间 X 中,这样每一个样本就可由一个四维特征向量 $x=(f_1, f_2, f_3, f_4)^{\mathrm{T}}$ 表示。对特征向量 x 作线性变换,即可消除特征相关性,并达到特征压缩的目的。

　　3. 模型有效性分析

　　这一节从样本集的可分性和分类器的分类性能两方面来考察遗传规划和线性鉴别分析在特征提取中的有效性。首先根据遗传规划和线性鉴别分析的先后处理过程,定义下列三种不同的特征集:

　　(1) 原始特征集 I:选取歪度、峭度、波形、峰值、脉冲和裕度指标组成原始特征集 I。

　　(2) 特征集 II:由遗传规划从原始特征集 I 提取的 4 个新特征 f_1、f_2、f_3、f_4 组成特征集 II。

　　(3) 特征集 III:对特征集 II 进行线性鉴别分析,获得特征集 III。

　　1) 可分性分析

　　为了证明该特征提取方法的有效性,对以上三组特征样本集的可分性进行对比分析。首先定义平均类间可分性参数[52]:

$$\rho = \frac{1}{s(s+1)} \sum_{i=1}^{s-1} \sum_{j=i+1}^{s} \left(1 - \exp\left(-\frac{d_{ij}}{r_i + r_j}\right)\right) \tag{5.70}$$

可分性参数用来度量给定特征样本集的可分性大小。其中,s 为模式类别数;d_{ij} 为第 i 类模式与第 j 类模式间的类内距离;r_i、r_j 分别为第 i、j 类模式中样本距模式中心的最大距离,即为容纳本类样本的最小球体的半径。

　　图 5.40 为三种特征样本集的可分性参数对应不同特征维数的可分性变化曲线。从图中可以看出,基于 GP 的特征样本集的可分性比原始特征样本集的可分性有很大的提高,而基于 GP+LDA 的特征样本集的可分性比单纯采用 GP 的可分性又有所提高。进一步观察可以发现,基于 GP+LDA 的特征样本集的可分性随着特征维数的增加而基本保持不变,而原始特征样本集的可分性受特征维数的影响最大。说明 GP+LDA 很好地提取了类别可分信息,最大限度地提高了样本的可分性。

　　为了更直观地看到不同特征样本集的可分性大小,把特征样本进行归一化处理,然后投影到二维平面显示。图 5.41 和图 5.42 分别是原始特征样本和基于 GP+LDA 的特征样本在二维平面的投影效果。从图 5.41 可以看出,五种工作状态重叠比较严重,可分性较差,相应的可分性参数值就比较低。而图 5.42 中,五种工作状态基本上没有重叠,可分性较好,因此相应的可分性参数值就较高。

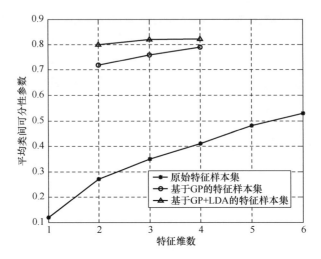

图 5.40　不同特征样本集的可分性曲线比较

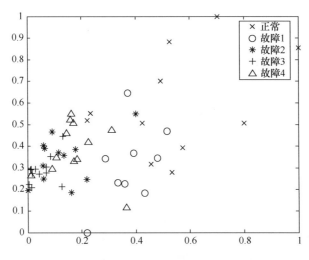

图 5.41　原始特征样本在二维平面的投影效果

2) 分类性能分析

这一节根据分类器的分类性能来验证该特征提取方法的有效性。为了体现出特征对分类器的鲁棒性,采用人工神经网络和支持向量机两种分类器进行分类实验。

神经网络分类器为多层感知器(MLP)神经网络,包含一个隐含层和一个输出层。SVM 分类器采用一对多支持向量机,核函数采用如下形式的径向基核函数:

$$k(x,y) = \exp\left(-\frac{\|x-y\|^2}{2\sigma^2}\right) \tag{5.71}$$

其中,参数 $\sigma=0.25$,SVM 的权衡因子 $C=100$。

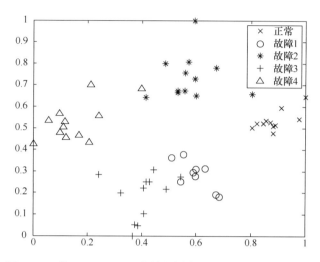

图 5.42　基于 GP＋LDA 的特征样本在二维平面的投影效果

　　由于训练和测试样本数较少,为了更准确地估计分类器的分类性能,这里采用交叉检验的方法对分类正确率进行估计。首先将 100 个样本分成若干组,每组 n 个样本,每次只取其中的一组样本作测试,其余各组均作训练用,当这次训练和测试完后用另一组样本作测试,而其余组样本用于训练。反复进行直到每一组都用作测试过。如果每次测试中有 m_i 个样本被判正确,则正确率估计为

$$\hat{P} = \frac{n}{100} \sum_{i=1}^{100/n} \frac{m_i}{n} \tag{5.72}$$

　　下面通过一系列分类实验来分析不同特征集对分类器性能的影响,这里 $n＝20$。

　　表 5.4 为多层感知器神经网络的分类结果,以分类正确率的形式给出。感知器神经网络的隐层神经元分别取 5～12 个,特征集分别对应原始特征集 I 中的 6 个特征,特征集 II 中的 2、3、4 个特征,特征集 III 中的 2、3、4 个特征。

　　从表 5.4 可以看出,GP 提取的特征比原始特征的识别能力有很大的提高,而 GP＋LDA 提取的特征有更好的识别能力。可以进一步分析得到,使用两个 GP＋LDA 提取的特征就可以达到或超过使用 4 个 GP 提取的特征的分类正确率,因此,GP＋LDA 在提高分类正确率的同时,还有效地实现了特征数目的压缩。另外,原始特征对神经网络结构的鲁棒性较差,随着隐层神经元个数的增加,分类器的分类性能也相应提高,从 73.2％提高到 91.5％,而 GP 和 GP＋LDA 提取的特征对神经网络结构的鲁棒性较强,增加隐层神经元的个数并没有使分类器的分类性能有显著提高。

　　表 5.5 为神经网络和支持向量的分类结果对比,以分类正确率的形式给出。特征集分别对应原始特征集 I、特征集 II 和特征集 III。从表 5.5 可以看出,对于神

经网络和支持向量机分类器,GP+LDA 提取的特征都具有最好的分类识别能力,说明 GP+LDA 提取的特征对不同种类的分类器具有较好的鲁棒性。

表 5.4　神经网络对不同特征集的分类结果

隐层神经元个数	6 个原始特征(I)测试准确率/%	GP 产生的 4 个特征测试准确率/%			GP+LDA 产生的 4 个特征(III)测试准确率/%		
		2 个特征	3 个特征	4 个特征	2 个特征	3 个特征	4 个特征
5	73.2	95.5	95.6	95.9	97.0	97.0	97.1
6	78.0	95.3	95.9	96.1	97.1	97.3	97.3
7	82.4	95.1	95.9	96.1	97.4	97.5	97.6
8	85.7	95.0	95.0	95.2	97.3	97.4	97.4
9	87.1	95.5	96.1	96.3	97.6	97.5	97.7
10	89.2	95.8	95.9	96.2	97.5	97.7	97.6
11	90.1	95.4	96.0	96.3	97.9	98.0	98.0
12	91.5	96.0	96.0	96.4	97.8	97.8	97.9

表 5.5　神经网络和支持向量机对不同特征集的分类结果对比

特征类型	ANN 正确率/%	SVM 正确率/%
6 个原始特征(I)	91.5	88.5
GP 产生的 4 个特征(II)	96.4	97.4
GP+LDA 产生的 4 个特征(III)	98.0	98.3

　　本节介绍了遗传规划和线性鉴别分析在发动机故障诊断中的应用问题,提出了一种基于遗传规划和线性鉴别分析的故障特征提取模型,并应用在发动机滑油系统的故障识别中。所取得的结果或结论总结如下:

　　(1)遗传规划可以从原始数据中自动生成新的特征,线性鉴别分析则消除了特征之间的相关性,降低了特征变量的个数。

　　(2)使用这种特征提取方法,使整个样本集的可分性变大,从而提高了分类器的分类正确率。而且在提高分类正确率的同时,还有效地降低了描述问题所需的特征数目,提高了分类效率。

　　(3)神经网络和支持向量机分类器的对比实验表明,该方法获取的特征对分类器具有较强的鲁棒性。

5.6.2　基于遗传规划的航空发动机起动过程自动建模应用

1. 工程背景

在航空发动机运行或使用中,起动过程是非常重要的一个工作阶段,是发动机能够顺利进入正常工作的前提,起动过程建模是起动过程控制设计与仿真的基础。但是,由于实际的发动机起动过程极其复杂,且发动机低转速下的部件特性缺少数据,这使得传统的气动热力学模型应用困难。数据驱动建模技术由于不需要考虑复杂的物理、化学过程,仅依靠试验获得的输入输出数据,就可以获得一个能够表征复杂过程的模型,因而成为解决非线性动态过程建模的有效办法。近些年来,航空发动机等复杂对象的非线性辨识建模研究取得了一定的研究成果。一种是以非线性逼近器作为工具的神经网络、支持向量机等建模方法,这种建模方法精度高,但存在模型物理意义不明确的缺点。

文献[84]将 BP 神经网络应用于航空发动机飞行过程的建模,获得了较好的效果,但是 BP 网络存在很多无法克服的缺陷,获得的网络模型很难具有通用性。文献[85]将 RBF 网络应用于航空发动机的起动过程建模,这种方法矢量化特征较好,总体性能比 BP 神经网络要好,但是同样存在局部极值和中心节点的选择问题。文献[86]和[87]将支持向量机成功应用于航空发动机起动和飞行过程建模,这种方法优于神经网络方法,获得的模型也具有很好的推广性,适合复杂过程建模,但是这种方法很难实现在线建模,对于自身核参数的选择也存在困难。文献[88]将遗传规划用于复杂过程的建模,但是经典遗传规划产生的模型十分复杂,难于工程应用。另外一种是线参数(linear in parameter)非线性模型为代表的非线性建模方法,这种辨识模型物理意义较为明确。文献[89]将 Volterra 级数模型应用到一种航空发动机简单动态模型的建模,但是这种方法存在非线性核的选择难题,随着辨识参数的增加,需要的核呈几何级数增长,模型复杂度高,实用性较差。另外,NAARX(nonlinear additive autoregressive models with exogenous inputs models)模型[90]、多项式 ARMA 模型[91]在复杂过程的建模中也取得了成功的应用。

对发动机地面起动而言,数学模型的核心是发动机的气动热力特性,模型的输入量为大气条件。在起动过程中,由于发动机转子的惯性,需要考虑低压转子转速 n_1 和高压转子转速 n_2 两个量;由于燃烧特性及热损失对起动过程有重要影响,需要考虑涡轮前燃气温度 T_4,但其测量困难,根据经验可采用涡轮后燃气温度 T_6 替代。对于起动过程还需要考虑起动机的扭矩特性 T_{qst}、负载阻力矩特性 T_{qf}、主燃烧室供油规律 m_f、大气条件(T_0,p_0)等因素。某型发动机起动过程的两组试验数据在同一大气条件下经供油量调整得到,并且供油量调整基本不会影响到发动机起动过程中负载的阻力矩特性,因此在这个实例中可以不考虑大气条件和负载阻力矩特性的影响。另外,用副油路油压信号 p_f 替代实际供油量信号。将相关的输入变量$\{n_1,n_2,T_6,p_f,T_{qst}\}$和状态回归变量$\{n_1,n_2,T_6\}$代入到线参数模型就可以得到利用线参数模型表征的起动过程模型。

采用前述 GP 算法对线参数模型进行优选。由前述分析可以确定起动过程 GP 模型的终止符集 $T-\{p_f,T_{qst},n_1,n_2,T_6\}$，考虑到起动过程的复杂性，本书考虑了两种运算符集 $F_1=\{+,\times\}$，$F_2=\{+,\times,\sqrt{\ \ }\}$下的起动过程自动建模，对应的模型分别记为模型 1 和模型 2。

为了尽可能消除由于数据物理量或数量级引起的误差，本书采用的一种典型数据处理变换方法，通过变换将数据变换到区间$[0.2,0.8]$：

$$x'_k=\frac{0.6(x_k-\min(x_k))}{\max(x_k)-\min(x_k)}+0.2$$
$$y'_k=\frac{0.6(y_k-\min(y_k))}{\max(y_k)-\min(y_k)}+0.2$$

(5.73)

选择其中一组供油量未作调整的数据作为训练数据，利用 PGP 算法自动建模。PGP 参数经多次实验统计，如表 5.6 所示的设置可以取得满意的结果。为了证明该方法的适用性，本书采用同一工作条件下供油量调整的两组数据进行测试，一组将供油螺栓反拧一圈，一组将供油螺栓顺拧一圈。为说明 PGP 模型的优越性、推广性以及对于非线性动力特征的辨识能力，本书还与 SVM 起动过程模型（参数设置采用 10 层交叉验证获得）进行了对比。

表 5.6　GP 算法设置

GP 参数	设定值
种群大小	50
进化代数	5000
选择方式	轮盘赌
交叉方式	单点交叉
替换方式	精英策略
代沟	0.8
交叉概率	0.8
变异概率	0.2
最大树深度	3
OLS 阈值	0.0001
惩罚因子(α_1,α_2)	$(0.5,45)$

2. 实验结果

实验进化得到的两组 PGP 动态模型如式(5.74)、式(5.75)所示，误差结果如表 5.7、表 5.8 所示，对应的结果如图 5.43～图 5.45 所示。

PGP 模型 1:

$$n_1(k)=1.85n_2(k-1)T_6(k-1)+0.91n_1^2(k-2)T_6(k-1)$$
$$+0.24n_1(k-1)+1.28n_1(k-2)$$
$$-0.44n_1^2(k-1)n_1^2(k-2)-2.55T_6(k-1)n_1(k-2)$$
$$-0.38n_2(k-1)-0.12T_6(k-1)+0.02$$

$$n_2(k)=0.23n_1(k-2)n_2(k-2)+0.01p_f^2(k-1)+0.01T_6(k-2)$$
$$+0.66n_2(k-2)-0.05n_1(k-2)$$
$$+0.38n_2(k-1)-0.08n_1^2(k-1)n_1(k-2)T_6(k-2)$$
$$-0.18n_2(k-1)n_2(k-2)-0.01p_f(k-1)$$

$$T_6(k)=1.28T_6(k-1)p_f(k-2)+0.51p_f(k-2)T_6(k-2)$$
$$+0.49T_5^2(k-1)+0.14p_f^2(k-2)$$
$$-1.72p_f^2(k-2)T_6^2(k-1)-0.41p_f(k-2)-0.01n_1(k-1)$$
$$-0.12T_6(k-1)+0.18$$

（5.74）

PGP 模型 2:

$$n_1(k)=2.82n_2(k-1)T_6(k-1)+0.20T_6(k-1)\sqrt{T_6(k-1)}$$
$$+0.24n_1(k-1)+0.55n_1(k-2)-0.20n_2(k-1)$$
$$+0.01p_f(k-1)-0.77T_6^3(k-1)n_1(k-2)-0.43n_1(k-2)n_1(k-1)$$
$$-1.82T_6(k-1)\sqrt{n_2(k-1)}+0.13$$

$$n_2(k)=0.10n_1^2(k-2)+0.10p_f(k-1)n_2(k-2)+0.01T_6(k-1)$$
$$+0.60n_2(k-2)+0.05n_1(k-2)$$
$$+0.60n_2(k-1)-0.01p_f(k-1)-0.27n_2(k-1)\sqrt{n_2(k-1)}$$
$$-0.13n_1(k-2)\sqrt{p_f(k-1)}-0.02$$

（5.75）

$$T_6(k)=0.79T_6^2(k-2)p_f(k-2)\sqrt{T_6(k-2)}+6.56\sqrt{T_6(k-1)}p_f(k-2)$$
$$+7.92T_6(k-2)\sqrt{T_6(k-1)}+0.38$$
$$-5.75p_f(k-2)T_6(k-1)-1.72T_6(k-1)-2.02T_6(k-2)$$
$$-3.45T_6^2(k-2)-1.79p_f(k-2)-0.01n_1(k-1)$$

表 5.7　PGP 模型误差

训练/测试误差	PGP 模型 1			PGP 模型 2		
	n_1的误差/%	n_2的误差/%	T_6/℃	n_1的误差/%	n_2的误差/%	T_6/℃
不调整	0.28	0.81	1.2	0.25	0.80	0.8
顺拧	5.87	1.96	0.8	5.46	1.19	0.2
反拧	5.98	1.97	1.1	5.56	1.16	0.7

表 5.8　支持向量机模型误差

训练/测试误差	$(\sigma, C, \varepsilon)=(2.8, 100, 0.008)$			$(\sigma, C, \varepsilon)=(2.8, 50, 0.01)$		
	n_1的误差/%	n_2的误差/%	T_6/℃	n_1的误差/%	n_2的误差/%	T_6/℃
不调整	0.30	1.01	6.9	0.32	0.98	7.8
顺拧	4.66	1.20	7.8	4.05	0.98	7.2
反拧	4.68	1.26	1.8	4.03	1.05	0.9

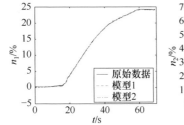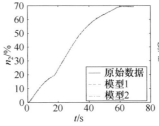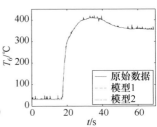

图 5.43　供油调节螺栓不调整时的 PGP 建模结果

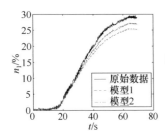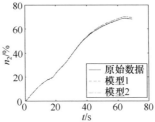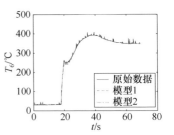

图 5.44　反拧供油调节螺栓 PGP 模型测试结果

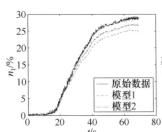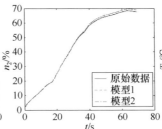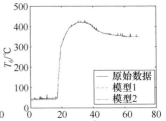

图 5.45　顺拧供油调节螺栓 PGP 模型测试结果

从表 5.7、表 5.8 可见,PGP 模型 1、PGP 模型 2,两组 SVM 模型的训练精度都十分满意,PGP 模型与支持向量机相比拟合精度更高。而且,由于 PGP 模型 2 在操作符集中考虑了"$\sqrt{\ }$"非线性函数操作符,所得结果要优于 PGP 模型 1,但是相应的运算量增大。本书获得的经验是：在工程应用时，操作符集的选择可根据实际需求确定，如果模型具有明显非线性特征，建议选取相应的非线性操作符（$\sqrt{}$，log，exp），实验证明这样可获得更好的应用效果。

另外，同支持向量机启动过程模型比较，PGP 模型对于 n_1、n_2 转速的推广误差略大，但对 T_6 温度的推广误差小于 SVM 模型。综合来看，PGP 模型确实适用于非线性动态过程的自动建模，而且对于动态过程非线性特征具有满意的辨识结果。

本节介绍了一种 PGP 算法，并将该算法应用于航空发动机起动过程的线参数非线性模型建模研究中，提出了一种新的航空发动机起动过程自动建模方法，这种研究方法综合进行系统结构辨识与参数估计，避免了结构辨识与参数估计独立的缺陷，利用实际的发动机起动过程数据进行了分析和验证，结果表明，在缺乏系统结构信息的情况下，遗传规划可以获得较为满意的结果。

5.6.3　基于免疫识别的距离判别函数方法应用案例

1. 工程背景

在对发动机转了部件的故障诊断中，振动信号的频谱是用丁诊断故障的重要依据之一。当发动机运行异常时，一般都会出现振动增大、振动性质改变等现象。已知转子部件常见的四种故障：ω_1（喘振）、ω_2（旋转失速）、ω_3（摩擦）、ω_4（机械损坏），它们的标准频谱模式由表 5.9 给出。表中 f_0 代表转子的工作频率。

表 5.9　转子部件常见的四种故障的频谱标准模式

	$0.2f_0$	$0.25f_0$	$0.43f_0$	$0.5f_0$	$0.75f_0$	f_0	$2f_0$	$3f_0$	$4f_0$	$5f_0$
ω_1	1.0	0.2	0.0	0.0	0.2	1.0	0.4	0.0	0.0	0.0
ω_2	0.0	1.0	0.0	0.0	1.0	1.0	0.2	0.0	0.0	0.0
ω_3	0.2	0.2	0.2	0.2	0.2	0.8	0.2	0.2	0.2	0.2
ω_4	0.0	0.0	0.0	0.0	0.0	1.0	0.0	0.0	0.0	0.0

为了得到足够多的输入样本数据，分别在标准故障模式的基础上，按下式叠加噪声信号，得到 120 个故障样本，每个故障模式有 30 个样本：

$$Y = Y_{std} + K\sigma \times \text{randn}(1,30) \tag{5.76}$$

其中，Y_{std} 表示标准故障模式样本；K 表示噪声幅值；σ 为标准差；函数 randn 产生 $(-1,1)$ 之间的随机数。对于每类故障样本构成的数据矩阵 X 按下式进行标准化处理：

$$x'_{nm} = \frac{x_{nm} - \bar{\varepsilon}_m}{\sigma_m} \tag{5.77}$$

其中，$x_{nm}(n=1,2,\cdots,30; m=1,2,\cdots,10)$ 为数据矩阵 X 中的元素；$\bar{\varepsilon}_m$ 为每列数据的平均值；σ_m 为每列数据的标准差。

经过上述处理后,得到标准化的数据矩阵 X',每列数据具有零均值和单位标准差。求出矩阵 X' 的协方差矩阵的规格化特征向量系统,得到每个模式类 ω_j 的主元核 K_j。

2. 应用案例

某型发动机在两次试车过程中,均出现了强烈的机械振动,压气机出口压力和流量大幅度地波动,发出的声音由尖锐转为低沉,根据经验判断该发动机发生了旋转失速和喘振故障。对两次试车过程中采集的压力信号进行了频谱分析,分别取喘振发生前 1s 内的信号和喘振后信号的频谱分析结果,经标准化处理后构成两组被检样本,如下所示:

$$\begin{vmatrix} X_1 \\ X_2 \end{vmatrix} = \begin{vmatrix} -0.89 & 1.17 & -0.87 & -0.64 & 1.01 & 1.62 & 0.71 & -0.74 & -0.77 & -0.61 \\ 2.12 & -0.32 & -0.57 & -0.54 & -0.60 & 1.63 & -0.38 & -0.40 & -0.60 & -0.35 \end{vmatrix}$$

$$\begin{vmatrix} X_3 \\ X_4 \end{vmatrix} = \begin{vmatrix} -0.76 & 1.03 & -0.69 & -0.52 & 1.13 & 1.81 & 0.68 & -0.72 & -0.83 & -0.67 \\ 1.96 & -0.42 & -0.73 & -0.67 & -0.71 & 1.54 & -0.30 & -0.52 & -0.67 & -0.48 \end{vmatrix}$$

把被检样本 X_1、X_2、X_3、X_4 看做抗原,已知故障模式样本看做 B 细胞,计算抗原与每一个 B 细胞的主元核形式的亲和力,从而得到样本 X_1、X_2、X_3、X_4 与已知样本的平均亲和力 $\bar{f}_1$、$\bar{f}_2$、$\bar{f}_3$、$\bar{f}_4$ 和亲和力阈值 T_1、T_2、T_3、T_4,去除低于亲和力阈值的故障样本,确定高亲和力故障样本各自模式类的主元核。最后以样本 X_1、X_2、X_3、X_4 与各故障模式的相似度作为判别函数确定其故障类型。在不同噪声幅值水平下,采用基于主元核免疫机制的距离判别函数法和传统距离判别函数法的诊断结果见表 5.10。

表 5.10 两种诊断方法在不同噪声幅值下的诊断结果

分类方法	样本	不同噪声水平下的诊断结果								
		0.10	0.20	0.30	0.4	0.45	0.50	0.55	0.60	0.65
免疫机制	X_1	ω_2	ω_2	ω_2	ω_2	ω_2	ω_2	ω_2	ω_1	ω_4
	X_2	ω_1	ω_1	ω_1	ω_1	ω_1	ω_1	ω_3	ω_1	ω_3
	X_3	ω_2	ω_2	ω_2	ω_2	ω_2	ω_2	ω_2	ω_1	ω_1
	X_4	ω_1	ω_1	ω_1	ω_1	ω_1	ω_1	ω_1	ω_3	ω_3
距离判别	X_1	ω_2	ω_2	ω_4	ω_4	ω_4	ω_4	ω_4	ω_4	ω_4
	X_2	ω_1	ω_3	ω_3	ω_3	ω_1	ω_3	ω_2	ω_4	ω_2
	X_3	ω_2	ω_4	ω_4	ω_4	ω_4	ω_1	ω_4	ω_4	ω_1
	X_4	ω_1	ω_3	ω_3	ω_3	ω_3	ω_2	ω_2	ω_3	ω_4

从表 5.10 的诊断结果可以看出,采用基于主元核免疫机制的距离判别函数法,在标准故障模式叠加噪声的幅值小于 0.5 时,被检样本 X_1、X_3 归属于故障模式 ω_2,X_2、X_4 归属故障模式 ω_1,这说明 X_1、X_3 对应了发动机旋转失速,X_2、X_4 对应了发动机喘振故障,诊断结果与该发动机实际试车结果是一致的。而传统的距离判别函数法在噪声幅值大于 0.1 时就出现了错判。由于噪声信号幅值的大小反映了故障样本分散程度的大小,表明基于主元核免疫机制的故障诊断方法受故障模式分布结构的影响较小,当故障样本分散程度较大,聚类性较差时,仍能得到较好的诊断结果。

5.6.4　基于免疫克隆选择的模糊聚类方法应用案例

1. 工程背景

航空发动机气路部件故障往往是潜在且难以判断的,主要通过各种类型的传感器来获取信息,这些信息往往是杂乱无章的,其特征不明显、不直观,很难加以判断。因此在故障诊断之前,需要获取最敏感、最有用的特征信息,下面以航空发动机气路故障诊断为例来进行说明。

发动机气路部件故障模式包括:①风扇故障;②压气机故障;③燃烧室故障;④高压涡轮故障;⑤低压涡轮故障;⑥中介机匣故障;⑦引气系统故障;⑧外涵道故障;⑨混合器故障;⑩调节系统故障。故障样本的维数为 18 维,为某涡扇发动机地面测量参数值与其基准值的偏差。通常,在实验数据中很难包括所有的故障模式和获得足够多的样本,而根据发动机数学模型,可以建立发动机故障仿真器,模拟不同状态和调节规律下所有的故障模式。因此,可通过发动机故障仿真器来获取故障样本。发动机工作状态取为地面最大工作状态,这是因为一般发动机的地面最大状态就是设计状态,此时设计参数可以作为基准值。这里以风扇效率下降的故障模式为例。考虑发动机气路部件故障的典型性,选取风扇效率下降2%,发动机模型计算出的测量参数值与基准值的偏差值作为风扇故障模式的特征样本。同理,可以获得其他九种故障模式的特征样本,每种故障模式有 10 个特征样本,共有 100 个样本。

2. 可分性分析

为了证明基于免疫聚类分析的特征提取方法的有效性,对几种特征提取方法进行了比较实验,对 18 维数据进行特征压缩,在保留相同数目特征的条件下,比较 K-L 变换和免疫聚类方法所得到的特征样本集可分性的优劣。

首先定义参数

$$\rho = \frac{1}{s(s+1)} \sum_{i=1}^{s-1} \sum_{j=i+1}^{s} \left(1 - \exp\left(-\frac{d_{ij}}{r_i + r_j}\right)\right) \tag{5.78}$$

为平均类间可分性参数,用来度量给定特征样本集的可分性大小。其中,s 为模式类别数;d_{ij} 为第 i 类模式与第 j 类模式间的类间距离;r_i、r_j 分别为第 i、j 类模式中样本距模式中心的最大距离,即为容纳本类样本的最小球体的半径。

首先,通过类内处理,删除对分类无关的 3 个特征,保留了比较典型的 15 个特征,包括低压换算转速偏差、高压换算转速偏差、风扇内涵出口总压偏差、风扇内涵出口总温偏差、风扇外涵出口静压偏差、风扇外涵出口总压偏差、风扇外涵出口总温偏差、压气机出口总压偏差、压气机出口总温偏差、低压涡轮出口总压偏差、高压涡轮出口总压偏差、低压涡轮出口总温偏差、高压涡轮出口总温偏差、涡轮排气温度偏差、燃油总管压力偏差。

类内处理删除了分类无关特征,选取了 15 个典型特征,保证了类内特征的相似性。为了增大类间差异性,提高类别可分性,还需要进行类间处理,选取最优分类特征,否则大量的类间相关特征的存在将严重影响分类性能。

图 5.46 为在给定相似性阈值条件下,最优分类特征数目自动确定的实验。首先根据给定的一系列相似性阈值 S_T,计算出相应的最大聚类类内均方误差 $\sigma = 1/S_T - 1$,然后用聚类有效性准则确定最优特征数目。图中给出了不同相似性阈值对应的最优特征数目。给定一个 S_T,即可从图中查得此条件下的特征维数 q,实现特征提取的自动化。

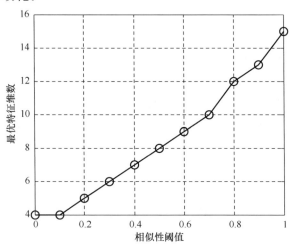

图 5.46　相似性阈值确定的最优分类特征数目曲线

从图 5.46 可以看出,随着相似性阈值 S_T 的增加,最优特征维数相应增加。S_T 需要事先给定,一般取为 0.5,此时最优特征维数为 8。采用免疫聚类算法压缩相似特征,把 15 个原始特征划分到 8 个特征子集中,使相似的特征被划分到同一子集中,并得到隶属函数 $U=[\mu_i(y'_j)]_{8\times15}$,然后可得到 8 个新的特征,它们就是所求的最优分类特征。

图 5.47 为基于免疫聚类的特征提取方法与 K-L 变换的对比实验,可以看出 K-L 变换尽管在降维的同时也较好地保留了类别可分性信息,但其效果和性能没有基于免疫聚类的方法好,尤其在维数低于 14 维时,基于免疫聚类的特征提取方法更能体现出优越性。

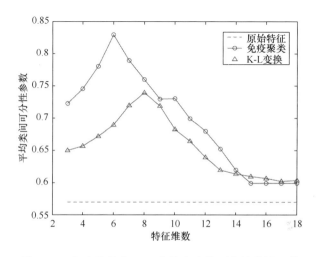

图 5.47 免疫聚类和 K-L 变换方法的可分性曲线比较

3. 算法性能分析

聚类是通过优化聚类目标函数来完成的,同样遗传算法也采用克隆选择算法中的分组判断函数 J 作为聚类的目标函数,适应度函数定义为

$$f_k = \frac{1}{1+J(k)} \tag{5.79}$$

其中,k 为进化代数;$J(k)$ 为第 k 代的适应度。

采用克隆选择算法和标准遗传算法分别对 15 维原始特征进行类别数为 8 的聚类分析。克隆选择算法的抗原个数为 15,抗体个数为 8,成活率 α 取为 0.01。遗传算法的群体规模为 100,复制概率为 0.1,交叉概率为 0.8,变异概率为 0.1。

　　在计算过程中记录下每一代的进化结果,则克隆选择算法在第 250 代的最佳适应度就达到了 0.95,而标准遗传算法在第 450 代最佳适应度才达到 0.95。为了更加清楚地表示两种算法中群体的整体进化程度,分别将它们的子代群体中的最佳适应度值和相应的平均适应度值随进化过程的变化情况绘于图 5.48,从图中可看出克隆选择算法提高了算法的搜索效率,对消除标准遗传算法在后期的振荡现象具有明显的效果,并在很大程度上加快了标准遗传算法的收敛速度。

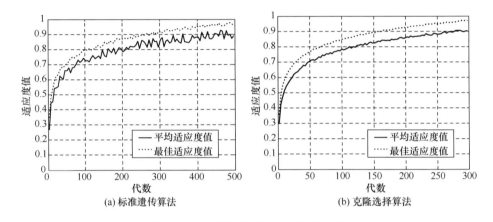

图 5.48　两种算法的适应度进化曲线

4. 分类性能分析

　　特征维数的压缩必须在不影响分类识别正确率的条件下进行,因此下面进行分类实验,以验证分类有效性。采用一对多支持向量机分类器,其中,核函数选用径向基函数,参数采用五层 Cross-Validation 方法进行优化选取,得到的参数优选值为:$C=1000,\sigma=0.25$。

　　由于训练和测试样本数较少,为了更准确地估计分类器的分类性能,这里采用交叉检验的方法对分类正确率进行估计。首先将 100 个样本分成若干组,每组 n 个样本,每次只取其中的一组样本作测试,其余各组均作训练用,当这次训练和测试完后用另一组样本作测试,而其余组样本用于训练。反复进行直到每一组都用作测试过。如果每次测试中有 m_i 个样本被判正确,则正确率估计为

$$\hat{P} = \frac{n}{100}\sum_{i=1}^{100/n}\frac{m_i}{n} \tag{5.80}$$

下面通过支持向量机分类实验来分析特征提取对分类器性能的影响,这里 $n=20$。两种特征提取方法的分类正确率见表 5.11。从表 5.11 的对比可以看出,采用基于免疫聚类方法提取的特征的分类效果要优于基于 K-L 变换的方法。因此,从支持向量机的分类正确率来看,使用基于免疫聚类方法提取的 8 维特征就能达到满意的分类识别效果,有效地实现了特征维数的压缩。

表 5.11 两种特征提取方法的分类正确率对比

特征维数	K-L 变换		免疫聚类	
	训练准确率/%	测试准确率/%	训练准确率/%	测试准确率/%
6	72	64	84	78
7	80	73	87	82
8	87	82	95	93
9	92	85	96	93
10	96	92	98	98

5.6.5 基于反面选择的滚动轴承损伤故障检测

1. 工程背景

在发动机的转子系统故障中,由于滚动轴承受损所导致的故障占有很大的比例,主要表现为滚动体或滚动表面受交变力作用,长时间旋转引起表面材料疲劳而出现点蚀、剥落或裂纹等部件表面损伤类故障。据现场研究表明,大约有 90% 的滚动轴承故障与内圈或外圈缺陷有关,10% 故障与滚动体或者保持架故障有关。

2. 滚动轴承损伤检测应用案例

实验采用钢圈 6204 型滚珠轴承实测数据,分别采集到无故障(正常)、外圈彻底损坏(故障 A)、支架损坏且具有一个滚动体松动(故障 B)、没有明显征兆(故障 C)和严重磨损(故障 D)五种状态下运行时的振动加速度信号。数据采集系统采用 B&K 分析仪,测量频率 24.5624Hz,采样频率 16384Hz,每组采样 2000 个点。一组不同工作状态下的振动加速度信号如图 5.49 所示,其中横坐标对应采样点序列。

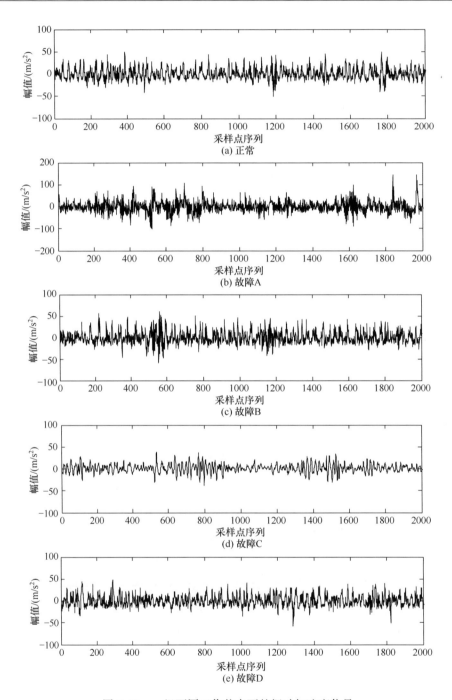

图5.49　一组不同工作状态下的振动加速度信号

3. 滚动轴承损伤的小波包检测方法

小波分解可以对信号进行有效的时频分解,但由于其尺度是按二进制变化的,所以在高频频段其频率分辨率较差,而在低频频段其时间分辨率较差。小波包分析(wavelet packet analysis)能够为信号提供一种更加精细的分析方法,它将小波分解中没有细分的高频部分进一步分解,并能够根据被分析信号的特征,自适应地选择相应频带,使之与信号频谱相匹配,从而提高了时频分辨率。关于小波包分析的理解,图 5.50 以一个三层的分解树进行说明,图中所示的小波包分解策略对上一层的低频部分和高频部分同时进行细分,弥补了小波分解仅分解上一层的低频部分的不足,具有更为精确的局部分析能力。

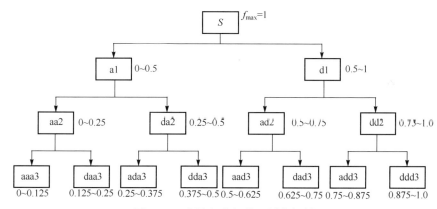

图 5.50　小波包分解的三层分解树

由图 5.50 可见,三层小波包分解后,根据信号中的最高频率成分 f_{max},原始信号 S 被分解到 $2^3 = 8$ 个相同宽度的频带上。提高小波包的分解层次,可以提高高频的频率分辨能力。由此,如果需要捕捉某一频率的故障信号,可以选择恰当的分解层数,观察相关频带的重构信号幅值的演化情况,当该频带的重构信号的幅值变化超过某一给定的阈值时,认为发生了故障。这就是利用小波包分解的办法检测故障信号的思路。

下面采用小波包分解的方法对滚动轴承的不同故障进行检测。首先,将如图 5.49 所示的正常状态下的振动加速度信号截取一半,然后分别和其他四种故障状态下的振动加速度信号连接在一起,构成具有 2000 个样本点的四种不同故障状态下的待检测信号,前 1000 个样本点对应正常状态,后 1000 个样本点对应不同的故障状态,分别用于不同故障的检测。这里采用 db5 小波,图 5.51～图 5.54 分别是对四种不同故障的待检测信号进行二层小波包分解的结果,图中 S 为原始信号,列出了 0～8192Hz 的 4 个频带的振动加速度信号分量。

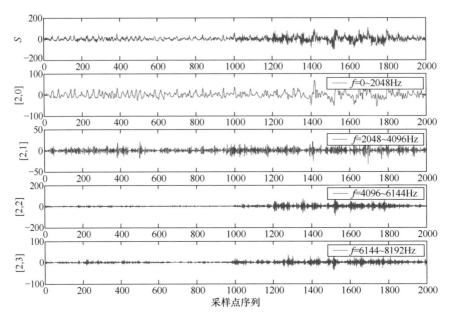

图 5.51　故障 A 发生时小波包分解后的重构信号

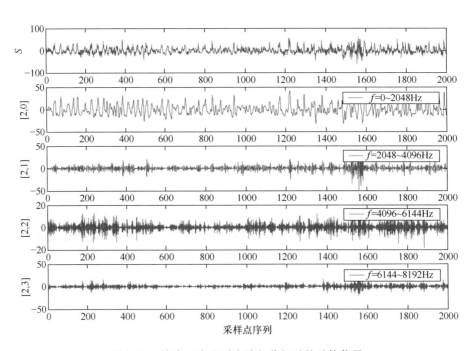

图 5.52　故障 B 发生时小波包分解后的重构信号

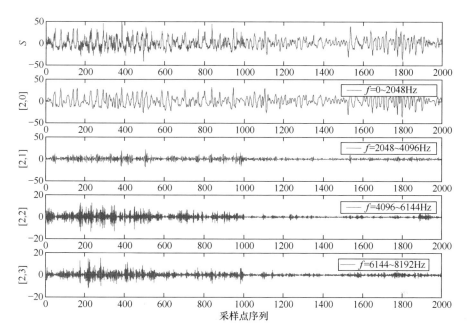

图 5.53　故障 C 发生时小波包分解后的重构信号

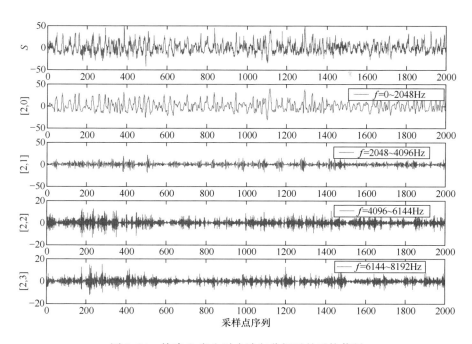

图 5.54　故障 D 发生时小波包分解后的重构信号

从图 5.51～图 5.54 中可以看出,采用小波包分解的方法,对检测故障 A 和故障 C 比较有效,而对于故障 B 和故障 D 的检测效果则很差,很难发现这两种故障,进而对这两种故障信号进行三层和四层小波包分解,结果也是一样。原因可能是由于小波的选取、时间窗宽度、算法的设计不当,导致故障信号的频率特征与正常模式下的频率特征非常相似,因此仅从小波包分解得到的重构信号的幅值变化上反映不出这种模式特征的变化。

4. 滚动轴承损伤的神经网络检测器检测方法

这一节采用神经网络检测器来检测滚动轴承的故障。首先,从图 5.49 所示的一组不同工作状态下的振动加速度信号中,采集正常状态下的 500 个样本点,作为正常样本集,采集不同故障状态下的 500 个样本点,作为故障样本集,这样训练样本集共有 1000 个样本点,采用反面选择检测器训练算法对神经网络检测器进行训练,算法的参数取为:

检测器个数:$S=100$;

窗口宽度:$N=10$;

匹配阈值:$\lambda=3$;

边界参数:$\gamma=0.1\lambda$

采集得到另一组不同工作状态下的振动加速度信号,构成四种不同故障状态下的具有 2000 个样本点的待检测信号,前 1000 个样本点对应正常状态,后 1000 个样本点对应不同的故障状态,分别用于不同故障的检测。故障检测结果如图 5.55～图 5.58 所示。

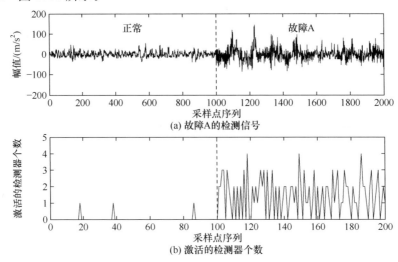

(a) 故障A的检测信号

(b) 激活的检测器个数

图 5.55　神经网络检测器对于故障 A 的检测结果

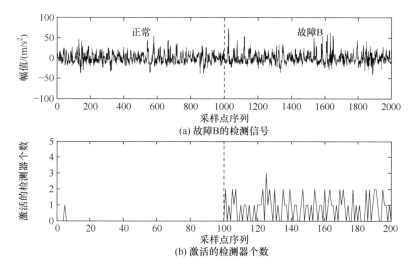

图 5.56 神经网络检测器对于故障 B 的检测结果

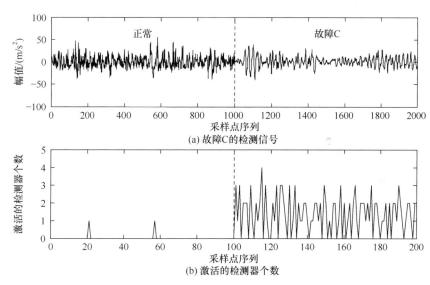

图 5.57 神经网络检测器对于故障 C 的检测结果

故障检测率 η 分别为：

对于故障 A

$$M=145, \quad L=3, \quad \eta=98\%$$

对于故障 B

$$M=82, \quad L=1, \quad \eta=99\%$$

对于故障 C

$$M=140, \quad L=2, \quad \eta=99\%$$

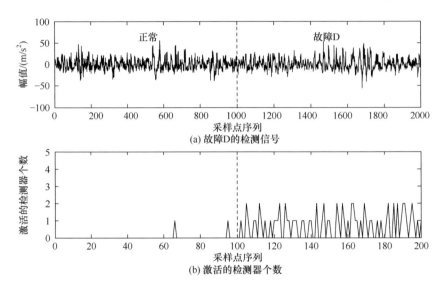

图 5.58　神经网络检测器对于故障 D 的检测结果

对于故障 D

$$M=75, \quad L=1, \quad \eta=99\%$$

从图 5.55～图 5.58 中可以看出,采用神经网络检测器的方法,只要参数选取适当,对检测故障 A、故障 B、故障 C 和故障 D 都十分有效,对于不同的故障模式,其故障检测率都达到了 98% 以上,有效地实现了滚动轴承的故障检测。

本节对反面选择机理在故障诊断中的应用进行了研究。针对反面选择算法本身所存在的问题,提出了一种具有神经网络结构的检测器,并给出了相应的训练算法。所取得的结果或结论总结如下:

(1) 神经网络检测器解决了常规二进制编码检测器所存在的主要问题,通过训练可以充分利用已有的故障模式数据,提高了故障检测性能。

(2) 基于神经网络检测器的故障检测方法对算法参数比较敏感,因此需要根据检测信号的特征选取适当的参数,否则故障检测效果将会很不理想。

(3) 滚动轴承损伤检测的仿真实验表明,在某些小波包检测方法没有效果的时候,神经网络检测器能够检测出故障。

5.6.6　基于反面选择的性能监控应用案例

1. 工程背景

对某台涡扇发动机的性能趋势进行分析。首先对发动机各项监测参数进行记录,这些参数分别为高压转子换算转速 n_{2R}、低压转子换算转速 n_{1R}、低压导流叶片角度 $alpha_1$、高压导流叶片角度 $alpha_2$、振动值 B、滑油消耗量 ph、涡轮后排气温度

T_6、转差率 S、尾喷口指示值 le,共 9 个参数。对这些参数进行标准化,也就是得到功效函数值,消除了不同变量的量纲和量程的影响。然后通过发动机性能趋势分析程序的计算,可以得到其中 200 次正常工作的 9 个参数的功效函数值,以此形成自己空间。

其次,根据反面选择方法生成检测器(异常样本),检测器的数量可由实验确定,当检测器的数量大于 200 时,就可以获得很好的效果。神经网络采用三层多输入单输出的 BP 网络,结构为 9-18-1。使用已有的 200 个正常样本和生成的 200 个异常样本对神经网络进行训练。训练好的神经网络就可以作为异常监测函数对该台发动机进行异常监测,以监控发动机的性能变化趋势。

1) 实验一

我们对该台发动机进行监测,记录了发动机工作 109 次,工作时间为 122h 的参数值,用于进行异常监测。

神经网络的输入为各参数所对应的功效函数值,对神经网络的输出结果采用平滑窗口宽度 $s=6$ 进行平滑处理,得到反映发动机性能的异常度曲线。为了与综合参数方法进行对比,同时采用综合参数法对记录参数进行性能趋势分析,也得到了一条反映发动机性能的综合参数曲线。由这两种方法所确定的该发动机性能变化趋势如图 5.59 所示。

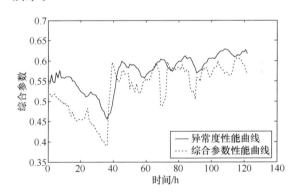

图 5.59　异常度和综合参数反映的发动机性能曲线(实验一)

从图 5.59 可看出,两种方法得到的性能参数值均出现过大幅下降,表明该台发动机的性能出现过明显的恶化。实际情况是该台发动机在装机工作 36h,加力喷口调节器故障。图 5.59 中性能参数值大幅下降是由于在调节器故障前,调节器的有关工作参数漂移,已处于异常工作状态,故导致发动机的有关参数也偏离正常值,随着调节器参数的继续漂移,最终导致在工作到 36h,调节器故障,性能参数也降到最低点。

虽然综合参数反映发动机的性能变化更为明显,异常和正常时综合参数值变化更大,但这并不能说明综合参数法比本章提出的方法有效。因为计算综合参数时,使用这组参数中的正常样本和故障样本数据对各被监测参数的权值进行了优化[4,5],因此得到的综合参数仅对训练时用到的故障类型敏感,而对于其他类型的故障或新出现的故障,其效果可能会很差,甚至检测不出异常状态,这可以从实验二中得到证实。

2) 实验二

对另一台同型号的发动机进行持续监测,获取一组新的发动机工作 102 次,工作时间为 114h 的参数值。该发动机在 69h,出现了一个新的故障:低压导流叶片故障(alpha₁ 故障)。采用异常度和综合参数来绘制发动机性能变化曲线,如图 5.60 所示。其中,综合参数采用与实验一相同的权值来计算。

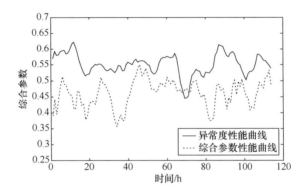

图 5.60　异常度和综合参数反映的发动机性能曲线(实验二)

从图 5.60 可看出,异常度曲线能够正确反映出发动机性能趋势的变化,在 65h 出现了性能参数值的大幅下降,表明发动机出现了异常,最终导致 69h 出现低压导流叶片故障。然而,综合参数曲线却没有反映出这一变化趋势,而是在 33h 和 82h 给出了性能异常(故障)的虚警。

由此可见,该方法能够更为准确、灵敏地反映发动机性能的变化趋势。通过设定报警阈值,上述方法不仅能衡量发动机性能变化的大小,还能在发动机出现故障或即将出现故障时进行预测和报警,指导机务人员进行排故检查,预防重大事故的发生。

2. 基于系统异常概率模型的故障隔离

对发动机进行性能趋势监控,当检测出故障样本点后,将出现故障的样本点数据代入方程(5.49),若 k 有解,根据式(5.52)直接求出这些样本点上各个变量导致样本点异常的概率 β;若 k 无解,则 $\beta=1$。下面通过两个实验来验证方法的有效性。

1）实验一

对某台发动机记录其最大状态下工作 109 次,工作时间为 122h 的参数值。该发动机工作到第 36h 发生了加力喷口调节器故障,性能参数值下降到最低点,通过更换加力喷口调节器后,性能参数值恢复到正常,如图 5.59 中的实线所示。

各项监测参数对发动机性能异常的影响概率参见表 5.12。可以看出,在 32～36h 上,参数 le、n_{2R}、T_6 和 S 导致发动机样本点性能异常的平均概率均大于 0.89,其他参数的相应概率则很小。其原因可解释为:当加力喷口调节器处于异常工作状态时,首先是导致加力喷口调节产生偏差,该偏差会导致落压比变化,落压比变化又会导致 n_1 变化,而该发动机电子调节器的调节规律是保持 n_1 不变,因此为了保证其调节规律,供油量必然要发生改变,从而使得 n_2、T_6 发生变化,偏离正常值,n_2 变化又会导致 n_{2R}、S 偏离正常值。因此,在加力喷口调节器性能异常时,导致 le、n_{2R}、T_6 和 S 出现偏差,而其他参数变化不大。

表 5.12　电子综合调节器故障时各项监测参数对发动机性能异常的影响概率

时间序号	n_{2R}	n_{1R}	alpha$_1$	alpha$_2$	B	ph	T_6	S	le
32	0.920	0.105	0.043	0.042	0.013	0.020	0.866	0.936	0.978
33	0.934	0.182	0.150	0.156	0.015	0.045	0.956	0.903	0.966
34	0.915	0.135	0.118	0.112	0.029	0.028	0.947	0.925	0.984
35	0.843	0.103	0.065	0.068	0.086	0.035	0.893	0.871	0.972
36	0.867	0.126	0.080	0.083	0.011	0.052	0.975	0.892	0.983
平均	0.896	0.130	0.091	0.092	0.031	0.036	0.927	0.905	0.977

2）实验二

采用同样的方法对另一台同型号的发动机进行持续监测,获取一组新的发动机在最大状态下工作 102 次,工作时间为 114h 的参数值。该发动机在 69h,出现了低压导流叶片故障（alpha$_1$ 故障）,性能参数下降到最低点,通过维修处理后,性能参数值恢复到正常,如图 5.60 种的实线所示。

各项监测参数对发动机性能异常的影响概率参见表 5.13。可以看出,第 65～69h 上,参数 alpha$_1$、n_{2R}、T_6 和 S 导致发动机样本点性能异常的平均概率均大于 0.8,其他参数的相应概率则很小。由此可以判断出发动机的性能异常由参数 alpha$_1$、n_{2R} 和 T_6 所引起。由发动机原理可知,低压导流叶片角度异常导致低压压气机进口空气流量减少,所需的低压压气机功相应减少,将引起低压转子转速升高,保持低压转子转速不变的控制规律使供油量减小,从而导致高压转子转速降低,使压气机节流特性增强,发动机工作点向喘振边界移动。因此,可初步推断为低压导流叶片故障,其原因可解释为:低压导流叶片故障导致高压转子换算转速 n_{2R} 下降,并引起转差率 S 的减小,随着发动机工作点向喘振边界的靠近,第 69h 性能参数降到最低点。故障诊断结果与发动机实际检查结果相一致。

表 5.13　alpha₁故障时各项监测参数对发动机性能异常的影响概率

时间序号	n_{2R}	n_{1R}	alpha₁	alpha₂	B	ph	T_6	S	le
65	0.054	0.768	0.993	0.053	0.004	0.013	0.796	0.992	0.008
66	0.042	0.694	0.968	0.008	0.020	0.022	0.853	0.988	0.012
67	0.006	0.861	1	0.038	0.018	0.006	1	1	0.003
68	0.025	0.925	1	0.073	0.026	0.009	0.980	1	0.010
69	0.031	1	1	0.054	0.010	0.012	0.961	1	0.002
平均	0.032	0.850	0.992	0.045	0.016	0.012	0.913	0.996	0.007

　　上面的仿真结果虽然是对发动机单故障情形进行分析得到的,但由于该方法是依据数据矩阵分析各监测参数导致样本点出现异常的概率,因此,只要样本集包含了故障源信息,无论是单故障还是多故障情形,都能够计算出异常样本点上各状态变量导致发动机出现性能异常的概率。根据概率大小,依次进行相应部件的检查,并对很高概率导致异常的那些状态变量所对应的部件进行重点检查。同时,在概率分析的基础上,需要结合发动机故障机理分析,才能正确地对概率分析结果进行解释,最终找出故障源。

5.6.7　基于人工免疫网络的发动机传感器故障诊断

1. 工程背景

　　随着发动机状态监控水平的提高,需要监控的参数越来越多,传感器的数量也将相应增多,这对于机载监控系统的信息获取、传输、处理能力提出了很高的要求[92]。由于机载信息分析处理系统本身容量、速度的限制,分析处理这些大量的传感器数据已经占用了大量资源,同时健康监控系统本身的也存在可靠性问题,尤其是传感器的工作环境比较恶劣,发生故障的可能性较大。因此飞机健康监控系统需要占用单独通道进行传感器状态监控,如果采用传统的基于模型的状态估计方法,这会大大地增加系统的负担,影响整个监控系统的性能。

　　免疫网络本身的特点具有解决这些问题的潜力。在用于传感器故障诊断的免疫网络模型中,网络中的每个节点代表为一个传感器,各对应一个状态,节点间的连接权值表示各节点间的关系,根据节点的状态判断传感器是否故障。这种方法的特点是通过传感器的相互识别来判断故障的传感器,具有本质上的并行性,占用资源少,能够减轻机载信息处理系统负担。

　　利用免疫网络进行传感器故障诊断,首先需要利用传感器输出之间的关系建立免疫网络。在传感器正常工作情况下,传感器输出值之间存在一些关系,这种关系在一定的发动机工作状态范围内基本保持不变[93]。下面以某型涡轮喷气发动机的高、底压转子转速传感器以及气路中的压力和温度传感器为研究对象,总共有 8 个测量点,其中转速传感器测量点为高压转子转速(n_1)和低压转子转速(n_2);压力传感器的测量点包括:发动机进口总压(P_1)、高压压气机出口总压(P_2)、低压涡轮出口总压(P_3);温度传感器的测量点包括:发动机进口温度(T_1)、高压压气机出口温度(T_2)、低压涡轮出口温度(T_3)。发动机仿真工作点取为地面标准大气条件下最大工作状态,通过发动机性能仿真实验获取发动机工作状态参数,建立传感器输出值之间的关系。温度的单位为℃,压力的单位为 10^4 Pa,转速的单位为 10^2 r/min。通过对发动机实际工作状态参数的分析,建立人工免疫网络模型,结构如图 5.61 所示。

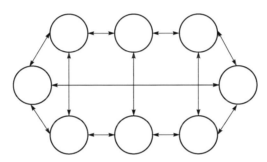

图 5.61　传感器免疫网络的结构

设 LVQ 网络的结构为 8×8,即有 8 个输入节点,8 个输出节点,在训练过程中,以传感器正常工作时的输出值构成训练样本 $X=(T_1,T_2,T_3,P_1,P_2,P_3,n_1,n_2)$,经过归一化处理后作为输入向量 X_t,通过 LVQ 的训练最终得到一组与输出节点对应的 8 个量化向量,构成量化向量矩阵:

$$\begin{bmatrix} w_{11} & w_{12} & \cdots & w_{18} \\ w_{21} & w_{22} & \cdots & w_{28} \\ \vdots & \vdots & & \vdots \\ w_{81} & w_{82} & \cdots & w_{88} \end{bmatrix}$$

因此,传感器 i 和传感器 j 之间的相关关系,可由二维量化向量空间 $W^{(ij)}$ 表示,对应关系如下:

$$\begin{bmatrix} x_i \\ x_j \end{bmatrix} \Rightarrow \left\{ \begin{bmatrix} w_{i1} \\ w_{j1} \end{bmatrix}, \begin{bmatrix} w_{i2} \\ w_{j2} \end{bmatrix}, \cdots, \begin{bmatrix} w_{i8} \\ w_{j8} \end{bmatrix} \right\}$$

在诊断过程中,根据输入向量 X 与对应量化向量空间 $W^{(ij)}$ 中的量化向量的相似程度,来检查传感器 i 和 j 的输出关系是否发生变化,并给出相应的检测结果 T_{ij},可由 8×8 的矩阵表示,如表 5.14 所示。其中,元素为 1 表示传感器 i 对传感

器 j 的检测结果为真；−1 表示传感器 i 对传感器 j 的检测结果为假；0 表示无法判断。当某个传感器出现故障时，可以通过免疫网络连接权值的调整，实现传感器网络的自修复。这时只需将所有与故障传感器的连接权值 T_{kj} 和 T_{jk} 置为 0，断开故障传感器与网络的连接，k 为相应的故障传感器。

表 5.14　免疫网络节点之间连接关系的权值矩阵

	n_1	n_2	T_1	T_2	T_3	P_1	P_2	P_3
n_1	0	−1/1	0	0	−1/1	0	0	−1/1
n_2	−1/1	0	0	−1/1	0	0	−1/1	0
T_1	0	0	0	−1/1	−1/1	−1/1	0	0
T_2	0	−1/1	−1/1	0	0	0	−1/1	0
T_3	−1/1	0	−1/1	0	0	0	0	−1/1
P_1	0	0	−1/1	0	0	0	−1/1	−1/1
P_2	0	−1/1	0	−1/1	0	−1/1	0	0
P_3	−1/1	0	0	0	−1/1	−1/1	0	0

在发动机中，测量气路压力和温度的传感器承受接近于发动机的环境条件，其典型的故障包括突发故障、漂移故障和性能老化故障，由于性能老化引起的传感器输出变化缓慢，只能通过观察长期变化倾向或周期性地检查来发现，因此本节仅对传感器的突发故障和漂移故障进行仿真分析。

通过传感器的输出值产生一个偏差 ΔY，同时保持其余传感器的输出不变，来模拟某个传感器的突发和漂移故障。首先定义传感器输出偏差为

$$\Delta Y = [(Y - Y_0)/Y_0] \times 100\%$$

其中，Y 为传感器实际输出值；Y_0 为此工作点上的正常输出值。此偏差反映了传感器故障程度的大小。

2. 应用案例

下面以传感器 T_3 和 P_3 为例，进行单传感器突发、漂移故障和多传感器故障的仿真。不同故障下传感器输出偏差 ΔY 分别如图 5.62(a)、图 5.63(a)和图 5.64(a)所示，这时，通过免疫网络诊断算法得到的传感器可靠度 R 分别如图 5.62(b)、图 5.63(b)和图 5.64(b)所示。从图中可以看出，当传感器输出值出现偏差时，免疫网络输出的可靠度能够实时反映出这一变化，因此，在传感器网络节点数目较少的情况下，免疫网络能够对传感器故障进行在线实时诊断。

需要说明的是，当发动机工作状态发生变化时，传感器的输出值也会发生相应的变化，但在一定的发动机工作状态范围内，免疫网络对故障传感器都具有相同的

识别能力,这是由于网络是依靠各传感器之间的识别关系来识别故障的,而不是依靠传感器输出值本身。

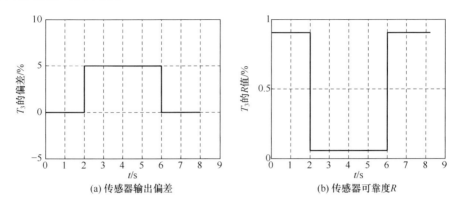

图 5.62　单传感器突发故障的仿真曲线

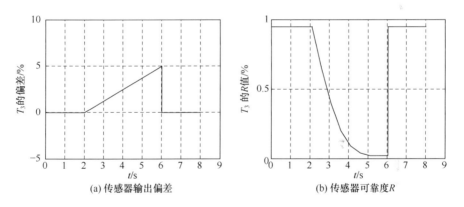

图 5.63　单传感器漂移故障的仿真曲线

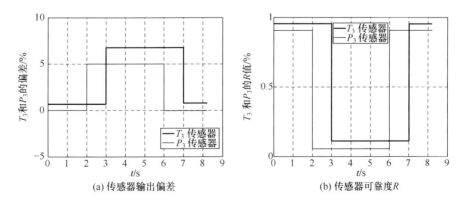

图 5.64　多传感器突发故障的仿真曲线

3. 灵敏性分析

传感器出现故障时,其实际输出值与正常输出值的偏差称为故障偏差,故障诊断系统所能检测出的此偏差的最小值,称为最小故障偏差,它是传感器故障诊断系统的一个重要灵敏性指标。从上面的仿真结果可以看出,如果故障传感器的输出偏差很大,免疫网络能够很容易地检测出来,因此我们想知道免疫网络所能检测故障偏差的大小是多少。为此,通过从零开始不断增加输出偏差的大小,对免疫网络的故障检测能力进行分析。以传感器 P_1 为例,给出了在不同故障偏差水平下免疫网络输出传感器 P_1 的 R 值,如图 5.65 所示。根据网络输出的可靠度 R 值来判断故障传感器,认为 R 值小于 0.5 即出现故障,各传感器的实验结果见表 5.15。

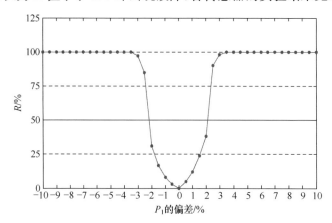

图 5.65　传感器 P_1 在不同输出偏差水平下的 R 值

表 5.15　不同传感器在不同输出偏差水平下的检测结果

ΔY	n_1	n_2	T_1	T_2	T_3	P_1	P_2	P_3
2.5								
2	×				×			
1.5	×			×	×			
1	×			×	×			×
0.5	×	×	×	×	×	×	×	×
0	×	×	×	×	×	×	×	×
−0.5	×	×	×	×	×	×	×	×
−1		×		×	×		×	
−1.5				×	×			
−2					×			
−2.5								

注:×表示检测到,为空表示未检测到。

　　可以按照图 5.65 的形式给出每一个传感器的可靠度 R_i 随故障偏差的变化曲线,从而确定各传感器可检测的最小故障偏差,如图 5.66 所示。从图中可以看出,免疫网络可检测的故障偏差门限值在 1% 和 2% 之间,对于输出偏差在 2.5% 以上的所有传感器故障,免疫网络都能够做出正确的诊断。与其他方法[39]研究得到的故障检测门限值相比(一般在 2% 左右),本节得到的门限值水平是相当的,因此,从故障识别能力上来看,免疫网络是一种用于传感器故障诊断的有效方法。

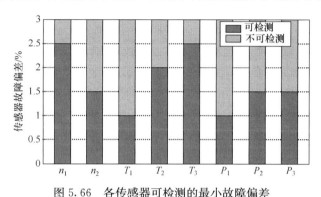

图 5.66　各传感器可检测的最小故障偏差

4. 抗噪能力分析

　　传感器故障诊断系统的另一个重要性能指标是抗干扰能力。由于传感器的输出往往含有噪声干扰,所以设计的故障诊断系统对于噪声的容忍能力非常重要。因此,我们在传感器的输出中加入均值为 0、方差为 1 的随机白噪声,噪声的信噪比取一系列值,诊断结果如表 5.16 所示。从表中可以看出,噪声对诊断效果的影响不大,而且发动机在实际使用时,噪声的信噪比一般认为在 1 ∶ 0.02 的水平,因此该方法对噪声具有较强的容忍性。

表 5.16　传感器故障在不同噪声水平下的检测结果

传感器 ΔY		噪声水平(SNR)							
		1∶0.02	1∶0.04	1∶0.06	1∶0.08	1∶0.10	1∶0.12	1∶0.14	1∶0.16
5%故障偏差	n_1				×	×	×	×	×
	n_2								
	T_1								
	T_2					×	×	×	×
	T_3			×	×	×	×	×	×
	P_1								
	P_2								
	P_3							×	×

续表

传感器 ΔY		噪声水平(SNR)							
		1 : 0.02	1 : 0.04	1 : 0.06	1 : 0.08	1 : 0.10	1 : 0.12	1 : 0.14	1 : 0.16
6%故障偏差	n_1				×	×	×	×	
	n_2								
	T_1								
	T_2								×
	T_3						×	×	×
	P_1								
	P_2								
	P_3								×

参 考 文 献

[1] Chang M J, Jain A K. Artificial neural networks for feature extraction and multivariate data projection. IEEE Transactions on Neural Networks, 1995,6(2): 296-317.

[2] Yen G G, Meesad P. An effective neuro-fuzzy paradigm for machinery condition health monitoring. IEEE Transactions on System Man and Cybernetics Part B, 2001, 31(4):523-536.

[3] Rizki M M, Zmuda M A, Tamburino L A. Evolving pattern recognition systems. IEEE Transactions on Evolutionary Computation, 2002, 6(6):594-609.

[4] Bach T. Evolutionary Algorithms in Theory and Practice. London: Oxford University Press, 1996.

[5] Fogel D B. Evolutionary Computation: Toward a New Philosophy of Machine Intelligence. Piscataway. IEEE Press, 1995.

[6] Rovithakis G A, Maniadakis M, Zervakis M. A hybrid neural network/genetic algorithm approach to optimizing feature extraction for signal classification. IEEE Transactions on System Man and Cybernetics Part B, 2004, 34(1): 695-703.

[7] Zhang L, Jack L B, Nandi A K. Fault detection using genetic programming. Mechanical Systems and Signal Processing, 2003, 12(2):248-259.

[8] Guo H, Jack L B, Nandi A K. Feature generation using genetic programming with application to fault classification. IEEE Transactions on System Man and Cybernetics Part B, 2005, 35(1): 89-99.

[9] Baudat G, Anouar F. Generalized discriminant analysis using a kernel approach. Neural Computation, 2000, 12(10):2385-2404.

[10] Guo H, Jack L B, Nandi A K. Feature generation using genetic programming with application to fault classification. IEEE Transactions on System Man and Cybernetics Part B,

2005，35(1)：89-99.

[11] Feil B，Abonyi J，Szeifert F. Model order selection of nonlinear input-output models using a clustering based approach. Journal of Process Control，2004，14(6)：593-602.

[12] Pearson R. Selecting nonlinear model structures for computer control. Journal of Process Control，2003，13(1)：1-26.

[13] Koza J. Genetic Programming：On the Programming of Computers by Means of Natural Selection. Cambridge：MIT Press，1992.

[14] Chen S，Billings S，Luo W. Orthogonal least squares methods and their application to nonlinear system identification. International Journal of Control，1989，50：1873-1896.

[15] 尉询楷，李应红. 支持向量机在航空发动机故障诊断中的应用. 航空动力学报，2004，19(6)：844-848.

[16] de Castro L N，von Zuben F J. The clonal selection algorithm with engineering applications. Workshop Proceedings of the GECCO，Las Vegas，2000：36-37.

[17] Dasgupta D，Forrest S. Artificial immune systems in industrial applications. Proceeding of IPMM International Conference，Kanagawa，1999：257-267.

[18] Hu W，Zhang Z P. Application of immunity strategy for the study of the static characteristics of a rocket engine. Journal of Propulsion Technology，2005，26(3)：193-195.

[19] Perelson A S. Immune network theory. Immunology review，1989，110：5-36.

[20] 肖人彬，王磊. 人工免疫系统：原理、模型、分析及展望. 计算机学报，2002，25(12)：1281-1293.

[21] Farmer J D，Packard N H，Perelson A S. The immune system，adaptation and machine learning. Physica D，1986：187-204.

[22] Jun J H，Lee D W，Sim K B. Realization of cooperative and swarm behavior in distributed autonomous robotic systems using artificial immune system. Proceedings of IEEE SMC'99，1999，(4)：614-619.

[23] Krishna K K，Neidhoefer J. Immunized adaptive critics for level 2 intelligent control. Proceedings of the IEEE SMC'97，1997，(1)：856-860.

[24] Hunt J E，Cooke D E. Learning using an artificial immune system. Journal of Network and Computer Applications，1996(19)：189-212.

[25] de Castro L N，von Zuben F J. Artificial immune systems：Part II-a survey of applications. Technical report-rT DCA，2000.

[26] Baudat G，Anouar F. Kernel-based methods and function approximation. International Joint Conference on Neural Networks (IJCNN'01)，Washington，2001：1244-1249.

[27] 周东华，叶银忠. 现代故障诊断与容错控制. 北京：清华大学出版社，2000.

[28] 孙即祥. 现代模式识别. 长沙：国防科技大学出版社，2001.

[29] de Castro F J. An evolutionary immune network for data clustering. Proceedings of IEEE SBrN，2000，11：84-89.

[30] Cavacece M，Introini A. Analysis of damage of ball bearings of aeronautical transmissions

by auto-power spectrum and cross-power spectrum. Journal of Vibration and Acoustics, 2002, 124(4):180-185.

[31] Kin K, Parlos A G. Model-based fault diagnosis of induction motors using non-stationary signal segmentation. Mechanical Systems and Signal Processing, 2002, 16(2-3):223-253.

[32] 陈安华. 振动诊断的动力学理论与方法. 北京：机械工业出版社，2001.

[33] Wang W J. Wavelets for detecting mechanical faults with high sensitivity. Mechanical Systems and Signal Processing, 2001, 15(4):685-696.

[34] Antoni J, Randall R B. Defferential diagnosis of gear and bearing faults. Journal of Vibration and Acoustics, 2002, 124(4):165-171.

[35] 徐科，徐金梧. 基于小波分解的设备状态预测方法. 北京科技大学学报，2000，22(2): 182-184.

[36] Forrest S, Perelson A S, Allen L. Self-nonself discrimination in a computer. Proceedings of IEEE Symposium on research in Security and Privacy, New York, 1994: 202-212.

[37] Dasgupta D, Forrest S. Detection in time deries data using ideas from immunology. Proceedings of ISCA 5th Int. Conf. Intelligent Systems, New York, 1996:19-21.

[38] de Pold H, Volponi A, Siegel J, et al. Diagnostic Data with Statistical Analysis and Embedded Knowledge Validation. New York: ASME, 2003.

[39] Volponi A, de Pold H R, Ganguli R, et al. The Use of Kalman Filter and Neural Network Methodologies in Gas Turbine Performance Diagnostics: A Comparative Study. New York: ASME, 2000.

[40] Simon D, Donald L S. Aircraft Turbofan Engine Health Estimation Using Constrained Kalman Filtering. New York: ASME, 2003.

[41] de Pold H, Gass F. The application of expert systems and neural networks to gas turbine prognostics and diagnostics. ASME Journal of Engineering for Gas Turbines and Power, 1999, 121: 607-612.

[42] Kobayashi T, Simon D L. A hybrid neural network genetic algorithm technique for aircraft engine performance diagnostics. 37th AIAA/ASME/SAE/ASEE Joint Propulsion Conference, Salt, Lake City, 2001.

[43] Roemer M J, Ghiocel D M. A Probabilistic Approach to the Diagnosis of Gas Turbine Engine Faults. New York: ASME, 1999.

[44] Roemer M J, Kacprzynski G J. Advanced Diagnostics and Prognostics for Gas Turbine Engine Risk Assessment. New York: ASME, 2000.

[45] Volponi A, Brotherton T, Luppold R S. Development of an information fusion system for engine diagnostics and health management. JANNAF 39th Combustion/27th Airbreathing Propulsion/21st Propulsion Systems Hazards/3rd Modeling and Simulation Joint Subcommittee Meeting, Colorado, 2003.

[46] 谢寿生. 某型飞机发动机故障诊断与性能趋势监测研究[博士学位论文]. 西安：西北工业大学，1998.

[47] 胡金海，谢寿生．基于遗传算法的航空发动机性能监控与故障诊断．推进技术，2003，24(3)：198-200.

[48] 侯胜利，胡金海，李应红．基于混沌变量的航空发动机性能监控与故障诊断．航空动力学报，2005，20(2)：314-317.

[49] Timot V, Olav B. Using Probabilistics and Advanced Software Tools for Reliability and Availability Assessment and Lifting. New York：ASME，2003.

[50] Vodopianov V E. Probabilistic Gas Path Analysis for Gas Turbine Engines and its Application. New York：ASME，2004.

[51] 李珈，陶增元．某型发动机性能衰退的统计分析和预测．航空动力学报，1994，7(2)：173-176.

[52] Balthrop J, Esponda F, Forrest S, et al. Coverage and generalization in an artificial immune system. Proceedings of Genetic Evolutionary Computation Conference, New York,2002.

[53] Gonzalez F, Dasgupta D, Kozma R. Combining negative selection and classification techniques for anomaly detection. Proceedings of the Congress on Evolutionary Computation, Hawaii，2002：705-710.

[54] Gómez J, Fonzález F, Dasgupta D. An Immuno-fuzzy approach to anomaly detection. The IEEE International Conference on Fuzzy Systems,St. Louis,2003：1219-1224.

[55] Hofbaur M W, Williams B C. Hybrid diagnosis with unknown behavioral modes. International Workshop on Principles of Diagnosis (DX'02),Semmering,2002.

[56] Gautam B, Ken F, Gabor K. Robust methods for autonomous fault adaptive control of complex systems. NASA Intelligent Systems PI Meeting，2002.

[57] Suh J. On-line Machinery Health Diagnosis and Prognosis for Predictive Maintenance and Quality Assurance of Equipment Functioning [Ph. D. Thesis]. Philadelphia：The Pennsylvania State University，2001.

[58] Chen P, Toyota T,He Z J. Automated function generation of symptom parameters and application to fault diagnosis of machinery under variable operating conditions. IEEE Transaction on Systems, Man, and Cybernetics Part A：Systems and Humans，2001，31(6)：775-781.

[59] DePold H, Volponi A, Siegel J, et al. Validation of Diagnostic Data with Statistical Analysis and Embedded Knowledge. New York：ASME,2003.

[60] James C M,Jonathan S L,Ten H G. Neural network based sensor validation for turboshaft engines. AIAA，AIAA-98-3605，1998.

[61] Lu P J, Zhang M C, Hsu T C. An evaluation of engine faults diagnostics using artificial neural networks. New York：ASME，2000.

[62] 黄向华，孙健国，依里亚索夫．基于自联想网络的发动机传感器解析余度技术．航空动力学报，1999，14(4)：433-436.

[63] 蒋平国，姚华，孙健国．航空发动机数控系统执行机构回路故障诊断和容错控制方法．航空动力学报，2005，20(2)：282-286.

[64] Merrill W C. Sensor failure detection for jet engines using analytical redundancy. Journal of Guidance, 1985, 8(6):1-42.

[65] 盛雯. 涡轴发动机数控系统传感器解析余度研究[博士学位论文]. 南京：南京航空航天大学, 1996.

[66] Emami-Naeini A, et al. robust detection isolation and accommodation for sensor failures. NASA Cr-174825, 1985.

[67] 兰春贤. 发动机部件跟踪滤波器的解析余度技术[博士学位论文]. 南京：南京航空航天大学, 1994.

[68] John C D, Walter C M. Advanced detection isolation and accommodation of sensor failures in turbofan engine, real-time microcomputer implementation. NASA-2925, 1990.

[69] Walter C, John C D, William M B. Advanced detection, isolation, and accommodation of sensor failures real time evaluation. NASA-2740, 1987.

[70] 钟谦, 王铺根. 航空发动机鲁棒容错控制. 西北工业大学学报, 1997, 15(3): 413-417.

[71] 徐启华, 李华聪. 基于 Riccati 方程的航空发动机鲁棒容错控制. 航空动力学报, 2003, 18(3): 440-443.

[72] 许秀玲, 郭迎清, 王铺根, 等. 某型涡扇发动机控制系统传感器故障诊断研究. 航空动力学报, 2004, 19(1): 164-168.

[73] Huang X H. Sensor fault diagnosis and reconstruction of engine control system based on autoassociative neural network. Chinese Journal of Aeronautics, 2004, 17(1): 23-27.

[74] Kobayashi T, Simon D L. Evaluation of an Enhanced Bank of Kalman Filters for In-flight Aircraft Engine Sensor Fault Diagnostics. New York: ASME, 2004.

[75] Romessis C, Mathioudakis K. Setting up of a Probabilistic Neural Network for Sensor Detection Including Operation with Component Faults. New York: ASME, 2002.

[76] Simon D L, Garg S, Semega K J. Sensor Needs for Control and Health Management of Intelligent Aircraft Engines. New York: ASME, 2004.

[77] de Castro L N. Comparing immune and neural networks. Proceedings of the VII Brazilian Symposium on Neural Networks, Pernambuco, 2002.

[78] Masahiro K, Yoichi S, Yasuo M, et al. Distributed diagnosis system combining the immune network and learning vector quantization. Proceedings of the 1995 IEEE International Conference on Multisensor Fusion and Integration for Intelligent Systems (MFI'95), 1995: 1531-1536.

[79] Martins J F, Costa Branco P J, Pires A J, et al. Fault detection using immune-based systems and formal language algorithms. Proceedings of the 39th IEEE Conference on Decision and Control, 2000:2633-2638.

[80] Kohonen T. Self-organizing Maps. Heidelberg: Springer, 1995.

[81] Kohonen T, Oja E, Simula O, et al. Engineering applications of the self-organizing map. Proceedings of the IEEE, 1996, 84(10): 1358-1384.

[82] Kohonen T, Kaski S, et al. Self organization of a massive document collection. IEEE

Transactions on Neural Networks，2000，11(3)：574-585.

[83] 朱家元，邓振挺，张恒喜．基于自组织拓扑映射图的发动机故障诊断研究．航空动力学报，2002，17(5)：533-537.

[84] 徐亮，黄金泉．适用于全包线的航空发动机 BP 网络模型的动态辨识．南京航空航天大学学报，2001，33(4)：334-337.

[85] 姜涛，李应红．基于动态 RBF 网络的发动机起动过程模型辨识．航空动力学报，2002，17(3)：381-384.

[86] 李应红，刘建勋．基于支持向量机的航空发动机起动性能估算研究．航空学报，2005，26(1)：32-35.

[87] 尉询楷，李应红，王剑影，等．基于支持向量机的航空发动机辨识模型．航空动力学报，2004，19(5)：684-688.

[88] Stephan W，Michael A，Stefan W. New methods for the identification of nonlinear model structures based upon genetic programming techniques. http://citeseer. ist. psu. edu/634350. html，2005.

[89] 宋志平，程礼，魏瑞轩．航空发动机的一种 Volterra 级数非线性动态模型．航空动力学报，2004，19(4)：577-580.

[90] Pearson R，Ogunnaike B. Nonlinear process identification. Nonlinear process control. Englewood Cliffs：Prentice-Hall，1997：10-38.

[91] Hernandez E，Arkun Y. Control of nonlinear systems using polynomial ARMA models. AICHE Journal，1993，39(3)：446-460.

[92] Jaw L C. recent Advancements in Aircraft Engine Health Management Technologies and Recommendations for the Next Step. New York：ASME，2005.

[93] Doel D L. Interpretation of weighted-least-squares gas path analysis results. Journal of Engineering for Gas Turbines and Power，2003，125：624-633.

第6章 航空发动机 PHM 数据挖掘问题及技术挑战

数据挖掘是航空发动机 PHM 技术的核心,是实现发动机健康状态评估、诊断隔离、关键部件寿命预测、自动故障推理的数学方法和支撑技术。本章从学科交叉角度出发,抛砖引玉,分析航空发动机 PHM 技术中典型数据挖掘问题及存在的重大技术挑战。

6.1 典型数据挖掘问题

航空发动机实现 PHM 技术的核心是数据挖掘算法,数据挖掘算法需要依赖于发动机运行过程中产生的各种类型的传感器观测参数,并实现故障的自动分析和解译等高级功能。航空发动机的机载诊断传感器主要来源于气路、振动、滑油路以及寿命使用等几个方面,针对不同类型的传感器需要发展不同的专用诊断预测算法,如气路专用的诊断、隔离算法,振动专用的诊断、预测算法等。而针对一般的诊断和预测算法过程,又可分为故障的异常检测、实时监视、多源信息融合,同时,预测算法当中还需要特别考虑不确定性因素影响。归结起来看,典型的数据挖掘问题有如下几类发展需求较为急迫[1]。

1. 有限传感器下气路故障诊断

在航空发动机气路诊断中,为推出性能参数的变化,需要观测到发动机气路各种参数可辨别的变化并建立两个集合参数的数学模型[2-7]。这种方法的基本原则是发动机出现的物理故障(如叶片侵蚀、腐蚀、叶尖间隙、积碳等)会引起部件性能的变化(由效率、流量等表征),而其反过来在可测量气路参数(如温度、压力、转子转速等)中产生可观测的变化。通过逆关系,应当可以估计出观测测量偏差的原始部件性能偏差,而其反过来又提供了表征本质物理故障的需求信息。一般经常采用的方法是在通过使用线性化模型在选定的发动机工作点处进行评价。这提供了发动机部件性能(独立参数)和发动机典型测量参数变化之间的矩阵关系。除了单个传感器的精度之外,也通常要明确潜在的传感器偏差和漂移。从而,模型中考虑的故障集合,除了发动机故障之外,还经常配置包含直接与传感器误差相关的部分。气路性能分析问题接着就可以简化为从测量偏差和参考的知识中估计故障向量。虽然这看起来很简单,实际执行起来却面临很多难题,例如,未知参数数量远大于等式数量、测量量间特定故障之间的可观测性问题、弱信噪比、发动机非线性效应以及其他问题等。正由于这些原因,国内外已提出 Kalman 滤波、神经网络、模糊逻辑、贝叶斯网络、遗传算法等新的气路诊断技术,但是由于发动机气路自身的复杂性,这些新技术的适用范围仍受到局限,且仍需要不断完善。

2. 关键发动机健康参数的估计与恢复

由于传感和测试手段技术发展水平的限制,当前国内外还没有能够实现机载直接测量航空发动机推力、涡轮前燃气温度的传感器,只能通过间接计算估计得到。另一方面,由于航空发动机对于重量的要求非常严格,传感器数量一般严格限定,因此,不是所有发动机气路截面的参数都能够进行机载测量,而不是保留了极少数用于控制和必要诊断的传感器,从而增加了发动机健康管理的技术难度。由于发动机气路截面参数之间具有气动联系,因此,除了采用复杂的气动热力计算模型进行迭代计算估计外,采用 Kalman 滤波、神经网络、逻辑回归、支持向量机等数据挖掘工具对发动机气路参数进行建模也是当前估计这些非直接测量参数的技术手段。如何处理模型中的不确定性、如何使模型推广至全包线范围内、如何考虑发动机的多工作状态等以及提高模型估计的精度和响应速度是其难点。当气路传感器出现故障后,快速利用模型产生传感器替代值也是当前该项研究的难点[8-15]。

3. 海量数据趋势分析

趋势分析是航空发动机 PHM 当中的关键问题,对于把握关键参数的变化趋势,并根据设定的报警阈值进行故障早期告警具有重要的作用。目前,国外 PHM 系统一般采用的是机上数据存储记录、地面保障站进行趋势分析[16]的方案。由于每个飞行架次记录的数据量比较庞大,且地面保障站存储有大量的数据,因此,如何采用高效的数据挖掘算法充分抽取这些数据中短期、中长期、长期趋势是 PHM 系统地面保障站建设当中需要着重考虑的难点问题。

4. 异常检测与实时监视

当发动机工作状态与期望状态不匹配时,即表示发动机出现了异常。异常检测算法通过比较观测到的发动机产生参数的关系与期望关系的一些标准进行比较,如果测量与期望关系之间有明显的持续性变化将会视为是异常。目前有很多种方法可以建立期望的正常工作状态[17],第一种方法是确定参数之间的关系是否违背了基本的物理规则,第二种方法是采集一段时间内的数据训练得到发动机(或发动机子系统)的经验模型,第三种方法是使用发动机机载分析模型。从发动机标称工作数据中得到的统计显著经验模型可以作为异常检测器的基础。典型的此类模型有人工神经网络,对神经网络训练后用于输出正常的发动机工作测量估计值。当与实际测量进行比较时,神经网络可给出统计上的判断观测值是否符合发动机正常工作。

异常检测在实现时经常需要将建模问题分解成若干子问题以避免在整个飞行包线和发动机工作状态下建造过于庞大的神经网络结构。针对每个子飞行区域或工作特征建立模型用以增强整个检测算法的准确率。总的来看,异常检测同样需面临大飞行包线范围内,典型飞行区域内飞行参数数据的聚类分类表征问题,此外,对于新发动机型号,由于没有经验故障模式库可以参考,因此,一般采用一类分类的思路,但是,如何将一类分类与多飞行包线区域、发动机工作状态进行有效的关联,减少虚警率是需要重点考虑的难题。

实时监视与异常检测类似,不同的是实时监视采用的一般是多分类算法,用于在线监视并实时诊断,甚至隔离故障。尤其当针对振动信号进行实时监视时,对于多分类算法的要求较高,能够在很短时间内(如 0.2s)高效处理较大数量(可高达数十万量级的样本),且要求算法要具有很好的鲁棒性。

5. 多源信息融合

事实上,发动机状态信息是有各种机载源产生的,一些信息直接由连续的传感器测量得到,一些由机载部件模型产生,而其余信息则由存储在 EDU 中的数据(如维修历史)得到。发动机健康管理系统的最终目标是从不同源数据中抽取最大化有意义的信息以得到发动机健康状况的综合诊断和预测知识。融合技术从多个源对数据/信息进行集成[18],得到比使用单信息源更好的精度。数据/信息融合概念本质的基本原则是综合利用所有可用信息增强诊断的可见度、提高诊断的可靠性并减少诊断虚警数量。发动机健康管理系统采用什么样的信息融合架构、如何处理不同信源不同采样率下的特征表征问题以及非参数化信息如开关量、报警信息等的处理等是信息融合需着重解决的难题。

6. 剩余寿命预测建模与不确定性管理

故障预测是 PHM 系统最具代表性的技术,是密切联系机载系统寿命管理信息与地面维修保障、后勤规划的关键所在。故障预测的最主要功能是结合物理失效模型和材料的实际状况预计部件的剩余使用寿命,从而实现部件或系统故障的智能预测而不是单纯的事后诊断和趋势分析。故障预测技术是实现新型二级维修保障模式变革的关键支撑技术。常见的故障预测技术主要包含五方面研究内容[19]:

（1）基于经验的故障预示法。当一个系统或部件缺少物理模型且没有足够的传感器网络获取其状态时可用基于经验的故障预测法。如可以将获取的失效和(或)特检数据拟合为威布尔分布或其他统计分布。

（2）基于演化的故障预测法。这种方法借助分析已知性能故障推断当前部件状态(特征)的接近程度或变化率,适用于系统级降级分析,需要获取充足的传感器信息以获取系统或子系统的状态及此次测量当中不确定性的相对水平。

(3) 基于特征传播和人工智能的故障预测法。用神经网络或其他智能方法如支持向量机、高斯过程等利用获取的"传播到失效"特征训练数据进行训练。其中,失效概率由预先经验获取。训练神经网络的信息通常由检查数据获取。根据输入特征和期望的输出预测,网络能够自动调节权值和阈值逼近失效概率曲线与关联特征幅值之间的关系。一旦训练好,就可以用来预测类似运行条件下不同试验下相同特征的故障传播。

(4) 基于状态估计的故障预测法。如 Kalman 滤波或粒子束滤波等算法通过最小化模型和测量值之间的误差获取滤波算法的结构参数并用来预报未来的特征参数。

(5) 基于物理失效的故障预测法。这种方法具有技术综合的特点。对于特定的故障,可以用来评估在部件强度/应力或状态下不确定性因素的可用部件寿命分布函数。模型结果可以用来建造神经网络或基于概率的自治系统获取实时失效预测的预报值。模型输入信息还包括诊断结果、当前的状态评估数据和飞行剖面预测值。基于物理失效的预测是军用航空发动机关键部件如主轴承、主减速齿轮以及转子系统中转子叶片、轮盘、主轴等最为理想、技术最为复杂的综合预测技术,建议进行学科间交叉研究。

故障预测技术中的难点主要有:一是获取限寿关键部件的物理失效模型较为困难;二是模型不确定性如何表征;三是预测指标如何选择、怎样验证等。

7. 先进推理

先进推理是将 PHM 的诊断信息转化成为维修操作建议的关键技术,这项技术异常复杂,且与维修保障关系具有最紧密、最直接的关联性,因此,也被国外列为航空发动机维修保障中的核心支撑技术之一。先进推理技术需要综合运用发动机的设计数据、发动机的 FMECA 分析结果、历史维修数据、健康管理诊断信息、飞行员观测信息、以可靠性为中心的维修对策分析、维修规程要求等众多数据源的大量资源和信息[20,21],如何对这些信息进行高效的组织,如何综合运用这些信息采用适当的数据挖掘手段建立与维修操作之间的关联关系是需要重点研究的重大技术难题。

6.2　航空发动机 PHM 技术中的重大挑战

虽然在国际范围内,PHM 技术得到了来自政府部门、国防技术研究机构、工业界以及各类学术研究机构的广泛关注,并构建了基本的理论、技术和应用研究体系,但其仍处于发展初期,还需要经历较长的发展和成熟过程。目前,在总体研究框架下的各部分均有比较明确的发展思路,同时也面对许多现实的重大技术挑战[22-29]。

1. 不确定性

对于现代 PHM 系统而言,一个主要的技术挑战是需要开发能够真正处理现实世界中各种不确定性的诊断和预测方法。现实世界中的不确定性会引起确定性方法严重失效从而导致高虚警率,预测不准确,并作出不正确的决策,从而导致整个 PHM 系统不稳健。不确定问题涉及预测性过程、当前状态估计、时间到失效预测、适当领先时间选择以及整个预测方法等多个环节。

预测剩余寿命或时间到失效的首先步骤是需要准确知道系统的当前状态。当前状态估计的不确定性会传播并混合到预测性过程自身,因而,好的预测方法必定要首先需要有好的诊断设计。

出于可承受性原因,多数 PHM 设计不能仅依靠特定的机载 PHM 传感器,在设计中需要充分利用用于其他功能用途例如控制的机载传感器,尤其是当需要最大化诊断覆盖时更为必要。因此,一般不采取直接状态测量的思路,而是通过选择合适的传感器、参数或特征进行推测。

好的特征可以在低不确定性的条件下实现正常和失效值的显著分离,而差的特征则需要应对高不确定性以及低分离能力,从而导致正常状态与失效状态特征值的分布有严重重合。在这种情况下,诊断算法同时具有虚正率和虚负率,因此即使调整阈值也无法改善诊断性能。不能实现正常和失效大间隔分离的特征一般而言也不适合于预测用,此时必须返回重新选择特征。

假设未来工作情况不完全明确或不可知,剩余寿命预测则需要看成是一个概率过程,预测的剩余时间实际是由概率密度函数表征。更为重要的是,剩余寿命预测的准确率和不确定性(精度和置信度)受将要发生随机过程的影响。尽管尝试量化未来事件和行为并确定最可能的场景非常有用,但是仍旧无法准确知道将要发生的事件,故剩余寿命预测的最终不准确率和不确定性只能尽可能最小化,而不可能完全消除。

概率密度函数的使用和解译实际是一对矛盾,预测越精确,则预测正确的概率越低,实际上对应了概率密度函数上的两个点,精确预测点具有 0 正确概率,预测时间覆盖整个分布具有 100% 的正确性,但是同样也是无用的。因此,必须选择适当的预测边界平衡预测精度与置信度之间的关系,如 95% 置信度时,可以认为在预测的剩余寿命中系统不会失效。预测过程的另一个特点是大尺度初始预测具有最大的误差和最大的不确定性,随着越来越靠近失效,预测的准确率越来越高,而不确定性则越来越少。这一特点使得设计人员必须要高度重视领先于失效、寿命或状态所需预测的时间尺度。

关于准确率和精度的预测估计实际是需要预测领先时间区间的函数,进一步说是用户需求和整个后勤系统的函数。一般可通过简单的分析就可以给出各种需求的适当领先时间,如满足出动架次率的检修时间、供应链管理的备件订购、机群寿命管理用的限寿部件计划内换件等。更加复杂的是需要确定选择的领先时间是否能在必需的系统范围内产生影响,并降低费用。当前 PHM 设计中在 PHM 费效研究中尚没有此类工具,如果有 PHM 与整个后勤系统交互、作用的改进模型,则显然会提高整个设计的针对性和适用性。

对于给定的失效模式或部件,一旦确定了适当的领先时间,接下来就可以开发和使用不同的预测方法。例如,在寿命管理中,机群的初始规划可根据可能的设计寿命和使用给出一个先验估计值。在列装后,则实施单机监控并更新实际使用的剩余寿命估计。当寿命接近于换件时间时,采用振动分析等其他方法检测裂纹,提供必要的置信度、有力的证据证实预测的剩余寿命中不会出现失效。而且,此类方法可用于初始设计寿命期后的寿命和风险管理。尽管不确定性是一个技术瓶颈,实际上 PHM 设计过程中只需要关注应用场合所需的准确率以及正确选择合适的领先时间区间。

总之,对于整个飞机后勤系统中系统而言,预测没有通法,必须要通过综合途径组合、融合来自部件单个检测、诊断和预测功能、外场可更换单元、子系统、系统、系统中系统等级机载和离线数据源的各种信息。此外,预测方法的成败也取决于对系统行为和失效机理的理解程度,以及飞机传感器、维修和后勤系统采集、使用所需信息的情况。可以预见,预测方法必定是涉及基于物理/模型的、基于规则的以及数据驱动算法的混合,这些算法在充分考虑不确定的情况下,嵌入到人工智能推理的框架下有望能够实现期望的自动决策。

2. 寿命管理

随着军用喷气式发动机系统设计越来越复杂,维修操作得到了越来越多的重视,采用优化的视情维修策略取代常规的定时维修已经成为当前维修模式变革的主流发展趋势。这种新模式是美军 PHM 优选的架构。飞机行业中已经意识到当前基于设计的发动机损伤累积系统不能说明发动机的实际工作状态,而只是发动机降级趋势的反应。因而,非常需要更加精准的发动机部件损伤跟踪方法用于解决工作和设计使用之间存在差异的问题。这种方法涉及复杂的基于结构物理的算法。开发并引入精准的损伤计数方法可在 PHM 系统内根据真实的实时损伤计数,并连接到视情维修相关操作。由于维修操作由发动机部件更换要求驱动,因此增加损伤计数的准确率程度显然会改善当前对于维修操作的估计。国外喷气式发动机制造商在基于疲劳失效机理的寿命跟踪模型上已经较为成熟,主要受制于输

入参数相关不确定性因素。维修跟踪方法的准确率决定维修安排,并减少非计划
内的发动机换发,从而减少运行准备就绪的损失。若能做到 100％的故障检测/隔
离,就可减少维修后勤,无须进行特殊的测试,无须进行非计划内的中间检查,且不
依赖与供应链。

　　基于物理的算法需要根据材料特性、发动机设计、历史趋势数据、任务期望等
建立与发动机系统特定部件实际时间偏移量相关的部件损伤模型。寿命预测系统
设计用于自动监视发动机可测量的磨损或降级特征,并根据这些监视特征预测进
行即将到来的维修操作。此外,这些算法还应当在不影响飞行计划安排的前提下,
根据实际使用情况进行定期的更新。目前,国外已经开发出了能够准确捕捉损伤
指示器、金属温度和应力显著偏移的预测方法。应当指出,只有完成了对于不确定
性的量化后,得到的结果才能是完备的。不确定性评估需要确定算法得到的结果
能否达到预期目的。研究给定任务剖面下旋转部件损伤累积预测相关的不确定性
对于得到可靠的寿命管理系统至关重要。此外,还需要系统的研究输入参数、数学
处理、输出采集相关的不确定性,并针对性的评估不确定性对于维修操作规划的连
锁反应情况。

3. 振动分析

　　随着 20 世纪直升机传动系统振动监视技术的进步,已经证实先进的振动分析
技术是非常有效的诊断工具。此外,振动分析技术已成为预测结构性和动态传动
系统部件失效预测的重要手段。在直升机上的应用成果可直接应用到短距起降和
垂直起飞飞机上,尤其是高负载的传动系统和升力风扇。应当指出,振动分析在发
动机主机上的应用较为滞后,尤其是使用高频振动传感器和先进的特征分析手段
诊断如轴承、齿轮等部件失效的应用情况更为明显。

　　好的预测首先需要有好的诊断基础,振动分析技术的挑战是在开发预测算法
之前必须要使得发动机主机上应用的振动分析诊断技术提升到传动系统诊断技术
应用的水平。近期由美国海军诊断和预测技术开发中的种植故障试验表明,用于
诊断的同一振动算法同样可以提供预测能力,换句话说,这些算法也具有足够的灵
敏度和准确率可以发现征兆或部件早期故障。多次种植故障试验也证实振动分析
技术可以识别很多直升机传动系统部件的局部故障,如发动机高速轴连接件开裂、
中间传动机匣齿轮齿裂纹、主传动输入小齿轮(根弯曲疲劳失效传播)、尾传动轴悬
挂轴承故障(内环破裂)、附件机匣轴承缺陷等。这些试验证实振动分析能够发现
部件的早期故障并能够进行监控甚至接近失效,因而可为建立预测算法提供坚实
的基础。

　　预测的技术挑战是对于故障到失效传播特征以及物理失效的本质有更好的理
解,从而能够确保在采取维修操作或更换前,检测到的早期故障,能够得到安全的

跟踪、预测和管理。

事实是,不可能在发动机设计和开发阶段得到所有失效模式和部件的失效数据,因而,必须要有一种良性策略在发动机寿命期内采集此类失效数据,以促使预测算法的成熟和完善。一定数量的种植故障试验是必要的,但是种植故障试验不但代价昂贵,故障覆盖率也较低,且也有自身适用性问题。尽管如此,在已知状态下、主要失效模式下演示预测技术的有效性也是非常有价值和必要的。从全尺寸试验器和系统试验中随机采集的失效数据不但非常必要,而且可为算法成熟、阈值设置和确认提供珍贵的支持数据源。在开发和试验计划中,必须要确保所有试验器的测试手段设想周密、测试设备工作正确,并确保采集了全过程的试验数据。除此以外,后勤系统也必须要能够采集外场失效的数据作为整个 PHM 系统技术成熟不可或缺的数据补充,利于进一步对已有的算法和阈值进行细化,并在观测到新失效模式时针对性开发新的算法。

总体来看,尽管振动分析是极好的 PHM 技术能够提供预测支持,但是要得到鲁棒、可靠、安全的预测结果,确定何时部件需要移除仍需要将振动分析技术与其他 PHM 技术进行综合。与多数其他 PHM 技术类似,振动分析技术的开发和实现目前也是以孤立方式进行的,因而显然更需要一种基于系统的方式进行预测技术的设计和综合。对于设计人员来说,最大的技术挑战是如何将单独的 PHM 技术例如振动分析、寿命分析、滑油碎屑监视以及滑油状态评估等进行融合,利用这些技术之间的优势实现互补,提供一个综合化的预测解决方案,从而提高预测决策的可靠性和置信度。

4. 气路分析

气路分析是航空发动机专用的诊断技术,利用发动机测量的气路参数推出发动机至模块级的状态或性能。发动机模块级的诊断技术发展需求来自于现代军用航空装备二级维修保障政策的驱动,即外场级和基地级。在外场级,维修人员只负责移除和更换模块、外场可更换单元。在基地级,制造商负责修理和翻新。工作人员除了关注正确的识别和更换外,气路分析的一大优点是可为工作人员确定需要返厂修理的范围,在基于性能的后勤框架下,这一技术尤为重要。

气路分析是重要且成熟的预测技术,这项技术非常适合关注导致气路性能逐步降级的失效模式,当性能降级低于最小的可接受阈值时,气路分析就可以进行故障的诊断、隔离,因而气路分析也非常适合进行趋势分析。相反地,如振动分析、滑油碎屑和发动机寿命管理重点关注那些可能导致灾难性失效的失效模式,因而从安全性角度出发,这些技术必须要有更好的预测方法。

早期采用的确定性方法无法处理气路分析当中的不确定性,目前已有多种方法克服了这一难题。最初的方法是基于气动热力方程,使用自适应实时发动机模型嵌入到人工智能框架中来应对不确定性问题,如模糊逻辑等。尽管如此,由于发动机可用的参数集合非常有限,仍需要引入修理和外场经验以更好地解决多种可能性的诊断问题。但是,从早期发动机诊断技术发展时起,气路分析就用于估计当前的状态,建立的趋势模型实际上也为气路分析提供了内在的预测能力。

尽管气路诊断技术的进步为预测提供了比其他技术更加坚实的基础,但是气路分析技术的进一步开发和成熟仍非常必要。整个系统的降级趋势可给出未来状态的一个预测,但是要在设计中得到一个已识别的先验趋势却不太可能。因而,非常必要识别出降级的主要原因,并将环境、使用情况与原因建立关联。预测算法在设计阶段不能完全确定,需要充分利用列装后实际机群趋势的深入分析和量化得到进一步完善和成熟,且利用实际使用经验更新趋势的初始解译可为预测提供重要的置信度支持。要完成这项任务,对应要求后勤信息系统要能够记录实际的失效事件、失效率,并将相关数据信息反馈至设计,并持续对算法的预测进行验证,在必要时对算法进行升级和修改。服役中的验证有助于工作人员设置更换的置信度水平,并使得工作人员可以安全的设置更换时机,确保更换时间既不过早也不过晚,从而可以避免非必要的维修和失效。

5.　验证与确认

由于目前大多数的 PHM 研究工作是针对复杂军事装备展开的,因此很多实际系统的物理模型、实验数据和效能评估标准体系不能够被普通研究者所采用。目前基于数据的故障预测方法研究方面,NASA 的研究者们提供了一些公开的、多元化的数据集,以及 PHM 国际会议等提供的各类竞赛问题,都可以作为目前应用较多的算法评估的实验研究手段。

另外,工程应用中,产品的研制、实验、生产和使用过程中,均采用各种维护手段尽可能减少故障出现,从而大大减少了各类故障发生的概率。因此,就造成了故障模式样本和故障验证环境不足的问题,从而导致对故障模式进行充分分析和验证缺乏现实环境和条件。因此,如何采用故障仿真和虚拟试验验证技术对各类研究方法的性能和可行性进行必要而准确的评估成为一个亟待解决的问题。

参 考 文 献

[1] 尉询楷,冯悦,朱纪洪,等. 航空发动机 PHM 中的数据挖掘机遇与挑战. 计算机工程与科学,2012,34(4):88-93.

[2] SAE Committee E-32. AIR1873-2005 Guide to Limited Engine Monitoring Systems for Aircraft Gas Turbine Engines. Warrendale:SAE International,2005:3-13.

[3] Urban L A. Gas Path Analysis Applied to Turbine Engine Conditioning Monitoring. Re-

ston: AIAA, 1972.

[4] Urban L A. Parameter selection for multiple fault diagnostics of gas turbine engines. AGARD Conference Proceedings, Zurich, 1974.

[5] Volponi A. Gasturbine parameter corrections. Journal of Engineering for Gas Turbines and Power, 1999, 121: 613-621.

[6] Ganguli R. Datarectification and detection of trend shifts in jet engine path measurements using median filters and fuzzy logic. Journal of Engineering for Gas Turbines and Power, 2002, 124: 809-816.

[7] Ganguli R, Dan B. Trendshift detection in jet engine gas path measurements using cascaded recursive median filter with gradient and laplacian edge detector. Journal of Engineering for Gas Turbines and Power, 2004, 126: 55-61.

[8] Armstrong J B, Simon D L. Implementation of an Integrated On-board Aircraft Engine Diagnostic Architecture. Reston: AIAA, 2011.

[9] Luppold R H, Roman J R, Gallops G W, et al. Estimating In-flight Engine Performance Variations Using Kalman Filter Concepts. Reston: AIAA, 1989.

[10] Brotherton T, Volponi A, Luppold R, et al. eSTORM: Enhanced self tuning on-board real-time engine model. 2003 IEEE Aerospace Conference Proceedings, Big Sky: IEEE, 2003.

[11] Volponi A. Enhanced self tuning on-board real-time model (eSTORM) for aircraft engine performance health tracking. NASA/CR-2008-215272, Washington: NASA, 2008.

[12] Volponi A, Brotherton T, Luppold R. Empiricaltuning of an on-board gas turbine engine model for real-time module performance estimation. Journal of Engineering for Gas Turbines and Power, 2008, 130: 1-10.

[13] 黄伟斌, 黄金泉. 航空发动机故障诊断的机载自适应模型. 航空动力学报, 2008, 23(3): 580-584.

[14] Simon D L, Garg S. Optimaltuner selection for Kalman filter-based aircraft engine performance estimation. Journal of Engineering for Gas Turbines and Power, 2010, 132: 1-10.

[15] Kobayashi T, Simon D L. Evaluation of an enhanced bank of Kalman filters for in-flight aircraft engine sensorfault diagnostics. Journal of Engineering for Gas Turbines and Power, 2005, 127: 497-504.

[16] SAE Committee E-32. AIR4175A-2005 Aguide to the development of a ground station for engine condition monitoring. Warrendale: SAE International, 2005:1-39.

[17] Roemer M J, Byington C S, Kacprzynski G J. An Overview of Selected Prognostic Technologies with Application to Engine Health Management. New York: ASME, 2006.

[18] Roemer M J, Kacprzynski G J, Orsagh, R F. Assessment of data and knowledge fusion strategies for prognostics and health management. 2001 IEEE Aerospace Conference Proceedings, Big Sky: IEEE, 2001.

[19] SAE Committee E-32. AIR5871-2008 Prognostics for Gas Turbine Engines. Warrendale: SAE International, 2008: 3-19.

[20] SAE G-11 Committee. ARP5580-2001 Recommended Failure Modes and Effects Analysis (FMEA) Practices for Non-automobile Applications. Warrendale: SAE International, 2001: 4-57.

[21] Kacprzynski G, Byington C, Roemer M J, et al. Enhanced FMECA: Integrating Health Management Design and Traditional Failure Analysis. Ft. Belvoir: DTIC, 2001: 261-274.

[22] Michael G P. Prognostics and Health Management of Electronics. Hoboken: John Wiley and Sons, 2008.

[23] Johnson S B, Gormley T J, Kessler S S, et al. System Health Management: With Aerospace Applications. Hoboken: John Wiley and Sons, 2011.

[24] Hess A, Calvello G. Challenges, issues, and lessons learned chasing the "big P": Real predictive prognostics. part 1. 2005 IEEE Aerospace Conference Proceedings, Big Sky: IEEE, 2005.

[25] Hess A, Calvello G, Frith P, et al. Challenges, issues, and lessons learned chasing the "big P": Real predictive prognostics part 2. 2006 IEEE Aerospace Conference Proceedings, Big Sky: IEEE, 2006.

[26] Hess A, Frith P, Suarez E. Challenges, Issues, and Lessons Learned Implementing Prognostics for Propulsion Systems. New York: ASME, 2006.

[27] Feather M S, Goebel K, Daigle M. Tackling Verification and Validation for Prognostics. Reston: AIAA, 2010.

[28] Belcastro C M. Validation and Verification of Future Integrated Safety-critical Systems Operating under Off-nominal Conditions. Reston: AIAA, 2010.

[29] Reed E, Schumann J, Mengshoel O J. Verification and Validation of System Health Management Models Using Parametric Testing. Reston: AIAA, 2011.